计算机科学与技术专业核心教材体系建设 —— 建议使用时间

课程系列	基础系列	电类系列	程序系列	系统系列	应用系列	选修系列
四年级下						
四年级上			软件工程综合实践	计算机体系结构	计算机图形学	机器学习 物联网导论 大数据分析技术 数字图像技术
三年级下			软件工程 编译原理		人工智能导论 数据库原理与实践 嵌入式系统	
三年级上			算法设计与分析	计算机网络		
二年级下			数据结构	计算机系统综合实践		
二年级上	离散数学(下)	数字逻辑设计 数字逻辑设计实验	面向对象程序设计 程序设计实践	操作系统		
一年级下	离散数学(上) 信息安全导论	电子技术基础	计算机程序设计	计算机原理		
一年级上	大学计算机基础					

面 向 新 工 科 专 业 建 设 计 算 机 系 列 教 材

数据库系统原理与实践

党德鹏◎编著

清華大學出版社
北 京

内容简介

本书服务新工科建设，从大数据管理和数据库基础、设计和实现的角度，梳理数据库系统原理课程的知识点体系，调整教材结构，丰富教材内容，是大数据时代数据库教学的尝试和实践。

本书第一部分是数据库系统、大数据、数据模型(含关系模型)等基本概念和基础知识。第二部分主要介绍数据库应用，包括 SQL 及其在应用环境中与面向过程/对象高级语言的协同，重点包括数据保护。第三部分和第四部分融入大数据思维，分别讲述数据库设计方法和实现技术。第五部分是大数据新技术简介。

本书可以作为高等学校计算机专业、数据科学与大数据技术专业、软件工程专业、信息管理和信息系统等相关专业数据库课程教材，也可供从事数据库系统、信息系统、Web 系统、互联网＋平台系统研究、开发与应用的工程技术人员、科技工作者以及其他相关人员参考阅读。

图书在版编目(CIP)数据

数据库系统原理与实践/党德鹏编著.—北京：清华大学出版社，2023.6
面向新工科专业建设计算机系列教材
ISBN 978-7-302-62949-8

Ⅰ.①数… Ⅱ.①党… Ⅲ.①数据库系统－高等学校－教材 Ⅳ.①TP311.13

中国国家版本馆 CIP 数据核字(2023)第 036102 号

责任编辑：白立军　薛　阳
封面设计：刘　乾
责任校对：韩天竹
责任印制：宋　林

出版发行：清华大学出版社
网　　址：http://www.tup.com.cn，http://www.wqbook.com
地　　址：北京清华大学学研大厦 A 座　　**邮　　编**：100084
社 总 机：010-83470000　　**邮　　购**：010-62786544
投稿与读者服务：010-62776969，c-service@tup.tsinghua.edu.cn
质量反馈：010-62772015，zhiliang@tup.tsinghua.edu.cn
课件下载：http://www.tup.com.cn，010-83470236
印 装 者：三河市君旺印务有限公司
经　　销：全国新华书店
开　　本：185mm×260mm　**印　　张**：21.75　**插　　页**：1　**字　　数**：509 千字
版　　次：2023 年 7 月第 1 版　**印　　次**：2023 年 7 月第1次印刷
定　　价：69.00 元

产品编号：086762-01

出版说明

一、系列教材背景

人类已经进入智能时代，云计算、大数据、物联网、人工智能、机器人、量子计算等是这个时代最重要的技术热点。为了适应和满足时代发展对人才培养的需要，2017年2月以来，教育部积极推进新工科建设，先后形成了“复旦共识”“天大行动”和“北京指南”，并发布了《教育部高等教育司关于开展新工科研究与实践的通知》《教育部办公厅关于推荐新工科研究与实践项目的通知》，全力探索形成领跑全球工程教育的中国模式、中国经验，助力高等教育强国建设。新工科有两个内涵：一是新的工科专业；二是传统工科专业的新需求。新工科建设将促进一批新专业的发展，这批新专业有的是依托于现有计算机类专业派生、扩展而成的，有的是多个专业有机整合而成的。由计算机类专业派生、扩展形成的新工科专业有计算机科学与技术、软件工程、网络工程、物联网工程、信息管理与信息系统、数据科学与大数据技术等。由计算机类学科交叉融合形成的新工科专业有网络空间安全、人工智能、机器人工程、数字媒体技术、智能科学与技术等。

在新工科建设的“九个一批”中，明确提出“建设一批体现产业和技术最新发展的新课程”“建设一批产业急需的新兴工科专业”。新课程和新专业的持续建设，都需要以适应新工科教育的教材作为支撑。由于各个专业之间的课程相互交叉，但是又不能相互包含，所以在选题方向上，既考虑由计算机类专业派生、扩展形成的新工科专业的选题，又考虑由计算机类专业交叉融合形成的新工科专业的选题，特别是网络空间安全专业、智能科学与技术专业的选题。基于此，清华大学出版社计划出版“面向新工科专业建设计算机系列教材”。

二、教材定位

教材使用对象为“211工程”高校或同等水平及以上高校计算机类专业及相关专业学生。

三、教材编写原则

(1) 借鉴*Computer Science Curricula* 2013(以下简称CS2013)。CS2013的核心知识领域包括算法与复杂度、体系结构与组织、计算科学、离散结构、图形学与可视化、人机交互、信息保障与安全、信息管理、智能系统、网络与通信、操作系统、基于平台的开发、并行与分布式计算、程序设计语言、软件开发基础、软件工程、系统基础、社会问题与专业实践等内容。

(2) 处理好理论与技能培养的关系,注重理论与实践相结合,加强对学生思维方式的训练和计算思维的培养。计算机专业学生能力的培养特别强调理论学习、计算思维培养和实践训练。本系列教材以"重视理论,加强计算思维培养,突出案例和实践应用"为主要目标。

(3) 为便于教学,在纸质教材的基础上,融合多种形式的教学辅助材料。每本教材可以有主教材、教师用书、习题解答、实验指导等。特别是在数字资源建设方面,可以结合当前出版融合的趋势,做好立体化教材建设,可考虑加上微课、微视频、二维码、MOOC等扩展资源。

四、教材特点

1. 满足新工科专业建设的需要

系列教材涵盖计算机科学与技术、软件工程、物联网工程、数据科学与大数据技术、网络空间安全、人工智能等专业的课程。

2. 案例体现传统工科专业的新需求

编写时,以案例驱动,任务引导,特别是有一些新应用场景的案例。

3. 循序渐进,内容全面

讲解基础知识和实用案例时,由简单到复杂,循序渐进,系统讲解。

4. 资源丰富,立体化建设

除了教学课件外,还可以提供教学大纲、教学计划、微视频等扩展资源,以方便教学。

五、优先出版

1. 精品课程配套教材

主要包括国家级或省级的精品课程和精品资源共享课的配套教材。

2. 传统优秀改版教材

对于已经出版、得到市场认可的优秀教材,由于新技术的发展,计划给图书配上新的教学形式、教学资源的改版教材。

3. 前沿技术与热点教材

反映计算机前沿和当前热点的相关教材，例如云计算、大数据、人工智能、物联网、网络空间安全等方面的教材。

六、联系方式

联系人：白立军

联系电话：010-83470179

联系和投稿邮箱：bailj@tup.tsinghua.edu.cn

面向新工科专业建设计算机系列教材编委会

2019 年 6 月

面向新工科专业建设计算机系列教材编委会

致谢

感谢清华大学出版社为本教材顺利出版付出的心血！感谢参考文献中列出和未能列出的老师们及其数据库教材，编者正是受这些精品的指引一步步踏入数据库领域！感谢历届博士生、硕士生担任助教期间对教材、案例及实验的积极探讨和贡献！感谢历届本科生参与的校对工作！感谢专家、老师、同事、朋友们的有益建议和帮助！特别感谢陈闾霞（上海证券交易所）、刘莹（中国科学院）、张笑然（中国移动）、黄仕航（腾讯）、王楠（中国银行）、姚颖婷（网易）、王俐之（中国银行）、周鹏霞（中国农业银行）、过紫娴（中信银行）、甘锐琦（北京大学）、陶燕飞（中国人寿）、张波（山西大学）、姜雪（北京科技大学）、张莹（中国银行）、阮慧（IBM）、王洪杰（中央办公厅）、张永姝（淘宝）、王俊杰（中国建设银行）、徐娟（中国民航信息集团）、旷洁燕（美国）、徐聪聪（海德堡大学）、刘秋月（北京大学）、杨净（北京大学）、罗福莉（北京大学）、王少飞（北京大学）、王心欣（百度）、赵萃轶（字节跳动）、胡华晓（浙江大学附中）、王宁、余文慧、颜荣恩、杨晶、杨竞帆、陈曦、吴舒涓、郭碧琳、高虎、吴焱、黄文诚、张莹、张祉怡、房婷婷、叶璐婷、胡新、王兴建、徐俏、方真、邹蓉、孟真、古丽斯坦·阿卜杜克然木、赵帅帅、张宇、兰晓翰、郑明钰、李家和等。恕不能一一列出。大家的无私付出使得本教材不断完善，多受裨益！

感谢北京师范大学首批本科大规模在线开放课程建设项目、北京师范大学本科专业核心课程教材建设项目、教育部新世纪优秀人才支持计划（NCET-10-0239，数据广播中的移动实时事务恢复处理）、国家自然科学基金（61672102，应急预案计算机辅助生成若干关键问题研究）、国家自然科学基金（61370064，基于替换的实时 Web 服务事务处理）、国家自然科学基金（61073034，无线移动实时数据广播中的高性能并发控制）、国家自然科学基金（60940032，实时数据广播中的并发控制）、国家科技支撑计划重大项目子课题（应急平台数据库系统）、国家科技支撑计划重点项目子课题（计算机网络风险防范模式及应用）、中国博士后科学基金（海量数字资源移动服务关键问题研究）等项目的支持。虽然只是一本教材，但无处不渗透着项目研究中的点点滴滴；没有这些项目的支持，也不会有这样一本教材。

个人简介

本书编者2003年6月于华中科技大学计算机学院获工学博士学位；2005年6月于清华大学计算机系博士后流动站出站，获博士后证书；2005年7月进入北京师范大学信息学院工作；2006年7月晋升副教授；2007年8月任系主任；2010年入选"教育部新世纪优秀人才支持计划"；2012年7月晋升教授。

目前担任中国计算机学会服务计算专业委员会委员、中国计算机学会数据库专业委员会委员、中国计算机学会YOCSEF委员、国家自然科学基金评审专家、清华大学博士后校友联谊会信息技术分会副秘书长、北京市海淀区科学技术委员会科技项目评审专家、北京师范大学继续教育与教师培训学院网络教学指导委员会委员、中国计算机学会高级会员。

研究方向：大数据管理、分析与服务软件；计算机技术在应急、国防、教育等领域的应用。主要科研项目包括：教育部新世纪优秀人才支持计划(NCET－10－0239，数据广播中的移动实时事务恢复处理)、国家自然科学基金(61672102，应急预案计算机辅助生成若干关键问题研究)、国家自然科学基金(61370064，基于替换的实时Web服务事务处理)、国家自然科学基金(61073034，无线移动实时数据广播中的高性能并发控制)、国家自然科学基金(60940032，实时数据广播中的并发控制)、国家科技支撑计划重大项目子课题(应急平台数据库系统)、国家科技支撑计划重点项目子课题(计算机网络风险防范模式及应用)、中国博士后科学基金(海量数字资源移动服务关键问题研究)等。主持北京师范大学首批本科大规模在线开放课程建设项目——数据库系统原理。

先后在*IEEE Transactions on Knowledge and Data Engineering*、*IEEE Transactions on Parallel and Distributed Systems*、*Information Science*、*Journal of Systems & Software*、*Journal of information science and engineering*、*Physica A*、计算机学报、计算机研究与发展等国内外重要学术期刊和会议上发表学术论文40余篇，获批中国软件著作权登记5项。

FOREWORD

前言

习近平总书记在中国共产党第二十次全国代表大会上的报告中指出：教育、科技、人才是全面建设社会主义现代化国家的基础性、战略性支撑。必须坚持科技是第一生产力、人才是第一资源、创新是第一动力，深入实施科教兴国战略、人才强国战略、创新驱动发展战略，这三大战略共同服务于创新型国家的建设。报告同时强调：推动战略性新兴产业融合集群发展，构建新一代信息技术、人工智能、生物技术、新能源、新材料、高端装备、绿色环保等一批新的增长引擎。近些年来，数据库、大数据、自然语言处理、人工智能等数据相关理论与技术都得到了飞速发展并广泛应用于各行各业，这些应用反过来又促进了技术发展，同时也对相关理论的技术实现提出了更高的要求。

当前已经是大数据时代，关系数据库一统天下的局面已不可能重现。随着近几年数据管理技术的迅猛发展，传统数据库课程面临一系列挑战，并亟待改革。一方面，在空气中无处不渗透着大数据气息的今天，数据库课程不能没有大数据技术，这是技术发展的呼唤，也是提高学生学习兴趣、提高教学质量、加强人才技术素质的迫切要求。另一方面，传统数据库关键技术和方法仍然是数据库课程必不可少的核心内容，这些技术和方法如今依然广泛应用于管理着各行各业宝贵信息资源的系统，对改进部门管理、提高企业效益、提升人民生活水平均产生着实实在在的意义，而且也是大数据技术的基础和依托。大数据技术则是数据库技术的进一步延伸和发展。在有限教学学时内，融合传统数据库关键技术以及大数据最新进展，是服务新工科建设的大数据时代数据库教学的尝试和实践。

本教材按顺序可以分为五大部分。第一部分是基本概念和基础知识，包括第1章绪论和第2章关系模型，涉及的数据库系统、大数据、数据模型等都是为后面内容打基础。其中，关于关系代数部分，也曾把关系代数放到后面和查询优化一起讲，试了一届发现把关系代数放到SQL前面对学生整体把握SQL帮助明显，所以此后一直放在第2章。总的来说，前两章是全书其他部分的基础。第二部分为第3～5章，主要介绍SQL及其在应用环境中与面向过程/对象高级语言的协同，重点包括数据保护。第三部分是第6章和第7章，介绍数据库设计并融入大数据思维。第6章主要是E-R设计以及转换为关系，所以也涉及关系设计或者说目标也是关系设计，但方法主要是从实体及联系的角度来做的；第7章介绍数据库设计，主要是从数据依赖角度来做的，而数据依赖实质上是属性及其联系。第6、7两章的目标是一致的，都是讲述关系设计，只是方法不同，进而，大数据技术中的大时间跨度数据积累分析及其以读为主操作处理都改变了旧有数据库设计思想。第四部分是第8～10章，主要介绍包括大数据管理的DBMS共性实现技术。第五部分即第11章是大数据新技术简介。

本教材主要特色如下。

(1) **“新知识”**，纳入了数据管理技术最新发展，融入大数据技术最新进展和数据管理技术发展趋势。

(2) **“新认识”**：对传统数据库课程知识点即旧知识有新的、更深刻的认识。站在大数据管理的角度，拓展传统数据库关键技术方法，是大数据时代数据库教学的尝试和实践；梳理了数据保护知识体系。

(3) **“新结构”**：重新梳理了课程知识体系结构。以安全、简单、高效地共享数据这个总目标为线索贯穿全书知识点；先介绍语言，让学生通过上机使用数据库，对数据库有直观了解，再介绍数据库设计，最后介绍实现，由浅到深，由外到里，便于理解；研磨了与相关课程联系，实现无缝平滑衔接。

(4) **“新案例”**：以应急管理和网络考试系统为案例，实施案例驱动的教学。

(5) **“新习题”**：形成了完善的特色习题集，课堂练习、单元测验、期中考试、期末考试等，有整套的题集。

(6) **“新模式”**：建立了增量式实验组织模式，习新温故，迭代前行；可提供整套的实验指导书、实验讲解PPT、实验报告要求及提纲、实验报告样板、实验报告评分标准细则、学生实验碰到的各种问题及讨论答疑，可有效支持实施增强混合学习。配合网上学习，针对实验操作、课程重点和难点适时穿插视频交互式直播进行讲解和答疑。

本教材是北京师范大学首批本科大规模在线开放课程建设项目“数据库系统原理”课程指定教材、国家级首批线上一流本科课程配套教材。

本教材可按36～54学时使用。为了教师教学的方便，本教材配有电子教案、课后题（客观题和主观题）及答案，以及程序代码，所有程序在SQL Server 2019上实际运行通过。针对实践教学，书末附有实验指导书，配有实验教学PPT、实验指导及实验报告评分标准、实验报告和代码样本。

在教材编写过程中，尽可能引入新技术，力求反映技术发展趋势，但由于水平有限，难免存在不足之处，还望老师、同行和专家批评指正。

编　者

2023年4月

CONTENTS

目录

第1章 绪论

1.1 什么是数据库系统

1.1.1 数据库与大数据

所谓库，如水库、油库，就是指大量同类事物集中存放。数据库，顾名思义，首先就是包含大量数据。数据指对客观事实的记录，是对客观事物的数量、性质、状态以及相互关系等的记载。

包含关于某单位、机构、部门，或是某领域、业务、主题，或是某对象（如某个人）的信息的互相关联的数据集合称作数据库（Database，DB）。

人类一切社会活动都离不开数据。数据库已应用到生产生活的方方面面。

如高等学校管理信息系统数据库，包含学生、课程、学生选课数据；教师教学数量和评价数据；科研项目和论文数据；也可以包括课程习题集、答案集以及试卷和考生答卷细节、得分等数据。

如应急平台中心数据库，包含支持突发公共事件（如地震、洪水、干旱、泥石流、动车追尾、生产安全等）的应急综合管理、监测防控、预测预警、智能方案、指挥调度、应急保障、应急评估等业务的人口、经济、资源、地理等背景数据；重大自然灾害事件时间、地点、强度、受灾人畜等数据；历史自然灾害损失、救援、恢复重建等数据；还有预案数据等。

如社交网络微信、微博、博客和腾讯 QQ 中的数据库，都保存了用户基本注册信息数据、相互发送信息数据、评论数据、转载数据、微信支付相关的数据等；电子商务平台京东、淘宝和亚马逊等的数据库，都保存了商家及其供销商品数据和客户及其购买、订单处理等数据。技术本质上，社交网络、电子商务等互联网＋应用就是大量用户通过网络交互访问平台数据库。

如云平台监测管理系统依赖数据库保存整个云平台的实时运行状态，各个应用基本信息和应用状态；服务及其基本信息以及服务状态；平台设备即所有虚拟机运行状态；应用生命周期内的日志信息。系统能以折线图、柱状图等形式展示平台运行参数指标的实时监控数据，如 CPU 使用率、应用负载、应用响应时间等，当平台监测到数据异常时便会预警，提示人工干预。

如电信数据库保存客户通话、短信及网络流量等数据，以及账户余额及月账单支付数据；银行数据库保存客户账户、存取款、贷还款数据；航空、铁路、公路运输数据库保存运输班次、购票数据；企业信息数据库中保存员工工资、工作量、津贴、所得税，配件购买、存放，零件逐环节加工情况和产品销售数据。

数据库包含关于某方面信息的互相关联的数据集合。这里，数据的概念是广义的。早期的计算机系统主要用于科学计算，处理的数据都是数值型数据，如整数、实数、浮点数等。现代计算机系统广泛应用于各种领域，存储和处理的对象也非常广泛，表示这些对象的数据也越来越复杂、越来越多样了，除了数值，还可以是文本、图形、图像、音频、视频等。

包含关于某方面信息的互相关联的数据集合的数据库，其中保存的数据，与高级程序设计语言中变量保存的数据不同。高级程序设计语言中的变量值仅保存在内存中，生存期一般仅限于程序执行期间，程序或程序段执行结束就会释放相应的内存单元，如 C 语言中函数的动态局部变量，就是在调用其所在函数时才临时分配存储单元，函数调用结束后这些存储单元就被释放，变量也就不存在了；另外，如果发生系统故障，如系统掉电、重启或内存失电，变量值也会随之消失。数据库里保存的数据，经常是 TB 级（1TB＝1024GB＝2^{40}B），有的甚至每天都要处理 TB 量级数据，尽管随着硬件技术的快速发展，计算机内存容量在持续快速增加，但数据量的增加更快，不可能有足够的内存来容纳全部数据库数据，数据库数据也不能只出现在内存中，需要借助磁盘等非易失性存储器来永久可靠保存，即使面临故障，也应该保护好数据，比如不能因为停电或计算机故障而遗失银行数据库中客户的存贷款数据。当数据的规模持续增大，达到单机磁盘无法容纳、当前技术无法获得满意效果时，该怎么办呢？这就是所谓的“大数据”(Big Data，BD)。

1.1.2 数据库管理系统

包含互相关联的数据集合的数据库是广义的，可以是各种形式，比如可以是打印或写在纸上；或者保存在 txt 文件、Word 文件、Excel 或者其他文件中；或用 PostgreSQL、Access、Oracle 等软件系统管理起来的。

本书所讲的数据库是特指用专门的通用软件管理，长期存储在计算机内，有组织、可共享的大量数据的集合，这些数据库构成了现代企业、大学、国家、政府机构、公司单位等信息化基础，帮助其大大提高了管理效率和水平。数据库可以科学地组织和存储数据、高效地获取和维护数据，从而提供一个可以方便、安全地存取信息的环境，将这类专门的通用的软件称为数据库管理系统(Database Management System，DBMS)。DBMS 是位于用户与操作系统之间的一层软件，它是一个大型的复杂的系统软件。领先的著名数据库管理系统(DBMS)有 PostgreSQL、IBM DB2、Oracle、Microsoft SQL Server 等。

并非大量水就叫水库、大量油就叫油库，水库、油库不仅指大量同类事物的存在，更强调有一套行之有效的管理系统，如水源的保护、水质的监控、用水的协调。正如水库、油库一样，数据库也更强调对数据的有效组织和管理。

数据管理已经成为核心竞争力，直接影响单位、机构、部门的业绩表现。各行各业的业务系统都涉及大量数据，都需要有效组织和管理相关的大量数据，以数据插入、删除、更新和查询等为基础安全高效地实现各自的关键功能。抽取所有这些应用需求的共性，实现通用的数据库管理系统，可以极大地简化应用的开发。数据库管理系统从应用对数据管理需求的共性特征出发，能有效支持安全、方便的数据管理，已经极大地并将继续推动各行各业的信息化发展。大数据技术是数据库管理系统技术的延伸和发展，目标就是研究高效、简单、安全共享大规模数据的关键技术。

1.1.3 数据库系统

数据库系统(Database System，DBS)是指面向数据管理应用、在计算机系统中引入数据库管理系统(DBMS)之后的整个系统，一般由硬件系统、操作系统、数据库、数据库管理系统(及其开发工具)、应用系统、常规用户和数据库管理员(Database Administrator，DBA)等构成，即包括数据库分析、设计、实施、运行和维护涉及的硬件、软件和人员。

如今，数据库系统已然成为几乎所有企业不可或缺的重要部分，是人们日常生活中最普遍(直接或间接地)使用的技术之一。无论有没有意识到，现代社会中人们每天都在使用数据库系统：查看或打印课程成绩单就是对学校教务数据库系统的访问；每次通电话双方的号码及通话时间和时长都会被通信公司通话数据库系统自动保存，查看或打印电话费单也是对通信公司通话数据库系统的访问；通过银行的出纳员或 ATM 机存取款、打印银行卡明细等都是对银行业务数据库系统的访问；预订火车票/飞机票就是对铁路票务数据库/航空票务数据库系统的访问。如今，越来越多地通过 Web 界面访问大量的在线服务和信息数据库系统。当访问当当在线商店，浏览数据库教材或足球鞋时，其实就正在访问存储在当当数据库系统中的数据。当往购物车里添加了商品，或下了订单，都是由当当数据库系统保存相关数据；在选购的过程中，当当会根据选购者之前购买过的商品、正在选购浏览的商品以及之前在当当购买过类似商品的客户购买历史，预测当前选购者可能会购买的商品并给予推荐，这都是当当数据库系统提供的功能。

数据库系统与 Web 技术的结合，既带给 Web 交互性，又带来随时随地访问数据库系统的便捷性，大大推动了数据库系统和 Web 技术的普及，以及各行各业的信息化水平。远不止此，数据库系统与 Web 技术这两种技术的联姻孵化出来当今最时髦术语“云计算/大数据”所蕴含的新计算时代。Google、Amazon、Facebook 等这些根植于网上数据管理的 Web 公司，既积累了巨大量的数据(2015 年，Goolge 每天处理的数据量达 8.5TB)，同时也建起了由许多分布于世界各地的拥有成千上万服务器聚集的数据中心组成的计算平台。立足于技术更好地服务于人，诸如 Google、Facebook、YouTube、Yahoo、Twitter 和 Amazon，无一例外，它们的业务主要以“Web＋数据库”的方式运作，同时它们计算平台本身的运行管理也依赖“Web＋数据库”方式以提高管理自动化；它们所不断积累的“大数据”，既源于数据库，又对数据库技术提出了新挑战，推动数据管理技术不断发展。本书的最后部分将专门介绍大数据相关关键技术。

1.2 为什么需要数据库系统

如今，专门生产通用数据管理软件——数据库管理系统(DBMS)的 Oracle 公司已经成为世界上最大的软件公司之一；数据库管理系统及其衍生品是微软、IBM 等许多世界顶尖级公司产品链中极其重要的组成部分；Google、Baidu、Amazon 是数据管理技术的先锋,数据库系统是其企业的“心脑”。不仅如此,数据库系统几乎成为所有软件不可或缺的核心部件。数据库系统之所以如此重要并广泛地应用于社会生活的方方面面,是因为数据库系统以数据库管理系统为核心,支持安全、方便地共享持久数据,或者说是安全、简单、高效地共享持久数据。

1.2.1 DBS 前的困境

在数据库系统出现以前,数据管理自动化是通过操作系统文件来实现的。比如某高校想要保存该校所有老师、学生和考试的信息,就将它们存放在操作系统文件(如二进制文件)中。对这些信息的访问,需设计相应的应用程序对文件进行操作,可能包括:教师基础数据文件,以及打开教师数据文件并从中对某个或某些教师具体数据的查询、更新,新教师数据插入或过期教师数据删除的应用程序;学生基础数据文件,以及打开学生数据文件并从中对某个或某些学生具体数据的查询、更新,新学生数据插入或过期学生数据删除的应用程序;学生考试数据文件,以及打开学生考试数据文件并从中对某个或某些学生的某次考试具体数据的查询、更新,新报考数据插入或过期考试数据删除的应用程序。这些应用程序由程序员根据当时确定的需求编写,在以后当需求发生变化时,就需要修改相应的应用程序;当有新的需求出现时,就需要加入相应的新应用程序。随着时间的推移,越来越多的数据文件和应用程序就会加入系统中。

像这样使用文件系统来对数据进行管理,使得数据相对孤立、冗余,导致数据共享访问和安全保护都很困难。

使用文件系统管理数据,各个文件是分散的、独立的、专用的、私有的,相同的信息可能在不同地方的不同文件中重复存储;文件系统主要负责建立文件、读写文件,通常仅提供整个文件层面的共享和保护,而这相对数据项共享和安全保护的需求来说是非常粗糙的。例如,某个学生的联系方式和身份证号码既出现在教务信息文件中,又出现在学生工作信息文件,以及宿舍管理信息文件中。这种冗余除了导致存储开销增大外,还可能导致数据不一致性,即同一数据的不同副本不一致。例如,某个学生联系方式的更改可能在学生工作信息文件元组中得到反映而在系统的其他地方(如教务信息文件)却没有及时更新。

使用文件系统管理数据,如果系统使用时间跨度较长,通常系统不同功能部分的文件和程序会在不同时间由不同程序员创建。不同程序可能采用不同的程序设计语言编写,数据分散在不同文件中,这些文件又可能具有不同的结构,编写应用程序来共享不同文件中的数据是很困难的。例如,学生信息文件是.txt 文件,而教务信息文件是二进制文件,即使功能相近的程序也不能互相访问,跨文件数据访问需仔细考虑文件格式和文件内部结构。

再比如,假设系统中原 15 位身份证号升级为 18 位,这既需要编写多个专门应用程序对多个数据文件中的每一个身份证号一一进行修改,同时也需要对已经存在的每一个应用程序仔细找出受影响之处并逐个修改。也就是说,应用的小小变化都可能导致雪崩式的数据文件和应用程序修改或编写工作量。而实际情况总是在不断地发展变化中,造成无休止编写大量功能相近新应用程序的困境。

1.2.2　DBS的吸引力

不仅考试系统、教学系统，还有各行各业的业务系统，如工矿企业生产管理系统、客户管理系统、销售系统、电子商务系统等，都涉及大量数据，需要有效组织存储数据，并以数据项插入、删除、更新和查询等为基础安全高效地实现各自关键功能。抽取所有类似应用需求的共性，实现为通用数据库管理系统，极大地简化了相应应用的开发。数据库系统的核心数据库管理系统从应用需求数据管理的共性特征出发，以远比文件更细小的粒度（如属性及其值）来精细化组织数据，能有效支持安全、方便的数据管理，已经极大地并将继续推动各行各业的信息化发展。

数据库系统的核心数据库管理系统集中管理数据，并提供数据的一个多层抽象，既使得系统易于扩展以适应应用需求的变化，又允许用户以一种非常接近自然语言的简单方式高效地访问数据，并能（包括大量并发访问、故障的情况下）有效保护数据安全。

数据库管理系统能自动防止明显不正确的数据进入数据库。例如，大学某门课实行0～100分的百分制，使用数据库管理系统时只需对此进行简单声明，如果出现0～100以外的分数，数据库管理系统就会自动报错。而对于文件系统，开发者需要仔细检查处理应用程序中所有有可能涉及分数输入或修改相关的代码。

数据库管理系统能在出现故障时自动保护数据。例如，学校通过银行划扣学费，银行欲把学生账户A的5000元转入学校账户B。假设在程序的执行过程中发生了系统故障，很可能A账户上减去的5000元还没来得及存入B账户，这就导致5000元无端消失。使用数据库管理系统时只需对此进行简单的事务性声明，数据库管理系统就能自动保证这里的加和减两个操作要么都发生，要么都不发生。而这对于文件系统几乎无法实现。

数据库管理系统能有效协调大量并发访问以自动对数据进行保护。例如，选课期间通常有万余名学生在短时间内密集同时访问选课数据库，其中，并发的数据库访问相互干涉，可能导致数据出错。艺术鉴赏课今有30个上课名额，假如选课程序如此操作：读取空缺名额数，对其减1，然后将结果写回，当有多个学生几乎同时进行选课操作，即多个选课程序并发执行，可能他们同时读到的空缺额都是2，并将分别写回1到数据库。这样上课名额还剩1个。而实际上这两种结果都是错的，正确的值应该是0个。当数据可能被多个不同的应用程序同时访问时，数据库管理系统能自动地协调，而文件系统则会因数据量太大导致信号量枯竭从而无法实现。

数据库管理系统能简单地声明并自动实施安全策略。例如，并非数据库系统的所有用户都可以访问所有数据。例如，在大学信息系统中，每个主讲教师只能看到自己主讲课程的学生信息并可以登录成绩，每个学院的教务老师能看到自己学院全体学生的课程和成绩，教务处教务老师能看到全校学生的课程和成绩，对已经登录入库的成绩只有教务处老师在核定后有权修改等。对于数据库管理系统只需简单声明，就能很好地自动实施检查保护。相反，对于文件系统，由于应用程序总是即兴加入系统中来，在不同应用程序中提供这种保护很复杂。

总之，数据库系统的核心数据库管理系统支持安全、方便地共享数据，以及对需求的变化做出更快反应。本书从数据库系统的应用、设计和实现等方面来讲述数据库系统建设的关键技术方法和核心思想。

1.3 数据抽象

1.3.1 四层抽象

一个实际可用的系统必须能高效地管理数据，这就需要使用一定的结构来表示数据。一个数据库系统涉及的用户多种多样，不同用户具有不同的岗位职责，各用户没有必要全面了解数据库中用来表示数据的复杂数据结构；不同用户观察、认识和理解数据的范围、角度和方法不同，涉及不同的数据抽象，即不同用户从不同角度来观察数据库中的数据。数据抽象的相互关系如图 1-1 所示。

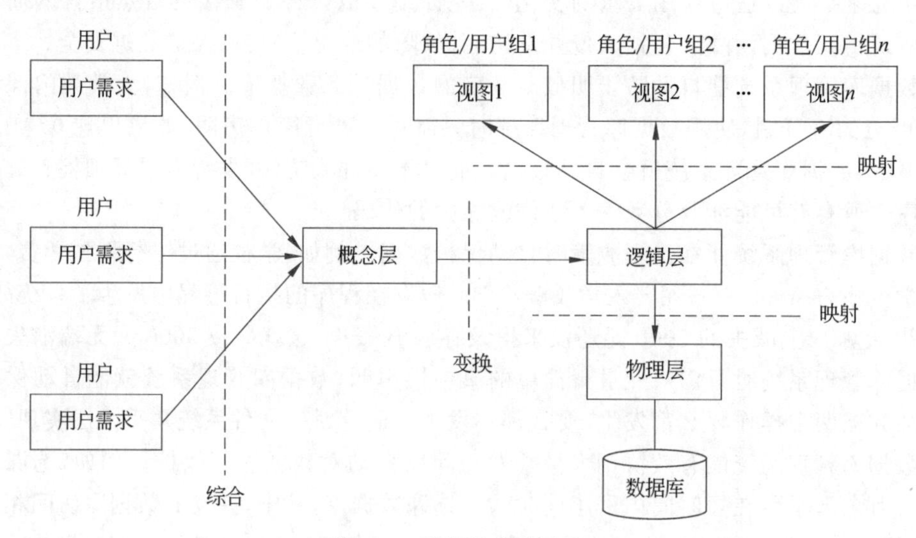

图 1-1 数据抽象的层次

- 概念层。对现实世界事物状态选择、加工、组织，形成对全部用户数据需求的认识。
- 物理层。“物理”意指具体的硬件设备，如存储器、磁带、磁盘等。物理层是最低层次的抽象，即数据实际上是怎样在辅助存储设备上组织的。
- 逻辑层。由 DBMS 提供，通过便于人理解的相对简单的结构来描述数据库中存储什么数据及这些数据之间存在什么关系，一个大型数据库通常有很多用户，逻辑层描述全部用户数据的整体结构。
- 视图层。一个大型数据库通常有很多用户，很多用户并不需要使用所有数据，而只需访问数据库的一部分。视图层是最高层次的抽象，通常从某个或某类用户角度出发，只描述与其相关的那些数据。

1.3.2 数据抽象的表达

数据和数据抽象通常用模型、模式和实例来描述。

数据模型是数据结构和语义的概括，比如以一棵棵树结构组织数据称为层次模型；以一张张表组织数据称为关系模型。面向特定数据模型、针对特定应用的数据库结构称作数据库模式，关系型数据库中具体的表结构就称为关系模式或表模式，比如考生表的模式就是指考生表包括的那些属性集合。特定数据库中特定时刻存储的数据的集合称作该数据库的一个实例。一方面，数据库内容总是随着时间的推移不断变化，比如当实际中对应的信息发生变化：新生报到/毕业生毕业，数据库也就需要进行对应的修改，如学生信息会被插入或删除。另一方面，数据库模式相对稳定，很少需要修改。实例是其对应模式的一个具体值，反映的是某一时刻数据库的状态。同一个模式可以有很多实例，实例的值随数据库中数据的更新而不断变化。

数据库模型、模式和实例的关系类似类型、变量和变量值的关系。数据库模式对应于程序设计语言中的变量声明；模型对应于程序设计语言中的类型；程序中每个变量在特定的时刻会有特定的一个值，对应于数据库模式在特定的时刻会有特定的一个实例。

从现实世界事物到数据库存储的数据以及用户使用的数据是一个逐步抽象过程。根据数据抽象的级别定义了四层抽象的数据描述：概念层的概念模型/概念模式/概念实例、逻辑层的逻辑模型/逻辑模式/逻辑实例、物理层的物理模型/物理模式/物理实例、视图层的视图模型/视图模式/视图实例。

四种模型之间的相互关系如图 1-2 所示。

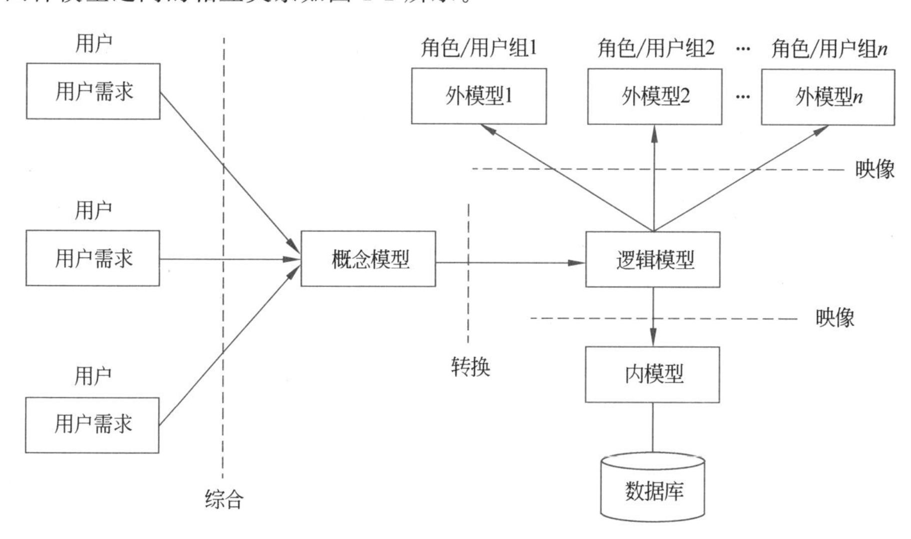

图 1-2 四种模型之间的相互关系

物理层的数据模式称为物理模式，有时也称为内模式、内部模式、存储模式，物理模式描述物理层数据库的设计。逻辑层的数据模式称为逻辑模式，有时也称为全局模式，逻辑模式描述逻辑层数据库的设计。视图层的数据模式称为视图模式，有时也称为外模式、外部模式、子模式、用户模式、视图模式，视图模式描述数据库终端用户的不同视图。

数据抽象的过程，也就是数据库设计的过程，具体步骤如下。

第 1 步：综合用户需求，使用某种概念模型设计数据库的概念模式。

第 2 步：根据变换规则，把概念模式变换成某种逻辑模型的数据库逻辑模式。

第 3 步：根据用户的业务特点，设计不同的外模式，供程序员使用。也就是应用程序使用的是数据库的外模式。

第 4 步：数据库实现时，要根据逻辑模式设计其内部模式。

一般来说，上述第 1 步称为数据库的概念设计，第 2、3 步称为数据库的逻辑设计，第 4 步称为数据库的物理设计。

1.3.3 三层模式和两级映射

1. 三层模式

外模式是用户用到的那部分数据的描述，是数据库用户与数据库系统的接口，是数据库用户看到的数据视图。一个数据库设计通常定义多个外模式，比如根据终端用户工作分工(不同用户有不同的岗位)，可为每个岗位定义一个相应的外模式，应用程序都是和外模式打交道的，外模式是保证数据库安全性的一个有力措施。每个岗位上的用户只能看见和访问其工作岗位所对应的外模式中的数据，其余数据对他们是不可见的。也就是说，数据库用户只能通过外模式这个窗口，了解数据库是什么样，并使用数据库。

逻辑模式是数据库全部数据的整体逻辑结构的描述。

内模式是对数据库物理存储特性的描述，定义所有内部数据项类型、索引和文件的组织方式。一个数据库只有一个内模式，它是数据库物理结构和存储方式的描述，是数据在数据库内部的表示方式。

三层模式体系结构具有以下特点。

(1) 有了外模式后，应用程序员不必关心逻辑模式，只与外模式发生联系，按照外模式的结构存储和操作数据。

(2) 逻辑模式无须涉及存储结构、访问技术等细节。一个数据库只有一个模式，定义模式时不仅要定义数据的逻辑结构，而且要定义数据之间的联系，定义与数据有关的安全性要求。所有数据库终端用户看到各自的数据视图，都是这个全局数据视图的一部分，模式应能支持所有数据库终端用户的数据视图。

(3) 内模式其实也不涉及物理设备的具体细节，它是基于文件管理模块(通常是操作系统中的文件系统)来进行存储和访问的，比如从磁盘读数据或写数据到磁盘上等。

2. 两级映射

三层模式的数据结构可以不一致，比如属性类型的命名和组成可以不一样，通常通过三层模式之间的映射来说明外模式、逻辑模式和内模式之间的对应性，如图 1-3 所示。

外模式和模式之间有外模式/模式映射，用于定义外模式和逻辑模式之间的对应性。同一个模式可以有任意多个外模式。对于每一个外模式，数据库系统都有一个外模式/模式映射，它定义了该外模式与模式之间的对应关系。当模式改变时，由数据库管理员对各个外模式/模式映射做相应的改变，而外模式可以保持不变。由于应用程序是依据数据的外模式编写的，所以应用程序就无须修改，这样，称数据库达到了逻辑数据独立性(简称逻辑独立性)。

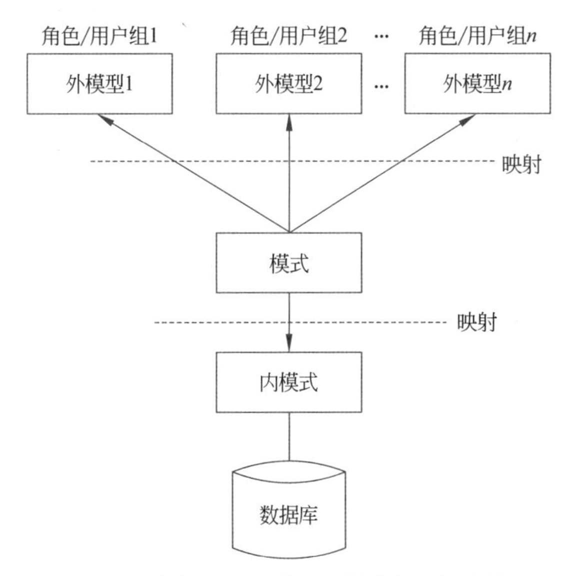

图 1-3　数据库系统的三层模式和两级映射

模式和内模式之间有模式/内模式映射，用于定义模式和内模式之间的对应性。如果数据库的内模式要修改，即数据库的物理结构有所变化，那么只要对模式/内模式映射(即"对应性")做相应的修改，可以使模式尽可能保持不变。也就是对内模式的修改尽量不影响模式，当然对于外模式和应用程序的影响更小，这样，称数据库达到了物理数据独立性(简称物理独立性)。

数据库系统的三层模式与两级映射，具有如下优点。

(1) 有利于普及使用。用户接口简单，仅需按照外模式输入命令或编写应用程序，不需要了解数据库内部的存储结构。

(2) 有利于数据共享。通过为不同用户定义同一全局模式上的多个外模式，多个用户可共享系统中的数据，从而减少数据冗余，提高数据利用率。

(3) 有利于数据安全。用户只能针对外模式依据权限进行操作，也就是说，只能对限定的数据进行限定的操作。

(4) 有利于数据库的优化调整和发展演化。数据的物理独立性使得优化内模式时模式不会受影响，从而外模式及应用程序不受影响；数据的逻辑独立性使得数据库系统发展演化时对模式的扩充不会影响外模式，从而原有应用程序不受影响。

1.4　数据库管理系统

作为现代信息社会的核心关键基础设施之一，数据库管理系统(DBMS)是数据库系统的核心，是各种先进数据处理思想和技术的汇集，是一种综合的通用的大型系统软件。DBMS 的目标是安全、方便地共享数据。它最基本的功能就是允许用户抽象地、逻辑地使用数据而无须关注这些数据在计算机中是如何存放、如何处理的。

随着 DBMS 在实际应用中的重要性不断提升，需求不仅越来越多，而且越来越高。

同时随着硬件和软件技术的普遍快速发展，DBMS的规模越来越大、复杂度越来越高，但都包括一些相同的基本部件：定义数据库结构的语言，即数据定义语言；操纵数据库的语言，即数据操作语言；数据保护相关的语言，即数据保护语言；存储管理模块；查询处理模块；安全保护管理模块。这里所说的数据定义、数据操作和数据保护语言并不是三种分离的语言，而是一个数据库系统语言（比如广泛使用的SQL）的三个部分。DBMS的体系结构如图1-4所示。DBMS的体系结构很大程度上取决于数据库管理系统所运行的计算机系统的体系结构。DBMS可以是集中式的、客户/服务器式的（一台服务器服务于多个客户机）；也有针对并行计算机体系结构设计的并行数据库管理系统；分布式数据库管理系统运行于地理上分散的分布式计算机系统上。

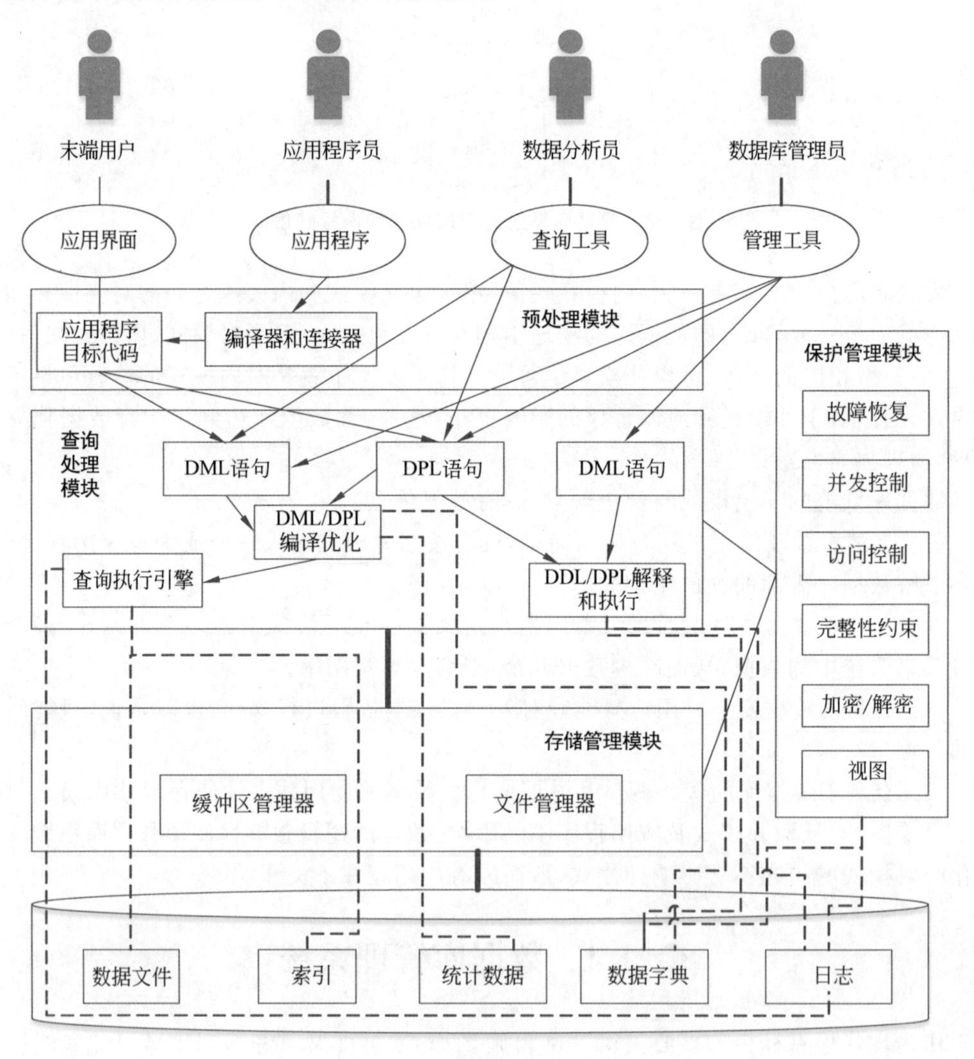

图1-4　数据库管理系统结构

掌握DBMS实现原理对于从事数据库技术开发的相关人员十分重要：可以加深对数据库技术的理解，弄清其来龙去脉，提高技术水平；更重要的是能更好地满足社会对高水平系统软件人员的需求;同时,DBMS是研究大数据、深度学习等分布式数据管理与分析、知识库以及智能数据库的基础。

1.4.1 数据定义语言

数据模式包括外模式、模式和内模式都通过一系列定义语句来说明,这些定义语句称作数据定义语言(DDL),也可用DDL定义数据的其他特征。

与其他程序设计语言类似,DDL是声明性语句,DDL语句的执行结果就是填写存储在一个特殊文件中的一组系统表,该特殊文件称作数据字典。

数据字典中的表只能由DBMS本身(不是普通用户)来访问和修改。

数据字典是一个包含元数据的文件,元数据是关于数据的数据。在DBMS中,实际读取和修改数据前总要先查询该文件。

1.4.2 数据操作语言

数据操作语言(DML)是使用户可以访问或操作数据的语言。通常可以进行以下各种数据访问。

- 查询:对存储在数据库中的数据进行检索。
- 插入:向数据库中插入新的数据。
- 删除:从数据库中删除数据。
- 更新:更新存储在数据库中的数据。

注意:查询只是数据库数据操作的一种。但在实践中,人们习惯于把数据库系统语言称为查询语言,尽管从技术上来说这并不正确。

数据操作语言有两种使用方式:一种是可以与高级语言混合使用;另一种是用户直接在终端上使用。

通常有如下两类基本的数据操作语言。

- 过程式DML:要求用户指定需要什么数据以及如何获得这些数据。
- 非过程式DML:只要求用户指定需要什么数据,而不必指明如何获得这些数据。

通常非过程式DML比过程式DML更易学易用。但是,由于非过程式DML中用户不指定如何获得数据,数据库管理系统必须自动选择可高效访问所需数据的执行路径。

1.4.3 数据保护语言

安全性是数据库中数据的最重要特征之一。数据保护是指防止意外事件造成的数据泄漏、更改和破坏。数据保护语言(DPL)使得可以为不同用户定义不同视图,从而把数据对无权访问的用户隐藏起来;允许为不同用户定义不同访问权限;允许为数据定义完整性约束和说明数据操作命令序列的原子性界限;支持采用数据加密技术。

1.4.4 查询处理模块

查询处理模块接受用户对数据库访问的语句(DDL、DPL或DML),直接执行DDL;对DML语句翻译成查询引擎能理解并优化了的执行路径。

查询处理模块常包括以下部件。

- DDL/DPL 解释器，解释执行 DDL/DPL 语句。
- DML 编译器，将 DML 语句翻译为执行方案（执行计划或执行路径），即查询引擎能理解的一系列指令。通常将一个查询翻译成多个具有相同结果的等价的执行方案，并从中选出执行效率高的方案。
- 查询执行引擎，执行由 DML 编译器产生的执行方案。

1.4.5 存储管理模块

中型企业数据库的大小常达到数百 GB(10^9 B)，甚至 TB(10^{12} B)。截至目前，计算机主存不可能存储这么多数据，所以通常被存储在磁盘上，依据访问需求数据在主存和磁盘间移动。由于相对于中央处理器，磁盘读写的速度很慢，数据库管理系统对数据的组织必须满足尽可能使磁盘和主存之间数据的移动次数最小化。

存储管理模块负责与文件管理器（通常是操作系统的文件系统）进行交互来存取磁盘上的原始数据。存储管理模块将查询模块得出的执行路径中的操作翻译为对文件系统调用的命令。存储管理模块负责数据库数据的存储、检索和更新。

存储管理模块包括以下部件。

- 文件管理器：在数据库层面上管理磁盘空间的分配及表示磁盘上数据分布的数据结构。
- 缓冲管理器：在数据库层面上负责内外存数据交换，并决定缓冲区块替换。

1.4.6 保护管理模块

安全性是数据的重要特性，数据库管理系统提供多种机制保护发生意外时的数据安全。通常，数据库应用中完成单一逻辑功能的操作集合，称为事务。事务是一个既具原子性又具一致性的程序单位。

保护管理模块包括以下部件。

- 视图管理器：允许定义视图，以便允许用户看见所需数据。
- 权限管理器：检查试图访问数据的用户的权限。
- 完整性管理器：检测是否满足完整性约束。
- 事务管理器：负责支持事务 ACID 特性（原子性/Atomicity、一致性/Consistency、隔离线/Isolation、持久性/Durability）来维护在多用户并发访问及故障情况下的数据一致性。事务管理模块保证即使有许多用户同时操作相同数据项，或即使发生了故障，数据库也保持在一致的（正确的）状态。在指明事务的界限的情况下，数据库管理系统自动维护 ACID。
- 加密/解密管理器：必要时可以对数据进行加密/解密。

1.4.7 物理数据结构

作为系统物理实现的一部分，数据库实现主要涉及磁盘上如下几种数据结构。

- 数据文件：存储数据库本身的文件。

- 数据字典：存储元数据，如数据模式、外模式和内模式。
- 索引：帮助快速定位特定数据项。和新华字典中的拼音和部首索引一样，数据库索引包含指向特定索引项值数据的指针。例如，可以运用索引找到对于特定考号对应的所有考生元组。又如，哈希就是一种索引方式。
- 统计数据：数据库数据分布特征，用于帮助查询处理时找出尽可能优的执行路径。
- 日志：依此登记事务对数据的修改，以帮助故障时恢复数据库。

1.4.8 立足点

现有典型数据库管理系统针对安全、简单、高效等目标采取多种有效措施。在简单性方面，首先使用非常简单的关系模型，使得数据库设计和访问都像面对的是日常使用广泛的最简单形式的表格；进而使用一种说明型的语言 SQL，非常接近自然语言，易学易用；采用三层模式两级映射，获得良好数据独立性，从而物理模式的调整和模式的调整都独立于应用程序，使得调整物理模式以优化系统性能和扩展模式以对系统增加新的功能等都变得简单。通过软件提供简单性时，通常都会带来性能问题。正是由于关系数据库系统性能的缺陷，使得其刚刚出现时仅在学术上得到重视而无法实际应用。得益于 IBM、加州大学伯克利分校等学术界和工业界十余年在查询优化技术上的努力和成果，加之硬件性能的提升，才使得关系数据库的性能获得提升，并逐步进入实用；数据库管理系统还允许并发来充分发挥系统资源的潜力以改进响应性能，并通过恢复机制自动地处理故障，这也能改进故障处理时的性能；另外，也可以用索引、物化视图、解规范化来改进性能。在安全性方面，视图仅允许用户看见所需数据，权限管理实现数据访问权限的控制；完整性约束能防止不正确的数据进入数据库；允许事务并发执行虽能带来性能上的好处，但需要对并发进行管控以保证并发访问时的数据完整性，并发控制机制保证并发情况下的数据完整性；恢复机制能保障故障情况下的数据完整性；另外，还可以对数据进行加密，以保证重要数据的机密性。安全性和高效性可能有冲突，但安全功能的使用是很简单的，同时事务恢复使得故障的处理不需要人为干预，同时也提高了故障处理的效率。

关系数据库的本质特征包括以关系为数据模型，采用声明性语言 SQL、完全 ACID 特性的数据一致性。当前，在 NoSQL 系统中，强调可扩展性和高性能，不仅放弃了关系模型、声明性语言，也放弃了完全 ACID 特性。兼顾可扩展性、高性能和关系模型、声明性语言 SQL、完全 ACID 特性的系统被称为 NewSQL。

1.5 数据库系统

数据库系统通常是一个复杂系统，不仅有数据库管理系统，还包括其支持系统及工作环境。数据库系统通常由硬件、软件和用户三大部分组成，如图 1-5 所示。

1.5.1 硬件

数据库系统的硬件包括所有支持数据库系统运行的硬件设施，如 CPU、内存、网络、

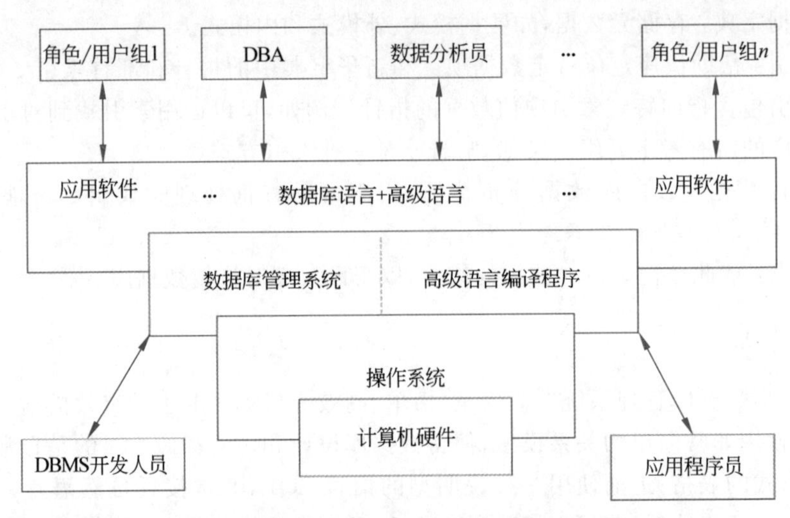

图 1-5 数据库系统层次示意

磁盘、光盘、磁带、终端显示、键盘、打印机等。

数据库规模通常较大,而内存容量有限,无法将整个数据库一次性全部装入内存,数据通常存储在硬盘上而在需要时从外存装入内存,因而数据库系统中数据处理的速度除了与计算机本身的时钟频率有关外,一个更重要的因素就是I/O操作所占的时间。

数据库规模通常较大,数据访问大都需要在成千上万的元组中,寻找某特定数据项,可能需要进行几次、几十次以至几百次I/O操作。与CPU及内存相比,I/O操作的速度是极慢的。如何减少I/O操作的次数以使I/O操作时间(次数)达到最小值,是数据库系统性能优化的主要着力点之一。

当数据库的规模持续增大,大到当前磁盘无法容纳时,该怎么办呢?这就引出了大数据技术。简而言之,大数据技术就是研究安全、方便共享大规模数据的关键硬件和软件技术。

1.5.2 软件

数据库系统的软件包括操作系统、主语言(即高级语言)编译程序、DBMS和应用程序。

操作系统(OS)是DBMS最重要的支持软件,DBMS对于数据的存取、CPU、内存、外存等硬件的访问都要通过OS来执行。

DBMS提供的SQL可使用户安全方便地操作数据,但其他一些功能,如计算、判别、转移、条件、循环等,DBMS最初都未提供。因此,DBMS研发人员研发DBMS时除了要了解支持DBMS的OS外,还要了解在此OS支持下的高级语言的使用规则,以便DBMS的数据操作命令和这些高级语言程序“合作愉快”“配合默契”。

具体应用中的业务管理,如预订机票、银行的出纳和记账、工资计算、图书借阅登记和还书等都只能用高级语言编写应用程序,需要数据库数据时便调用DBMS命令。

随着软件技术的发展,数据库应用程序出现了两个趋势,一是许多公司或一些高级用户为了避免大量的重复,将应用软件中许多基本的共性的工作做成通用程序,组成应用软件包。这些应用软件包用DBMS和高级语言混合编制。例如,自动报表生成、统计计算程序、关联分析、聚类分析、有限元分析程序等。二是有些DBMS纳入一部分这些共性应用软件。两种发展方向都可为用户提供更多方便。

1.5.3 用户

一般而言,数据库系统的规划、设计、运行、维护和管理涉及各类人员。根据各人员所承担的职责不同,可分为如下几类。

(1) 数据库管理员。对数据库系统进行集权控制的人称作数据库管理员。负责建立数据库的数据结构,决定数据库的存储结构和存取策略,定义数据的安全策略,定期备份数据库,监控数据库的使用和运行状态。使用DBMS的一个主要原因是可以对数据和访问这些数据的程序进行集中控制。

(2) 系统分析员。负责应用系统的需求分析和规范说明,完成与用户及DBA之间的协商,确定系统的软硬件配置,还要参与数据库的概念设计。

(3) 数据库设计人员。参加用户需求调查和系统分析,确定数据库中的数据内容,设计功能齐全、性能优良的数据库。

(4) 应用程序员。设计和编写应用程序模块的技术人员,并进行调试和安装。

(5) 终端(末端)用户。终端用户通过应用系统界面来使用数据库,即他们通过执行事先已经写好的应用程序使用系统功能。例如,银行出纳员在将家长账户A的5000元转入学生账户B时激活转账程序,输入转账金额、转出的账户以及转入的账户,然后执行转账。典型终端用户界面是Web页面。

(6) 数据分析员。数据分析人员根据业务管理需要,以业务数据或其生成数据为基础,进行较高级的数据统计分析,产生各种报表。

1.5.4 工作过程

为了说明数据库系统的工作过程,现以数据检索为例,剖析数据库系统是怎样进行工作的。

假设数据库模式包括三个表:(考号,姓名,性别),(试卷号,试卷名),(考号,试卷号,成绩)。内模式是B+树,有多个视图,其中一个是(姓名,试卷名,成绩)。应用程序运行到某时刻,需要从数据库系统中检索一个数据行(记为事务A),例如,查询姓名叫刘诗诗的考生的大学美育成绩。此时,应用程序会把事务A中的数据查询语句发送给DBMS,并在此等待DBMS回送结果。图1-6描述了最简单情形下(不考虑多用户并发、故障等)DBMS检索一个数据行的过程。

① 分析事务A数据查询命令中的词句,检查其合法性。若合法,则继续执行;若不合法,则返回。

② 从数据字典调进事务A对应的外模式(姓名,试卷名,成绩);进行存取权限检查,符合则继续下一步。

③ 从数据字典调进模式,包括三个表:(考号,姓名,性别),(试卷号,试卷名),(考

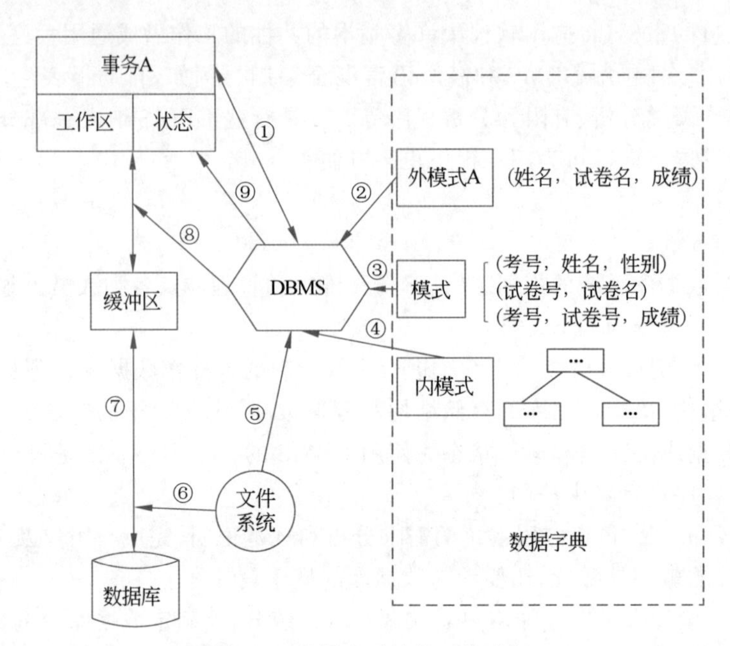

图 1-6 数据库系统的工作过程

号,试卷号,成绩)。检查模式与外模式映射关系,确定所需外模式对应的模式。

④ 查看内模式(在磁盘上以树结构存储)及模式到内模式的映射,确定存取方法。

⑤ DBMS 按照内模式的指引,向文件系统(操作系统中负责文件管理的模块)发出读磁盘块的命令。

⑥ 文件系统执行 I/O 命令。

⑦ 磁盘块从外存传送到缓冲区。

⑧ DBMS 比较模式和子模式,在被传送到缓冲区的块中筛选出属于查询结果的数据项(可能要搜索多个块,有的块包含属于查询结果的数据项而有的块没有),并以外模式组织、送至事务 A 工作区。

⑨ DBMS 将执行的结果以及状态信息回送应用程序,应用程序继续执行。

这是数据检索语句执行的基本过程,其他语句执行过程大致相仿。这里假设事务 A 仅包含一条检索一个数据行的语句,DBMS 当前只须执行这一个事务,实际的情况是大型系统中通常有大量(各自需要访问大量数据项的)事务并发执行,需要数据库管理系统有效协调,相应内容会在第 10 章讲解。

1.5.5 在网络上

如今,大多数用户并不直接与数据库系统打交道,而是通过网络访问数据库。网络上的数据库系统通常可分为两个或三个部分。

1. C/S(Client/Server)结构

C/S(Client/Server)即客户机(远程数据库用户工作用的客户机)和服务器(运行数据

库管理系统的服务器)结构。应用程序被分离出一部分安装在客户机上,用来通过查询语言表达式来调用服务器上的数据库系统功能。C/S 可以充分利用两端硬件环境的优势,将任务合理分配到 Client 端和 Server 端来实现,降低了系统的通信开销,但这种模式存在很多问题,如系统安全性、可移植性、可伸缩性较差,安装维护困难等。

2. B/S(Browser/Server)结构

B/S(Browser/Server)即浏览器和服务器结构。B/S 结构是随着 Internet 技术的兴起而对 C/S 结构的一种变化或者改进的结构。在这种结构下,无须开发客户端软件,用户工作界面通过 WWW 浏览器来实现,极少部分事务逻辑在前端(Browser)实现,主要事务逻辑在服务器端(Server)实现。B/S 结构很好地解决了 C/S 结构中的表示层不统一的问题:Web 浏览器是跨平台的,而且能提供文本、图形、图像、视频、音频等服务,是客户机用户界面的最好选择。

随着 Internet 的广泛应用,将 Web 技术与数据库系统结构相结合,就得到 Web 数据库系统的浏览器/Web 服务器/应用服务器/数据库服务器的体系结构。这是数据库系统为适应 Internet 技术对 C/S 结构的继承和发展,形成所谓的三层结构或多层结构,即 Web 服务器、应用服务器、数据库服务器,如图 1-7 所示。

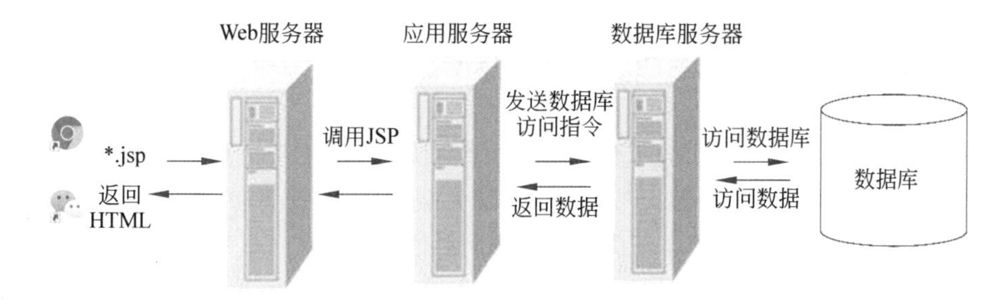

图 1-7　Web 数据库系统的 B/S 体系结构

其中,客户端主要负责人机交互;Web 服务器主要负责对客户端应用程序的集中管理;应用服务器主要负责应用逻辑的集中管理;数据库服务器则主要负责数据的存储和组织、数据库的分布管理、数据库的备份和同步等。

在这种架构下,数据库系统的访问过程是这样的。当用户从浏览器提交页面请求时,如果请求的是一个.html 格式的静态页面,Web 服务器会直接将相应文件返回客户端。假设此时用户提交的是 JSP 格式的动态页面,Web 服务器会调用 JSP 相关机制在应用服务器中执行相关 Java 代码,如果代码中包含访问数据库的指令,应用服务器就会连接相应数据库服务器并发送相关数据库访问指令给数据库服务器,数据库服务器按指令从数据库中获得数据,并返回,利用从数据库返回的数据,在 JSP 页面文件基础上形成.html 文件返回给客户端,客户端浏览器将收到的.html 格式内容展示给用户。

1.6 大数据与数据管理技术发展趋势

现阶段,随着大数据现象的出现,为了能够应对新需求、新挑战,数据管理技术正在经历深刻变革。

在关系数据库管理系统(RDBMS)发展的历史长河中,它击败过很多的竞争者,例如,20世纪90年代的对象数据库管理系统,2000年的XML数据库管理系统。每一次,关系数据库管理系统都能通过引进新颖的新功能来适应各种情况,并保持它的市场主导地位。但是,过去那些曾经的对手与这次大数据技术浪潮完全不同,它们从来都没有涉及基础架构上的变化,数据库管理系统的主要组成部分仍然与其初生时的架构设计没有太大差别。

如今的大数据时代,利用计算机集群这种新的基础架构来存储和处理大数据的NoSQL系统,因其良好的可扩展性和高性能,已经成为关系数据库管理系统的巨大威胁。要与NoSQL抗争,关系数据库管理系统必须对相关部分重新进行架构设计。Stonebraker等认为关系数据库管理系统一统天下的局面已经一去不复返。事实上,如果关系数据库管理系统不能快速适应形势变化,甚至也有可能失去目前尚处于领导地位的在线事务处理方面的市场。另外,关系数据库管理系统还需要尽快适应最近几年硬件方面的快速发展,例如,主存成本的急剧下降,以及拥有数百GB主存机器的出现;SSD越来越便宜并越来越多地替换硬盘;CPU和网络速度都更快;得益于不断发展的API,GPU计算越来越普及。

NoSQL也无法高枕无忧,为了强调可扩展性和高性能,不仅放弃了关系模型、声明性语言,也放弃了完全ACID特性。然而,以关系为数据模型,采用声明性语言、支持完全ACID特性等正是关系数据库管理系统历来的制胜法宝。

既支持ACID事务和SQL,又具有高性能和高可扩展性特征,同时兼顾NoSQL和RDBMS优势的系统已经开始出现并被称为NewSQL。很多人说Spanner是Google设计出的又一个最具创新性的系统,它代表了数据库管理系统发展的新方向。见证Google在领导一场NoSQL运动之后,通过自己的Spanner系统又回到传统关系模型上的确挺有意思。Spanner号称是在全球分布的计算机集群上满足ACID并与SQL兼容的关系数据库。这种数据库相比BigTable和Megastore,能够使模式演变更简单,广域复制的一致性更强。

习 题

1. 只要有大量数据就称为数据库,这种说法________。

A. 正确　　B. 不正确　　C. 不确定　　D. 以上所有

2. 数据库管理系统的目标包括________。

A. 安全　　B. 简单　　C. 高效

D. 共享数据　　E. 以上所有

3. 数据库管理系统中的语言包括________。

A. DDL　　B. DML　　C. DPL　　D. 以上所有

4. 使用数据库管理系统的好处包括________。

A. 效率的提高　　B. 增强的安全性

C. 开发应用的简单性　　D. 以上所有

5. 对并发访问共享数据时彼此之间潜在干扰进行协调的是________。

A. 事务管理　　B. 数据库管理　　C. 查询管理　　D. 存储管理

6. 内模式的改变不会影响到模式,这称为________。

A. 物理数据独立性　　B. 逻辑数据独立性

C. A 和 B　　D. 以上都不对

7. 模式的改变不会影响到外模式(或应用程序),这称为________。

A. 物理数据独立性　　B. 逻辑数据独立性

C. A 和 B　　D. 以上都不对

8. 数据库管理系统包括哪几个模块?

第2章

关 系 模 型

关系是使用最广泛的逻辑数据模型，如今绝大多数的数据库系统都是关系型的，称为关系数据库。关系模型涉及关系结构、关系操作和完整性约束三个方面。

2.1　关系结构与约束

2.1.1　关系与表

关系数据库使用一系列表来表达数据以及这些数据之间的联系。每个表有多个列，每个列有唯一的名字，表中的一行代表的是这些列之间的联系，而整个表是行的集合。表 2-1～表 2-6 给出了一个关系数据库示例，它由 6 个表组成，分别给出了考生信息的细节、试卷信息、报考信息、考官信息、组卷信息、院系所信息。

第一个关系表是 examinee 表，每行表示一个考生的信息，例如，eeid 为 218811011013 的考生名字叫刘诗诗，性别男，所在院系是历史学院。第二个关系表是 exampaper 表，每行表示一门试卷的信息，例如，eid 为 0205000002 的试卷名称为中国近现代史纲要，类型编码是 4。第三个关系表是 eeexam 表，每行表示一个答卷信息，即表示了哪个考生做了哪套试卷，例如，考试号为 218811011013 的考生做了 eid 为 0205000002 的试卷，得分是 92。第四个关系表是 examiner 表，每行表示一位考官的信息，例如，考官号 erid 为 2009040 的考官名字叫成志云，性别女，年龄 35 岁，所在院系是历史学院。第五个关系表是 erexam 表，每行表示一个组卷信息，即表示了哪个考官组织了哪套试卷，例如，考官号 erid 为 1998039 的考官组织了 eid 为 0211000001 的试卷。第六个关系表是 department 表，每行表示一个院系信息，例如，历史学院办公地点在主楼 B2，联系电话是 58809289。

关系数据库每个表中每个列有个列首，这些列首也称作属性或字段。每个属性有一个允许值的集合，称为该属性的域或取值范围，即数据类型。

表 2-1 examinee 表

eeid	eename	eesex	eeage	dname
218811011013	刘诗诗	男	20	历史学院
218811011014	刘诗诗	男	21	历史学院
218811011219	王琳懿	女	18	文学院
218811011220	王琳懿	女	19	文学院
218811011221	刘慧杰	女	19	文学院
218811011117	刘慧杰	女	19	教育学部
218811011025	张立帆	男	20	心理学院
218811011027	张立帆	男	19	心理学院
218811011028	刘慧杰	男	20	心理学院

表 2-2 exampaper 表

eid	ename	etype
0205000002	中国近现代史纲要	4
0210000001	大学外语	2
0201020001	计算机应用基础	4
0211000001	大学美育	3
0219001014	普通物理学	4
0110001001	教育学	1
0110001002	心理学	1

表 2-3 eeexam 表

eeid	eid	achieve
218811011013	0205000002	92
218811011013	0201020001	88
218811011116	0210000001	90

表 2-4 examiner 表

erid	ername	ersex	erage	dname
2009040	成志云	女	35	历史学院
1990122	戴小刚	男	53	教育学部
1998039	丁向军	女	42	文学院
2011049	郑博宇	男	32	物理系

续表

erid	ername	ersex	erage	dname
2007033	李晓燕	女	38	心理学院
1995057	林永强	男	49	历史学院
2010022	姚翠红	女	36	物理系
2013069	王瑞芬	女	30	心理学院

表 2-5 erexam 表

erid	eid
1998039	0211000001
1990122	0110001001
2007033	0110001002
2010022	0219001014

表 2-6 department 表

dname	dloca	dtele
历史学院	主楼 B2	58809289
教育学部	英东教育楼	58808855
文学院	主楼 B7	58807998
物理系	物理楼	58808135
心理学院	后主楼 B12	58807832

例如，表 2-1 给出的示例数据库中，第一个关系表考生表 examinee，包括属性考生号 eeid、考生姓名 eename、考生性别 eesex、考生年龄 eeage、考生院系 dname，这里给出了 9 行也就是 9 位考生信息。第二个关系表试卷表 exampaper，包括属性试卷号 eid、试卷名 ename、试卷类型 etype，这里给出了 7 门试卷信息。第三个关系表考生答卷表 eeexam，包括属性考生号 eeid、试卷号 eid、成绩 achieve，这里给出了 3 个答卷示例信息。第四个关系表考官表 examiner，包括属性考官号 erid、考官姓名 ername、考官性别 ersex、考官年龄 erage、考官院系 dname，这里给出了 8 位考官信息。第五个关系表考官组卷表 erexam，包括属性考官号 erid、试卷号 eid，这里给出了 4 个组卷示例信息。第六个关系表院系表 department，包括属性院系名 dname、院系办公地点 dloca、院系电话 dtele，这里给出了 5 个院系信息。

关系模型通常有如下要求。

（1）表中的每一列属性都是不能再分的基本原子属性。

（2）同一表中每个列都被指定一个不同的名字。

（3）同一表中各行相异，不允许重复出现完全相同的行。

(4) 同一表中行、列次序均无关紧要。

不难看出,表可以非常容易地存储在文件中。例如,一个特殊的字符(如逗号)可以用来分隔记录的不同属性,另一特殊的字符(如换行符)可以用来分隔记录。对于数据库的开发者和用户,关系模型屏蔽了这些底层实现细节。

有 n 个属性的表是笛卡儿积 $d_1 \times d_2 \times \cdots \times d_{n-1} \times d_n$ 的一个子集,其中,$d_i(i=1,2,\cdots n)$表示第 i 个属性所有值的集合;而数学上将关系定义为一系列域上的笛卡儿积的子集。这样看来,关系的定义与表的定义几乎完全相同,因而称此模型为关系模型。关系和表唯一的区别在于给表中的每个列(即属性)赋予了名称,而关系则没有;由于表实际上就是关系,因而在关系模型中,可用数学名词关系和元组来代替表和行。既然关系是元组的一个集合,就可以采用数学上的表示法 $r \in t$ 来表示元组 r 在关系表 t 中。

一个关系有固定数量的命名的列(属性)和可变数量的行(或元组),每个元组代表实体集中的一个个体,而每个属性包含特定个体某个性质的一个值。实体集的所有成员有相同的属性,元组的数量称为基数,属性的数量称为度。

为使用方便,通常给关系模式一个名字,如 ee_sche = (eeid,eename,eesex,eeage,dname)。用 examinee(ee_sche)表示 examinee 是模式 ee_sche 上的关系;也可用 examinee(eeid,eename,eesex,eeage,dname)表示模式是(eeid,eename,eesex,eeage,dname)的表 examinee。关系 examinee 相当于关系模式 ee_sche 的一个变量。所谓的关系模式就是指类似 ee_sche 的定义。如无特殊说明,本章后面的叙述中使用与表 2-1 对应的下列模式示例。考官表模式 er_sche=(erid,ername,ersex,erage,dname),考生表模式 ee_sche=(eeid,eename,eesex,eeage,dname),试卷表模式 exam_sche=(eid,ename,etype),考生答卷表模式 eeexam_sche=(eeid,eid,achieve),考官表模式 examiner_sche(erid,ername,ersex,erage,dname),考官组卷表模式 erexam_sche=(erid,eid),院系表模式 depa_sche=(dname,dloca,dtele)。

2.1.2　关系键

关系数据库中键的概念很重要,包括超键、候选键、主键、外键。

在给定关系模式 S 中,能唯一标识出各个元组的属性集合,称这个属性集合为该关系模式的超键。超键中可能包含无关紧要的属性。

在给定关系模式 S 中,能唯一标识出各个元组的属性集合,并且这个属性集合的任何一个真子集都不能标识出各个元组,称这个属性集合为该关系模式的候选键。由此可见,候选键是超键,但超键不一定是候选键。例如,表 2-1 中的 eeid,就是 examinee 关系模式的候选键。

一个关系中可能有多个候选键,通常指定一个(且只能一个)候选键用来标识元组,该候选键称为主键(Prime Key)。由于主键具有唯一性,所以主键是候选键,但候选键不一定是主键。通常选择值从不或极少变化的候选键作为主键。

关系中任意两个元组不能在键(超键、候选键、主键)上取相同的值,键是整个关系的一种性质而不是针对单个元组,键值的唯一性对关系的所有实例都具有唯一性而不是只针对一个实例。键建模了现实世界中的约束。

候选键中的属性，称作主属性；不包含在任何候选键中的属性称为非主属性。

如果关系表 S_1 的一个属性子集 A，必须匹配另一个关系表 S_2 中出现的数值，则称 A 是关系表 S_1 的外键。其中，S_1 称为引用表(关系)，S_2 称为被引用表(关系)。外键的值，或与被引用表中对应属性出现的值对应，或为空值。

2.1.3 约束

数据库保存现实世界的状态，并服务现实世界的应用，数据库中的数据应该与现实世界时时保持一致才有意义。理想情况下，系统能够判断数据库中的各个数据项值是否与现实世界一致，即数据是否真实正确。然而，这个目标是无法实现的。退而求其次，可以在系统中定义一些正确数据应该满足的约束，系统自动检查数据库中的数据是否满足这些约束条件，并且只允许满足这些约束条件的数据进入数据库。也就是说，软件系统无法保证数据的真实正确性，可以保证数据符合可明确定义的约束。这种约束通常称为完整性约束，它是数据安全性的一部分。常见的简单约束有以下两种方式。

(1) 对属性取值范围的限定。

(2) 对属性值之间相互关系的限定。

例如，属性性别只能有男/女两个不同值；考生人数不应该超过考场容量；两个不同学院联系电话不同。

又如，在 examinee 表中，考号通常不能为空，由于存在重名重姓的可能，没有考号的行没有实际意义，不能确定年龄性别和院系等值到底描述的是哪个考生，这是对数据值的限定；考生报考试卷，涉及考生、试卷和报考三个表：examinee(eeid，eename，eesex，eeage，dname)、exampaper(eid，ename，etype)、eeexam(eeid，eid，achieve)。其中，报考表 eeexam 中出现的每个 eeid 属性值，都应该出现在 examinee 表；报考表 eeexam 中出现的每个 eid 属性值，都应该出现在 exampaper 表；报考表 eeexam 中 achieve 属性的每一个取值都应该在区间[0，100](假设是百分制)，该区间以外的其他值是不正确的。

键也是一种约束，关系中任意两个元组不能在键(超键、候选键、主键)上取相同的值。

还可以定义更一般化的数据依赖约束：如果对于属性集 A_x 的一个具体值，属性集 A_y 都有唯一确定的值与之对应，称 A_y 函数依赖于 A_x，或 A_x 函数决定 A_y；如果对于属性集 A_x 的一个具体值，就有一组 A_y 值(可以是零个或有限多个)与之对应，而与模式中其他属性都无关，称 A_y 多值依赖于 A_x，或 A_x 多值决定 A_y。

2.2 关系操作

可以用代数、逻辑等方法表述关系操作，最基本最常用的是代数方法，即关系代数。通常，一门代数总是包括一些运算符和一些运算数。关系代数也是一门代数，关系代数包括一个运算集合，这些运算以一个或两个关系作为输入，产生一个新的关系作为结果。关系代数运算主要包括基本关系代数运算、附加关系代数运算和扩展关系代数运算。在下面的表述中，为了方便，约定 t_1，t_2，t_3 表示任意关系，S_1，S_2，S_3 分别表示 t_1，t_2，t_3 对应的模式。对任何一个关系运算，关键是以下三个方面。

- 关系运算结果的关系模式是什么样子的?
- 结果关系模式中的属性是如何命名的?
- 结果关系中包含哪些元组?

2.2.1 基本关系代数运算

关系代数的基本运算有投影运算(Project)、选择运算(Select)、集合并运算(Union)、集合差运算(Set difference)、笛卡儿积运算(Cartesian product)以及更名运算(Rename)。下面对这些运算进行逐一介绍。

1. 投影运算

投影运算用来从任意已知关系表 t 产生一个只有 t 的部分列的新关系。投影运算用希腊字母 Π 表示,所有希望在结果关系中出现的属性作为 Π 的下标,而作为参数的关系跟随在 Π 后的括号中。结果关系的模式是 Π 的下标中所列出的所有属性,并按 Π 下标中列出的顺序出现。例如 Πeeid, eename(examinee),就是对 examinee 关系做投影,结果关系仅包括 eeid, eename,并且会去掉结果关系中重复的元组。

注意,由于关系代数把表看作元组集合的关系,既然是集合,就不包括重复元组,也就是说,关系代数每个运算都是去重的。

[例 2-1]　列出 t_1 所有元组的γ和 λ 属性,就应该写作:

$$\Pi_{\gamma,\lambda}(t_1)$$

查询结果如表 2-7 所示。

表 2-7　例 2-1 查询结果

γ	λ
1	2
1	1
1	4
3	2

投影运算返回作为参数的那个关系的部分属性构成的新关系,重复的行均被去除。

2. 选择运算

选择运算的目的是给出满足给定谓词(条件)的元组,用小写希腊字母 σ 来表示,而将谓词写作 σ 的下标,并在 σ 后的括号中给出作为参数的关系。结果关系和原关系有着相同的模式,习惯上用跟原关系相同的顺序列出这些属性。例如,$\sigma_{\text{eesex="男"}}$(examinee)就是选出 examinee 关系中 eesex="男"的元组。

[例 2-2]　给出 t_1 关系(见表 2-8)中 γ 为 1 的元组,就应该写作:

$$\sigma_{\gamma=1}(t_1)$$

查询结果如表 2-9 所示。

表 2-8 t_1 关系

α	β	γ	λ	ξ
a	b	1	2	3
b	c	1	1	3
a	d	1	4	3
a	b	3	2	3
e	b	1	2	3

表 2-9 例 2-2 查询结果

α	β	γ	λ	ξ
a	b	1	2	3
b	c	1	1	3
a	d	1	4	3
e	b	1	2	3

如果要找出 t_1 关系中 $\lambda>2$ 的元组，选择运算就应该写作：

$$\sigma_{\lambda>2}(t_1)$$

选择谓词使用的比较运算符可以是=、≠、<、≤、>和 ≥；还可以用∧和∨将多个谓词合并成一个较复杂的谓词。例如，找出 t_1 关系中 γ 为 1、λ 大于 2 的元组，就可以表示为：

$$\sigma_{\gamma=1\wedge\lambda>2}(t_1)$$

另外，由于空值 null 表示“值未知或不存在”，因而所有涉及空值的比较均为 false（逻辑假）。

3. 集合并运算

t_1 和 t_2 的并写作 $t_1\cup t_2$ 是在 t_1 或 t_2 或两者中的元组的集合。

［例 2-3］ 给出 t_1 或 t_2 关系（见表 2-10）中有的元组，查询结果如表 2-11 所示。

表 2-10 t_2 关系

α	β	γ	λ	ξ
a	b	1	4	3
b	c	1	5	3
a	d	1	4	3
a	b	3	6	3
e	b	1	6	3

表 2-11　例 2-3 运算结果

α	β	γ	λ	ξ
a	b	1	2	3
b	c	1	1	3
a	d	1	4	3
a	b	3	2	3
e	b	1	2	3
a	b	1	4	3
b	c	1	5	3
a	b	3	6	3
e	b	1	6	3

如果要找出所有有组卷考官或有报考考生的 eid，利用关系 exampaper 并不能解决问题，因为某套试卷可能组卷考官为空值（因为是过去的老试卷，不清楚是哪个考官制作的；或者是新的尚没有确定组卷考官的试卷）并且没有考生报考。因此，需要把以下关系并起来，用符号 $\cup$ 来表示。

所有有组卷考官的试卷 id（见表 2-12）：

$$\Pi_{eid}(\text{erexam})$$

所有有报考考生的试卷 id（见表 2-13）：

$$\Pi_{eid}(\text{eeexam})$$

表 2-12　erexam 表

erid	eid
1998039	0211000001
1990122	0110001001
2007033	0110001002
2010022	0219001014

表 2-13　eeexam 表

eeid	eid	achieve
218811011013	0205000002	92
218811011013	0201020001	88
218811011116	0210000001	90

查询结果：

$$\Pi_{eid}(\text{erexam}) \cup \Pi_{eid}(\text{eeexam})$$

查询结果如表 2-14 所示。

表 2-14　查询结果

eid	eid
0211000001	0205000002
0110001001	0201020001
0110001002	0210000001
0219001014	

集合并运算必须保证参与运算的关系是相容的。也就是说，要使并运算 $t_1 \cup t_2$ 有意义，必须满足以下两个条件。

- 关系表 t_1 和 t_2 必须是同元的，即它们所包含的属性个数必须相同。
- 对任意 j，关系表 t_1 的第 j 个属性的域必须和关系表 t_2 的第 j 个属性的域相同或相容。

4. 集合差运算

t_1 和 t_2 的差写作 $t_1 - t_2$，是在 t_1 中而不在 t_2 中的元组的集合。用“－”表示的集合差运算是用来找出在一个关系中而不在另一个关系中的那些元组。

［**例 2-4**］ 计算集合差运算。

(1) 给出 $t_1 - t_2$ 关系中所有的元组，查询结果如表 2-15 所示。

表 2-15　$t_1 - t_2$ 结果

α	β	γ	λ	ξ
a	b	1	2	3
b	c	1	1	3
a	b	3	2	3
e	b	1	2	3

(2) 找出所有有考生报考但是却没有组卷考官的 eid，就可以表示如下。

$$\Pi_{eid}(\text{eeexam}) - \Pi_{eid}(\text{erexam})$$

查询结果如表 2-16 所示。

表 2-16　查询结果

eid
0205000002
0201020001
0210000001

和并运算一样，集合差运算也只能在相容的关系间进行。

5. 笛卡儿积运算

用“×”表示的笛卡儿积运算可以将任意两个关系的信息组合在一起。关系表 t_1 和关系表 t_2 的笛卡儿积写作 $t_1 \times t_2$。

结果关系的关系模式是关系表 t_1 和关系表 t_2 的模式的串接(包括关系表 t_1 的各个属性和关系表 t_2 的各个属性)。也就是说，如果有关系表 $t_1(S_1)$ 和 $t_2(S_2)$，则关系表 $t = t_1 \times t_2$ 的模式是 S_1 和 S_2 的串接。为了能区别既在 t_1 的模式中又在 t_2 的模式中的属性(比如这里的 erid)，可在笛卡儿积运算结果关系模式中，在属性名称前加上该属性来自的关系名称，中间用小数点分隔。但对那些只在两个关系模式之一中出现的属性，一般省略其关系名前缀。这种命名机制的一个缺陷就是要求参加笛卡儿积运算的关系名称必须不同。而当某个关系需要与自身做笛卡儿积时，这种命名机制就显得无能为力了（需要后面讲到的更名运算）。

关系表 $t(S)$ 中包含所有满足下列条件的元组 r。

$\forall r_1 \in t_1, \forall r_2 \in t_2, r$ 由 r_1 和 r_2 拼接而成，而且 $r[S_1]=r_1[S_1], r[S_2]=r_2[S_2]$。

［例 2-5］　给出 $t' \times t''$ 关系（分别如表 2-17 和表 2-18 所示）中有的元组，查询结果如表 2-19 所示。

表 2-17　t'

β	γ
a	1
b	2

表 2-18　t''

α	λ	ξ
a	2	3
b	1	3
a	3	3
e	2	3

表 2-19　$t' \times t''$

β	γ	α	λ	ξ
a	1	a	2	3
a	1	b	1	3
a	1	a	3	3
a	1	e	2	3
b	2	a	2	3
b	2	b	1	3
b	2	a	3	3
b	2	e	2	3

假设 tt=examiner×erexam，则：笛卡儿积运算结果 tt_sche(S)的关系模式 S 为 er_sche 和 erexam_sche 串接。也就是说，S 包括 examiner.erid，examiner.ername，examiner.ersex，examiner.erage，examiner.dname，erexam.erid，erexam.eid。该方法可以区分 examiner.erid 和 erexam.erid 两个属性。但对那些只在两个关系模式之一中出现的属性，一般省略其关系名前缀，这样 S 就简化为：S =（examiner.erid，ername，ersex， erage，dname，erexam.erid，eid)。

笛卡儿积运算结果关系(新关系)中包含哪些元组？

假设关系 examiner 中有 n_1 个元组，关系 erexam 中有 n_2 个元组，那么可以有 $n_1 \times n_2$ 种方式构成 tt＝examiner×erexam 中的元组，即 examiner 中的每个元组都要与 erexam 中的所有元组配对，这样就构成了 tt 中的所有元组，这类似于一个二重循环的过程。特别要注意的是，对于 tt 中的某些元组 r 来说会有如下性质的元组存在。

$$r[\text{examiner.erid}] \neq r[\text{erexam.erid}]$$

examiner×erexam 的部分结果如表 2-20 所示。

表 2-20 examiner×erexam 的部分结果

examiner.erid	ername	ersex	erage	dname	erexam.erid	eid
1998039	丁向军	女	42	文学院	1998039	0211000001
1998039	丁向军	女	42	文学院	1990122	0110001001
1998039	丁向军	女	42	文学院	2007033	0110001002
1998039	丁向军	女	42	文学院	2010022	0219001014

［例 2-6］ 假设希望找出所有由 dname＝“文学院”的考官组卷 id。

可以分步求解如下。

(1) 通过 examiner×erexam 将有关考官组卷关系的 erid 和 dname 关联起来。

$$\sigma_{\text{dname}=\text{“文学院”}}(\text{examiner} \times \text{erexam})$$

(2) 如果某试卷由某个考官组卷，则在上述结果中必定存在某个元组，具有如下性质：

$$\text{examiner.erid} = \text{erexam.erid}$$

继续在上述结果的基础上进行选择运算：

$$\sigma_{\text{examiner.erid} = \text{erexam.erid}}(\sigma_{\text{dname}=\text{“文学院”}}(\text{examiner} \times \text{erexam}))$$

(3) 查询的最终结果只需要列出试卷 id：

$$\Pi_{\text{eid}}(\sigma_{\text{examiner.erid} = \text{erexam.erid}}(\sigma_{\text{dname}=\text{“文学院”}}(\text{examiner} \times \text{erexam})))$$

查询结果如表 2-21 所示。

表 2-21 例 2-6 查询结果

eid
0211000001

6. 更名运算

为了有效管理由一个或多个关系经代数运算构造的结果关系的属性名，通常引进一个更名运算。用小写希腊字母 ρ 表示的命名运算可对关系更名，或赋予关系代数运算结果一个名字。对给定的关系代数表达式 E，表达式 $\rho_x(E)$返回表达式 E 的结果，并把名

字 x 赋给了它。假设关系代数表达式 E 是 n 元的，则表达式：$\rho_{x(a_1,a_2,\cdots,a_n)}(E)$ 返回表达式E 的结果，并赋给它名字 x，同时将 E 的各属性更名为 $a_1,a_2,\cdots,a_n$。

例如，找出考官中最大的年龄。这是一个在关系中求最大值的问题。一般的思路是将 examiner 关系中考官的年龄 erage 两两进行比较得到最大值，但遗憾的是，关系代数中没有这样的运算。examiner 表如表 2-22 所示。

表 2-22　examiner 表

erid	ername	ersex	erage	dname
2009040	成志云	女	35	历史学院
1990122	戴小刚	男	53	教育学部
1998039	丁向军	女	42	文学院
2011049	郑博宇	男	32	物理系
2007033	李晓燕	女	38	心理学院
1995057	林永强	男	49	历史学院
2010022	姚翠红	女	36	物理系
2013069	王瑞芬	女	30	心理学院

为了模拟元组的两两比较，需要一个和 examiner 关系相同但名字为 t 的关系。然后进行笛卡儿积运算 examiner$\times t$，把需要比较的考官年龄属性两两连接在一起：

$$\text{examiner}\times\rho_t(\text{examiner})$$

首先对上述笛卡儿积结果中的两个 erage 进行比较，选出那些比最大年龄都小的年龄：

$$\Pi_{\text{examiner.erage}}(\sigma_{\text{examiner.erage}<t.\text{erage}}(\text{examiner}\times\rho_t(\text{examiner})))$$

上述结果包含除最大年龄以外的其他考官的年龄，要找出最大年龄，还需要进行一次集合差运算：$\Pi_{\text{erage}}(\text{examiner})-\Pi_{\text{examiner.erage}}(\sigma_{\text{examiner.erage}<t.\text{erage}}(\text{examiner}\times\rho_t(\text{examiner})))$。

7. 关系代数表达式

关系运算是以一个或两个关系作为输入，运算的结果仍然是一个关系，所以可以把多个关系代数的运算结果组合在一起，构成一个复杂的表达式。

一般地，关系代数表达式是若干关系代数运算的合法组合，有以下两种。

(1) 关系代数的基本表达式如下。

- 数据库中的一个关系，如 $t(S)$。
- 一个常量关系，如$\{(v_1,v_2,\cdots,v_n),\cdots\}$。

(2) 设 E_1 和 E_2 是关系代数表达式，则下面的表达式也都是合法的关系代数表达式。

- $\sigma_P(E_1)$
- $\Pi_S(E_1)$

- $E_1 \cup E_2$
- $E_1 - E_2$
- $E_1 \times E_2$
- $\rho_x(E_1)$

一个数据库查询可以由多种等价的关系代数表达方式来实现。例如,“列出所有文学院男考生的姓名”就可以表达为:

$$\Pi_{eename}(\sigma_{eesex=\text{“男”}}(\sigma_{dname=\text{“文学院”}}(examinee)))\ \text{或}$$

$$\Pi_{eename}(\sigma_{dname=\text{“文学院”}}(\sigma_{eesex=\text{“男”}}(\Pi_{eename,\ eesex,\ dname}(examinee))))$$

2.2.2 附加关系代数运算

关系代数基本运算的不足是某些常用查询表达复杂,表达式冗长。定义附加运算,不能增加关系代数的表达能力,但却可以简化一些常用查询的表达。附加运算主要包括集合交运算(∩),自然连接运算(∞),属性连接,条件连接,除运算(÷)以及赋值运算(←)。

1. 集合交运算

集合交运算用符号∩来表示,表达式 $t_1 \cap t_2$ 的结果是由那些既在关系表 t_1 中又在关系表 t_2 中的元组组成。与集合交等价的基本运算表示如下:$t_1 \cap t_2 = t_1 - (t_1 - t_2)$。集合交运算也只能在相容的关系间进行。

例如,既有组卷考官也有报考考生的试卷 id 可以表示如下。

$$\Pi_{eid}(erexam) \cap \Pi_{eid}(eeexam)$$

2. 自然连接运算

二元运算自然连接可以将某些选择运算和笛卡儿积运算合并为一个运算,用“连接”运算符∞来表示,即 $t_1 \infty t_2$。

自然连接运算的计算过程如下。

- 首先,形成它的两个参数的笛卡儿积。
- 然后,在笛卡儿积的结果上,基于两个参数的关系模式中都出现的属性,即两个关系模式的同名属性进行属性值相等的选择运算。
- 最后,还要去除重复属性,即结果的关系模式中相同的属性在连接结果中只保留一个,因为在任何元组中同名属性上的值都相等。

例如,找出所有组卷考官号、考官姓名、年龄和所组卷的 eid。

解决方案之一:用关系代数的基本运算。

$$\Pi_{erid,\ ername,\ erage,\ erexam.erid}(\sigma_{examiner.erid=erexam.erid}(examiner \times erexam))$$

解决方案之二:用自然连接运算。

$$\Pi_{erid,\ ername,\ erage,\ eid}(examiner \infty erexam)$$

自然连接运算的形式化定义:设 $t_1(S_1)$ 和 $t_2(S_2)$ 是两个关系,它们的自然连接 $t_1 \infty t_2$ 是 $S_1 \cup S_2$ 上的一个关系,具体定义如下,其中,$S_1 \cap S_2 = \{a_1, a_2, \cdots, a_n\}$:

$$t_1 \infty t_2 = \Pi_{S_1 \cup S_2}(\sigma_{t_1.a_1=t_2.a_1 \wedge t_1.a_2=t_2.a_2 \wedge \cdots \wedge t_1.a_n=t_2.a_n}(t_1 \times t_2))$$

自然连接运算有如下性质。

- 关系代数表达式 $t_1 \infty t_2 \infty t_3$ 与 $t_1 \infty (t_2 \infty t_3)$ 和 $(t_1 \infty t_2) \infty t_3$ 以及 $t_3 \infty t_2 \infty t_1$ 等都是等价的，也就是说自然连接运算满足交换律和结合律。
- 设 $t_1(S_1)$ 和 $t_2(S_2)$ 是没有任何同名属性的关系，即 $S_1 \cap S_2 = \varnothing$，那么 $t_1 \infty t_2 = t_1 \times t_2$。

3. 属性连接

属性连接是在笛卡儿积的基础上选取指定同名列上取值相等的行，结果关系中这些指定同名列只出现一次。

考虑关系表 $t_1(S_1)$ 和 $t_2(S_2)$，并设 $S_1 \cap S_2 = \{a_1, a_2, \cdots, a_k\}$ 即 S_1 和 S_2 共有 k 个同名属性，且 $\{a_{i1}, a_{i2}, \cdots, a_{im}\} \subseteq \{a_1, a_2, \cdots, a_k\}$，则属性连接运算 $t_1 \infty_{a_{i_1}, a_{i_2}, \cdots, a_{i_m}} t_2$ 定义如下。

$$t_1 \infty_{a_{i_1}, a_{i_2}, \cdots, a_{i_m}} t_2 = \Pi_{(S_1 \cup S_2) - \{a_{i_1}, a_{i_2}, \cdots\cdots, a_{i_m}\}} (\sigma_{t_1.a_{i_1} = t_2.a_{i_1} \wedge \cdots \wedge t_1.a_{i_m} = t_2.a_{i_m}} (t_1 \times t_2))。$$

属性连接运算的计算过程如下。

- 首先计算笛卡儿积。
- 然后在笛卡儿积的结果上，基于两个参数的关系模式中都出现的属性，即属性连接运算指定的同名属性进行属性值相等的选择运算。
- 最后还要去除重复列，即结果的关系模式中指定的同名属性只保留一个，因为在任何元组中指定的同名属性上的值都相等。

比如计算 examinee ∞_{dname} department，首先计算笛卡儿积；由于指定按属性 dname 连接，所以选择 examinee.dname 与 department.dname 值相等的元组；最后去掉重复的列，即只保留一个 dname 列。

属性连接与自然连接的区别在于当参与连接运算的两个表有多个同名列时，自然连接的匹配条件是所有同名列全部取值相等；而属性连接的匹配条件是指定其中若干同名列取值相等，如果属性连接指定全部同名列来匹配，则等价于自然连接。

4. 条件连接

条件连接也称θ连接，它把一个选择运算和一个笛卡儿积运算合并为单独的一个运算。考虑关系表 $t_1(S_1)$ 和 $t_2(S_2)$，并设θ是模式 $S_1 \cup S_2$ 的属性上的谓词，则θ连接运算 $t_1 \infty_\theta t_2$ 定义如下：

$$t_1 \infty_\theta t_2 = \boldsymbol{\sigma}_\theta (t_1 \times t_2)$$

条件连接运算的计算过程如下：

首先计算笛卡儿积。

然后在笛卡儿积的结果上，选取满足给定条件的元组。

［例 2-7］　检索考官姓名及所在系办公电话。

$$\Pi_{\text{ername, dtele}}(\text{examiner} \infty_{\text{examiner.dname} = \text{department.dname}} \text{department})$$

5. 除运算

除运算用符号“÷”表示，适合于包含诸如“对所有的”此类短语的查询。

设关系表 $t_1(S_1)$ 和 $t_2(S_2)$，那么 $t_1 \div t_2$ 结果关系表 t_3 是满足下列条件的最大关系：其中，t_3 中每个元组与 t_2 中每个元组组成的新元组(即 $t_3 \times t_2$)必在关系表 t_1 中。

设关系表 t_1 和 t_2 的模式分别是 S_1 和 S_2，$S_1=(a_1, \cdots, a_m, b_1, \cdots, b_n)$，$S_2=(b_1, \cdots, b_n)$，则结果关系表 t_3 的关系模式 $S_3=S_1-S_2=(a_1, \cdots, a_m)$（要点 1：模式相减）；

并且 $t_3=t_1 \div t_2=\{r \mid r \in \Pi_{S_1-S_2}(t_1) \wedge \forall u \in t_2((t_3 \times \{u\}) \in t_1))\}$。(要点 2：$t_3 \times t_2 \subseteq t_1$，即乘不溢出。)

$t_1 \div t_2=\Pi_{S_1-S_2}(t_1)-\Pi_{S_1-S_2}((\Pi_{S_1-S_2}(t_1) \times t_2)-\Pi_{S_1-S_2, S_2}(t_1))$。

例如，假设希望找出除 dname="历史学院" 以外，其他各系都有的同名同姓的考生姓名。department 表如表 2-23 所示。

第一步：除 dname="历史学院" 以外的所有其他各系：

$$t_1=\Pi_{\text{dname}}(\sigma_{\text{dname}<>\text{“历史学院”}}(\text{department}))$$

查询结果如表 2-24 所示。

表 2-23 department 表

dname	dloca	dtele
历史学院	主楼 B2	58809289
教育学部	英东教育楼	58808855
文学院	主楼 B7	58807998
心理学院	后主楼 B12	58807832

表 2-24 第一步的结果

dname
教育学部
文学院
心理学院

第二步：除 dname ="历史学院" 以外的所有其他各学院考生的（eename, dname）对：

$$t_2=\sigma_{\text{dname}<>\text{“历史学院”}}(\Pi_{\text{eename, dname}}(\text{examinee}))$$

查询结果如表 2-25 所示。

表 2-25 第二步的结果

eename	dname
王琳懿	文学院
刘慧杰	文学院
刘慧杰	教育学部
张立帆	心理学院
刘慧杰	心理学院

第三步：现在需要找出这样的考生姓名，它与 t_1 中每个学院的 name(dname)的结果对都会在 t_2 中出现。而给出所有这样的考生姓名的运算就是除运算，即 $t_2 \div t_1$：

$$\sigma_{\text{dname}<>\text{“历史学院”}}(\Pi_{\text{eename,dname}}(\text{examinee})) \div \Pi_{\text{dname}}(\sigma_{\text{dname}<>\text{“历史学院”}}(\text{department}))$$

查询及结果如表 2-26～表 2-28 所示。

表 2-26　被除关系

eename	dname
王琳懿	文学院
刘慧杰	文学院
刘慧杰	教育学部
张立帆	心理学院
刘慧杰	心理学院

表 2-27　除关系

dname
教育学部
文学院
心理学院

表 2-28　除法结果

eename
刘慧杰

6. 赋值运算

赋值运算用符号"←"来表示，与程序设计语言中的赋值类似。通过给临时关系变量赋值，可以将关系代数表达式分开一部分一部分地来写。例如，前面给出的 $t_1 \div t_2$ 的等价运算可以用赋值运算表示如下。

$$M_1 \leftarrow \Pi_{S_1-S_2}(t_1)$$

$$M_2 \leftarrow \Pi_{S_1-S_2}((M_1 \times t_2) - \Pi_{S_1-S_2,S_2}(t_1))$$

$$\text{result} = M_1 - M_2$$

赋值运算只是将右侧的表达式的结果赋给左侧的关系变量，该关系变量可以在后续的表达式中使用。对关系代数而言，赋值必须是赋给一个临时关系变量，而对永久关系的赋值即是对数据库的修改。同样，赋值运算不能增加关系代数的表达能力，但可以使复杂查询的表达变得清晰、简单。

2.2.3　扩展关系代数运算

关系代数运算的扩展主要包括以下三个方面。

- 允许将算术运算作为投影的一部分。
- 允许聚集运算，例如，计算给定集合中元素的和或它们的平均值。
- 外连接运算，使得关系代数表达式可以对表示缺失信息的空值 null 进行处理。

1. 广义投影运算

广义投影运算允许在投影列表中使用算术表达式：

$$\Pi_{F_1,F_2,\cdots,F_n}(E)$$

E 是任意关系代数表达式，而 $F_1,F_2,\cdots,F_n$ 中的每一个都是涉及 E 的属性的算术表达式，也可以仅仅是个属性或常量。

例如，关系 eeexam 表给出了考生的成绩，可以计算每位考生与平均分的差：

$$\Pi_{\text{eeeid, achieve}-90}(\text{eeexam})$$

计算结果如表 2-29 所示。

表 2-29 计算结果

eeeid	achieve-90
218811011013	2
218811011013	−2
218811011116	0

2. 外连接运算

前述连接运算有可能产生悬浮元组，也就是说，这些元组的连接属性不能跟另外关系的任何一个元组的连接属性匹配。某些实际应用系统可能希望在连接结果中保留悬浮元组的痕迹，外连接运算用来处理悬浮元组。

例如，关系 exampaper 只有试卷的基本信息，没有组卷信息，而组卷信息在关系 erexam 中描述。假设现在希望得到所有试卷的全部信息，包括组卷考官的考官号。利用自然连接运算 exampaper∞erexam，其结果丢掉了部分试卷的信息。exampaper∞erexam 的结果如表 2-30 所示。

表 2-30 exampaper∞erexam 的结果

eid	ename	etype	erid
0211000001	大学美语	2	1998039
0110001001	教育学	1	1990122
0110001002	心理学	1	2007033
0219001014	普通物理学	4	2010022

使用外连接运算可以避免这样的信息丢失。外连接运算有三种形式：左外连接(∞^L)，右外连接(∞^R)，全外连接(∞^F)。基于自然连接(属性连接、条件连接)的外连接运算都要首先计算自然连接(属性连接、条件连接)运算，然后再在自然连接(属性连接、条件连接)的结果中加上额外的元组。那么，这些额外的元组到底是如何加到连接的结果中去的呢？

左外连接运算计算方式如下：

首先，计算出自然连接(属性连接、条件连接)的结果；然后，对于自然连接(属性连接、条件连接)的左侧关系中任何一个与右侧关系中任何元组都不匹配的元组 r，向连接结果中加入一个元组 r，r 的构造如下：元组 r 从左侧关系得到的属性被赋为 r 中的值；r 的其他属性被赋为空值。

例如，exampaper∞^Lerexam 的结果如表 2-31 所示。

表 2-31　左外连接

eid	ename	etype	erid
0205000002	中国近现代史纲要	4	null
0211000001	大学美育	3	1998039
0110001001	教育学	1	1990122
0110001002	心理学	1	2007033
0219001014	普通物理学	4	2010022
0201020001	计算机应用基础	4	null
0210000001	大学外语	2	null

与左外连接相似，对右外连接来说，右侧关系中的不匹配左侧关系任何元组的元组被补上空值，并加入右外连接的结果中。

全外连接是左外连接和右外连接的组合，在内连接结果计算出来之后，左侧关系中的不匹配右侧关系任何元组的元组被补上空值并加到结果中，类似地，右侧关系中的不匹配左侧关系任何元组的元组被补上空值并加到结果中。

为了与外连接运算区分，不保留未匹配元组（悬浮元组）的连接运算被称作内连接（INNER JOIN）运算。

对于两个关系的连接，运算涉及三个方面：连接类型、连接条件，以及结果中出现哪些属性。连接条件决定了两个关系中哪些元组应该匹配，其中，如果条件为永真则等价于交叉连接；如果条件为全部同名属性值相等则等价于自然连接。连接类型决定了如何处理连接条件中不匹配的元组，即分为内连接和（左/右/全）外连接。按同名属性值相等匹配时（自然连接或属性连接），同名属性在结果中只出现一次。表 2-32 给出了各种连接运算的对比。

表 2-32　连接运算的分类

运　算	等价称谓	联接条件	是否考虑悬浮元组	运算符	结果列
笛卡儿积	交叉连接	无条件		$\times$	全部列
自然连接	自然内连接	所有同名属性之值相等	否	∞	同名属性在结果中只出现一次
条件连接	条件内连接	给出的布尔表达式为真	否	∞_{θ}	全部列
属性连接	属性内连接	给出的同名属性之值相等	否	∞_{A}	用于匹配的同名属性在结果中只出现一次
自然（左/右/全）外连接	（左/右/全）外连接（左/右/全）连接	所有同名属性之值相等	是	∞^{L}、∞^{R}、∞^{F}	同名属性在结果中只出现一次
条件（左/右/全）外连接	条件（左/右/全）连接	给出的布尔表达式（θ）为真	是	∞^{L}_{θ}、∞^{R}_{θ}、∞^{F}_{θ}	全部列
属性（左/右/全）外连接	属性（左/右/全）连接	给出的同名属性之值相等（A 是以逗号分隔的同名属性）	是	∞^{L}_{A}、∞^{R}_{A}、∞^{F}_{A}	用于匹配的同名属性在结果中只出现一次

3. 聚集运算

聚集运算用于计算值集合的聚集函数(运算符通常用 G)。聚集函数是诸如求和 sum、求均值 avg、计数 count、求最大值 max 和求最小值 min 等的函数。它们的输入是一系列值的集合,而返回的结果则是单个值,是一个只有单个属性(属性名待定,可以运用命名运算指定新关系的属性名)的关系,且此关系只包含一个元组。

聚集运算的一般形式如下:$_{b_1, b_2, \cdots, b_m}\mathcal{G}_{F_1(a_1), F_2(a_2), \cdots, F_m(a_n)}(E)$。

$b_i(i=1,2,\cdots,m)$是用于分组的属性,$\boldsymbol{F}_i$ 是聚集函数,$\boldsymbol{a}_j(j=1,2,\cdots,n)$是属性名。$\mathcal{G}$将 E 分为若干组,满足:

(1) 同一组中所有元组在 $b_1, b_2, \cdots, b_m$ 上的值相同。

(2) 不同组中元组在 $b_1, b_2, \cdots, b_m$ 上的值不同。

例如,假设希望得到学校所有考官的平均年龄,就可以通过下面的关系代数表达式求解。

$$G_{\text{avg(erage)}}(\text{examiner})$$

此查询的结果是学校所有考官的平均年龄。

分组聚集是指对关系中的元组按某一条件进行分组,并在分组的元组上使用聚集函数。例如,计算学校各系考官的平均年龄:

$$\rho_{\text{d\_avg(dname, avg\_age)}}(_{\text{dname}}G_{\text{avg(erage)}}(\text{examiner}))$$

计算结果如表 2-33 所示。

表 2-33 计算结果

dname	avg_age
教育学部	53
历史学院	42
文学院	42
物理学院	34
心理学院	34

2.2.4 数据库修改

数据库的修改操作包括:删除、插入、更新。数据库修改和查询非常相似;不同的是,修改不是将所找出的元组显示给用户,而是要对它们执行相应的修改操作,修改操作的关键是要找出被修改的元组。

1. 删除

删除是将元组整个从数据库中去除,而不是仅删除某些属性上的值。

用关系代数表达删除操作可以表示如下。

$$t \leftarrow t - E$$

其中,t 是关系,E 是查询的关系代数表达式。

［例 2-8］　删除关系 eeexam 中报考(eid =0205000002)的考生记录。

$$eeexam \leftarrow eeexam - \sigma_{eid = 0205000002}(eeexam)$$

［例 2-9］　删除办公点位于主楼 B2 的各系的所有考生信息。

$$t_1 \leftarrow \sigma_{dloca=\text{“主楼B2”}}(examinee \infty department)$$

$$t_2 \leftarrow \Pi_{eeid, eename, eesex, eeage, dname}(t_1)$$

$$examinee \leftarrow examinee - t_2$$

2. 插入

插入的含义是将新的元组增加到关系中;使用关系代数,插入被表示为:$t \leftarrow t \cup E$。其中,t 是关系,E 是关系代数表达式。

例如,历史学院新入学的 20 岁男考生“张三”,考试号 218811011369,报考了 0205000002 并得了 90 分,就可以用关系代数表达式表示如下。

examinee←examinee∪{(21881101101369,“张三”,“男”,20,“历史学院”)}

eeexam←eeexam∪{(21881101101369,0205000002,90)}

3. 更新

更新的含义是修改关系中已有元组的部分属性的值,可以用投影表示如下:$t \leftarrow \Pi_{F_1,F_2,\cdots,F_n}(t)$。

当不修改第 j 个属性时,F_j 就是 t 的第 j 个属性;

当修改第 j 个属性时,F_j 是一个涉及常量、t 的属性的算术表达式,它给出了此属性的新值。

当只对关系中的部分元组进行修改时,可表示如下。其中,P 代表用来选择需要对其进行修改的元组的条件。

$$t \leftarrow \Pi_{F_1,F_2,\cdots,F_n}(\sigma_P(t)) \cup (t - \sigma_P(t))$$

更新举例如下。

例如,将关系 examiner 中每个考官的年龄都增加 1 岁,就可以表示如下。

$$examiner \leftarrow \Pi_{erid, ername, ersex, erage+1, dname}(examiner)$$

这里特别要注意的是,examiner.erage+1 的含义是将属性 examiner.erage 的值加上 1 作为属性 examiner.erage 的新值。

习　　题

一、选择题

1. RDBMS 术语中的行就是________。

　A. 元组　　B. 关系　　C. 属性　　D. 域

2. ________能够唯一地标识表中的一行数据。

　A. 主键　　B. 超键　　C. 候选键　　D. 以上都是

3. 一个表只能有一个________。

A. 主键　　B. 替换键　　C. 候选键　　D. 以上都是

4. 对于关系中要求其值必须与其他关系中的主键匹配的属性或属性组，属于________。

A. 候选键　　B. 主键　　C. 外键　　D. 匹配键

5. RDBMS 术语中，列就是________。

A. 元组　　B. 关系　　C. 属性　　D. 域

6. RDBMS 术语中，表就是________

A. 元组　　B. 关系　　C. 属性　　D. 域

7. RDBMS 术语中，属性可以具有的值的合法集合是________。

A. 元组　　B. 关系　　C. 属性　　D. 域

8. 下述________方面是关系数据模型要考虑的。

A. 数据操作　　B. 约束　　C. 数据结构　　D. 以上都是

9. 关系代数的基本操作包括________。

A. 并、差、交、除、笛卡儿积

B. 并、差、交、投影、选择

C. 并、差、交、选择、投影

D. 并、差、笛卡儿积、投影、选择、更名

10. 设关系 R、S、W 各有 10 个元组，那么它们自然连接的元组个数为________。

A. 10　　B. 30

C. 1000　　D. 不确定(与计算结果有关)

11. 如果两个关系没有同名属性，那么其自然连接操作________。

A. 转换为笛卡儿积操作　　B. 转换为连接操作

C. 转换为外部并操作　　D. 结果为空关系

二、试用关系代数表达下列查询

1. 检索考号为 2188110110888 的考生所报考试卷的试卷号。

2. 检索考号为 2188110110888 的考生所报考试卷的试卷号和试卷名。

3. 检索丁向军所组试卷的试卷号和试卷名。

4. 检索考号为 218811011013 和 218811011221 的考生报考的试卷号。

5. 检索男同学报考的试卷号。

第3章

SQL Server 数据定义与操作

关系数据库的标准语言是 SQL(Structured Query Language,结构化查询语言),虽然 SQL 字面含义是“查询语言”,但其功能却包括数据定义、查询、更新和保护等许多内容。实际中,各种不同数据库管理系统对 SQL 的实现都存有小的差异。以 SQL Server 为例,本章讲述基本数据定义和常用查询及更新,第 4 章讲述应用环境中的 SQL Server,第 5 章讲述数据保护。本章结构安排如下:3.1 节是 SQL 与 SQL Server 概述,3.2 节介绍数据定义,3.3 节~3.11 节介绍数据查询,3.12 节介绍数据更新。

3.1 SQL 与 SQL Server

3.1.1 SQL 发展史

1970 年,美国 IBM 研究中心的 E. F. codd 连续发表多篇论文,提出关系模型。1972 年,IBM 公司开始研制实验型关系数据库管理系统 SYSTEM R,配制的查询语言称为 SQUARE(Specifying Queries As Relational Expression);1974 年,同一实验室的 R. F. Boyce 和 D. D. Chamberlin 对 SQUARE 进行改进,减少了一些数学符号,采用英语单词表示和结构式的语法规则,并重命名为 SEQUEL(Strutured English Query Language);后来 SEQUEL 简称为 SQL(Structured Query Language),即“结构化查询语言”。

1986 年,美国国家标准化协会(ANSI)发布了 ANSI 文件 X5.135—1986《数据库语言 SQL》,1987 年 6 月,国际标准化组织(ISO)采纳其为国际标准,现在称为“SQL86”。ANSI 在 1989 年 10 月又颁布了增强完整性特征的 SQL89 标准。随后,ISO 对标准进行了大量的修改和扩充,在 1992 年 8 月发布了标准化文件 ISO/IEC9075:1992《数据库语言 SQL》。人们习惯称这个标准为“SQL2”。1999 年,ISO 发布了标准化文件 ISO/IEC9075:1999《数据库语言 SQL》,人们习惯称这个标准为“SQL3”。最新发布的 SQL 标准是 SQL:2016,下一版本的发布工作已经在进行之中。实践中,各种数据库管理系统在其实现中都对 SQL 规范既兼容又扩充。在未来很长一段时间里,SQL 仍将是数据库领域的主流语言。不仅如此,像 SQL 一样简单是数据管理系统的普遍追求,万维网联盟(W3C)发布的XML数据查询语言标准XQuery就模仿SQL,RDF数据查询语言标准SPARQL被称为RDF上的SQL,大数据领域也已将提供类SQL查询语言作为大数据管理的重要技术目标之一,比如微软的DryadLINQ就使用类似SQL的非过程化声明式语言。

3.1.2 SQL Server

SQL Server是Microsoft公司推出的关系型数据库管理系统,具有使用方便、可伸缩性好等优点,可跨越从运行Microsoft Windows 98的笔记本计算机到运行Microsoft Windows 2012的大型多处理器的服务器等多种平台使用。

Microsoft SQL Server是一个全面的数据库平台,使用集成的商业智能(BI)工具提供了企业级的数据管理,其官方版不仅具有现有数据平台的强大能力,还能快速构建相应的解决方案实现私有云与公有云之间数据的扩展与应用的迁移,帮助数以千计的企业用户突破性地快速实现各种数据体验。

3.1.3 数据库语言组成

数据库语言基本部分主要有:①数据定义语言,即SQL DDL,用来创建数据库中的各类对象,如表的创建、撤销与更改;②数据操作语言,即SQL DML,数据操作分为数据查询和数据更新,用于实现投影、选择、笛卡儿积和连接、聚集查询和数据插入、删除和修改三种操作;③数据保护语言,即SQL DPL,可用来授予或收回访问数据库的权限,协调事务间的动作等,由DBMS提供统一数据保护功能,维护数据的保密性、完整性和可用性,是数据库系统的主要特征之一。

过去,SQL是面向非过程编程与操作,需要和其他语言结合使用。SQL Server能和其他语言自然融合,如C语言,SQL Server为其嵌入式SQL提供了一些特殊的接口,通过预处理程序将SQL转为C语句。

3.1.4 数据库语言特点

(1) SQL是非过程化的第四代编程语言。用户无须指定对数据的存放方法,因此,其他语言需要一大段程序才能实现的功能,SQL只需要一个语句就可以实现。SQL具有十分灵活和强大的查询功能,其SELECT语句能完成相当复杂的查询操作。有人把非过程化的编程语言称为第四代语言,特点是只要提出“做什么”,而无须说明“怎么做”。

(2) 一种语言多种使用方式。SQL是“自含式”语言,也是“嵌入式”语言。作为自含式语言,SQL不仅可以作为程序语言进行编程使用,而且可以作为交互命令使用,用户可以在终端键盘上直接输入SQL命令对数据库进行操作。作为嵌入式语言,SQL还可以嵌入到高级语言的程序中。在两种不同的使用方式下,SQL的语法结构基本一致。

(3) SQL是关系数据库的标准语言,作为数据存取共同标准接口,可使不同数据库连接成一个统一的整体、有利于各种数据库之间交换数据、程序的移植及实现高度的数据独立性。SQL的影响已经超出了数据库领域本身,不少软件产品将SQL的数据查询功能与多媒体图形功能、软件工程工具、软件开发工具和人工智能程序相结合,显示出了相当大的潜力，应用领域前途无量。近年来，随着 Internet 技术的迅猛发展和快速普及，人们在 HTML 和 XML 中加入 SQL 语句，通过 WWW 来访问数据库，使得 SQL 的应用更加广泛和深入。

(4) 结构简洁、易学易用。SQL 是面向数据的语言，它集数据定义、数据操作和数据保护等数据库必需的基本功能为一身，充分体现了关系数据库的本质特点和巨大优势。SQL 不但功能极强，而且设计构思非常巧妙，语言结构简洁明快，语句非常接近英语语句，特别易学易用。

3.1.5　考试系统数据库

考试系统包括一个题目数据库，里面有大量各个专业、各门课程、各类考试(包括考试、测验和练习)可用的题目，各个院系的考官每次可以从中选择合适的题目组成试卷，称为组卷，考生可以根据需要报考某份试卷，答卷后获得一个分数，称为答卷。考试系统数据库如下。

考生表：examinee(eeid，eename，eesex，eeage，eedepa)，如表 3-1 所示。

表 3-1　考生表 examinee

eeid	eename	eesex	eeage	eedepa
218811011013	刘诗诗	男	20	历史学院
218811011014	刘诗诗	男	21	历史学院
218811011219	王琳懿	女	18	文学院
218811011220	王琳懿	女	19	文学院
218811011221	刘慧杰	女	19	文学院
218811011117	刘慧杰	女	19	教育学部
218811011025	张立帆	男	20	心理学院
218811011027	张立帆	男	19	心理学院
218811011028	刘慧杰	男	20	心理学院

考官表：examiner(erid，ername，ersex，erage，ersalary，erdepa)，如表 3-2 所示。

表 3-2　考官表 examiner

erid	ername	ersex	erage	ersalary	erdepa
2009040	成志云	女	35	5000	历史学院
1990122	戴小刚	男	53	8000	教育学部
1998039	丁向军	女	42	6500	文学院
2011049	郑博宇	男	32	5000	物理系
2007033	李晓燕	女	38	5000	心理学院

续表

erid	ername	ersex	erage	ersalary	erdepa
1995057	林永强	男	49	6500	历史学院
2013069	王瑞芬	女	30	5000	心理学院
2010022	姚翠红	女	36	5000	物理系

试卷表：exampaper（eid，ename，etype，eduration），如表 3-3 所示。

表 3-3 试卷表 exampaper

eid	ename	etype	eduration
0205000002	中国近现代史纲要	4	100
0210000001	大学外语	2	180
0201020001	计算机应用基础	4	120
0211000001	大学美育	3	120
0219001014	普通物理学	4	100
0110001001	教育学	1	180
0110001002	心理学	1	180

考生答卷表：eeexam(eeid,eid,achieve)，如表 3-4 所示。

表 3-4 考生答卷表 eeexam

eeid	eid	achieve
218811011013	0205000002	92
218811011013	0210000001	85
218811011013	0201020001	88
218811011116	0210000001	90
218811011116	0201020001	80

考官制卷表：erexam(erid,eid)，如表 3-5 所示。

表 3-5 考官制卷表 erexam

erid	eid
2009040	0205000002
1998039	0211000001
2007033	0110001002
2010022	0219001014
1990122	0110001001

院系表：department(dname,dloca,dtele)，如表 3-6 所示。

表 3-6　院系表 department

dname	dloca	dtele
历史学院	主楼 B2	58809289
教育学部	英东教育楼	58808855
文学院	主楼 B7	58807998
物理系	物理楼	58808135
心理学院	后主楼 12	58807832

3.1.6　应急预案编制数据库

应急预案指面对突发事件如自然灾害、重特大事故、环境公害及人为破坏的应急管理、指挥、救援计划等，是一种公文。通常一个应急预案由多个不同的编制单位协同编写，才能编制完成。应急预案包含预案编号(plan_id)，预案名(plan_name)，针对的灾害类型(plan_disatype)，针对的区域(plan_area)，针对的灾害等级(plan_level)，发布时间(plan_date)。应急预案编制的参与单位包含单位编号(depart_id)，单位名称(depart_name)，单位联系方式(depart_tel)。一个参与单位可能参与多个预案的编制，一个预案需要多个参与单位协作完成。当参与单位完成编写应急预案时，会记录该单位在应急预案编制中的职责(depart_respon)和工作量(workload)。如表 3-7～表 3-12 所示。

表 3-7　参与单位表 departments 结构

属　性	类　　型	长　　度	是否为主键
depart_id	int		是
depart_name	varchar	50	否
depart_tel	varchar	30	否

表 3-8　departments 表中的数据

depart_id	depart_name	depart_tel
1	教育部	58789087
2	应急部	58789768
3	民政部	58786272
4	国防部	58784585

表 3-9　应急预案表 plan 的结构

属　　性	类　型	长度	是否为主键
plan_id	int		是
plan_name	varchar	50	否

续表

属　　性	类　型	长度	是否为主键
plan_disatype	varchar	20	否
plan_area	varchar	30	否
plan_level	varchar	10	否
plan_date	datetime		否

表 3-10　plan 表中数据

plan_id	plan_name	plan_disatype	plan_area	plan_level	plan_date
1	山东省台风应急预案	自然灾害	山东	三级	2019-08-21
2	江西省暴雨应急预案	自然灾害	江西	一级	2018-07-19
3	汶川地震应急预案	自然灾害	汶川	二级	2008-05-12

表 3-11　参与情况表 record 结构

属　　性	类　　型	长　度	是否为主键	是否外键
depart _id	int		是	是
plan_id	int		是	是
depart_respon	varchar	20	否	否
workload	varchar	30	否	否

表 3-12　参与情况表 record 中数据

depart_id	plan_id	depart_respon	workload
2	1	安置受灾群众	10 天
3	2	灾后重建	30 天
4	1	宣传教育	3 天

3.1.7　中共党史数据库

中共党史数据库事件表 event 包含中国共产党成立与发展过程中的重要事件，包含事件编号(event_id)、事件日期(event_date)、事件地点(event_place)、事件名称(event_name)，如表 3-13 所示，其中的示例数据如表 3-14 所示。

表 3-13　中共党史数据库事件表 event 结构

属　　性	类　　型	长　　度	是否为主键
event _id	int		是
event_date	datetime		否

续表

属　　性	类　　型	长　　度	是否为主键
event_place	varchar	20	否
event_name	varchar	50	否

表 3-14　中共党史数据库事件表 event 中数据

event_id	event_date	event_place	event_name
1	1919-05-04	北京	五四运动
2	1921-07-23	上海	中国共产党第一次全国代表大会
3	1978-12-18	北京	中国共产党第十一届中央委员会第三次全体会议

3.2　数 据 定 义

数据定义包括数据库对象的创建、删除和修改三个部分。SQL Server 中对象标识符和 SQL Server 保留字必须以一个字母(a～z 以及带变音符的字母和非拉丁字母)或下画线(_)开头,随后的字符可以是字母、下画线、数字(0～9)、美元符号($)。SQL Server 中大小写不敏感,只有引号里面的字符才区分大小写。SQL Server 建议 SQL 的保留字用大写;表名、属性名等所有数据库对象名全部使用小写(除非从命名到使用每次都加双引号,否则所有对象名自动转换为小写)。

表是数据库中最重要、最基本的操作对象,是数据存储的基本单位。数据在表中是按照行和列的格式来存储的。每行代表唯一一个元组,每列代表一个域。创建表就是约定表中各个属性的属性名及其数据类型(实际上还包括约束定义,将在第 4 章讲述)。

3.2.1　SQL Server 的基本数据类型

SQL Server 支持的数据类型主要有整数数据类型、浮点数据类型、字符数据类型等,SQL Server 中 SQL 支持的基本数据类型如表 3-15 所示。

表 3-15　SQL 中的基本数据类型

名　　字	存储空间	描　　述
SMALLINT	2B	小整数
INT(INTEGER)	4B	普通整数
BIGINT	8B	大整数
TINYINT	1B	极小整数
REAL	4B	变精度,不精确,6 位十进制数字精度
VARCHAR(*n*)	变长	有长度限制

续表

名　　字	存 储 空 间	描　　述
CHAR(*n*)	定长	不足补空白
BIT	1B	其值为 0 或 1
DATETIME	8B	日期 YYYY-MM-DD

在字符串类型数据中，CHAR(*n*)指长度固定的字符串，*n* 表示列长度，VARCHAR(n)指长度可变的字符串，*n* 表示最大列长度。

3.2.2　表的创建、修改和删除

对表结构的操作有创建、修改和删除三种操作。

1. 表的创建

创建表使用 CREATE TABLE 语句，该语句的一般格式为：

```
CREATE TABLE <表名>
(<列名><数据类型>[<默认值>]
[,<列名><数据类型>[<默认值>]]……
);
```

其中，[]内的“[……]”是可选项，<表名>是所要定义的表名称。

表中每个列的类型可以是基本数据类型，也可以是用户预先定义的域名。主键是一种最基本的完整性约束，完整性约束将在第 4 章详细介绍。下面举例说明。

［例 3-1］　对于考试系统数据库中的三个关系表：

```
试卷表: exampaper(eid,ename,etype)
考官表: examiner(erid,ername, ersex,erage, ersalary,erdepa)
考官制卷表: erexam(erid,eid)
```

表 examiner 可以用以下语句创建。

```
CREATE TABLE examiner
(
    erid VARCHAR(12),
    ername VARCHAR(20),
    ersex CHAR(2),
    erage SMALLINT,
    ersalary REAL,
    erdepa VARCHAR(20)
    );
```

对于表 erexam 可以用下列语句创建。

```
CREATE TABLE erexam
(
erid VARCHAR(12),
eid VARCHAR(10)
);
```

对于表 exampaper 可以用下列语句创建。

```
CREATE TABLE exampaper
(
    eid VARCHAR(10),
    ename VARCHAR(20),
    etype SMALLINT,
    eduration VARVHAR(10)
    );
```

由上述语句可以看到：

(1) 表的定义就是逐列说明属性名称和属性类型。

(2) 每个语句末尾用分号“;”,表示语句结束。

(3) 用 CREATE 语句创建的表,最初只是一个空的框架,接下来,可用 INSERT 命令把数据插入表中(见 3.12 节)。另外,关系数据库产品都有数据装载程序,可以把大量原始数据导入表中。

2. 表结构的修改

在表建立并使用一段时期后,可能需要对表的结构进行修改,如增加新的属性、删除原有的属性或修改数据类型、宽度等。SQL 使用 ALTER TABLE 语句进行表结构修改。在进行表更新时,如果是新增属性,需要新属性一律为空值;如果是修改原有属性,则要注意是否可能破坏已有数据。

(1) 增加新的属性用“ALTER…ADD …”语句,其句法如下。

```
ALTER TABLE <表名>ADD <列名><类型>
```

[例 3-2]　在表 event 中增加一个事件描述(event_describe)列,可用下列语句。

```
ALTER TABLE event ADD event_describe VARCHAR(50);
```

表在增加一列后,原有元组在新增加的列上的值都被定义为空值(NULL)。

(2) 删除原有的属性用“ALTER…DROP COLUMN…”语句,其句法如下。

```
ALTER TABLE <表名>DROP COLUMN<列名>
```

[例 3-3]　在表 event 中删除事件描述(event_describe)列,可用下列语句。

```
ALTER TABLE event DROP COLUMN event_describe;
```

(3) 修改属性的数据类型,使用下面的命令:

```
ALTER TABLE … ALTER COLUMN…;
```

[例 3-4] 把表 event 中事件编号 event_id (int) 改为 varchar(10)可用下列语句。

```
ALTER TABLE event ALTER COLUMN event_id VARCHAR(10);
```

3. 表的撤销

在表不需要时,可以用 DROP TABLE 语句撤销。在一个表撤销后,其所有数据也就丢失了。

撤销语句的句法如下。

```
DROP  TABLE <表名>
```

[例 3-5] 撤销表 event,可用下列语句实现。

```
DROP TABLE event;
```

3.3 投影与广义投影

投影是指选取表中的某些属性的属性值;广义投影是对投影的扩展,指在选取属性列时,允许进行算术运算,即允许涉及属性和常量的算术表达式。投影与广义投影都用 SELECT 命令,语法如下。

```
SELECT [ALL|DISTINCT] <目标列表达式>[,<目标列表达式>] …
FROM <表名>[, <表名>] …
```

需要说明:

(1) 查询输入是 FROM 子句中列出的关系。

(2) 最简单的(<目标列表达式> [, <目标列表达式>] …)是 * ,它输出 FROM 子句中表的所有属性;否则,它是一个逗号分隔的表达式列表。表达式可能是一个属性名,也可以是任意常量算术表达式,如果是一般表达式,那么原理上向返回的表中增加一个新的虚拟属性。表达式为结果中的每一行进行一次计算,计算之前用该行的数值替换任何表达式里引用的属性。

(3) 投影结果中可能出现各个属性值均相等的元组对,但从数据库管理系统实现的角度看,投影过程会对每个新产生的结果元组进行标识,即能把每个元组视为不同。也就是说,由于去重是一项耗时的工作,DBMS 采取惰性原则:除非用户明确指出要求去重(即在 SELECT 保留字后跟 DISTINCT),否则认为每个元组皆不同。SELECT 保留字后跟 ALL 指要求保留重复。

(4) 可以对结果表中行的显示次序进行控制。ORDER BY 子句让查询结果中的行按一个或多个属性(表达式)进行排序,升序时用 ASC,排序列为空值的行最后显示;降序时用 DESC,排序列为空值的行最先显示。

(5) 投影和广义投影都不会对原表产生任何改变,其他查询类似。

[例 3-6]　查询全部试卷的试卷号与试卷名。

试卷号和试卷名全部数据都存在表 exampaper 中,所以 FROM exampaper,需要列出每一个 eid 和每一个 ename 的值,所以 SELECT eid,ename,整个查询语句就是:

```
SELECT eid,ename
FROM exampaper;
```

这个语句的执行过程就是对 exampaper 表,输出其每一行的试卷号 eid 和试卷名 ename 值。

[例 3-7]　查询全部试卷号 eid 对应的组卷考官号,即输出所有试卷号、考官号。

试卷号和考官号的对应关系全部都存在表 erexam 中,所以 FROM erexam,需要列出每一个 eid 和每一个 erid 的值,所以 SELECT eid,erid,整个查询语句就是:

```
SELECT eid,erid
FROM erexam;
```

[例 3-8]　查询全部试卷本身的属性信息,也就是输出 exampaper 表中全部行的所有列。

试卷本身的属性信息都存在 exampaper 表中(注意:试卷报考信息存在 eeexam 表中,试卷组卷信息存在 erexam 表中,但是这些数据并不是查询要求的),所以 FROM exampaper,需要输出 exampaper 表每一行的所有属性列,可以用 SELECT * 或在 SELECT 后面列出该表的所有属性列名,完整的查询语句是:

```
SELECT eid, ename, etype, eduration
FROM exampaper;
```

或

```
SELECT *
FROM exampaper;
```

[例 3-9]　查询全部预案编制参与单位的信息。

```
SELECT *
FROM departments;
```

[例 3-10]　查询每位考生每门考试的扣分情况,即成绩与满分(100)之差。

```
SELECT eeid,100-achieve
FROM eeexam;
```

该查询结果如表 3-16 所示。

表 3-16　查询结果

eeid	100-achieve
218811011013	8
218811011013	15
218811011013	12
218811011116	10
218811011116	20

［例 3-11］　查询全体考官情况，查询结果按所在院系名升序排列，同一学院中的考官按年龄降序排列。

```
SELECT *
FROM examiner
ORDER BY erdepa ASC,erage DESC;
```

3.4　选　　择

选择操作从关系表中选择一些满足特定条件的元组行，比如选择属性满足一些条件(谓词表达式)的元组行，或者无条件选择关系表中的所有元组行。

［例 3-12］　查询 event 表中所有事件本身的属性信息。

```
SELECT *
FROM event;
```

［例 3-13］　查询 event 表中事件地点是北京的所有信息。

```
SELECT *
FROM event
WHERE event_place ='北京';
```

通常，保留字如 FROM、WHERE 等另起一行与 SELECT 左对齐，这种风格显得直观易读；FROM 子句给出查询所涉及的关系表；WHERE 子句给出查询条件，像关系代数中的选择条件，只有满足这个条件的元组行才出现在查询结果中；SELECT 子句给出满足查询条件元组行的哪些属性(或目标列表达式)出现在查询结果中。SELECT-FROM-WHERE 查询的一种解释是，首先考虑 FROM 子句提及关系表中的每个元组行，选择出其中使 WHERE 子句条件为真的，按 SELECT 子句出现的属性序列构造查询结果中的元组行。WHERE 子句中的条件表达式可以用各种运算符组合而成，常用的运算符如表 3-17 所示。

表 3-17　常用的运算符

运算符名称	符号及格式	说　　明
比较	＝，＞，＜，＞＝，＜＝，!＝，＜＞，!＞，!＜	比较两个表达式的值
确定范围	＜表达式 1＞[NOT] BETWEEN ＜表达式 2＞ AND＜表达式 3＞	(不)在给定范围上
是否空值	＜表达式 1＞ IS [NOT] NULL	判断是否为空
是否属于集合	＜元组行＞ [NOT]IN ＜集合＞	判断某元组行是否在某集合内
限定比较判断	＜元组行＞ ALL|SOME|ANY(＜集合＞)	元组行与集合中每一个或某一个元组行满足比较判断限定
存在判断	[NOT]EXISTS(＜集合＞)	判断集合是否存在一个元组行
唯一判断	[NOT]UNIQUE(＜集合＞)	判断集合是否没有重复元组行
串匹配	[NOT]LIKE	%：与零个或多个字符组成的字符串匹配；_：与单个字符匹配；ESCAP：定义转义符
逻辑表达式	AND，OR，NOT	复合多个查询条件

下面给出一些典型选择查询的示例，其中有些也涉及投影。

1. 比较选择

[例 3-14]　查询历史学院全体考官。

```
SELECT *
FROM examiner
WHERE erdepa='历史学院';
```

SQL Server 中使用单引号作字符串常量的标识，对于包含单引号的字符串，使用两个单引号表示一个单引号，注意不能写成双引号。

[例 3-15]　查询所有工资在 5800 元以上的考官，按工资数升序排列。

```
SELECT *
FROM examiner
WHERE ersalary>5800
ORDER BY ersalary;
```

[例 3-16]　查询工资不到 10 000 元的考官。

```
SELECT *
FROM examiner
WHERE ersalary<=10000;
```

2. 范围选择

[例 3-17] 查询工资为 6000～9000 元(包括 6000 元和 9000 元)的考官,按工资降序排列。

```
SELECT *
FROM examiner
WHERE ersalary BETWEEN 6000 AND 9000
ORDER BY ersalary DESC;
```

[例 3-18] 查询工资不为 16 000～19 000 元(包括 16 000 元和 19 000 元)的考官。

```
SELECT *
FROM examiner
WHERE ersalary NOT BETWEEN 16000 AND 19000;
```

3. 空值选择

[例 3-19] 查询尚未登记联系电话的院系。

```
SELECT *
FROM department
WHERE dtele IS NULL;
```

[例 3-20] 查询已经登记联系电话的院系。

```
SELECT *
FROM department
WHERE dtele IS NOT NULL;
```

4. 集合归属选择

[例 3-21] 查询历史学院和心理学院考官。

```
SELECT *
FROM examiner
WHERE erdepa IN ('历史学院', '心理学院');
```

[例 3-22] 查询既不是历史学院也不是心理学院的考官。

```
SELECT *
FROM examiner
WHERE erdepa NOT IN ('历史学院', '心理学院');
```

5. 串匹配选择

字符串的匹配可以使用“=”“LIKE”及正则表达式运算符。“=”要求两边字符串严格相同；“LIKE”允许使用通配符“_”(下画线匹配任何单个字符)和“%”(一个百分号匹配零个或多个任何字符)，如果不使用通配符，“LIKE”和“=”等价。正则表达式中，“_”表示任意一个字符；“*”表示前面的字符出现任意多次或0次；“+”表示前面的字符至少出现一次；“[]”表示一个字符集合中任意一个字符。正则表达式运算符和LIKE一样，默认转义符为“\”，也可以用ESCAPE定义别的字符作为转义符。转义符后的元字符及所定义的转义符都作为普通字符本身。

1）匹配串为固定字符串

[例3-23]　查询联系电话为58807998的院系。

```
SELECT *
FROM department
WHERE dtele LIKE '58807998';
```

等价于：

```
SELECT *
FROM department
WHERE dtele='58807998';
```

2）匹配串为含通配符的字符串

[例3-24]　查询所有以学院命名的院系，如文学院、数学科学学院等。

```
SELECT *
FROM department
WHERE dname LIKE '%学院';
```

[例3-25]　查询所有以系命名，且全名为三个汉字的院系，如物理系、天文系等。

```
SELECT *
FROM department
WHERE dname LIKE '__系';
```

当数据库字符集是ASCII时，每个汉字占位两个字符，通配符相当于两个下画线。

[例3-26]　查询院系名中第2个字为“学”字的院系，如文学院、化学系等。

```
SELECT *
FROM department
WHERE dname LIKE '_学%';
```

[例3-27]　查询所有院系名不以“教育”开头的院系。

```
SELECT *
FROM department
WHERE dname NOT LIKE '教育%';
```

等价于：

```
SELECT *
FROM department
WHERE charindex('教育',dname)<=0;
```

3）使用转义字符将通配符转义为普通字符

[例 3-28] 查询大学外语试卷的试卷号和类别。

```
SELECT eid,etype
FROM exampaper
WHERE ename LIKE '大学外语';
```

[例 3-29] 查询以“数据库_”开头的试卷。

```
SELECT *
FROM exampaper
WHERE ename LIKE '数据库*_%' ESCAPE '*';
```

其中，ESCAPE '*' 表示此处定义“*”为转义字符。

6. 逻辑表达式选择

[例 3-30] 查询历史学院年龄在 58 岁以上、工资尚不足 15 000 元的考官。

```
SELECT *
FROM examiner
WHERE erdepa='历史学院' AND erage>58 AND ersalary<=15000;
```

[例 3-31] 查询历史学院和心理学院的女考官。

```
SELECT *
FROM examiner
WHERE ersex='女' AND (erdepa='历史学院' OR erdepa='心理学院');
```

基于 ALL、SOME、ANY 的限定比较选择，基于 EXISTS、NOT EXISTS 的存在性选择和基于 UNIQUE、NOT UNIQUE 的唯一性选择，大多出现在 3.10 节所述的嵌套查询中。

3.5 集合操作

并、交、差查询对应于数学集合论中的∪、∩和-运算。当两个子查询结果的结构完全一致时，可以让这两个子查询执行并、交、差操作。并、交、差的运算符为 UNION、INTERSECT 和 EXCEPT。

```
(SELECT 查询语句 1)
UNION [ALL]
(SELECT 查询语句 2)


(SELECT 查询语句 1)
INTERSECT [ALL]
(SELECT 查询语句 2)


(SELECT 查询语句 1)
EXCEPT [ALL]
(SELECT 查询语句 2)
```

为了能够计算两个查询的并、交、差，这两个查询必须是“兼容的”，也就是它们都有同样数量的列，并且对应列的数据类型是兼容的，集合操作中不带保留字 ALL 时，默认像 DISTINCT 那样删除结果中所有重复的行，返回结果表自动消除重复元组；而声明了 ALL 时，返回结果保留重复元组。集合操作也可以嵌套和级联。

如果表 t_1 中行 r 出现 n 次，而 t_2 中行 r 出现 m 次，那么在 TABLE t_1 UNION ALL TABLE t_2 中行 r 将出现 $n+m$ 次；在 TABLE t_1 EXCEPT ALL TABLE t_2 中，行 r 将出现 $\max(0, n-m)$ 次；在 TABLE t_1 INTERSECT ALL TABLE t_2 中，行 r 将出现 $\min(n, m)$ 次。其中，n 或 m（或两者）可以为 0。

[例 3-32] 查询历史学院的考官和工资不到 6000 元的考官。

方法一：

```
SELECT *
FROM examiner
WHERE erdepa='历史学院'
UNION
SELECT *
FROM examiner
WHERE ersalary<=6000;
```

方法二：

```
SELECT DISTINCT *
FROM examiner
WHERE erdepa='历史学院' OR ersalary<=6000;
```

[例 3-33] 查询历史学院年龄不到 50 岁的考官。

```
SELECT *
FROM examiner
WHERE erdepa='历史学院'
EXCEPT
SELECT *
FROM examiner
WHERE erage>=50;
```

3.6 连接查询

可以通过内连接(inner join)、外连接(outer join)左连接(left join)、右连接(right join)、全连接(full join)、交叉连接(cross join)等实现多表查询,即从多个表中进行查询。

对于两个关系表的连接操作,连接操作符分成连接类型和连接条件两部分。连接类型决定了如何处理连接条件中不匹配的元组,即分为内连接和(左/右/全)外连接。连接条件决定了两个关系表中哪些元组应该匹配,以及连接结果中出现哪些属性,其中,如果条件为永真则等价于交叉连接;如果条件为全部共同属性值相等则等价于自然连接。

SQL Server 中连接的一般形式如下。

```
t1 { [INNER] | { LEFT | RIGHT | FULL } [OUTER] } JOIN t2 ON <逻辑表达式>
```

INNER 和 OUTER 对所有连接类型都是可选的。默认为 INNER;LEFT、RIGHT、FULL 均隐含外连接。连接条件在 ON 子句中声明,连接条件用来判断来自两个源表中的哪些行是"匹配"的。

ON 子句接收一个和 WHERE 子句相同的布尔表达式,如果两个分别来自 R_1 和 R_2 的元组在 ON 表达式上运算的结果为真,那么它们就算是匹配的行。

3.6.1 笛卡儿积(交叉连接)

基本查询包括三个子句:SELECT 子句、FROM 子句和 WHERE 子句。在写多表连接查询语句时,查询涉及多个表,最简单直接的方法就是在 FROM 后面依次写上这些表名,并以逗号或 CROSS JOIN 分隔,FROM 子句的结果表就是这些表的笛卡儿积,结果表包含所有这些表的所有列,如果两个表中有同名列,在列名前加上表名作前缀,表明该列的来源表。根据查询需要,还可通过 WHERE 子句对笛卡儿积结果表施加选择操作,以撷取那些符合查询条件的行。如果不带 WHERE 条件子句,它将会返回被连接的两个表的笛卡儿积,返回结果的行数等于两个表行数的乘积,这种交叉连接的结果无实际意义；如果带 WHERE 条件子句，返回或显示的是匹配的行数。

［例 3-34］ 查询每个考生及其报考试卷的情况。

```
SELECT *
FROM examinee, eeexam /* 等价于 FROM examinee CROSS JOIN eeexam */
WHERE examinee.eeid =eeexam.eeid;
```

通过笛卡儿积把来自 examinee 和 eeexam 中具有相同 eeid 的元组行进行匹配。

［例 3-35］ 各个单位参与预案编制的情况。

```
SELECT *
FROM departments, record, plan
WHERE departments.depart_id= record.depart_id AND record.plan_id=plan.plan
_id;
```

［例 3-36］ 查询报考 0205000002 试卷且成绩在 90 分以上的所有考生的考试号和姓名。

```
SELECT examinee.eeid, eename
FROM examinee, eeexam
WHERE examinee.eeid=eeexam.eeid AND
      eeexam.eid='0205000002'AND
      eeexam.achieve >90;
```

3.6.2 内连接

条件内连接，是在笛卡儿积运算的基础上选取满足给定条件的行。内连接有等值连接、不等值连接和自然连接这三种。条件连接把一个选择运算和一个笛卡儿积运算合并为单独的一个运算，用 JOIN…ON…实现。当连接操作符是“＝”时，该连接操作被称为等值连接，使用其他运算符的连接运算符称为不等值连接。当等值连接中的连接字段相同且在 SELECT 语句中的输出列表中去除了重复字段时，该连接操作为自然连接。

［例 3-37］ 检索考官姓名及所在学院办公电话。

```
SELECT ername, dtele
FROM examiner JOIN department
ON examiner.erdepa=department.dname;
```

或：

```
SELECT ername, dtele
FROM examiner INNER JOIN department
ON examiner.erdepa=department.dname;
```

［例 3-38］ 参与 1 号预案编制的单位名称和电话。

```
SELECT depart_name, depart_tel
FROM departments JOIN record
ON departments.depart_id=record.depart_id where plan_id=1;
```

3.6.3 外连接

内连接可能会出现左表当中的一些行在右表中没有相匹配的行，或右表当中的一些行在左表中没有相匹配的行，这些没有找到匹配的行称为悬浮行。

内连接和外连接的区别就在于对悬浮行的处理不同。

内连接抛弃所有悬浮行。外连接运算对悬浮行的处理有三种方式：左外连接，右外连接，全外连接，三种方式都要首先计算内连接，然后再在内连接的结果中加上相应的左(右、左和右)表中的悬浮行。

例如，左外连接是这样计算的：首先，计算内连接的结果；然后，把左侧表中的悬浮行加入结果表，这些行中来自右侧表的属性赋为空值 null。

与左外连接类似，右外连接就是把右侧表中的悬浮行补上空值后加入结果表。

全外连接是左外连接和右外连接的组合，即两个表中所有的行都会出现在结果集中，左侧表中的悬浮行补上空值后加到结果表中，同时，右侧表中的悬浮行补上空值后也加到结果表中。

外连接运算分别用 LEFT OUTER JOIN…ON…、RIGHT OUTER JOIN…ON…FULL OUTER JOIN…ON…等来实现，使用中可以省略 OUTER。

［**例 3-39**］ 关系 examiner 和 department 基于学院名相等的左外连接。

```
SELECT ername, dtele
FROM examiner LEFT OUTER JOIN department
ON examiner.erdepa=department.dname;
```

或：

```
SELECT ername, dtele
FROM examiner LEFT JOIN department
ON examiner.erdepa=department.dname;
```

3.7 更　　名

有时，一个表在 FROM 子句中多次出现，即这个表被多次引用。为区别不同的引用，应给表或表引用起一个临时的表别名，语法如下。

```
FROM 表 [AS] 别名
```

取了别名之后就不允许再用最初的名字了。

［**例 3-40**］ 查询同院系工作的两位考官。

```
SELECT AAA.ername,BBB.ername
FROM examiner AAA, examiner BBB
WHERE AAA.erdepa =BBB. erdepa AND AAA.erid<BBB.erid;
```

有时,用户也可以要求输出的列名与表中列名一致或不一致,可在 SELECT 子句用"旧名 AS 别名"形式更名。

在实际使用时,AS 字样可省略。

[例 3-41]　查询考官院系名(给出前四个字符)和考官名。

```
SELECT SUBSTRING(erdepa,1,4) department, ername name
FROM examiner;
```

[例 3-42]　查询考官号、考官名和考官组卷卷号。

```
SELECT ER.erid, ER.ername, EE.eid
FROM examiner AS ER, erexam AS EE
WHERE ER.erid=EE.erid;
```

[例 3-43]　表 erexam 与自身的笛卡儿积。

```
SELECT *
FROM erexam ERX1, erexam ERX2
```

[例 3-44]　表 eeexam 与自身的自然连接。

```
SELECT EEX1.eeid, EEX1.eid, EEX1.achieve
FROM   eeexam EEX1 INNER JOIN eeexam EEX2 on
EEX1.eeid =EEX2.eeid AND EEX1.eid =EEX2.eid AND
EEX1.achieve =EEX2.achieve
```

由于 SQL Server 不支持自然连接,因此在例 3-44 中用内连接实现自然连接。

3.8　聚集查询

3.8.1　基本聚集

SQL Server 支持聚集函数。一个聚集函数从多个输入行中计算出一个结果。经常使用的聚集函数包括 COUNT(数目)、SUM(总和)、AVG(均值)、MAX(最大值)、MIN(最小值)等。另外,SQL Server 还支持大量用于统计分析的其他聚集函数,如相关系数、协方差、标准差等。不允许对聚集函数进行复合运算,因此不能写成"SELECT MAX(AVG(achieve))"形式。

SUM 和 AVG 的输入必须是数字集,但其他运算符还可作用在非数字数据类型的集合上,如字符串。

［例 3-45］ 查询 examiner 表中的考官总数。

```
SELECT COUNT(*)
FROM examiner;
```

［例 3-46］ 查询参与组卷的考官人数。

```
SELECT COUNT(DISTINCT erid)
FROM erexam;
```

使用关键词 DISTINCT 可先删掉重复元组行。

［例 3-47］ 计算一位考生报考的各门考试的平均成绩，考号为 218811011013。

```
SELECT AVG(achieve)
FROM eeexam
WHERE eeid='218811011013';
```

［例 3-48］ 查询 0210000001 号试卷的最高分。

```
SELECT MAX(achieve)
FROM eeexam
WHERE eid='0210000001';
```

［例 3-49］ 列出考生成绩的降序名次。

```
SELECT eeid,eid,achieve, RANK() OVER (ORDER BY achieve DESC)
FROM eeexam
WHERE achieve IS NOT NULL;
```

3.8.2 分组

可使用 GROUP BY 子句将聚集函数作用在单个或多个行集上。GROUP BY 子句利用后面所给的属性进行分组，所有属性上取值相同的元组行将被分在一个组。

［例 3-50］ 查询每个学院考官的平均年龄，按平均年龄升序排列。

```
SELECT erdepa, AVG(erage) AS avg_age
FROM examiner
GROUP BY erdepa
ORDER BY avg_age;
```

当查询使用分组时，需要注意的是，出现在 SELECT 语句中但没有被聚集的属性只能出现在 GROUP BY 子句中，否则是错误的。也就是说，任何没有出现在 GROUP BY 子句中的属性如果出现在 SELECT 子句中，它只能出现在聚集函数内部，否则是错误的。

[错例]

```
SELECT erdepa, erid, AVG(erage) AS avg_age
FROM examiner
GROUP BY erdepa;
```

erid没有出现在GROUP BY子句中，但出现在了SELECT子句中，并且没有被聚集函数使用，在每个特定的分组中，每位考官的id都不同，因为每个分组只能输出一个元组，所以无法确定输出哪个id。

针对GROUP BY子句构成的分组进行条件限制时，使用HAVING子句。HAVING子句中的谓词在形成分组后才起作用，可以使用聚集函数。

HAVING短语与WHERE子句的区别在于作用对象不同！

- WHERE子句作用于FROM子句的结果关系，从中选择满足条件的元组。
- HAVING短语作用于GROUP BY子句的结果组，从中选择满足条件的组。

FROM子句关系属性可以在HAVING子句中被聚集；但是，只有出现在GROUP BY子句中的属性，才能以非聚集的方式出现在HAVING中(与SELECT子句相同)。

[例3-51]　查询不同试卷号、报考人数，按报考人数升序排列，如表3-18所示。

```
SELECT eid,COUNT(eeid)
FROM  eeexam
GROUP BY eid
ORDER BY COUNT(eeid);
```

表3-18　eeexam

eeid	eid	achieve
218811011013	0205000002	92
218811011013	0210000001	85
218811011013	0201020001	88
218811011116	0210000001	90
218811011116	0201020001	80

查询结果如表3-19所示。

表3-19　查询结果

eid	COUNT(eeid)
0205000002	1
0210000001	2
0201020001	2

[例3-52]　查询报考了两门以上试卷的考生考号、报考试卷门数，按报考门数降序

排列。

```
SELECT eeid, COUNT(*)
FROM eeexam
GROUP BY eeid
HAVING COUNT(*) >2
ORDER BY COUNT(*) DESC;
```

3.8.3 排名

ORDER BY 子句使得可以按照某种顺序显示查询结果，RANK()函数可以给出元组的排名值。

［例 3-53］

```
SELECT eeid,eid,achieve
FROM eeexam
ORDER BY achieve
```

［例 3-54］

```
SELECT eeid,eid,achieve, RANK() OVER (ORDER BY achieve DESC)
FROM eeexam
WHERE achieve IS NOT NULL
```

RANK()函数对所有在 ORDER BY 属性上相等的元组给予相同的名词，如果有两个第 2 名，则两个人都得第 2 名，下一个为第 4 名。DENSE_RANK()函数不在排名中产生隔断，具有次高值的元组得第 2 名，如果有两个第 2 名，则两个人都得第 2 名，下一个具有第 3 高值的元组为第 3 名。

［例 3-55］

```
SELECT eeid,eid,achieve,DENSE_RANK() OVER (ORDER BY achieve DESC)
FROM eeexam
WHERE achieve IS NOT NULL
```

排名可在数据的不同分区里进行。

［例 3-56］

```
SELECT examinee.eeid, eid, achieve, DENSE_RANK() OVER (PARTITION BY eedepa
ORDER BY achieve DESC)
FROM eeexam INNER JOIN examinee on eeexam.eeid =examinee.eeid
WHERE achieve IS NOT NULL
```

PERCENT_RANK()给出百分比名次，如果某个分区里有 n 个元组且某个元组的名次是 r，则该元组得百分比名次为 $(r-1)/(n-1)\times 1.0$。

```
SELECT examinee.eeid, eid, achieve, eedepa, PERCENT_RANK() OVER (PARTITION BY
eedepa ORDER BY achieve DESC)
FROM eeexam INNER JOIN examinee on eeexam.eeid =examinee.eeid
WHERE achieve IS NOT NULL
```

如果某个分区里有 n 个元组且某个元组的名次是 r，则 CUME_DIST()名次为 $r/n\times1.0$。

```
SELECT examinee.eeid, eid, achieve, eedepa, CUME_DIST() OVER (PARTITION BY
eedepa ORDER BY achieve DESC)
FROM eeexam INNER JOIN examinee on eeexam.eeid =examinee.eeid
WHERE achieve IS NOT NULL
```

NTILE(i)把每个分区中的元组分成 i 个具有相同元组数目的桶，返回各个元组所在的桶号。

```
SELECT examinee.eeid, eid, achieve, eedepa, NTILE(2) OVER (PARTITION BY eedepa
ORDER BY achieve DESC)
FROM eeexam INNER JOIN examinee on eeexam.eeid =examinee.eeid
WHERE achieve IS NOT NULL
```

3.8.4　分窗

窗口查询用来对窗口内的元组计算聚集函数。ROWS 指定窗口内的行，RANGE 按照属性值来指定窗口。

[例 3-57]　按分数排序，计算每个元组与其前一行的平均分。

```
SELECT  eeid, eid, AVG(achieve) OVER (ORDER BY achieve ROWS 1 PRECEDING)
FROM eeexam
```

[例 3-58]　按分数排序，计算每个元组与其前一行及后一行的平均分。

```
SELECT eeid, eid, AVG(achieve) OVER (ORDER BY achieve ROWS BETWEEN 1 PRECEDING
and 1 FOLLOWING)
FROM eeexam;
```

[例 3-59]　按分数排序，计算每个元组与其前面所有行的平均分。

```
SELECT AVG(achieve) OVER (ORDER BY achieve ROWS UNBOUNDED PRECEDING)
FROM eeexam
```

[例 3-60]　按分数排序，计算每个元组与后一行的平均分。

```
SELECT eeid, eid, AVG(achieve) OVER (ORDER BY achieve ROWS BETWEEN CURRENT ROW
and 1 FOLLOWING)
FROM eeexam;
```

3.9 基本查询语句的一般形式

SELECT 语句的一般结构如下。

```
SELECT [TOP<行数>]
  [ALL|DISTINCT] <目标列表达式>[,<目标列表达式>] …
[
FROM 表名 [AS] 表别名 (列别名[, 列别名[, …]]) [,表名[ …]]
[WHERE <条件表达式>]
[GROUP BY <列名>[ , <列名>…] [ HAVING <条件表达式>] ]
[ORDER BY 列表达式 1 [ASC | DESC] [,列表达式 2 [ASC | DESC] …]
[OFFSET <整数值 | 行数表达式>ROWS]
];
```

其中,[ ]表示可选项。SELECT 语句中,WHERE 子句也称为“行条件子句”,GROUP BY 子句也称为“分组子句”,HAVING 子句也称为“组条件子句”,ORDER 子句也称为“排序子句”。

整个语句的执行过程(效果)如下。

(1) SELECT: 如果仅有 SELECT 子句,转(6);否则执行(2)。

(2) FROM: 从 FROM 子句获得表。FROM 子句从一个或多个用逗号或连接符分隔的表生成一个虚拟表。这里的表可以是一个表名字或者是一个生成的表,如子查询、表连接或其组合。如果 FROM 子句列出多个表,那么它们被交叉/内/外连接形成一个虚拟表,供其后 WHERE、GROUP BY、HAVING 子句处理。

(3) WHERE: 选取满足 WHERE 子句所给出条件表达式的元组。WHERE 子句的<条件表达式>是一个返回类型为 boolean 的值表达式,对 FROM 子句生成的虚拟表,生成的每一行都会按照该<条件表达式>进行检查。如果结果是真,那么该行保留在输出表中,否则(结果是假或 NULL)就把它抛弃。

(4) GROUP BY: 按 GROUP BY 子句中指定列的值分组。对通过 WHERE 过滤之后生成的表按 GROUP BY 子句中指定列的值分组。

(5) HAVING: 对 GROUP BY 子句所得分组,提取满足 HAVING 子句中组条件表达式的那些组。

(6) SELECT: 按 SELECT 子句中给出的列名或列表达式求值。

(7) ORDER BY: 对输出的目标表进行排序,ASC 表示按升序排列,DESC 表示按降序排列。如果指定了多个排序表达式,那么仅在前面的表达式排序相等的情况下才使用后面的表达式做进一步排序。

(8) OFFSET: 按照 OFFSET 子句的偏移量和行数确定输出 TOP<行数>元组。

(9) 输出。

SQL Server 中,SELECT 语句至少要包括一个 SELECT 子句,其他子句都可以不出现,在按上述步骤执行的过程中,如果那个子句没出现,就忽略该子句对应的动作;

WHERE 子句是作用于 FROM 子句中关系的属性上的谓词，从 FROM 子句结果关系中选择满足条件的元组，WHERE 子句必须跟在 FROM 子句后面，没有 FROM 子句就不能有 WHERE 子句；HAVING 子句作用于 GROUP BY 子句的结果组，从中选择满足条件的组，HAVING 子句必须跟在 GROUP BY 子句后面，没有 GROUP BY 子句就不能有 HAVING 子句。

这个执行步骤只是用来帮助理解一个查询语句的查询结果是什么样的，绝不意味着实际的执行顺序，在实际执行时数据库管理系统会为了尽可能快地获得等价查询结果而采取完全不同的执行步骤。

3.10 嵌套查询

SQL Server 提供嵌套子查询机制，比如在 WHERE 子句的条件表达式中运算对象还可以是另一个 SELECT 语句，即 SELECT 语句可以嵌套。一个 SELECT-FROM-WHERE 语句称为一个查询块，将一个查询块嵌套在另一个查询块的 SELECT、FROM、WHERE、GROUP BY、HAVING、ORDER BY、TOP、WITH 子句中的查询称为嵌套查询。

对于嵌套查询，如果子查询不依赖于父查询称为不相关子查询，此时可由里向外逐层处理。即每个子查询在上一级查询处理之前求解，子查询的结果用于建立其父查询。

子查询依赖于父查询称为相关子查询。对父查询中表的每一个元组，根据它与内层查询相关的属性值处理内层查询，直至父查询处理完为止。

3.10.1 子查询作为标量

如果能确定查询块只返回单个值(仅包含 1 列的单个元组、单行单列的表)，查询块可以出现在单个属性名、单个表达式、单个常量，即返回单个值的表达式能够出现的任何地方。

1. SELECT 子句嵌套

子查询必须只能返回单个值，运行时返回两个或多个值则出错。

[例 3-61] 查询给定考试号两个考生的年龄和。

```
SELECT (SELECT eeage
    FROM examinee
    WHERE eeid='218811011028')+ (SELECT eeage
        FROM  examinee
            WHERE eeid='218811011014');
```

[例 3-62] 查询各个院系名及其考官人数。

```
SELECT  dname,
        (SELECT COUNT(*)
```

```
FROM examiner
        WHERE department.dname =examiner.erdepa)
FROM department;
```

［例 3-63］ 使用 SELECT 子句嵌套查询：各个单位名称及其参与编制的预案数量。

```
SELECT depart_name, (SELECT count( * )
                     FROM record
                     WHERE departments.depart_id= record.depart_id)
FROM departments;
```

2. WHERE 子句嵌套

当能确切知道内层查询返回单值时，可用比较运算符（>，<，=，>=，<=，!=或<>）。

［例 3-64］ 假设一门试卷通常由多个考官组卷，一个考官只能参与一门试卷的组卷并且必须参与一门试卷的组卷，查询 0210000001 号试卷的组卷考官。

```
SELECT *
FROM examiner
WHERE erid = (SELECT erid
          FROM erexam
          WHERE eid= '0210000001');
```

［例 3-65］ 使用 WHERE 子句嵌套查询：2 号预案之后所发布预案的参与单位名称及其在预案中的职责。

```
SELECT depart_name, depart_respon
FROM record NATURAL JOIN departments
WHERE plan_id in
                (SELECT plan_id
                 FROM plan
                 WHERE plan_date> (SELECT plan_date
                                   FROM plan
                                   WHERE plan_id=2));
```

［例 3-66］ 查询年龄超过所在院系平均年龄的考官。

```
SELECT *
FROM examiner ER1
WHERE erage>= (SELECT AVG(erage)
              FROM examiner ER2
              WHERE ER2.erdepa=ER1.erdepa);
```

该查询执行时，首先从外层查询中取出 examiner 的一个元组行，将此元组行的 erdepa 值（比如是“历史学院”）传送给内层查询。

```
SELECT AVG(erage)
FROM examiner ER2
WHERE ER2.erdepa='历史学院';
```

然后，执行此内层查询，得到平均值 42，用该值代替内层查询，得到外层查询。

```
SELECT *
FROM examiner ER1
WHERE erage>=42;
```

执行这个查询，得到结果表的一个元组行（1995057，林永强，男，49，6500，历史学院）。

最后，外层查询取出下一个元组行重复做上述过程，直到外层 examiner 的元组行全部处理完毕。

3. GROUP BY 子句嵌套

［例 3-67］　查询各个院系平均分。

```
SELECT (SELECT eedepa FROM examinee WHERE eeexam.eeid=examinee.eeid),
AVG(achieve)
FROM eeexam
GROUP BY (eeexam.eeid)
```

4. ORDER BY 子句嵌套

［例 3-68］　查询考生所在院系、姓名和得分，结果按院系名排序。

```
SELECT (SELECT eedepa FROM examinee WHERE eeexam.eeid=examinee.eeid),
        (SELECT eename FROM examinee WHERE eeexam.eeid=examinee.eeid), achieve
FROM eeexam
ORDER BY (SELECT eedepa FROM examinee WHERE eeexam.eeid=examinee.eeid)
```

5. TOP 子句嵌套

［例 3-69］　按答卷人数列出考生表中的元组。

```
SELECT TOP (SELECT COUNT(*) FROM eeexam) *
FROM examinee
ORDER BY eeid
```

［例 3-70］　按考试号显示考生信息，最前三个不显示，最后两个不显示。

```
SELECT *
FROM examinee
WHERE (eeid not in
(
    SELECT TOP 3 eeid FROM examinee ORDER BY eeid
)
AND eeid in(
    SELECT TOP (SELECT(SELECT COUNT(*) FROM examinee)-2) eeid FROM examinee
    ORDER BY eeid
))
ORDER BY eeid
```

6. OFFSET 子句嵌套

[例 3-71] 显示最后两个考生信息。

```
SELECT *
FROM examinee
ORDER BY eeid
OFFSET (SELECT (SELECT COUNT(*) FROM examinee)-2) ROWS
```

[例 3-72] 按预案的发布时间降序排序,显示最后三个预案信息。

```
SELECT *
FROM plan
ORDER BY plan_date DESC
OFFSET (SELECT (SELECT COUNT(*) FROM plan)-3) ROWS;
```

3.10.2 子查询作为表

SQL Server 中由于 SELECT 语句的结果就是一个表,所以查询块可以出现在另外一个查询中表名可以出现的任何地方。主要有 FROM 子句嵌套和 WITH 子句嵌套。

1. FROM 子句嵌套

FROM 子句中嵌入查询句法如下。

```
SELECT …
FROM (SELECT …
        FROM …
        WHERE …
        GROUP …
        HAVING …) AS t(a1,a2…)
```

```
WHERE …
GROUP BY …
HAVING …
```

［例 3-73］ 求平均成绩良好(≥80)的考生人数。

```
SELECT COUNT(*)
FROM (SELECT eeid,AVG(achieve)
      FROM eeexam
      GROUP BY eeid
      )AS avgach(eeid,avgachieve)
WHERE avgachieve>=80
```

［例 3-74］ 使用 FROM 子句嵌套查询：参与单位数量大于 1 的预案名称及参与单位数量。

```
SELECT *
FROM (SELECT (SELECT plan_name
              FROM plan
              WHERE plan.plan_id=record.plan_id),
              COUNT(depart_id)
      FROM record
      GROUP BY plan_id) AS pd(planname,departcount)
WHERE pd.departcount>1;
```

2. WITH 子句嵌套

可以用 WITH 子句定义临时关系，只在包含该 WITH 子句的查询语句中有效。WITH 子句中的 AS 不能省略。

例如，查询平均成绩良好(≥80)以上的考生人数，还可以如下实现。

［例 3-75］ 求平均成绩良好(≥80)以上的考生人数。

```
WITH avgach(eeid,avgachieve) AS
    (SELECT eeid,AVG(achieve)
     FROM eeexam
     GROUP BY eeid
     )
SELECT COUNT(*)
FROM avgach
WHERE avgachieve>=80;
```

［例 3-76］ 使用 WITH 子句嵌套查询：参与单位数量大于 1 的预案名称及参与单位数量。

```
WITH pd(planname, departcount) AS
    (SELECT (SELECT plan_name
             FROM plan
             WHERE plan.plan_id=record.plan_id), COUNT(depart_id)
     FROM record
     GROUP BY plan_id)
SELECT * FROM pd WHERE departcount>1;
```

3.10.3 子查询作为集合

查询语句的执行结果是一个表，而一张表就是一个元组行集合，从而查询块可以出现在集合出现的地方。主要有 WHERE 子句嵌套和 HAVING 子句嵌套。

1. WHERE 子句嵌套

1）带有 IN 谓词的子查询

在嵌套查询中，IN 是常用到的谓词，其结构为“元组行 IN(集合)”，表示元组行在集合内。

［例 3-77］ 查询院系办公地点在“主楼 B2”的考官号和姓名。

```
SELECT erid, ername
FROM examiner
WHERE erdepa IN
       (SELECT dname                    /*办公地点在“主楼 B2”的院系名*/
        FROM department
        WHERE dloca='主楼 B2');
```

这个例子也可用连接查询实现如下：

```
SELECT erid, ername
FROM examiner, department
WHERE examiner.erdepa=department.dname AND department.dloca='主楼 B2';
```

2）带有 ANY(SOME)或 ALL 谓词的子查询

比较运算符可与 ANY 或 ALL 谓词配合使用，含义如下。

数值表达式 > ANY 子查询：如果数值表达式的值大于子或查询结果中的某一个值，则为真，否则为假。

数值表达式 > ALL 子查询：如果数值表达式的值大于子查询结果中的所有值，则为真，否则为假。

数值表达式 < ANY 子查询：如果数值表达式的值小于子查询结果中的某个值，则为真，否则为假。

数值表达式 < ALL 子查询：如果数值表达式的值小于子查询结果中的所有值，则

为真，否则为假。

数值表达式 >= ANY 子查询：如果数值表达式的值大于或等于子查询结果中的某个值，则为真，否则为假。

数值表达式 >= ALL 子查询：如果数值表达式的值大于或等于子查询结果中的所有值，则为真，否则为假。

数值表达式 <= ANY 子查询：如果数值表达式的值小于或等于子查询结果中的某个值，则为真，否则为假。

数值表达式 <= ALL 子查询：如果数值表达式的值小于或等于子查询结果中的所有值，则为真，否则为假。

数值表达式 = ANY 子查询：如果数值表达式的值等于子查询结果中的某个值，则为真，否则为假。

数值表达式 =ALL 子查询：如果数值表达式的值等于子查询结果中的所有值，则为真，否则为假。此式通常没有实际意义。

数值表达式 ！=（或<>）ANY 子查询：如果数值表达式的值不等于子查询结果中的某个值，则为真，否则为假。

数值表达式 ！=（或<>）ALL 子查询：如果数值表达式的值不等于子查询结果中的任何一个值，则为真，否则为假。

[**例 3-78**]　查询其他系中比教育学部某一考官工资低的考官。

```
SELECT *
FROM  examiner
WHERE erdepa <>'教育学部' AND ersalary <ANY (SELECT ersalary
                                              FROM examiner
                                              WHERE erdepa='教育学部');
```

执行过程如下。

（1）SQL Server 执行此查询时，首先处理子查询，找出教育学部中所有考官的工资，构成一个集合{5000,6500,8000}。

（2）处理父查询，找所有不是教育学部且工资低于 5000、6500 或 8000 的考官。

这种包含 ANY（或 SOME），ALL 谓词的 WHERE 子句嵌套查询，也可以用包含聚集函数或 IN 谓词的 WHERE 子句嵌套查询实现。ANY（或 SOME），ALL 谓词与包含聚集函数或 IN 谓词的等价关系如表 3-20 所示。例如，“数值表达式 = ANY 子查询”可以用“IN 子查询”等价实现。

表 3-20　包含 ANY（或 SOME），ALL 谓词与包含聚集函数或 IN 谓词的等价关系

等价于	=	<	<=	>	>=	<>	！=
SOME	IN	<MAX	<=MAX	>MIN	>=MIN	无	无
ANY	IN	<MAX	<=MAX	>MIN	>=MIN	无	无
ALL	无	<MIN	<=MIN	>MAX	>=MAX	NOT IN	NOT IN

［例 3-79］ 用包含聚集函数的 WHERE 子句嵌套查询实现：查询其他系中比教育学部某一考官工资低的考官。

```
SELECT *
FROM  examiner
WHERE erdepa <>'教育学部' AND ersalary <(SELECT MAX(ersalary)
                                          FROM examiner
                                          WHERE erdepa='教育学部');
```

3）带有 EXISTS 谓词的子查询

EXISTS 谓词，即存在量词。带有子查询的 EXISTS 谓词返回逻辑真值“true”或逻辑假值“false”。若子查询结果非空，则 EXISTS 谓词返回真值；若子查询结果为空，则 EXISTS 谓词返回假值。因为带子查询的 EXISTS 只返回真值或假值，EXISTS 操作的子查询，其目标列表达式通常都用 * ，给出列名无实际意义。相对地，谓词 NOT EXISTS，若子查询结果非空，则 NOT EXISTS 返回假值；若子查询结果为空，则 NOT EXISTS 返回真值。

［例 3-80］ 查询有考官名叫范冰冰的院系。

该查询涉及关系表 department 和 examiner，依次取出 department 中每个元组行的 dname 值，并以此值检查 examiner 关系表中的元组行。若 examiner 中存在 ername='范冰冰'，并且 erdepa 值等于此 dname 值，则此 department 元组行属于结果关系表。

```
SELECT *
FROM department
WHERE EXISTS
      (SELECT *
      FROM examiner
      WHERE erdepa=department. dname AND eid=ername='范冰冰');
```

2. HAVING 子句嵌套

HAVING 子句嵌套和 WHERE 子句嵌套类似。

［例 3-81］ 查询有考生名叫刘诗诗的学院的平均年龄，列出学院名和平均年龄。

```
SELECT eedepa, AVG(eeage)
FROM examinee
GROUP BY eedepa
HAVING eedepa IN (SELECT eedepa FROM examinee WHERE eename='刘诗诗')
```

3.10.4 关系除

检索全部考生都报考的试卷号和试卷名。

方法 1：利用 WITH 子句。

对于关系除运算有：设关系 $R_1(S_1)$ 和 $R_2(S_2)$，$R_1 \div R_2 = \Pi_{S_1-S_2}(R_1) - \Pi_{S_1-S_2}((\Pi_{S_1-S_2}(R_1) \times R_2) - \Pi_{S_1-S_2,S_2}(R_1))$，则可写出如下查询语句。

```
WITH baokao(eeid,eid,ename) AS (SELECT eeid,eid,ename FROM examinee NATURAL
JOIN eeexam JOIN exampaper using (eid)),
    alls(eeid) AS (SELECT eeid FROM examinee),
    middle(eid,ename) AS (SELECT eid,ename FROM baokao)
(SELECT * FROM middle) EXCEPT (SELECT eid,ename FROM ((SELECT * FROM middle,
alls) EXCEPT (SELECT eid,ename,eeid FROM baokao))ggg);
```

类似地，如下语句也可以。

```
WITH baokao(eeid,eid,ename) AS (SELECT eeid,eid,ename FROM examinee NATURAL
JOIN eeexam JOIN exampaper using (eid)),
    alls(eeid) AS (SELECT eeid FROM examinee),
    middle(eid,ename) AS (SELECT eid,ename FROM baokao)
(Table middle) EXCEPT (SELECT eid, ename FROM ((SELECT * FROM middle, alls)
EXCEPT (SELECT eid,ename,eeid FROM baokao))ggg);
```

方法 2：利用 WHERE 子句嵌套。

```
SELECT eid,ename FROM exampaper
WHERE eid in
    (SELECT eid FROM eeexam
     GROUP BY eid
     HAVING COUNT(eeid)=(SELECT COUNT(eeid) FROM examinee)
     );
```

方法 3：利用 WHERE 子句多层嵌套。

```
SELECT eid,ename FROM exampaper
WHERE NOT EXISTS
    (SELECT * FROM examinee
     WHERE NOT EXISTS
       (SELECT * FROM eeexam
        WHERE examinee.eeid=eeid and
              exampaper.eid=eid)
     );
```

类似地，如下语句也可以。

```
SELECT eid,ename
FROM exampaper
WHERE NOT EXISTS
```

```
( (SELECT eeid FROM examinee)
  EXCEPT
 (SELECT eeid FROM eeexam WHERE exampaper.eid=eid));
```

3.11 递归查询

递归查询是精确表达传递闭包的有效手段。SQL Server 中用 WITH 子句来支持有限递归。

如表 3-21 给出已经开通直航的城市编号,startcities 表示出发城市编号而 destination 表示到达城市编号。如果查询经过一个或多个航班可以连通的城市对,可以用递归。

表 3-21 连通的城市对

	startcities inteqer	destination inteqer
1	1510	1381
2	1510	1689
3	1689	1709
4	1381	1247
5	1709	1247
6	1689	1782

[例 3-82] 查询经过一个或多个航班可以连通的城市对。

```
WITH allflycities(cities1, cities2) AS
   ( SELECT * FROM flycities                              /* 非递归的基查询 */
    UNION
    SELECT flycities. startcities, allflycities. cities2 FROM flycities,
    allflycities WHERE flycities.destination=allflycities. cities1)
                                                          /* 递归查询 */
SELECT *
FROM allflycities;
```

执行结果如表 3-22 所示。

表 3-22 执行结果

	cities 1 inteqer	cities 2 inteqer
1	1510	1381
2	1510	1689
3	1689	1709
4	1381	1247
5	1709	1247

续表

	cities 1 inteqer	cities 2 inteqer
6	1689	1782
7	1510	1247
8	1510	1709
9	1510	1782
10	1689	1247

［例 3-83］　查询从 1510 经过一个或多个航班可以到达的城市。

```
WITH allflycities(cities1, cities2) AS
      ( SELECT * FROM flycities UNION SELECT flycities. startcities,
        allflycities.cities2 FROM flycities, allflycities
        WHERE flycities.destination=allflycities. cities1)
SELECT *
FROM allflycities
WHERE cities1=1510;
```

执行结果如表 3-23 所示。

表 3-23　执行结果

	cities 1 inteqer	cities 2 inteqer
1	1510	1381
2	1510	1689
3	1510	1247
4	1510	1709
5	1510	1782

对于递归视图，首先计算基查询并把所有结果元组加到视图关系中，然后用当前视图关系的内容计算递归查询，并把所有结果元组加回到视图关系中，持续重复上述步骤直至没有新元组添加到视图关系中。递归视图中的递归查询必须是单调的。

3.12　数据修改

数据更新包括数据插入、删除和更新三种操作，下面分别介绍。

3.12.1　数据插入

向表中插入数据的语句是 INSERT 语句，有以下三种方式。

1. 元组的插入

```
INSERT INTO <表名>[(<属性 1>[,<属性 2 >…)]
VALUES (<常量 1>[,<常量 2>]  …  )
```

2. 查询结果的插入

```
INSERT INTO<表名>[(<列名序列>)]
<SELECT 查询语句>
```

这个语句可把一个 SELECT 语句的查询结果插到某个表中。

3. 表的插入

```
INSERT INTO<表名 1>[(<列名序列>)]
TABLE<表名 2>
```

这个语句可把表 2 的值插入表 1 中。

在上述各种插入语句中,如果插入的值其属性个数、顺序与表的结构完全一致,那么表后的(<列名序列>)可省略,否则必须详细列出。

[例 3-84]　下面是向表中插入元组的若干例子。

(1) 往表 examinee 中插入一个元组(218811011013,刘诗诗,男,20,历史学院),可用下列语句实现。

```
INSERT INTO examinee (eeid,eename,eesex,eeage,eedepa)
VALUES('218811011013','刘诗诗','男', 20,'历史学院');
```

(2) 给应急预案编制单位表 departments 插入元组(4,'国防部',58784585),可用下列语句实现。

```
INSERT INTO departments(depart_id, depart_name, depart_tel)
VALUES (4,'国防部',58784585);
```

(3) 往表 eeexam 中插入一个元组(218811011013,0205000002),此处成绩值为空值,可用下列语句实现。

```
INSERT  INTO  eeexam(eeid,eid)
VALUES('218811011013','0205000002');
```

(4) 往 eeexam 中连续插三个元组,可用下列语句实现。

```
INSERT INTO eeexam
VALUES ('218811011013','0210000001',85),
```

```
            ('218811011013','0201020001',88),
            ('218811011116','0210000001',90);
```

(5) 在表 eeexam 中,把平均成绩大于 80 分的男考生的考试号和平均成绩存入另一个已存在的表 eeachieve(examineeid,avg_achieve),可用下列语句实现。

```
INSERT  INTO  eeachieve (eeid,avg_achieve)
SELECT  eeid,AVG(achieve)
FROM eeexam
WHERE eeid IN
            (SELECT  eeid
             FROM  examinee
             WHERE  eesex='男'
             GROUP BY eeid
             HAVING  AVG(achieve) >80);
```

(6) 某一个班级的考生答卷情况已在表 eeclass1(eeid,eid)中,把 eeclass1 的数据插入表 eeexam 中,可用下列语句实现。

```
INSERT INTO eeexam(eeid,eid)
TABLE eeclass1;
```

3.12.2　数据删除

SQL Server 的删除操作是指从表中删除元组,其句法如下。

```
DELETE FROM<表名>
[WHERE<条件表达式>]
```

该语句与 SELECT 查询语句非常类似。删除语句实际上是"SELECT * FROM<表名>[WHERE<条件表达式>]"操作和 DELETE 操作的结合,执行时首先从表中找出所有满足条件的元组,然后把它们从表中删去。

删除指定表中满足 WHERE 子句条件的元组,WHERE 子句指定要删除的元组,默认表示要删除表中的全部元组,元组删除操作之后表的定义仍在数据字典中。有三种删除方式:删除某一个元组的值,删除多个元组的值,带子查询的删除语句。

注意,DELETE 语句只能从一个表中删除元组。如果想从多个表中删除元组,就必须为每一个表写一条 DELETE 语句。WHERE 子句中的条件可以和 SELECT 语句的 WHERE 子句中条件一样复杂,可以嵌套,也可以是来自几个表的复合条件。

如果省略 WHERE 子句,则表中所有元组被删除,用户使用时需慎重。

[例 3-85]　下面是从表中删除元组行的若干例子。

(1) 把心理学成绩从表 eeexam 中删除。

```
DELETE FROM eeexam
WHERE eid IN (SELECT eid
              FROM exampaper
              WHERE ename='心理学');
```

(2) 把 0210000001 试卷中小于该试卷平均成绩的元组行从表 eeexam 中删除。

```
DELETE FROM eeexam
WHERE eid='0210000001'
AND achieve < (SELECT AVG(achieve)
               FROM eeexam
               WHERE  eid='0210000001');
```

这里,在 WHERE 子句中又引用了一次 DELETE 子句中出现的表 eeexam,但这两次引用是不相关的。也就是说,删除语句执行时,先执行 WHERE 子句中的子查询,然后再对查找到的元组行执行删除操作。这样的删除操作在语义上是没有问题的。

3.12.3 数据更新

当需要更新表中元组行的某些列值时,可以用 UPDATE 语句实现,其句法如下。

```
UPDATE <表名>
SET  <列名>=<表达式>[,<列名>=<表达式>]…
[WHERE <条件>];
```

该语句更新指定表中满足 WHERE 子句条件的元组行。SET 子句指定更新方式、要更新的列、更新后取值;WHERE 子句指定要更新的元组行,默认表示要更新表中的所有元组行;有三种更新方式:更新某一个元组行的值;更新多个元组行的值;带子查询的更新语句。注意,SQL Server 在执行更新语句时会检查更新操作是否破坏表中已定义的完整性规则,详情在第 5 章讲述。

[**例 3-86**] 下面是对表 eeexam 和 exampaper 中的值进行更新的具体例子。

(1) 把 3 号预案的级别改为“一级”。

```
UPDATE plan
SET plan_level='一级'
WHERE plan_id =3;
```

(2) 把 0205000002 号试卷的试卷名改为“DB”。

```
UPDATE exampaper
SET ename='DB'
WHERE eid='0205000002';
```

(3) 把 3 号单位参与 3 号预案的工作量改为“30 天”。

```
UPDATE record
SET workload='30 天'
WHERE plan_id =3 AND depart_id=3;
```

（4）把女同学的成绩提高 10%。

```
UPDATE eeexam
SET achieve =achieve * 1.1
WHERE eeid IN (SELECT eeid
               FROM examinee
               WHERE eesex='女');
```

（5）把 0205000002 号试卷中得分低于该试卷平均成绩的考生成绩提高 15%。

```
UPDATE eeexam
SET achieve=achieve * 1.15
WHERE eid='0205000002' AND
      achieve <(SELECT AVG (Achieve)
                FROM eeexam
                WHERE eid='0205000002');
```

此处两次引用 eeexam 是不相关的。也就是说，内层 SELECT 语句在找到第一个 0205000002 号试卷报考记录时执行一次，随后对成绩的更新都基于此执行得到的结果。

（6）在 exampaper 中，把试卷号为 0210000001 的元组行更新为(0210000001,DB,3)。

```
UPDATE exampaper
SET  eid ='0210000001',ename='DB',etype=3
WHERE eid='0210000001';
```

习　　题

一、选择题

1. 下列________子句用来指定从哪些表里检索数据。

A. WHERE　　B. TABLE　　C. FROM　　D. 以上都不对

2. SQL Server 数据定义语言提供的命令用于________。

A. 定义关系模式　　B. 删除关系模式　　C. 修改关系模式　　D. 以上都对

3. 下列________不是数据定义语句。

A. UPDATE　　B. CREATE　　C. DROP　　D. ALTER

4. SELECT * FROM EMPLOYEE WHERE SALARY IN(4000,8000)语句的查询结果是________。

A. 工资为 4000 或为 8000 的所有雇员　　B. 工资为 4000～8000 的所有雇员

C. 工资不为 4000～8000 的所有雇员　　D. 以上都不对

5. 下列________语句可用来创建表。

A. CREATE TABLE　　B. MAKE TABLE

C. CONSTRUCT TABLE　　D. 以上都不对

6. 下列________是 SELECT 语句的结果。

A. TRIGGER　　B. INDEX　　C. TABLE　　D. 以上都不对

7. 下列________选项是 SELECT 语句的子句。

A. GROUP BY 和 HAVING　　B. ORDER BY

C. WHERE　　D. 以上都对

8. 下列________选项可以得到表中的所有列。

A. *　　B. @　　C. %　　D. #

9. DROP 操作可用于________。

A. 删除表　　B. 改变表的定义

C. A 和 B 都对　　D. A 和 B 都不对

10. ALTER 操作可用于________。

A. 删除表　　B. 改变表的定义

C. A 和 B 都对　　D. A 和 B 都不对

11. 下列________语句可用来修改表的结构。

A. MODIFY TABLE　　B. UPDATE TABLE

C. ALTER TABLE　　D. 以上都对

12. SQL Server 的 CREATE 操作属于________。

A. 数据保护语言　　B. 数据定义语言　　C. 数据操纵语言　　D. 以上都不对

13. 下列________是用在 SELECT 语句中的比较运算符。

A. LIKE　　B. BETWEEN　　C. IN　　D. 以上都不对

二、写出 SQL Server 查询

1. 查询所有试卷号和试卷名。

2. 查询所有试卷详细信息。

3. 查询 200016189 号考官的组卷。

4. 查询 0210000009 号试卷的组卷考官号。

5. 查询报考 0210000009 号试卷的考生考号。

6. 查询考官的组卷信息。

7. 查询 0210000009 号试卷的报考人数。

8. 查询 0210000009 号试卷平均分。

9. 查询各个考生平均成绩。

10. 查询 201611011221、201611011222 号考生都报考的试卷号和试卷名。

11. 查询 201611011221、201611011222、201611011223 号考生都报考的试卷号和试卷名。

第4章

SQL Server 应用

4.1 应用体系结构

4.1.1 C/S 结构

什么是 C/S 结构？C/S(Client/Server)结构(见图 4-1)即客户机/服务器结构。这里的客户机从软件上可以理解为在客户机上安装的特定专用软件；服务器又称数据库服务器。服务器主要用数据库管理系统来管理数据，而客户机则负责应用逻辑与用户界面；客户机需要时向服务器发出数据或服务请求，服务器响应这些请求并把结果或状态信息返回给客户机。也就是说，C/S 体系结构需在客户机上安装特定的专用软件才能访问服务器，如腾讯 QQ、网络多人游戏等就是典型的基于 C/S 的体系结构。

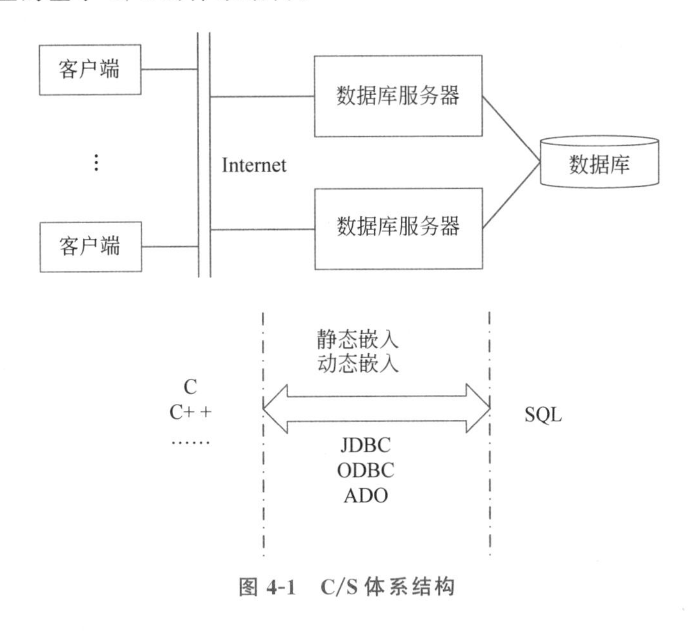

图 4-1 C/S 体系结构

C/S 结构的系统可以将应用程序的任务在客户机和服务器间进行合理分配，客户机可以发挥自身硬件的功能对数据进行一些处理后再提交给服务器，这样降低了系统的通信开销和服务器的负担。基于 C/S 结构的系统开发针对性很强,可以增加客户的许多个性化特征,比如精美的图形操作界面等。

客户端应用程序的主要任务如下。

- 提供用户与数据库交互的界面。
- 向数据库服务器提交用户请求并接收来自数据库服务器的信息。
- 利用客户应用程序对存在于客户端的数据执行应用逻辑。

数据库服务器负责有效地管理数据存取和访问。

数据库服务器通常选用主流关系数据库管理系统,它们支持 SQL;应用逻辑和用户界面的设计通常是某种高级语言,如 C、C++ 或 VB 等。高级语言和 SQL 协同编程通常采用嵌入式 SQL 编程,也可以使用 JDBC、ODBC、ADO 等。

C/S 结构的优缺点如下。

(1) 服务器处理任务相对较轻。

由于客户端分担了一部分功能,所以服务器处理任务相对来说减轻了一点,特别是胖客户端更是如此。

(2) 安全性问题。

在互联网中使用,需要保障客户端的安全、数据库服务器的安全和 C/S 通信的安全。

(3) 系统开发、维护、升级和培训的成本高。

现在的软件系统越来越大,越来越复杂,系统的开发时间、开发成本直接影响企业的发展,C/S 结构的系统需要仔细地把任务逻辑在客户端和服务器端进行合理的分配,并进行通信,业务进行变化时又需重新设计,所以开发成本比较高。

C/S 结构的软件需要针对不同的操作系统开发不同版本的软件,每台客户机需要安装专门的客户端,而且当系统升级时,每一台客户机都需要重新安装客户端,其维护和升级成本也较高。

4.1.2 B/S 结构

什么是 B/S 结构? B/S(Browser/Server)结构(见图 4-2)即浏览器/服务器结构。客户机不需要安装任何特定的软件,只需要有一个浏览器就可以与服务器进行交互。如很多采用 ASP、PHP、JSP 技术的网站就是典型的基于 B/S 体系结构的。

B/S 结构随着 Intranet 而兴起,并在 Internet 上得到了广泛的应用,是对 C/S 结构的一种变形或者改进,现在几乎已经完全取代了 C/S。在这种结构下,用户工作界面通过浏览器来实现,浏览器只负责发送接收数据,几乎不进行数据处理,主要的任务在服务器端处理。

B/S 结构通常包括多层。

第一层为客户端即浏览器层,即安装在客户机上的浏览器,用于浏览网页制作软件制作的网页,一般是用 HTML 编写。它通过互联网向 Web 服务器提出访问 Web 页面的请求,并接收从 Web 服务器返回的结果。

第二层为 Web 服务器,它接收从浏览器发来的请求,然后根据情况有两种处理方式:①调用应用服务器中的应用程序,并接收从应用服务器返回的数据,变换成 HTML 格式发送给浏览器;②直接返回 HTML 格式 Web 页面。

第三层为应用服务器,由中间件与应用程序组成。应用服务器接收 Web 服务器的调

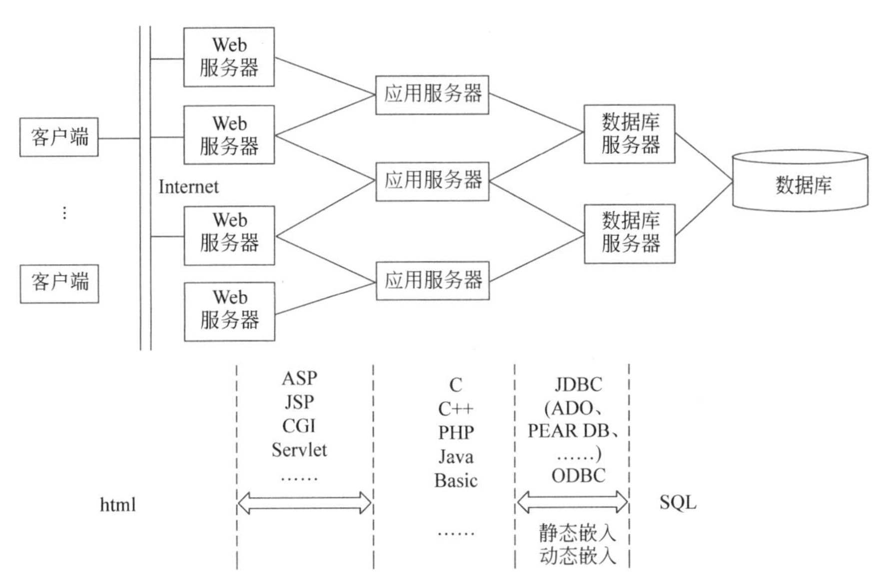

图 4-2　B/S 体系结构

用请求，访问互联网上的数据库服务器，并将结果返回 Web 服务器。

Web 服务器和应用服务器有时在同一层，将访问数据库的结果数据以 HTML 格式作为输出，同普通 HTML 一起返回给浏览器。

第四层为数据库服务器，可以是 SQL Server、Oracle、Sybase、DB2 等数据库管理系统，接收从应用服务器发来的 SQL 请求，经相应处理后将结果返回给应用服务器。

第五层为数据库，是由相应数据库管理系统管理的数据集。

Web 与数据库是当今互联网上两大无处不在的关键基础技术。数据库管理具有严格的数据模型与数据模式，有标准查询语言 SQL；Web 结构松散、随意，访问自由，浏览器和 Web 服务器主要使用 HTML。应用程序通常是用高级语言编写的。从 HTML 到 SQL 就需要两个桥梁，HTML 与高级语言(脚本语言)之间，如 CGI、ASP、JSP 等；高级语言与数据库之间，如 JDBC、ADO、ODBC 等。

B/S 结构的优缺点如下。

(1) 服务器处理任务相对较重。

由于 B/S 结构的软件系统的绝大部分功能是在服务器端实现，全部用户提交数据的处理和存储都在服务器端进行，所以服务器处理任务相对较重。

(2) 安全性问题。

因为绝大部分的基于 B/S 结构的系统是在 Internet 上运行，是一种开放式的结构，所以服务器端应尽可能保证网络连接的安全、操作系统本身的安全、Web 服务器的安全和数据库服务器的安全。

目前来说，客户端主要有浏览器，而服务器端相对来说是不可见的，浏览器对自身的安全有一定保护规制，而且现在大部分服务器是采用相对安全的技术和专业人士维护，比 C/S 结构安全性更好。

(3) 系统开发、维护、升级和培训的成本低。

B/S 结构的系统一个极大的优点就是维护和升级方式简单。由于 B/S 结构的固有特点,所以无论客户的规模有多大,系统都只需要在服务器端维护升级就可以了,所有的客户端只是浏览器,不需要做任何的维护。这样极大地减少了维护升级的费用和时间。还有一个好处是客户端只是一个浏览器,所以对客户只需要很少的培训就可以了。

4.2 嵌入式 SQL Server

4.2.1 SQL Server 嵌入式使用

SQL Server 不仅可以作为独立的数据语言直接以交互的方式使用,还可以作为子语言嵌入在宿主语言中使用。这里所说的宿主语言就是指常见的高级程序设计语言,如 C 语言等。嵌入式 SQL Server 的实现方式如图 4-3 所示。

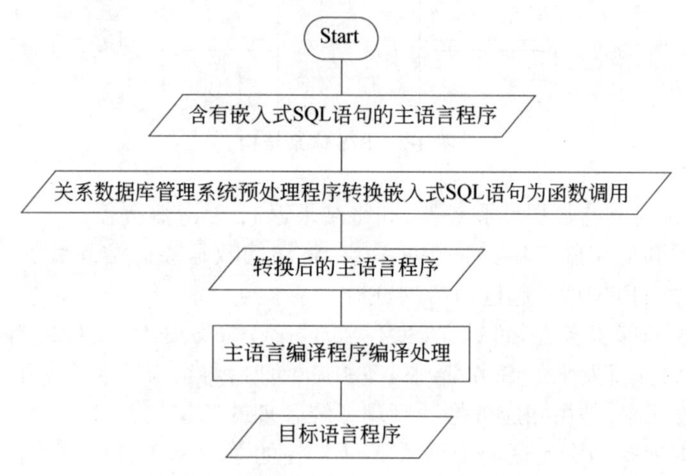

图 4-3 嵌入式 SQL Server 的实现方式

实现 SQL Server 嵌入宿主语言编程,如 C 语言,首先使用任意文本编辑器编写包含 SQL Server 语句的宿主语言语句的混合源代码。

以下代码块显示了 SQL Server 2019 中的语法。

```
--Syntax for SQL Server 2019

Execute a stored procedure or function
[ { EXEC | EXECUTE } ]
    {
        [ @return_status =]
        { module_name [ ;number ] | @module_name_var }
          [ [ @parameter =] { value
                              | @variable [ OUTPUT ]
                              | [ DEFAULT ]
                              }
          ]
```

```
        [ ,…n ]
        [ WITH <execute_option>[ ,…n ] ]
    }
[;]

Execute a character string
{ EXEC | EXECUTE }
    ( { @string_variable | [ N ]'tsql_string' } [ + …n ] )
    [ AS { LOGIN | USER } =' name ' ]
[;]

Execute a pass-through command against a linked server
{ EXEC | EXECUTE }
    ( { @string_variable | [ N ] 'command_string [ ? ]' } [ + …n ]
        [ { , { value | @variable [ OUTPUT ] } } [ …n ] ]
    )
    [ AS { LOGIN | USER } =' name ' ]
    [ AT linked_server_name ]
    [ AT DATA_SOURCE data_source_name ]
[;]

<execute_option>::=
{
        RECOMPILE
    | { RESULT SETS UNDEFINED }
    | { RESULT SETS NONE }
    | { RESULT SETS ( <result_sets_definition>[,…n ] ) }
}

<result_sets_definition>::=
{
    (
        { column_name
          data_type
        [ COLLATE collation_name ]
        [ NULL | NOT NULL ] }
        [,…n ]
    )
    | AS OBJECT
        [ db_name . [ schema_name ] . | schema_name . ]
        {table_name | view_name | table_valued_function_name }
    | AS TYPE [ schema_name.]table_type_name
    | AS FOR XML
}
```

嵌入式 SQL 是一种向 DBMS 发送 SQL 语句的方法。由于 SQL 不使用变量和控制流语句，因此它通常用作可以添加到用传统编程语言（如 C 或 COBOL）编写的程序的数据库子语言。这是嵌入式 SQL 的中心理念：将 SQL 语句置于用主语言编写的程序中。简单地说，以下方法用于以主语言嵌入 SQL 语句。

- 嵌入式 SQL 语句由特殊的 SQL 预编译器处理。所有 SQL 语句都以引导符开头，以结束符结尾，这两个语句均标记预编译器的 SQL 语句。引导和结束符因主机语言而异。例如，引导是 C 中的 "EXEC SQL" 和 MUMPS 中的 "&SQL (", 而结束符在 C 中（;为分号），在 MUMPS 中使用右括号。
- 应用程序中的变量称为主语言变量，可在允许使用常量的嵌入式 SQL 语句中使用。它们可用于输入，以便在特定情况下将 SQL 语句定制为特定情况，并用于接收查询结果。
- 返回单个数据行的查询使用单独的 SELECT 语句进行处理；此语句指定要返回的数据和主语言变量。
- 返回多个数据行的查询将通过游标进行处理，即游标跟踪结果集中的当前行。DECLARE CURSOR 语句定义游标，OPEN 语句开始进行查询处理，FETCH 语句检索连续的数据行，CLOSE 语句结束查询处理。
- 当游标处于打开状态时，定位更新和定位 DELETE 语句可用于更新或删除游标当前选定的行。

下面的代码是一个以 C 编写的简单的嵌入式 SQL 程序。该程序阐释了许多（但并非全部）的嵌入式 SQL 技术。

假定定义了共享变量 id、name、type、gid，这里给出几个例子如下。

如果查询给定试卷的试卷号、试卷名、试卷类型，要查询的试卷号由共享变量 gid 给出，查询结果试卷号、试卷名、试卷类型放在共享变量 id、name、type 中，由于试卷号是试卷表的主键，能够确定查询结果肯定至多包含一个元组，此查询不需要游标，只需用语句：

```
int main() {
    EXEC SQL INCLUDE SQLCA;
    EXEC SQL BEGIN DECLARE SECTION;
        Int eid;
        char ename [10]
        char etype [6]
    EXEC SQL END DECLARE SECTION;

    /* Set up error processing */
    EXEC SQL WHENEVER SQLERROR GOTO query_error;
    EXEC SQL WHENEVER NOT FOUND GOTO bad_number;
```

```
    /* Execute the SQL query */
    EXEC SQL SELECT eid, ename, etype
             INTO :id,:name,:type
             FROM exampaper
             WHERE eid=:gid;
/*给 exampaper 表插入一个元组行,试卷号、试卷名和试卷类型放在共享变量 id, name,
type 中,可用语句*/
  EXEC SQL INSERT INTO exampaper(eid, ename, etype)
             VALUES(:id,:name,:type);
/*给办公地点在"科技楼"院系的考官的工资增加共享变量 inc 中给出的值*/
  EXEC SQL UPDATE examiner
        SET ersalary=ersalary+:inc
        WHERE erdepa IN
        (SELECT dname
            FROM department
            WHERE dloca='科技楼');
}
```

应注意有关此程序的以下内容。

(1) 主语言变量。主语言变量是在由 BEGIN DECLARE 节和 END DECLARE 节关键字括起来的部分中声明的。每个主语言变量名称加冒号(在嵌入的 SQL 语句中出现时)。冒号允许预编译器区分具有相同名称的主语言变量和数据库对象(如表和列)。

(2) 数据类型 DBMS。和主语言支持的数据类型可能会有很大不同。这会影响主语言变量,因为它们扮演了双重角色。一方面,主语言变量是由主语言语句声明和操作的程序变量;另一方面,它们用于嵌入的 SQL 语句中以检索数据库数据。如果没有与 DBMS 数据类型对应的主语言类型,DBMS 会自动转换数据。但是,因为每个 DBMS 都有其自己的与转换过程关联的规则和特性,所以必须仔细选择主语言变量类型。

(3) 错误处理 DBMS。通过 SQL 通信区域或 SQLCA 向应用程序程序报告运行时错误。在上面的代码示例中,第一个嵌入式 SQL 语句包含 SQLCA。这会告知预编译器在程序中包含 SQLCA 结构。只要程序处理 DBMS 返回的错误,就需要这样做。每次.GOTO 语句告诉预编译器生成错误处理代码,该代码在发生错误时分支到特定标签。

(4) 单一实例选择。用于返回数据的语句是单独的 SELECT 语句。也就是说,它只返回一行数据。因此,该代码示例不声明或使用游标。

[**例 4-1**]　检索关系表 eeexam 中各位考生各门考试成绩。

```
#include <string.h>
#include <stdio.h>
#include <stdlib.h>
```

```
#define No_more_tuples !(strcmp(sqlca.sqlstate, "02000"))
int main( )
{
EXEC SQL WHENEVER SQLWARNING SQLPRINT;
EXEC SQL WHENEVER SQLERROR SQLPRINT;
EXEC SQL CONNECT TO eeexam @localhost:1433 USER "sa" /"123456";
EXEC SQL BEGIN DECLARE SECTION;
        char seeid[12],seid[10];
        int sachieve;
EXEC SQL END DECLARE SECTION;
EXEC SQL DECLARE querycursor cursor for
        SELECT eeid,eid,achieve
        FROM eeexam;
EXEC SQL OPEN querycursor;
while (1)
      { EXEC SQL FETCH FROM querycursor
            INTO :seeid,:seid,:sachieve;
      if(No_more_tuples)break;
      printf( " %s,%s,%d " ,seeid,seid,sachieve);
      }
EXEC SQL CLOSE querycursor;
EXEC SQL COMMIT WORK;
EXEC SQL DISCONNECT eeexam;
    return 0;
    }
```

[例 4-2] 如果对考生成绩做如下处理：对不及格的成绩视为没有选考，即删除不及格成绩；显示所有考试通过了的考生成绩。

```
#include <string.h>
#include <stdio.h>
#include <stdlib.h>
#define No_more_tuples !(strcmp(sqlca.sqlstate, "02000"))
int main( )
{
EXEC SQL WHENEVER SQLWARNING SQLPRINT;
EXEC SQL WHENEVER SQLERROR SQLPRINT;
EXEC SQL CONNECT TO eeexam @localhost:1433 USER "sa" /"123456";
EXEC SQL BEGIN DECLARE SECTION;
        char seeid[12],seid[10];
        int sachieve;
EXEC SQL END DECLARE SECTION;
EXEC SQL DECLARE updatecursor cursor for
```

```
          SELECT eeid,eid,achieve
          FROM eeexam;
  EXEC SQL OPEN updatecursor;
  while(1)
  { EXEC SQL FETCH FROM updatecursor
          INTO :seeid,:seid,:sachieve;
    if(No_more_tuples)break;
    if(sachieve<60)
    {  EXEC SQL DELETE FROM eeexam
            WHERE CURRENT OF updatecursor;}
    elseprintf("%s,%s,%d",seeid,seid,sachieve);
  }
  EXEC SQL CLOSE updatecursor;
  EXEC SQL COMMIT WORK;
  EXEC SQL DISCONNECT eeexam;
  return 0;
  }
```

4.2.2　编译嵌入式 SQL 程序

由于嵌入的 SQL 程序包含 SQL 和宿主语言语句的混合，因此无法将其直接提交给主语言的编译器。相反，它是通过多步骤进程进行编译的。尽管此过程因具体系统有所不同，但对于所有系统而言，步骤大致相同。

图 4-4 显示编译嵌入式 SQL 程序所需的步骤。

编译嵌入式 SQL 程序涉及以下五个步骤。

(1) 将嵌入式 SQL 程序提交到 SQL 预编译器，这是一个编程工具。预编译器扫描程序，查找嵌入式 SQL 语句并对其进行处理。DBMS 支持的每种编程语言各自需要不同的预编译器。DBMS 产品通常为一种或多种语言(包括 C、Pascal、COBOL、FORTRAN、Ada、PL/I 和各种汇编语言)提供预编译器。

(2) 预编译器会生成两个输出文件。第一个文件是源文件，去除其嵌入式 SQL 语句，在其位置，预编译器将调用专用 DBMS 例程，这些例程提供程序和 DBMS 之间的运行时链接。通常，这些例程的名称和调用序列只有预编译器和 DBMS 知道：它们不是 DBMS 的公共接口。第二个文件是程序中使用的所有嵌入式 SQL 语句的副本。此文件有时称为数据库请求模块。

(3) 预编译器的源文件输出将提交给主编程语言(标准编译器，如 C 或 COBOL 编译器)。编译器将处理源代码并生成对象代码作为其输出。注意，此步骤与 DBMS 或 SQL 不执行任何操作。

(4) 链接器接受编译器生成的对象模块，将它们链接到各种库例程，并生成一个可执行程序。链接到可执行程序中的库例程包括步骤(2)中所述的专用 DBMS 例程。

(5) 预编译器生成的数据库请求将提交到特殊的绑定实用工具。此实用程序检查

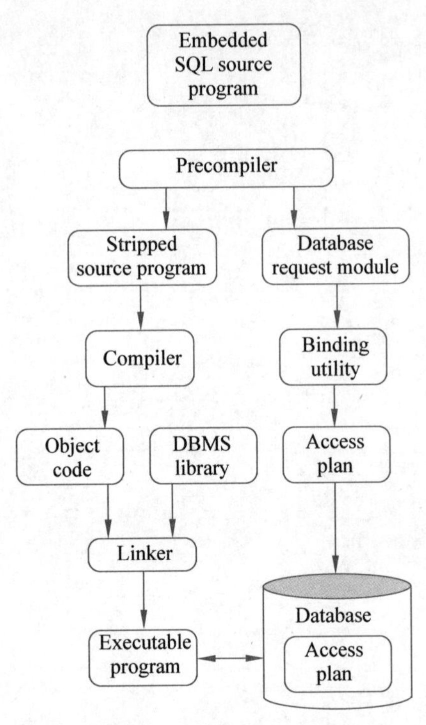

图 4-4 编译嵌入式 SQL 程序所需的步骤

SQL 语句,分析、验证和优化它们,然后为每个语句生成一个访问计划。结果是整个程序的组合访问计划,即嵌入式 SQL 语句的可执行文件。绑定实用工具将计划存储在数据库中,通常将其分配给将使用它的应用程序。在编译时或运行时是否发生此步骤取决于 DBMS。

注意,用于编译嵌入式 SQL 程序的步骤与前面介绍的处理 SQL 语句的步骤密切相关。特别要注意的是,预编译器将 SQL 语句与宿主语言代码分隔开来,并且绑定实用工具分析和验证 SQL 语句,创建访问计划。在执行步骤(5)的 DBMS 中,在编译时,处理 SQL 语句的前四个步骤发生在编译时,而最后一个步骤(执行)在运行时执行。这会使此类 DBMS 中的查询执行速度非常快。

4.2.3 动态 SQL 语句

虽然静态 SQL 在许多情况下都可以很好地工作,但有一类应用程序无法提前确定数据访问。例如,假设电子表格允许用户输入查询,电子表格随后会将查询发送到 DBMS 以检索数据。编写电子表格程序时,程序员不知道此查询的内容。

若要解决此问题,电子表格将使用名为动态 SQL 的嵌入式 SQL 形式。与程序中硬编码的静态 SQL 语句不同,可以在运行时生成动态 SQL 语句,并将其放置在字符串主机变量中,然后将它们发送到 DBMS 进行处理。由于 DBMS 必须在运行时为动态 SQL 语句生成访问计划,因此动态 SQL 通常比静态 SQL 慢。当编译包含动态 SQL 语句的程序时,不会从程序中去除动态 SQL 语句,如静态 SQL 语句中所示。相反,它们被替换为向DBMS传递语句的函数调用;同一程序中的静态SQL语句会正常处理。

执行动态SQL语句的最简单方法是使用EXECUTE IMMEDIATE语句。此语句将SQL语句传递到DBMS进行编译和执行。

EXECUTE直接语句的一个缺点是,DBMS必须每执行一次语句就处理SQL语句的五个步骤。如果动态执行了很多语句,此过程所涉及的开销可能会很大。

若要解决上述情况,动态SQL提供一种名为"准备-执行"的优化形式,它使用以下步骤。

(1) 该程序会在缓冲区中构造一条SQL语句,与执行直接语句时相同。问号(?)可以替换语句文本中任意位置的常量,以指示稍后将提供常数值,而不是主语言变量。问号称为参数标记。

(2) 该程序使用PREPARE语句将SQL语句传递给DBMS,请求DBMS对语句进行分析、验证和优化,并为其生成执行计划。然后,该程序使用EXECUTE语句(执行语句),来执行PREPARE传递的语句。它通过名为SQL的数据区域或SQLDA的特殊数据结构传递语句的参数值。

(3) 该程序可以重复使用EXECUTE语句,在每次执行动态语句时提供不同的参数值。

准备好的执行与静态SQL不同。在静态SQL中,处理SQL语句的前四个步骤在编译时进行。在"准备-执行"执行模式中,这些步骤仍会在运行时进行,但它们只是一次执行。只有在调用EXECUTE时才会执行计划。此行为有助于消除动态SQL体系结构固有的一些性能缺点。

```
--Syntax for SQL Server, Azure SQL Database, Azure Synapse Analytics, Parallel
Data Warehouse

sp_executesql [ @stmt =] statement
[
    { , [ @params =] N'@parameter_name data_type [ OUT | OUTPUT ][ ,…n ]' }
        { , [ @param1 =] 'value1' [ ,…n ] }
]
```

[例4-3]　下面程序段说明了动态SQL语句的使用方法。其中,表模式为:exam(eeid,eename,eeyear)。

```
DECLARE @SQLString NVARCHAR(500);
/* Build the SQL string one time. */
SET @SQLString =
    N'SELECT eeid, eename, eeyear
        FROM exam';
/* Execute the string with the first parameter value. */
EXECUTE sp_executesql @SQLString;
```

4.3 JDBC编程

4.3.1 JDBC基础

JDBC(Java Database Connectivity)是一种用于执行SQL语句,不仅是SQL Server的SQL语句,而是包括各种关系数据库系统SQL的Java API,它定义了用来访问数据库的标准Java类库(在java.sql类包中,几个主要的类和接口如表4-1所示),使用这个类库可以以一种标准的方法方便地访问各种关系数据库,包括SQL Server。

表4-1 几个主要JDBC类和接口

类或接口	作用
java.sql.Drivermanager	处理驱动程序的加载和建立新数据库连接
java.sql.Connection	到特定数据库的连接
java.sql.Statement	用于执行静态SQL语句并返回它所生成结果的对象
java.sql.PrepareStatement	预编译的SQL语句的对象,派生自Statement
java.sql.CallableStatement	用于执行SQL存储过程的对象,派生自PrepareStatement
java.sql.ResultSet	数据库结果集表,执行查询数据库的语句生成

JDBC的目标是使应用程序开发人员使用JDBC可以连接提供了JDBC驱动程序的任何数据库系统,这样就使得程序员无须对特定的数据库系统的语法细节有过多的了解,从而大大简化和加快开发过程。

JDBC通过对开发者屏蔽语法细节,为访问不同的数据库提供统一的途径。JDBC的实现方式如图4-5所示。

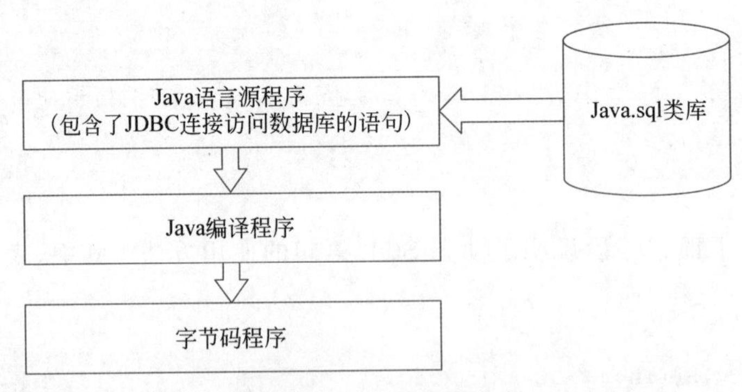

图4-5 JDBC的实现方式

Java通过JDBC来访问数据库,这些包含JDBC连接访问数据库语句的Java程序就是普通Java程序,用Java语言编译器编译成字节码,就可以在Java虚拟机上运行了,只是需要导入相应的包,即import Java.sql.*。

4.3.2　JDBC 程序

任何一个 JDBC 应用程序,都需要以下四个步骤。

(1) 加载 JDBC 驱动程序。

(2) 建立与数据库的连接。

(3) 进行数据库访问。

(4) 关闭相关连接。

下面介绍如何获取 JDBC 驱动程序并编写代码以从 Java 客户端建立到 Microsoft SQL Server 的数据库连接。假设读者已安装了轻量级版本的 SQL Server,如 Microsoft SQL Server Express。

1. 下载 Microsoft JDBC driver for SQL server

要使 Java 程序连接到 Microsoft SQL Server 数据库,需要在类路径中存在合适的 JDBC 驱动程序。单击下载最新版本的 Microsoft JDBC Driver for SQL Server。目前,最新版本是支持 Java 8、11 和 13 的 Microsoft JDBC 驱动程序 8.2。

解压缩下载的存档文件,并将 mssql-jdbc-8.2.0.jreVERSION.jar 放到项目的类路径中。如果使用 Maven,则声明以下依赖项。

```
<dependency>
    <groupId>com.microsoft.sqlserver</groupId>
    <artifactId>mssql-jdbc</artifactId>
    <version>8.2.1.jre11</version>
</dependency>
```

2. SQL Server 的 JDBC 数据库 URL

SQL Server 的数据库 URL 的语法如下。

```
jdbc:sqlserver://[serverName[\instanceName][:portNumber]][;property=value
[;property=value]]
```

其中:serverName:运行 SQL 服务器的机器的主机名或 IP 地址。

instanceName:要在 serverName 上连接的实例的名称。如果未指定此参数,则使用默认实例。

portNumber:SQL Server 的端口号,默认为 1433,如果没有该参数,则使用默认端口。

property=value:指定一个或多个附加连接属性。要查看特定 SQL Server 的属性,需访问设置连接属性。

SQL Server 有以下两种身份验证模式。

(1) Windows 身份验证:使用当前的 Windows 用户账户登录 SQL Server。此模式适用于客户端和 SQL 服务器在同一台机器上运行的情况。通过将属性 integratedSecurity=true 添加到 URL 来指定此模式。

(2) SQL Server 身份验证：使用 SQL Server 账户进行身份验证，必须为这种模式明确指定用户名和密码。

以下是一些示例。

(1) 使用 Windows 身份验证连接到与 JDBC 客户端在同一台机器上运行的 SQL 服务器的默认实例。

```
jdbc:sqlserver://localhost;integratedSecurity=true;
```

(2) 使用 SQL Server 身份验证连接到主机 dbHost 上名为 sqlexpress 的实例。

```
jdbc:sqlserver://dbHost\sqlexpress;user=sa;password=secret
```

(3) 使用 Windows 身份验证连接到本地主机上的命名数据库 testdb。

```
jdbc:sqlserver://localhost:1433;databaseName=testdb;integratedSecurity=
true;
```

3. 为 SQL Server 注册 JDBC 驱动并建立连接

SQL Server 的 JDBC 驱动程序类是 com.microsoft.sqlserver.jdbc.SQLServerDriver，因此要注册此驱动程序，可以使用以下语句。

```
DriverManager.registerDriver(new com.microsoft.sqlserver.jdbc.
SQLServerDriver());
```

或者：

```
Class.forName("com.microsoft.sqlserver.jdbc.SQLServerDriver");
```

但是，从 JDBC 4.0 (JDK 6.0) 开始就不需要了，因为只要类路径中存在合适的 JDBC 驱动程序，驱动程序管理器就可以自动检测和加载驱动程序类。

要建立连接，可调用该方法的 getConnection()中的 DriverManager 类。如下是将用户 sa 与密码 secret 连接到 localhost 上的实例 sqlexpress 的代码片段。

```
String dbURL = "jdbc:sqlserver://localhost\\sqlexpress;user=sa;password=
secret";
Connection conn =DriverManager.getConnection(dbURL);
if (conn !=null) {
    System.out.println("Connected");
}
```

以下代码将用户名和密码作为参数传递给 getConnection()方法。

```
String dbURL ="jdbc:sqlserver://localhost\\sqlexpress";
String user ="sa";
String pass ="secret";
conn =DriverManager.getConnection(dbURL, user, pass);
```

还可以使用 java.util.Properties 对象来存储连接属性。

```
String dbURL ="jdbc:sqlserver://localhost\\sqlexpress";
Properties properties =new Properties();
properties.put("user", "sa");
properties.put("password", "secret");
conn =DriverManager.getConnection(dbURL, properties);
```

注意：如果要使用 Windows 身份验证模式(integratedSecurity=true)，则类路径中必须有 sqljdbc_auth.dll。

4. SQL Server 的 Java 代码示例

```
package net.codejava.jdbc;

import java.sql.Connection;
import java.sql.DatabaseMetaData;
import java.sql.DriverManager;
import java.sql.SQLException;

/**
 * This program demonstrates how to establish database connection to Microsoft
 * SQL Server.
 * @author www.codejava.net
 *
 */
public class JdbcSQLServerConnection {

    public static void main(String[] args) {

        Connection conn =null;

        try {

            String dbURL ="jdbc:sqlserver://localhost\\sqlexpress";
```

```
                String user ="sa";
                String pass ="secret";
                conn =DriverManager.getConnection(dbURL, user, pass);
                if (conn !=null) {
                    DatabaseMetaData dm =(DatabaseMetaData) conn.getMetaData();
                    System.out.println("Driver name: " + dm.getDriverName());
                    System.out.println("Driver version: " + dm.getDriverVersion
                    ());
                    System.out.println("Product name: " + dm.getDatabase-
                    ProductName());
                    System.out.println("Product version: " + dm.getDatabase-
                    ProductVersion());
                }

            } catch (SQLException ex) {
              ex.printStackTrace();
            } finally {
              try {
                  if (conn !=null && !conn.isClosed()) {
                      conn.close();
                  }
              } catch (SQLException ex) {
                ex.printStackTrace();
              }
            }
        }
    }
```

4.3.3 JSP 连接访问数据库实例

这是一个连接 MSSQL 数据库的简单 JSP 程序。此示例 JSP 程序显示了如何从 JSP 程序连接到 MSSQL 数据库。

用户需要下载适当的驱动程序以从 JSP 页面连接到 MSSQL 服务器。在本实例中，使用 JTDS 驱动程序，可以从 http://jtds.sourceforge.net/下载 jar 文件，下载后，将其复制到 Tomcat(或任何其他 Servlet)。

数据库服务器可以位于网络中的任何位置。只需要获取服务器的 IP 地址或域名以及数据库名称、用户名和密码。只要记住构造正确的 URL。此示例 JSP 页面假定用户的数据库中有一个名为 tbl_sys_user 的表，并且具有包含名称、cust_id、rdate 和 email 的字段。

```
<html>
<head><title>Enter to database</title></head>
```

```
<body>
<table>
<%@page import="java.util.* " %>
<%@page import="javax.sql.*;" %>
<%

java.sql.Connection con;
java.sql.Statement s;
java.sql.ResultSet rs;
java.sql.PreparedStatement pst;

con=null;
s=null;
pst=null;
rs=null;

// Remember to change the next line with your own environment
String url=
"jdbc:jtds:sqlserver://nameofyourdatabaseserver.or.ipaddress/yourdatabasename";
String id="username";
String pass ="password";
try{

Class.forName("net.sourceforge.jtds.jdbc.Driver");
con =java.sql.DriverManager.getConnection(url, id, pass);

}catch(ClassNotFoundException cnfex){
cnfex.printStackTrace();

}
String sql ="select top 10 * from tbl_sys_user";
try{
s =con.createStatement();
rs =s.executeQuery(sql);
%>

<%
while( rs.next() ){
%><tr>
<td><%=rs.getString("cust_id") %></td>
<td><%=rs.getString("rdate") %></td>
<td><%=rs.getString("email") %></td>
</tr>
```

```
<%
}
%>

<%

}
catch(Exception e){e.printStackTrace();}
finally{
if(rs!=null) rs.close();
if(s!=null) s.close();
if(con!=null) con.close();
}

%>

</body>
</html>
```

4.4 ODBC 编程

与 JDBC 非常类似，微软也有一个 C、C++ 等应用程序连接访问数据库的标准 API，叫 ODBC，每一个支持 ODBC 的数据库管理系统都提供一个实现与客户程序连接的库，当客户端发出一个 ODBC API 请求，库中的代码就和数据库服务器通信以执行被请求的动作并取回结果。JDBC/ODBC 都能提高应用系统与数据库平台的独立性，使得应用系统的移植变得非常方便。

[例 4-4] 一个 ODBC 程序的例子。

```
#include<stdio.h>
#include<windows.h>
#include<sql.h>
#include<sqlext.h>
#include<sqltypes.h>
int main()
{
    SQLRETURN ret;
    SQLHENV henv;
    SQLHDBC hdbc;
    SQLHSTMT hstmt;

    ret =SQLAllocHandle(SQL_HANDLE_ENV, NULL, &henv);
```

```
    ret = SQLSetEnvAttr(henv, SQL_ATTR_ODBC_VERSION, (SQLPOINTER) SQL_OV_
    ODBC3, SQL_IS_INTEGER);
    ret =SQLAllocHandle(SQL_HANDLE_DBC, henv, &hdbc);

    SQLWCHAR db[] =L"exam";
    SQLWCHAR user[] =L"sa";
    SQLWCHAR password[] =L"123456";

    ret =SQLConnect(hdbc, db, SQL_NTS, user, SQL_NTS, password, SQL_NTS);

    if (!(ret ==SQL_SUCCESS || ret ==SQL_SUCCESS_WITH_INFO))
    {
        printf("连接数据库失败!\n");
        return -1;
    }

    ret =SQLAllocHandle(SQL_HANDLE_STMT, hdbc, &hstmt);

    SQLWCHAR sql2[] =L"select * from exam.dbo.exam";

    ret =SQLExecDirect(hstmt, sql2, SQL_NTS);
    if (ret ==SQL_SUCCESS || ret ==SQL_SUCCESS_WITH_INFO)
    {
        SQLCHAR str1[20], str2[20], str3[20];
        SQLINTEGER len_str1, len_str2, len_str3;
        printf("eeid\teename\teeyear\n");
        while (SQLFetch(hstmt) !=SQL_NO_DATA)
        {
            SQLGetData(hstmt, 1, SQL_C_CHAR, str1, 50, &len_str1);
            SQLGetData(hstmt, 2, SQL_C_CHAR, str2, 50, &len_str2);
            SQLGetData(hstmt, 3, SQL_C_CHAR, str3, 50, &len_str3);
            printf("%s\t%s\t%s\n", str1, str2, str3);
        }
    }

    SQLFreeHandle(SQL_HANDLE_DBC, hdbc);
    SQLFreeHandle(SQL_HANDLE_ENV, henv);
    return 0;
}
```

对此程序进行测试的数据库表模式为 exam(eeid,eename,eeyear),如图 4-6 所示。

利用 ODBC 访问数据库的第一步是连接数据库。为此,须基于 ODBC 定义的 SQLHENV、SQLHDBC 和 SQLHSTMT 几种类型,先分配一个 SQL 的环境变量和一个

	eeid	eename	eeyear
1	166	aaaa	1996
2	189	north	2001
3	198	south	1998
4	199	west	2004
5	200	bbbb	1999
6	222	east	1999
7	269	cccc	1992
8	369	dddd	1994

图 4-6 数据库表模式

数据库连接句柄。然后用 SQLConnect 函数建立和数据库的连接,分配一个语句句柄。

在与数据库的连接上,可以通过 SQLExecDirect 函数把访问数据库的 SQL 语句发送给数据库服务器。通过 while 循环反复调用 SQLFetch 函数,直到 SQLFetch 返回一个非 SQL_ SUCCESS 的值,每一次循环,用函数 SQLFetch 取回结果中的一行,用 SQLGetData 函数把结果中相应属性的值放到对应的 C 变量里,然后打印出来。最后,释放语句句柄,断开与数据库的连接,释放连接和环境句柄。

4.5 存储函数和过程

在数据库系统中,为了保证数据的完整性、一致性,同时也为了提高其性能,大多数据库采用存储函数技术。存储函数是在数据库中定义一些 SQL 语句的集合,然后直接调用这些存储函数来执行已经定义好的 SQL 语句。函数经编译和优化后,存储在数据库服务器中,可以反复被调用。

使用存储函数具有以下优点。

(1) 由于存储函数不需要额外的语法分析步骤,因而运行效率高。

(2) 客户端不需要的中间结果无须在服务器端和客户端来回传递,降低了客户机和服务器之间的通信量。客户机上的应用程序只需向服务器发出存储函数的名字和参数,就可以让调用执行存储函数,只有最终处理结果才返回客户端。

(3) 便于实施业务规则。通常把业务规则的计算程序写成存储函数,由数据库管理系统集中管理,方便进行维护。

4.5.1 变量的定义和赋值

SQLServer 中可以使用关键字 DECLARE 来定义变量,其基本语法如下。

```
DECLARE { @var_name [AS] type [ =value ] } [,…n]
```

其中,@var_name 是变量名称,名称的首字符必须为一个@;type 是变量类型;value 是变量默认值,如果没有给出,则默认为 NULL;一个 DECLARE 语句可以同时定义多个变量,各个变量的定义语句之间用“,”隔开。例如:

```
DECLARE @eeid INT;
```

其中,@eeid INT 定义了一个整型变量@eeid。

SQLServer 中可以使用关键字 SET 或 SELECT 来定义变量,其基本语法如下。

```
SET @var_name =expr
SELECT { @var_name =expr }[ ,…n ]
```

其中,SET、SELECT 用来给变量赋值;@var_name 是变量名称;expr 是赋值表达式。SET 语句一般用于赋给变量一个指定的常量,SELECT 赋值语句一般用于从表中查询出数据然后赋给变量。

4.5.2　控制结构

SQL Server 提供了流程控制语句,主要有条件控制语句和循环控制语句。这些语句的语法、语义和一般的高级语言(如 C 语言)类似,这里只做简单的介绍。

1. 条件控制语句

其基本语句如下。

```
IF boolean_expression
    Statements
[ ELSE
    Statements  ]
```

如有需要,可以在其他 IF 之后或在 ELSE 下面,嵌套另一个 IF 语句。

2. 循环控制语句

SQLServer 使用 WHILE 重复执行 SQL 语句或语句块,只要指定的条件为真,就重复执行语句。可以使用 BREAK 和 CONTINUE 关键字在循环内部控制 WHILE 循环中语句的执行。

```
WHILE boolean_expression
   { Statements | Statement_block | BREAK | CONTINUE }
```

4.5.3　存储函数定义和执行

使用 SQL Server 语句编写函数,经编译和优化后存储在数据库服务器中,使用时只要调用即可。下面给出创建、更名、执行或删除函数的方法。

1. 创建函数

用户可以创建两种类型的函数,分别是标量函数和表值函数。

(1) 标量函数。

标量函数定义格式如下。

```
CREATE FUNCTION function_name(@var_name type [ , …])
RETURNS return_data_type
[AS]
BEGIN
    function_body
    RETURN expression
END
```

例如：

```
CREATE FUNCTION GetSum(
    @firstNum INT,
    @secondNum INT
)
RETURNS INT
AS
BEGIN
    DECLARE @result INT
    SELECT @result=@firstNum+ @secondNum
    RETURN @result
END
```

函数名(例子中是 GetSum)是数据库服务器合法的对象标识。

参数列表(例子中是(@firstNum INT, @secondNum INT))是用名字来标识调用时给出的参数值,有参数时必须指定值的数据类型;如果没有参数,则只要保留括号即可。

函数的返回类型需要用到返回关键字 RETURNS。

BEGIN…END 中的部分为函数体,函数体里声明变量需要使用 DECLARE 关键字,函数体内的返回使用关键字 RETURN。

(2) 表值函数。

表值函数可分为内联表值函数和多语句表值函数。表值函数的返回类型为表。

① 内联表值函数。

```
CREATE FUNCTION function_name(@var_name type [, …])
RETURNS TABLE
[AS]
    RETURN (select_stmt)
```

② 多语句表值函数。

```
CREATE FUNCTION function_name(@var_name type [, …])
RETURNS @return_variable TABLE <table_type_definition>
```

```
[AS]
BEGIN
    function_body
    RETURN
END
```

2. 执行函数

在 SQL Server 中，存储函数的使用方法与 SQL Server 内部函数的使用方法基本相同，其语法结构如下。

```
SELECT function_name([parameter [, …]]);
```

3. 删除函数

```
DROP FUNCTION [IF EXISTS] function_name [,…n]
```

其中，IF EXISTS 选项用于仅在函数存在时删除函数，否则此语句什么都不做，若未指定 IF EXISTS 情况下尝试删除不存在的函数，则会出现错误。如果存在 CHECK 或 DEFAULT 等约束以及引用该函数的计算列，则 DROP FUNCTION 语句将失败。

4.5.4　存储过程定义和执行

1. 创建存储过程

```
CREATE PROC | PROCEDURE pro_name
    [{@parameter type } [=default] [OUT | OUTPUT],
    …]
AS
    SQL_statements
```

[例 4-5]　创建一个名为 num_of_examinee 的存储过程。

```
CREATE PROCEDURE num_of_examinee(@ee_id INT, @num INT OUTPUT)
AS
    SELECT @num =COUNT(*)
    FROM examinee
    WHERE eeid=@ee_id;
```

这里，存储过程名为 num_of_examinee；输入变量为@ee_id；输出变量为@num。SELECT 语句从 examinee 表查询 eeid 等于@ee_id 的元组，并用 COUNT(*)计算@ee_id 值相同的元组数，最后将计算结果存入@num 中。

2. 修改存储过程

```
CREATE PROC | PROCEDURE pro_name
    [{@parameter type } [=default] [OUT | OUTPUT],
    …]
AS
    SQL_statements
```

3. 删除存储过程

```
DROP PROC | PROCEDURE pro_name
```

4. 执行存储过程

```
EXEC pro_name [参数 1, …] ;
```

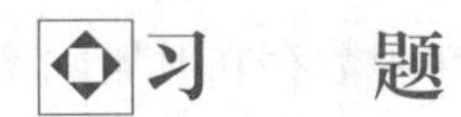

习　题

一、填空题

1. SQL 语句与高级语言之间的信息交换可以通过：________、________和________。

2. 嵌入式 SQL 的预处理方式，是指预处理程序先对源程序进行扫描，识别出________，并处理成宿主语言的________形式。

3. 为保证嵌入式 SQL 的实现，通常 DBMS 制造商提供一个________，供编译时使用。

4. SQL 语句嵌入在 C 语言程序中时，必须加上前缀标识________和结束标识________。

5. 卷游标是指________。

二、选择题

1. 有关嵌入式 SQL 的叙述，不正确的是________。

   A. 宿主语言是指 C 一类高级程序设计语言

   B. 宿主语言是指 SQL

   C. 在程序中要区分 SQL 语句和宿主语言语句

   D. SQL 有交互式和嵌入式两种使用方式

2. 嵌入式 SQL 实现时，采用的预处理方式是________。

   A. 把 SQL 语句和主语言语句区分开来

   B. 为 SQL 语句加前缀标识和结束标识

   C. 识别出 SQL 语句，并处理成函数调用形式

   D. 把 SQL 语句编译成二进制码

3. 允许在嵌入的 SQL 语句中引用宿主语言的程序变量，在引用时________。
   A. 直接引用　　　　　　　　　　　　B. 这些变量前必须加符号“*”
   C. 这些变量前必须加符号“:”　　　　D. 这些变量前必须加符号“&”
4. 卷游标的推进语句“EXEC SQL FETCH RELATIVE -4”表示________。
   A. 把游标移向查询结果的第 4 行
   B. 把游标移向查询结果的倒数第 4 行
   C. 把游标从当前位置推进 4 行
   D. 把游标从当前位置返回 4 行
5. 卷游标的推进语句“EXEC SQL FETCH ABSOLUTE -3”表示________。
   A. 把游标移向查询结果的第 3 行
   B. 把游标移向查询结果的倒数第 3 行
   C. 把游标从当前位置推进 3 行
   D. 把游标从当前位置返回 3 行

第5章 SQL Server 数据保护

5.1 数据保护

作为实用化最成功的软件系统之一，数据库系统如今已经成为全球化经济基础设施的重要基础部件，对商务管理、事务管理、数据分析、电子商务、慕课……来说，都是必不可少的，人类社会对数据的依赖达到了前所未有的地步，数据安全关系到社会的每个组织单位及个人。数据安全建立在数据保密性、数据完整性、数据可用性之上，数据库系统的特点之一就是由数据库管理系统提供统一的机制保护数据的保密性、完整性、可用性。

数据保密性是指对数据资源的隐藏，通常在数据库中保护保密性就是指仅允许经授权地读数据，需要对数据值保密和数据存在性保密。数据保密性的需求源于数据的敏感性，如军事部门试图实现“需要知道”原则，企业公司对专利设计数据的保护以免竞争对手获取设计成果等。数据存在性有时候比数据值本身更需要保护，如确认美国政府曾监听某国政要远比监听到的数据本身更为重要。

数据完整性指的是数据的可信度，保护数据完整性通常是指防止非法或者未经授权的数据修改。数据完整性包括数据值的完整性和数据来源的完整性。完整性遭到破坏即产生无效或损坏的数据，将导致用户由于错误的或无效的数据做出错误的决策。

数据可用性是指对数据的期望使用能力，保护数据可用性通常指减少数据库系统停工时间，保持数据持续可访问。可用性遭到破坏将影响用户正常获取数据，意味着用户不能访问数据库或操作困难。

数据保护允许说明数据资源使用的安全策略并提供机制予以支持。策略和机制不同。策略决定做什么，即是对允许什么、禁止什么的规定；机制决定怎么做，即是实施策略的功能、方法、工具、规程。

本书专注于数据库系统层次上的安全保护，本章介绍 SQL Server 中提供的与安全保护相关的语句，软件机制将在后续相应章节介绍。描述系统访问策略的最简单模型是访问矩阵，矩阵的行是用户(角色)，列代表数据库对象，矩阵中的元素表示相应用户对相应数据库对象的访问权限，访问控制矩阵通常依据用户在系统应用中担任的角色确定，SQL Server 中的授权和收权语句可以赋予或撤销用户相应的访问权限，数据库管理系统确保只有获得授权的用户有资格访问数据库对象，令所有未被授权的人员无法接近数据，保护数据保密性和完整性。视图作为外模式的实现，支持"见之所需"原则，不仅简化了用户操作，而且结合访问控制可以保护视图数据保密性和完整性，更重要的是提供了一种保护数据存在性的手段。SQL Server 提供加密函数，以允许对存储数据进行加密处理，支持保护数据保密性和完整性验证。数据库系统都允许对数据库的并发访问以改进系统响应性能，提高可用性，但是如果对数据库访问的并发执行不加控制将可能破坏数据完整性；另外，数据库系统总会面临这样那样的故障，故障也可能破坏数据完整性。数据库管理系统通过将数据库操作分组为事务，以事务为单位实施并发控制和故障恢复，SQL Server 允许显式或隐式的事务边界定义。数据库管理系统中的并发控制机制维护并发访问情况下的数据完整性；数据库管理系统中的故障恢复机制不仅维护故障情况下的数据完整性，并且由于故障恢复机制对故障的有效处理，它也是保护数据可用性的重要手段。

上述方法都是从数据值以外的因素考虑数据保护。理想情况下，数据值发生变化时，比如进行插入或更新时，系统能够判断数据库中的各个数据项值是否与其对应的现实世界状态一致，即数据是否真实正确。然而，这个目标是无法实现的。退而求其次，可以在系统中定义一些正确数据应该满足的约束，系统自动检查数据库中的数据是否满足这些约束条件，并且只允许满足这些约束条件的数据进入数据库。也就是说，软件系统无法保证数据的真实正确性，但可以保证数据符合可明确定义的约束。这种约束通常称为完整性约束。

总的来说，数据安全是数据库技术广泛使用的前提条件之一，也是数据库管理系统的重要目标和优势之一。利用数据保护技术，保护数据安全是以数据库为中心的应用系统必不可少的重要方面。当前的大数据管理技术，主要是利用多副本存储技术维护数据可用性，关于专门针对大数据的保密性和完整性保护越来越受关注并有待进一步探索。

5.2 视　　图

视图主要有如下作用：视图能够简化用户的操作；视图使用户能从多种角度看待同一数据；视图对重构数据库提供了一定程度的逻辑独立性；视图能够对数据存在性方面的保密性提供安全保护；适当地利用视图可以更清晰地表达查询。

5.2.1 视图的创建和撤销

在 SQL Server 中，外模式一级数据结构的基本单位是视图，视图是从若干基本表和（或）其他视图构造出来的"虚表"，采用 SELECT 语句实现。在创建一个视图时，只是把其视图的定义存放在数据字典中，而不存储视图对应的数据，在用户使用视图时才去查询对应的数据。因此，视图被称为"虚表"。基表中的数据发生变化时，从视图中查询出的数据也随之改变。

视图可以把基表结构细节封装起来，表可以随应用进化而变化，但视图以及基于视图的应用程序不受表变化的影响。

用户只能查询或修改通过视图所能见到的数据，看不见数据库其他数据；视图可以帮助将授权限制到特定的行或/和列上。

1. 视图的创建

创建视图可用“CREATE VIEW”语句实现。其句法如下。

```
CREATE VIEW [<所有者名>.] <视图名>[(<列名>[,<列名>]…)]
AS <子查询>
WITH CHECK OPTION;
```

组成视图的属性列名可以全部省略或全部指定，视图属性名省略时，取 select 结果关系属性名。

［**例 5-1**］ 对于组卷系统数据库中的基本表 eeexam，用户经常要用到考生考试号 eeid 和平均成绩 avgachieve 这两列数据，那么可用下列语句建立视图。

```
CREARE VIEW avgachieve(eeid,average)
AS SELECT eeid,AVG(achieve)
   FROM eeexam
   GROUP BY eeid;
```

此语句创建了视图，视图名为 avgachieve，有两个属性(eeid 和 average)，就好像有一个表 avgachieve 有两个属性(eeid，average)。average 属性的值就是对应 eeid 考生的平均成绩。

也可以使用视图创建视图，例如，可以在 examinee，eeexam，exampaper 三个表的基础上创建视图 eeexamv1，语句如下。

```
CREATE VIEW eeexamv1
AS SELECT examinee.eeid, examinee.eedepa, exampaper.ename, eeexam.achieve
   FROM examinee, eeexam,exampaper
   WHERE examinee.eeid=eeexam.eeid
   AND eeexam.eeid=exampaper.eid;
```

这个语句创建视图 eeexamv1，有四个属性：eeid，eedepa，ename，achieve，也就是考生考号、考生院系名、试卷名和成绩。

然后，基于视图 eeexamv1，可以进一步创建视图 eeexamv2。语句如下。

```
CREATE VIEW eeexamv2
AS  SELECT eeid,ename,achieve
    FROM eeexamv1
    WHERE eedepa='历史学院';
```

视图 eeexamv2 有三个属性：eeid，ename，achieve，也就是历史学院的考生考号、试卷名和成绩。需要注意的是，虽然可以使用视图定义视图，但是视图定义不能递归。

2. 视图的撤销

在不需要视图时,可以用“DROP VIEW”语句把其从系统中撤销。其句法如下。

```
DROP  VIEW  <视图名>
```

该语句从数据字典中删除指定的视图定义,如果该视图上还导出了其他视图,使用 CASCADE 级联删除语句,把该视图和由它导出的所有视图一起删除。删除基表时,由该基表导出的所有视图定义都必须显式地使用 DROP VIEW 语句删除。

[例 5-2]　撤销 avgachieve 视图,可使用下列语句实现。

```
DROP VIEW avgachieve;
```

5.2.2　对视图的操作

1. 对视图查询

创建视图后,就可以在 SQL 语句中使用,视图名能够出现在表名可以出现的任何地方。比如已经定义了视图 avgachieve(eeid, average),要查询平均 86 分以上的人数就可以用这样的查询。

例如,可在 avgachieve 视图上进行如下查询。

```
SELECT count(*)
FROM avgachieve
WHERE avgachieve>=75;
```

同样也可以使用视图定义视图,首先使用 examinee 表中的 eeid、eedepa 属性,exampaper 表中的 ename 属性和 eeexam 表中的 achieve 属性定义视图 eeexamv1,定义 eeexamv1 使用如下语句实现。

```
CREARE VIEW eeexamv1
AS  SELECT examinee.eeid, examinee.eedepa, exampaper.ename, eeexam.achieve
    FROM examinee,eeexam,exampaper
    WHERE examinee.eeid=eeexam.eeid AND eeexam.eid=exampaper.eid;
```

再使用视图 eeexamv1 定义由 eeid、ename、achieve 属性组成的视图 eeexamv2,使用如下语句实现。

```
CREARE VIEW eeexamv2
AS  SELECT eeid,ename,achieve
    FROM eeexamv1
    WHERE eedepa='历史学院';
```

SQL Server 执行 CREARE VIEW 语句时只是把视图定义存入数据字典，并不执行其中的 SELECT 语句；在对视图查询时，按视图的定义从基本表中将数据查出。

虽然视图和表都是关系，都可在查询中直接使用，但是视图与表有一点重要不同：数据库中存储表的模式定义和数据，而只存储视图的定义，不存储视图的数据，视图中的数据是在使用视图时按照视图定义中的查询临时计算的。视图定义中引用的表称为基表。当基表中的数据发生变化时，相应的视图数据也随之改变。

视图可以把基表结构细节封装起来，表可以随应用进化而变化，但视图以及基于视图的应用程序可以尽可能少地受表变化的影响，这也就是数据的逻辑独立性。

通过视图，用户只能查询或修改视图中见得到的数据，看不见数据库中的其他数据，这也就提供了数据存在性的保护。

2. 视图上的修改

由于视图是基于对基表的查询来定义的，系统只存储视图的定义，不存储视图的数据，对视图的修改通常是转换为基表的相应操作来执行，这就要求对视图的修改慎而又慎。SQL Server 只允许对可修改视图进行修改。

由于视图并不像基本表那样实际存在，有些视图的修改不能唯一地有意义地变换成对相应基本表的修改，这些视图是不可修改的。

SQL Server 只允许对可修改视图进行修改。可修改视图需要满足如下条件：视图是从单个关系只使用投影、选择操作导出；SELECT 子句中只包含属性名，不包含其他表达式、聚集、DISTINCT 声明，查询中不含有 GROUP BY 或 HAVING 子句；WHERE 子句子查询不出现基表名(其前面 FROM 子句给出的表名)；并且对视图的修改操作符合一般修改语句的规则，如插入时主键不能为空，需要插入操作的视图的投影列需包含基础关系的键。

［例 5-3］ 如果定义了一个有关男考生的视图：

```
CREATE VIEW eemale
AS  SELECT eeid,eename,eeage
    FROM examinee
    WHERE eesex='男';
```

视图 eemale 是考生表 examinee 中的男生考号、姓名和年龄的投影。由于这个视图是从单个关系只使用选择和投影导出的，满足可修改视图需要满足的条件，是可修改的，允许用户对视图进行插入、删除和更新操作。例如，由于包含主键 eeid，可以执行插入操作。

```
INSERT INTO eemale
VALUES('201610012938','王涛',24);
```

系统会将对视图 eemale 的插入操作传递到基本表 examinee 上执行以下语句。

```
INSERT INTO examinee(eeid,eename,eeage)
VALUES('211610012938','王涛', 24);
```

也等价于：

```
INSERT INTO examinee
VALUES('211610012938','王涛', null,24,null);
```

如果在视图定义的末尾包含 WITH CHECK OPTION，数据库管理系统自动检查对视图的修改应满足视图定义中 WHERE 的条件，这种情况下此插入操作便会被拒绝执行。

5.3 访问控制

SQL Server 提供以下访问控制功能。

(1) 使用 GRANT 和 REVOKE 语句实现授权/收权存入数据库管理系统的数据字典。

(2) 在角色提出操作请求时，按照授权状态进行检查，从而决定是否执行操作请求。

SQL Server 权限管理机制允许对整个关系或一个关系的指定属性授予或收回权限。通常不允许对特定元组的授权。

5.3.1 角色管理

SQL Server 中角色是用来指定权限的一种数据库对象，每个数据库都有自己的角色对象，可以为每个角色设置不同的权限。

SQL Server 中角色分为服务器角色、数据库角色和应用程序角色三种，这里主要介绍服务器角色和数据库角色。

服务器角色可以帮助用户管理服务器上的权限，其权限作用域为服务器范围。数据库角色可以便于用户管理数据库上的权限，其权限作用域为数据库范围。

在 SQL Server 中，可以使用 CREATE SERVER ROLE 创建服务器角色，其句法如下。

```
CREATE SERVER ROLE <角色名>[<角色的登录名>]
```

[例 5-4]　创建服务器角色 yuxiaotong。

```
CREATE SERVER ROLE yuxiaotong;
```

数据库角色则可由 CREATE ROLE 语句创建，其句法如下。

```
CREATE ROLE [<所有者名>.] <角色名>
```

[例 5-5]　创建数据库角色 yanni。

```
CREATE ROLE yanni;
```

还可以对角色进行如下一系列的操作。

- 修改服务器角色名 yuxiaotong 为 newyuxiaotong：

```
ALTER SERVER ROLE yuxiaotong WITH NAME =newyuxiaotong;
```

- 修改数据库角色名 yanni 为 newyanni：

```
ALTER ROLE yanni WITH NAME =newyanni;
```

- 向数据库角色 yanni 中添加角色成员 masu：

```
ALTER ROLE yanni ADD MEMBER masu;
```

- 删除数据库角色 yanni 中的角色成员 masu：

```
ALTER ROLE yanni DROP MEMBER masu;
```

- 删除服务器角色 yuxiaotong：

```
DROP SERVER ROLE yuxiaotong;
```

- 删除服务器角色 yanni：

```
DROP ROLE yanni;
```

除了自己定义的角色外，SQL Server 为方便用户使用，还提供了固定的服务器角色和数据库角色。

固定服务器角色有以下 9 种。

- sysadmin：可以在 SQL Server 中执行任何活动。
- serveradmin：可以设置服务器范围的配置选项和关闭服务器。
- setupadmin：可以添加和删除连接服务器。
- securityadmin：可以管理登录及其属性。
- processadmin：可以结束在 SQL Server 实例中运行的进程。
- dbcreator：可以创建、修改、删除并恢复所有数据库。
- diskadmin：可以管理磁盘文件。
- bulkadmin：可以执行 BULK INSERT 语句，以用户指定的格式将数据文件加载到数据表或视图中。
- public：拥有服务器中登录名所有默认权限。

固定数据库角色有以下 10 种。

- db_owner：可以执行数据库的所有配置和维护活动，还可以删除 SQL Server 中的数据库。

- db_securityadmin：可以修改自定义角色的角色成员资格和管理权限。
- db_accessadmin：可以为 Windows 登录名、Windows 组和 SQL Server 登录名添加或删除数据库访问权限。
- db_backupoperator：可以备份数据库。
- db_ddladmin：可以在数据库中运行任何数据定义语言（DDL）命令。
- db_datawriter：可以在所有用户表中添加、删除或更改数据。
- db_datareader：可以从所有用户表和视图中读取所有数据。
- db_denydatawriter：不能添加、修改或删除数据库内用户表中的任何数据。
- db_denydatareader：不能读取数据库内用户表和视图中的任何数据。
- public：拥有数据库中用户的所有默认权限。

5.3.2　授予权限

SQL Server 提供 GRANT 语句来给角色授予数据库操作权限，GRANT 语句的一般格式为：

```
GRANT <权限>[,<权限>]…[ON <对象名>]TO <角色>[,<角色>][WITH GRANT OPTION];
```

这个语句可以赋予给定角色对给定对象的给定操作权限。当此 GRANT 语句包含 WITH GRANT OPTION 选项时，在此语句获得权限的角色可以将所获得权限授予其他角色。

对于不同的操作对象，有不同的操作权限。常见的操作权限如表 5-1 所示。

表 5-1　表常见操作权限

对　　象	可以授予的权限
表、视图	SELECT、INSERT、UPDATE、DELETE REFERENCES
表或视图的字段	SELECT、UPDATE
存储过程和函数	EXECUTE

接受权限的角色可以是一个或者多个角色，也可以是 PUBLIC(全体用户)。

如果指定了 WITH GRANT OPTION 子句，则获得某种权限的角色可以把这种权限再授予其他角色，否则该角色只能使用所获得的权限，而不能将该权限传播给其他角色。

在以下的例子中，假设在前述考试系统数据库中已创建了 uZhang、uChang、uWang、uYing、uLong 和 uLiang 等角色。

［例 5-6］　把查询组卷表 erexam 权限授给角色 uZhang。

```
GRANT SELECT
ON erexam
TO uZhang;
```

［例 5-7］ 把对院系表 department 的查询权限授予所有用户。

```
GRANT SELECT
ON department
TO PUBLIC;
```

［例 5-8］ 把查询 department 表和更新院系联系电话的权限授给角色 uYing。

```
GRANT UPDATE(dtele), SELECT
ON department
TO uYing;
```

授予关于属性列权限时，应当指出相应的属性列名。

［例 5-9］ 把更新 department 表的权限授予 uLong 角色，并允许他再将此权限授予其他角色。

```
GRANT UPDATE
ON department
TO uLong
WITH GRANT OPTION;
```

uLong 不仅拥有了更新 department 表的权限，还可以传播此权限，即 uLong 角色使用上述 GRANT 命令给其他角色授权。

［例 5-10］ uLong 可以将此权限授予 uLiang。

```
GRANT UPDATE
ON department
TO uLiang
WITH GRANT OPTION;
```

［例 5-11］ uLiang 还可以将此权限授予 uKuang。

```
GRANT UPDATE
ON department
TO uKuang;
```

但是由于 uLiang 未给 uKuang 传播的权限，因此 uKuang 不能再传播此权限。

5.3.3 收回权限

GRANT 语句和 REVOKE 语句用于给角色授予或收回数据库操作权限。收回权限的 REVOKE 语句一般格式为：

```
REVOKE<权限>[,<权限>][ON<对象名>] FROM<角色>[,<角色>];
```

［例 5-12］　把角色 uYing 更新院系联系电话的权限收回。

```
REVOKE UPDATE(dtele)
ON department
FROM uYing;
```

［例 5-13］　把角色 uLong 更新 department 表的权限收回。

```
REVOKE UPDATE
ON department
FROM uLong CASCADE;
```

将角色 uLong 更新 department 表的权限收回的时候必须级联(CASCADE)收回，即系统将收回直接或间接从 uLong 处获得的权限。

SQL Server 中的授权和收权语句可以赋予或撤销角色相应的访问权限，数据库管理系统确保只有获得授权的角色有资格访问数据库对象，从而保护数据保密性和完整性。

5.4　完整性约束

5.4.1　约束含义

假如 DBMS 足够智能，理想情况下，当数据库中任意数据项值发生变化时，比如执行插入、删除或更新操作时，DBMS 能够判断出数据项的新值是否与其对应的现实世界状态一致，即数据是否真实正确。当然，这个目标是无法实现的。能做的是，在系统中定义一些正确数据应该满足的约束条件，系统自动检查数据是否满足这些约束条件，并且只允许满足这些约束条件的数据进入数据库。换句话说，DBMS 无法保证数据始终与其对应的现实世界状态一致，但可以保证数据始终与系统中明确定义的约束一致。这种约束通常称为完整性约束。典型的完整性约束包括主键约束(也称为实体完整性)、外键约束(也称为引用完整性)、值非空、值唯一等。典型的完整性约束包括主键约束、外键约束、值非空、值唯一等，约束的一般形式就是一个任意谓词。

1. 主键

主键约束意味着各元组主键值不能重复，且不能为空。将一个表的一个或几个属性定义为主键后，插入或对主键列进行修改操作时，系统自动检查主键的各个属性是否为空，只要有一个为空就拒绝插入或修改；并且检查主键值是否唯一，如果不唯一则拒绝插入或修改。由于实际上删除操作不会导致违背主键约束，只有插入或对主键列进行修改时才可能发生违背主键约束，因此，只有对关系进行插入或修改时系统才检验主键约束。

2. 外键

外键约束意味着各元组外键值必须来自于引用表或为空。违背外键约束的那些元组通常称为悬浮元组。将一个表的一个或几个属性声明为外键后，引用表插入或对外键列进行修改操作造成违背外键约束时系统拒绝相应操作；被引用表删除或修改时，系统也会自动检查是否违背外键约束，如果违背外键约束，有以下五种处理策略。

(1) 拒绝(NO ACTION)执行。当且仅当在引用关系中构造出一个或多个悬浮元组时，对于被引用关系的删除和修改操作将予以禁止。生成一个错误，表明删除或更新将产生一个违反外键约束的动作。如果约束被声明为 DEFERABLE，则约束检查将推迟到当前事务完成时执行。这是默认动作。

(2) 级联(CASCADE)执行。删除任何引用了被删除行的行，或者分别把引用行的属性值更新为被参考属性的新数值。

(3) 设置为空值。把每个悬浮元组中的外键值都设置为 NULL。

(4) RESTRICT 操作。生成一个表明删除或更新将导致违反外键约束的错误。只是不允许约束被声明为 DEFERABLE，其他方面和 NO ACTION 一样。

(5) 设置为默认值。把引用属性设置为它们的默认值。

3. 非空

非空约束意味着每个元组对应列值不能为空。将一个或几个属性声明为非空后，系统会阻止相应属性值为空的数据输入或更新。

4. 唯一值

唯一值约束意味着相应的属性(或属性组)为候选键。将一个表的一个或几个属性声明为唯一值约束(候选键)后，系统自动检查是否违背唯一值约束。与主键约束不同，除非显式定义为非空，候选键的属性可为空值。

5. CHECK 约束

CHECK(P)子句指定一个谓词 P，关系中的每一个元组都必须满足谓词 P。SQL Server 目前仅支持属性级和元组级 CHECK 约束，并且不允许 CHECK 约束出现子查询。目前，触发器可以用于定义包含子查询的完整性约束，将在 5.5 节详细描述。

5.4.2 声明及检验

有的约束可跟随某个属性定义一起声明，称为属性级约束；有的约束作为关系模式的元素、同各个属性定义并列，称为元组级约束。如果一个约束涉及多个属性，只能作为元组级约束；如果一个约束仅涉及一个属性，那么它可以作为属性级约束声明，也可以作为元组级约束，建议作为属性级约束声明。

1. 主键声明

主键用 CONSTRAINT ＜约束名＞ PRIMARY KEY 来声明。

［例 5-14］ 将 examinee 表中的 eeid 属性声明为主键，并将主键约束命名为 examinee_pk。

```
CREATE TABLE examinee
  (
      eeid CHAR(9) CONSTRAINT examinee_pk PRIMARY KEY,
      eename CHAR(20) NOT NULL,
      eesex CHAR(2) ,
      eeage SMALLINT,
      eedepa CHAR(20)
);
```

在 eeid 属性声明的后面直接写上 PRIMARY KEY，这就是属性级定义主键；也可以在所有属性声明后面，单独附加一行 PRIMARY KEY (eeid)，这就是元组级定义主键。

```
CREATE TABLE examinee
(
    eeid CHAR (9),
    eename CHAR(20) NOT NULL,
    eesex CHAR(2) ,
    eeage SMALLINT,
    eedepa CHAR(20),
    CONSTRAINT examinee_pkey PRIMARY KEY (eeid)
);
```

[例 5-15]　将 eeexam 表中的 eeid，eid 属性组定义为主键。

```
CREATE TABLE eeexam
(
     eeid  CHAR(9) NOT NULL,
     eid CHAR(4) NOT NULL,
     achieve  SMALLINT,
     CONSTRAINT eeexam_pkey PRIMARY KEY(eeid,eid) /* 只能在元组级声明 */
      );
```

对于已创建的表，可对其主键进行补充声明或删除操作。

[例 5-16]　在 examiner 表中补充声明主键，erid 作为 examiner 表的主键。

```
ALTER TABLE examiner ADD CONSTRAINT examiner_pkey2 PRIMARY KEY(erid);
```

[例 5-17]　删除上面声明的 examinee 表中的主键。

```
ALTER TABLE examinee DROP CONSTRAINT examinee_pkey;
```

2. 外键声明

外键约束在 CREATE TABLE 中用 FOREIGN KEY 短语来声明，用 REFERENCES 短

语指明这些外键引用哪些表的哪些属性。如果外键引用的是被引用表的主键，则在定义外键时只需说明被引用表名，可以省略具体属性名。

［例 5-18］ 定义 eeexam 中的外键。

```
CREATE TABLE eeexam
  (
     eeid CHAR(9) CONSTRAINT eeexam_fks REFERENCES examinee(eeid),
     eid CHAR(4) CONSTRAINT eeexam_fke REFERENCES exampaper(eid),
     achieve SMALLINT
  );
```

由于外键 eeid 是被引用表 examinee 的主键，则在定义外键时只需说明被引用表名 examinee，可以省略具体属性名 eeid；外键 eid 是被引用表 exampaper 的主键，则在定义外键时只需说明被引用表名 exampaper，可以省略具体属性名 eid。所以，也可以如下定义 eeexam 中的外键。

```
CREATE TABLE eeexam
  (
     eeid CHAR(9) CONSTRAINT eeexam_fks REFERENCES examinee,
     eid CHAR(4) CONSTRAINT eeexam_fke REFERENCES exampaper,
     achieve SMALLINT
  );
```

或者如下声明也可以。

```
CREATE TABLE eeexam
    (
      eeid  CHAR(9) NOT NULL,
      eid  CHAR(4) NOT NULL,
      achieve  SMALLINT,
      CONSTRAINT eeexam_pk PRIMARY KEY(eeid,eid),
      CONSTRAINT eeexam_fkeeid FOREIGN KEY(eeid) REFERENCES examinee(eeid),
      CONSTRAINT eeexam_fkeid FOREIGN KEY (eid) REFERENCES exampaper(eid)
    );
```

还可以如下声明。

```
CREATE TABLE eeexam
    (
      eeid  CHAR(9) NOT NULL,
      eid   CHAR(4) NOT NULL,
      achieve  SMALLINT,
      CONSTRAINT eeexam_pk PRIMARY KEY(eeid,eid),
```

```
    CONSTRAINT eeexam_fkeeid FOREIGN KEY(eeid) REFERENCES examinee,
    CONSTRAINT eeexam_fkeid FOREIGN KEY (eid) REFERENCES exampaper
);
```

在上面的例子中，eeexam 表中的 eeid 属性引用 examinee 表的主键 eeid 属性，eeexam 表中的 eid 属性引用 exampaper 表的主键 eid 属性。

外键约束将两个表中的相应元组行联系起来，因此，对被引用表和引用表进行增删改操作时有可能违背外键约束。

例如，对表 eeexam 和 examinee 有如下四种可能破坏外键约束的情况。

(1) 向 eeexam 表中插入一个元组行，但是在表 examinee 中找不到一个其 eeid 属性值与该被插入元组行 eeid 属性的值相等的元组行。例如，examinee 表中没有 218819919988 号考生，而向 eeexam 表插入一个元组：218819919988 号考生 0210000001 号试卷得分 99 时。

(2) 更新 eeexam 表中的一个元组行，在表 examinee 中找不到一个元组行、其 eeid 属性的值与该被更新元组行更新后 eeid 属性的值相等。例如，examinee 表中没有 218819919988 号考生，而更新 eeexam 表中某元组行的考号为 218819919988。

(3) 从 examinee 表中删除一个元组行，使得 eeexam 表中出现一个或多个元组行 eeid 属性的值在表 examinee 中找不到与之相匹配的。例如，原来 examinee 表中有 218819919966 号考生，eeexam 表有元组：218819919988 号考生 0210000001 号试卷得分 99。从 examinee 表中删除 218819919988 号考生，此时 eeexam 表中的元组行“218819919988 号考生 0210000001 号试卷得分 99”已经没有实际意义。或者不能删除 examinee 表中的元组行，或者删除 examinee 表中的元组行时连同 eeexam 表中的相应行一起删除。

(4) 更新 examinee 表中一个元组行的 eeid 属性，造成 eeexam 表中出现一个或多个元组行的 eeid 属性的值在表 examinee 中找不到与之相匹配的。例如，原来 examinee 表中有 218819919966 号考生，eeexam 表有元组：218819919988 号考生 0210000001 号试卷得分 99。更新 examinee 表中 218819919988 号考生考号为 218819919933，因而 eeexam 表中的元组行“218819919988 号考生 0210000001 号试卷得分 99”已经没有实际意义。或者不能更新 examinee 表中的元组行，或者更新 examinee 表中的元组行时连同 eeexam 表中的相应行一起更新。

一般情况下，当对引用表的操作（插入或更新）违背了外键约束时，系统将拒绝执行。当对被引用表的操作（删除或更新）违背了外键约束，系统将采取外键声明时显式说明的策略，或按默认策略处理，即拒绝执行。

[**例 5-19**] 显式说明外键约束的违约处理示例。

```
CREATE TABLE eeexam
  (
      eeid CHAR(9) NOT NULL,
```

```
        eid CHAR(4) NOT NULL,
        achieve SMALLINT,
        PRIMARY KEY(eeid, eid),
        CONSTRAINT eeexam_fkeeid FOREIGN KEY(eeid) REFERENCES examinee(eeid)
                ON DELETE CASCADE
                  /* 当对 examinee 表的删除操作违背外键约束时
                                        级联删除 eeexam 表中相应的元组行 */
                ON UPDATE CASCADE,
                  /* 当对 examinee 表的更新操作违背外键约束时
                                        级联更新 eeexam 表中相应的元组行 */
        CONSTRAINT eeexam_fkeid FOREIGN KEY(eid) REFERENCES exampaper(eid)
                ON DELETE NO ACTION
                    /* 当对 exampaper 表的删除操作违背外键约束时拒绝删除 */
        ON UPDATE CASCADE
                /* 当对 exampaper 表的更新操作违背外键约束时
                                        级联更新 eeexam 表中相应的元组行 */
);
```

在表创建之后,可以对外键进行补充声明或删除的操作。

[例 5-20] 向 examiner 表中添加外键,examiner 表中的 erdepa 属性引用 department 表中的 dname 属性。

```
ALTER TABLE examiner ADD CONSTRAINT examiner_fk
            FOREIGN KEY(erdepa) REFERENCES department(dname);
```

[例 5-21] 删除 eeexam 表中的外键 eeexam_fkeeid。

```
ALTER TABLE eeexam DROP CONSTRAINT eeexam_fkeeid;
```

3. 非空

非空约束使用 NOT NULL 来声明。

[例 5-22] 在定义 eeexam 表时,说明 eeid、eid、achieve 属性不允许取空值。

```
CREATE TABLE eeexam
(
    eeid CHAR(9),
    eid CHAR(4),
    achieve SMALLINT NOT NULL,
    PRIMARY KEY(eeid, eid)
);
```

在创建表的过程中没有设为非空的属性也可在表创建后设置某属性为非空。

[例 5-23] 将 examinee 表中 eeage 属性设置为非空。

```
ALTER TABLE examinee ALTER COLUMN eeage SMALLINT NOT NULL;
ALTER TABLE examinee ADD CONSTRAINT agenotnull CHECK(eeage IS NOT NULL);
```

4. 唯一值

唯一值约束可确保在非主属性列中不输入重复的值。与主键不同的是,一个表只能定义一个主键,但可定义多个 UNIQUE 约束。唯一值约束使用 UNIQUE 来声明。

[例 5-24] 建立部门表 department,要求部门电话 dtele 列取值唯一。

```
    CREATE TABLE department
(
    dname CHAR(9),
    dloca CHAR(10),
    dtele  CHAR(10) unique,
    PRIMARY KEY (dname)
    );
```

[例 5-25] 建立部门表 department,要求部门地址和电话(dloca, dtele)列取值唯一。

```
CREATE TABLE department
(
    dname CHAR(9),
    dloca CHAR(10),
    dtele  CHAR(10),
    PRIMARY KEY (dname),
    CONSTRAINT dlt UNIQUE(dloca, dtele)
    );
```

由于 UNIQUE 约束是定义在(dloca, dtele)属性上,在 erid 和 ername 均相等才时会产生冲突,只有 erid 或者只有 ername 相同不违反唯一性约束。如果要求 erid 和 ername 任一项都不能相同,应分别创建两个 UNIQUE 约束。

[例 5-26] 给 examiner 表添加约束设置 erid 属性唯一,再从 examiner 表中删除此唯一性约束。

```
ALTER TABLE examiner ADD CONSTRAINT examiner_unique UNIQUE(erid);
ALTER TABLE examiner DROP CONSTRAINT examiner_unique;
```

5. CHECK 约束

CHECK 约束是指表的某一或某些列中的数据值或数据格式应满足的条件。CHECK 约束可应用于一个或多个列,也可以将多个 CHECK 约束应用于一个列。

[例 5-27] examinee 表的 eeage 仅允许 10～60 岁。

```
CREATE TABLE examinee
  (
      eeid CHAR(9) PRIMARY KEY,
      eename CHAR(8) NOT NULL,
      eesex CHAR(2),
      eeage SMALLINT check (10<eeage AND eeage < 60 ),
      eedepa CHAR(20)
  );
```

［例 5-28］ 当考官 ersex 是'男'时年龄小于 75 岁，考官 ersex 是'女'时年龄小于 65 岁。

```
CREATE TABLE examiner
  (
      erid  CHAR(9),
      ername CHAR(8) NOT NULL,
      ersex  CHAR(2),
      erage  SMALLINT,
      erdepa CHAR(20),
      PRIMARY KEY(erid),
      CHECK (ersex='女' AND erage< 65 OR ersex='男' AND erage< 75)
            /*定义了元组行中 erage 和 ersex 两个属性值之间的约束条件*/
  );
```

由于元组更新或插入可能引入新值，对于在属性处声明的属性 Check 约束，每当关系插入元组或更新此属性值时，系统自动检查是否违背相应的 Check 约束。也即每当任何元组得到某个属性的新值时，就对基于该属性的 CHECK 约束进行检验，如果新值与约束相违背，那么就拒绝更新。如果数据库更新并没有改变同约束相关的属性值，不会导致与约束相违背，那么就不必检验基于该属性的 CHECK 约束。

作为关系模式元素的元组 Check 声明，即使只涉及一个属性，当关系插入元组或一行中任意属性更新时，要进行完整性检查。即每当插入元组或者更新表中元组时，就对元组 CHECK 约束中的条件进行检验。对于所有的新元组或者更新的元组都要对条件求值。如果对某个元组为假，则违背了约束并拒绝导致违例的插入或更新操作。表 5-2 列出了属性 CHECK 约束和元组 CHECK 约束之间约束检验的主要区别。

表 5-2 属性 CHECK 约束的检验和元组 CHECK 约束的检验

约束类型	说明位置	检验时刻
属性 CHECK 约束	伴随相应属性一起	插入行或更新相应属性时
元组 CHECK 约束	与属性说明并列	插入行或更新元组时

5.5　触　发　器

触发器(Trigger)是用户定义在关系表上的由事件驱动调用的函数,在DBMS核心层进行集中处理,必要时由服务器自动激活相应的触发器。触发器比CHECK约束更加灵活,可以实施各种复杂的检查和操作,具有更精细和更强大的数据保护能力。

5.5.1　定义触发器

SQL Server中的触发器分为登录触发器、DDL触发器和DML触发器,本节仅介绍DML触发器,在没有额外说明的情况下,本节中的"触发器"仅指"DML触发器"。

触发器是一种特殊的存储过程,可在发生数据操作语言(DML)事件时自动生效,DML事件包括INSERT、UPDATE或DELETE语句。触发器分为两种类型:AFTER触发器和INSTEAD OF触发器。AFTER触发器在执行INSERT、UPDATE或DELETE语句的操作之后执行,INSTEAD OF触发器则取代触发语句的操作,只执行自身的存储过程。

SQL Server使用CREATE TRIGGER命令建立触发器,创建/修改触发器的基础语法格式如下。

```
CREATE [OR ALTER] TRIGGER trigger_name
ON { table | view }
{ AFTER | INSTEAD OF }
{ [ INSERT ] [ , ] [ UPDATE ] [ , ] [ DELETE ] }
AS sql_statement [ ; ] [ ,…n ]
```

{table | view}指触发器所在表或视图的名称。AFTER | INSTEAD OF指示触发器为AFTER触发器还是INSTEAD OF触发器。AS后的SQL语句如果是多条语句,一般用BEGIN和END包裹起来。

如果触发器执行SQL命令访问触发器父表数据,那么这些SQL命令能否看得见触发触发器的操作对父表数据的修改呢?在SQL Server中,触发器语句可以使用两个特殊的表:inserted表和deleted表,这两个表驻留在内存中,SQL Server会自动创建和管理这两种表。可以使用这两个临时表来查询数据修改前后表的状态差异,但不能直接修改表中的数据。

inserted表用于存储INSERT和UPDATE语句所影响的行的副本。在执行INSERT和UPDATE语句的过程中,新行会同时添加到inserted表和触发器父表中。

deleted表用于存储DELETE和UPDATE语句所影响的行的副本。在执行DELETE或UPDATE语句的过程中,行从表中删除,并传输到deleted表中。

触发器中的SQL命令可以利用这两个表来访问触发器父表的修改。在UPDATE操作对应的触发器中,inserted表和deleted表中都会有数据,但在INSERT操作对应的触发器中,即使访问deleted表不会报错,但该表的内容为null,在DELETE操作对应的触发器中使用 inserted 表的情况同理。

［例 5-29］ 建立 UPDATE 触发器，对 examinee 表进行 update 操作后，若考生考号被修改，则将 eeexam 表中相应考号进行修改。

使用如下语句创建触发器，触发器名是 examineeid_update，在 examinee 表的 UPDATE 操作后触发，为 AFTER 触发器。

```
CREATE TRIGGER examinee_update
ON examinee
AFTER UPDATE
AS
BEGIN
  DECLARE @oldid INT;
  DECLARE @newid INT;
  SET @oldid =(SELECT eeid FROM deleted);
  SET @newid =(SELECT eeid FROM inserted);
  IF (@oldid<>@newid)
  UPDATE eeexam SET eeexam.eeid =@newid
  WHERE eeexam.eeid=@oldid;
END
```

现在来看 BEGIN 和 END 之间的代码：与 inserted 表存储着 INSERT 或 UPDATE 操作产生的新的数据行类似，deleted 表存储着被 UPDATE 或 DELETE 操作修改或删除的旧的数据行。这段代码的意思是，如果对 examinee 表进行 UPDATE 操作，则用语句"UPDATE eeexam SET eeexam.eeid = @newid WHERE eeexam.eeid= @oldid;"对应修改 eeexam 表中的考号。需要注意的是，该触发器只能应对改动一行数据的 UPDATE 操作，如果存在一次修改多行数据的 UPDATE 操作，那么相同功能的触发器需要使用游标实现，此处不做展开。

［例 5-30］ 建立 DELETE 触发器，examinee 表中考生元组被删除后，删除 eeexam 中该相应的考生考试信息。

使用如下语句创建触发器，触发器名是 ee_delete，在 examinee 表的 DELETE 操作后触发，是 AFTER 触发器。

```
CREATE TRIGGER ee_delete_de
ON examinee
AFTER DELETE
AS
BEGIN
  DECLARE @oldid INT;
  SET @oldid =(SELECT eeid FROM deleted);
  DELETE FROM eeexam
  WHERE eeexam.eeid =@oldid;
END
```

BEGIN 和 END 之间的代码意思是用语句“DELETE FROM eeexam WHERE eeexam.eeid= @oldid;”对应删除 eeexam 中相应的考生考试信息。同样,该触发器也不适用于处理一个 DELETE 操作删除多行数据的情况,可以用游标来完善该触发器。

以上两个例子都是 AFTER 触发器,只能在操作完成后执行,但有时也需要在操作开始前就执行触发器的内容。虽然 SQL Server 没有提供直接的 BEFORE 触发器,但是可以用 INSTEAD OF 触发器来实现类似的功能,如例 5-31。

[**例 5-31**] 建立 INSERT 触发器,若插入 examinee 表的考号长度不为 10 位,提示“考号格式错误!”(LEN()获取字符串长度)。

使用如下语句创建触发器,触发器名是 examineeid_insert,取代 examinee 表的 INSERT 操作,为 INSTEAD OF 触发器。

```
CREATE TRIGGER examineeid_insert
ON examinee
INSTEAD OF INSERT
AS
BEGIN
    DECLARE @newid INT;
    SET @newid = (SELECT eeid FROM inserted);
    IF LEN(@newid)<>10
    BEGIN
        ROLLBACK TRANSACTION;
        PRINT '学号格式错误';
    END
    ELSE
    BEGIN
        INSERT INTO examinee SELECT * FROM inserted;
        PRINT '插入成功';
    END
END
```

现在来看 BEGIN 和 END 之间的代码:inserted 表存储着 INSERT 或 UPDATE 操作产生的新的数据行;函数 LEN(@newid) 返回的是新插入行 eeid 值的字符串长度;PRINT 函数可以打印消息。这一段代码的意思是:如果新插入的 eeid 值的长度不等于 10,则回滚事务并提示“学号格式错误”,如果学号满足条件,则将 inserted 表中的数据插入到 examinee 表中。此触发器仍不能用于一次 INSERT 操作插入多行数据的情况。

5.5.2 激活触发器

定义触发器的事件一旦发生,数据库管理系统就会自动激活触发器。在执行触发 AFTER 触发器的 SQL 代码时,先建立 inserted 表和 deleted 表,然后执行 SQL 代码对数据的操作,最后执行触发器中的代码。对于 INSTEAD OF 触发器,也是先建立 inserted 表和 deleted 表,然后直接执行触发器中的代码,拒绝执行触发该触发器的操作。

5.5.3 删除触发器

对已经存在的触发器，如果不再需要，具有相应权限的用户可以删除它。删除触发器的语法为：

```
DROP TRIGGER <触发器名>;
```

如果只是暂时不使用触发器，可以对触发器进行禁用操作：

```
DISABLE TRIGGER <触发器名>ON <表名>;
```

在需要使用时进行启用操作：

```
ENABLE TRIGGER <触发器名>ON <表名>;
```

5.6 事务

数据库管理系统以事务为单位执行访问数据库的操作。事务是对数据库进行操作的程序单位，具有原子性、一致性、隔离性、持久性。

事务原子性指事务中包含的所有操作要么都做，要么都不做。事务一致性指应用程序所定义的事务，如果其单独执行，应使数据库从一个一致性状态变到另一个一致性状态。事务隔离性指多个并发事务对数据所做的修改必须相互隔离，在实际的数据库中存在不同的隔离级别。事务持久性指一个事务一旦被提交，它对数据库中数据的改变就是持久性的，接下来的其他操作或故障不会对其执行结果有任何影响。我们把事务的原子性(Atomicity)、一致性(Consistency)、隔离性(Isolation)、持久性(Durability)，简称为ACID特性。

例如，假设考试数据库包含表examroom(rid,seatno,seatstatus)和表examee(eeid,rid,seatno)，其中，examroom表保存每个考场每个座位的状态(full或empty)，examee表保存了每个考生所在考场和座位号。假设有考生218811001166报考还有若干空位的room001的考试，应在examee表中登记考生考场座位并置examroom表中相应考场座位为full。可以用像下面这样的命令组来完成。

```
UPDATE examee SET seatno=(SELECT MIN(seatno)
                          FROM examroom
                          WHERE seatstatus='empty ')
WHERE eeid='218811001166'AND rid='room001';

UPDATE examroom SET seatstatus='full '
WHERE seatno=(SELECT MIN(seatno)
              FROM examroom
              WHERE seatstatus='empty ');
```

这里命令的细节也许并不重要，关键是这里的两个更新操作给考生分配座位和更新座位状态共同完成一个报考任务。这两个更新要么都生效，要么都不起作用。如果一次偶发故障导致给 218811001166 分派的座位（如 5 号）在 examroom 表中仍为空，就可能再次将该座位分给另一位考生，从而带来实际应用中的混乱。把这些更新组成一个事务，DBMS 就会保证：如果操作过程中出了故障，那么所有这些步骤都不会发生效果。也就是说，事务是原子的：它要么全部发生，要么完全不发生。

另外，一旦一个事务完成并且得到数据库管理系统的认可，那么它的结果必须被永久地存储，并且不会受此后故障的影响而消失。例如，如果一个考生报考成功，不应该在他报考完后的某一天的一次系统崩溃就导致他的报考信息丢失。把这两个更新操作组成一个事务，DBMS 会保证一个事务所做的所有更新在事务提交时都永久保存起来。

还有，当多个考生并发地进行报考时，每个考生的报考都不应受到其他报考操作的影响。例如，如果两个考生同时查看到 room001 的 9 号座位为空，系统把这个座位分派给两个考生的情况不应该发生。把这些更新组合成一个事务，DBMS 会保证并发事务之间相互隔离，即互相影响不到对方结果的正确性。

SQL Server 用 BEGIN TRANSACTION 和 COMMIT TRANSACTION（或 ROLLBACK TRANSACTION）来标记事务的始点终点，即把一个事务的数据库访问操作指令序列用 BEGIN TRANSACTION 和 COMMIT TRANSACTION（或 ROLLBACK TRANSACTION）包围就是声明了一个事务。如果没有显式 BEGIN TRANSACTION 命令，那么每个独立的语句都被一个隐式的 BEGIN TRANSACTION 和 COMMIT TRANSACTION（如果成功的话）包围，这种情况下，SQL Server 会把每个 SQL 语句当作一个隐式事务来看待。因此报考事务实际上应该这么写：

```
BEGIN TRANSACTION;
    UPDATE examee SET seatno= (SELECT MIN(seatno)
                                FROM examroom
                                WHERE seatstatus='empty ')
    WHERE eeid='218811001166'AND rid='room001';

  UPDATE examroom SET seatstatus='full '
  WHERE seatno= (SELECT MIN(seatno)
                 FROM examroom
                 WHERE seatstatus='empty ');
COMMIT TRANSACTION;
```

在同一时间可能有多个事务希望处理同一批数据，但是事务应保证隔离性，因此一批数据在同一时间应该只由一个事务处理。不过在实践中，数据库管理系统都通过并发执行事务来改进系统性能，我们需要对并发事务的交替执行进行有效控制以维护数据一致性，也就是对并发事务进行隔离。

SQL Server 提供四种独立的事务隔离级别，分别是读未提交（READ UNCOMMITTED）、读已提交（READ COMMITTED）（默认）、可重复读（REPEATABLE READ）、可串行化

(SERIALIZABLE)。

READ UNCOMMITTED 不对数据进行任何隔离,如果其他事务在未提交时修改了数据,本事务也可以读取到数据的改变。这种可以读取到未提交的数据更改的现象叫作脏读。

默认的隔离级别是读已提交 READ COMMITTED,在这种隔离级别的事务中,可以读取已经提交的事务修改的数据,但是不能读取未提交的事务中更改的数据。在同一个事务里两个相邻且相同的 SELECT 命令可能看到不同的数据,因为其他事务可能在第一个 SELECT 执行期间提交对数据的更改,这种情况叫作不可重复读。

读已提交提供的这种部分隔离对于许多应用而言是足够的,并且这个模式速度快,使用简单。但是,如果一个事务需要连续做若干个命令,而这几个命令必须看到完全相同的数据库快照,就需要可以选择可重复读(REPEATABLE READ)隔离级别。在 SQL Server 里,用 SET TRANSACTION ISOLATION LEVEL REPEATABLE READ 设置隔离级别为 REPEATABLE READ。

REPEATABLE READ 隔离级别会在事务开始时,由系统得出哪些数据行会在本事务内被读取,并保证这些数据行内的数据不会在本事务提交前被其他事务修改。但是这一级别无法保证其他事务在查询范围内插入新的数据行,比如在事务开始时满足查询条件的数据行可能有 3 行,系统会保证这 3 行的数据在提交前不被其他事务修改,但不能保证其他事务插入一个满足查询条件的新行,这样前后两次相同的查询语句,分别查出了 3 行数据与 4 行数据,这种情况叫作幻读。

SERIALIZABLE 可串行化隔离级别提供最严格的事务隔离,就像事务是一个接着一个那样串行执行似的。这种级别下不会发生幻读。

5.7 加　　密

数据加密技术已经广泛应用于因特网电子商务、手机网络和银行自动取款机等领域。数据被称为明文,用某种方法伪装数据以隐藏它的内容的过程称为加密,加密所用的方法称作加密算法,数据被加密后的结果称为密文,把密文还原为明文的过程称为解密,解密所用的方法称为解密算法。加密解密过程如图 5-1 所示。

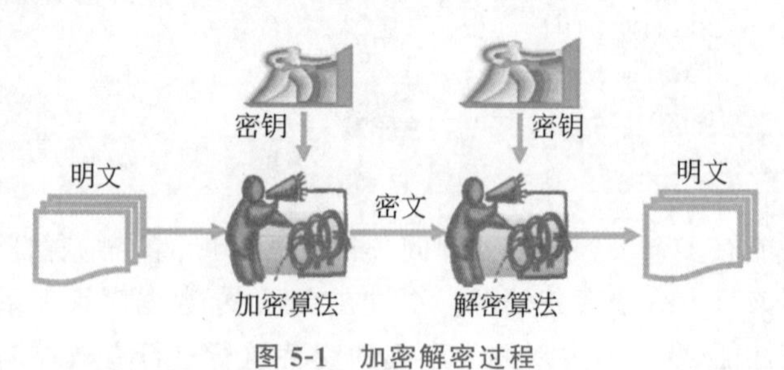

图 5-1　加密解密过程

加密就是加密算法利用加密密钥将明文转换为密文;解密就是解密算法利用解密密钥将密文还原为明文。

可以看到，加密体系中最核心的是用于加密解密的算法和密钥。现代加密体系中算法通常是公开的，密钥是保密的并且需要向可信权威机构申请，安全性完全取决于密钥的保密性。

加密算法一般可分为加密解密密钥相同的对称加密、加密解密密钥不同的非对称加密和单向加密三类。对称加密方法要求加密和解密使用同一密钥，可以用来保护数据保密性和完整性。非对称加密方法中每个角色拥有一对密钥：一个众所周知的公钥和一个对应的只有自己知道的私钥。用公钥加密的数据只能用对应的私钥解密，可以用来保护数据保密性；用私钥加密的数据只能用对应的公钥解密，可以用来保护数据来源的完整性。单向加密方法对原始数据生成一个较小的位串，称为校验和或消息摘要，可以提供数据认证。

对称加密体系中代表性算法有 DES、三重 DES、AES 算法；非对称加密体系中的代表性算法有 RSA、DSA 算法；单向加密中的代表性算法有 MD5、SHA 算法等。单向加密往往又被称为密码学哈希，相应的算法称为密码学哈希算法。

在 SQL Server 中使用密码学哈希函数，可以直接调用 HASHBYTES 函数，其语法如下。

```
HASHBYTES ( '<algorithm>', { @input | 'input' } )
<algorithm>::=MD2 | MD4 | MD5 | SHA | SHA1 | SHA2_256 | SHA2_512
```

比如使用 MD5 算法计算字符串‘43543’的哈希值，如图 5-2 所示。

```
SELECT HASHBYTES('MD5','43543');
```

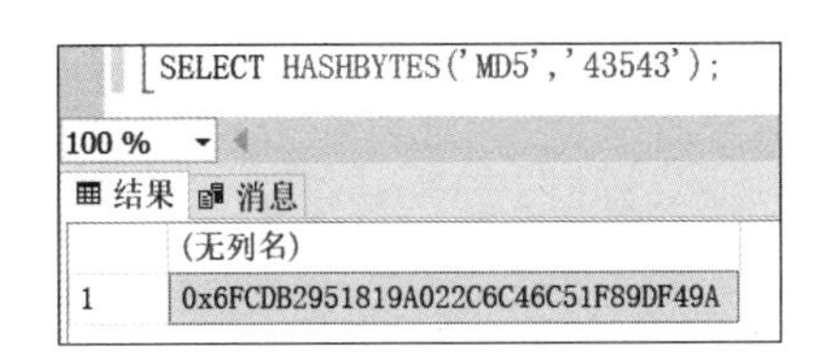

图 5-2　计算字符串的哈希值

再如，假设有 examiner(erid，password)表，可以使用函数 HASHBYTES，对要插入表中的元组的 password 加密，SQL 语句可以是：

```
insert into examiner (erid,password)
values (28113699, HASHBYTES('MD5','82180588') );
```

然后，需要的时候可以检验保存在变量@pw 中的用户口令是否与数据库中的匹配，SQL 语句可以是：

```
IF HASHBYTES('MD5', @pw)=(select password from examiner where erid=28113699)
    PRINT '通过';
```

在SQL Server中使用对称加密或非对称加密，需要先创建密钥。以AES对称加密算法为例：

```
CREATE SYMMETRIC KEY TestSymmetric
    WITH ALGORITHM = AES_256
    ENCRYPTION BY PASSWORD = 'P@ssw0rd';
```

这里以'P@ssw0rd'为口令使用AES算法创建了一个密钥TestSymmetric，在“安全性”→“对称密钥”中可以看到，如图5-3所示。

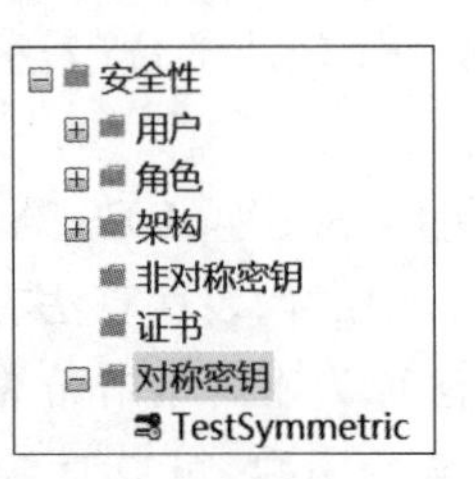

图 5-3 创建密钥

EncryptByKey是对称加密使用的加密函数，可以为字符串'123456'加密，如图5-4所示。

```
declare @message varbinary(500);
OPEN SYMMETRIC KEY TestSymmetric DECRYPTION BY PASSWORD = 'P@ssw0rd';
SELECT @message = EncryptByKey(KEY_GUID('TestSymmetric'), '123456');
SELECT @message;
```

结果 消息

(无列名)
0x00E35BFEB728BD4AAC9D3728722AC92E02000000EE94CECBE89EBFAA7E150FA09FD3558EC420E7C2BB13C636C680BB9F1F5EB33C

图 5-4 对称加密

注意要使用OPEN语句打开密钥才可以使用。

DecryptByKey是对称加密使用的解密函数，可以对加密后的密文进行解密，如图5-5所示。

```
declare @message varbinary(500);
OPEN SYMMETRIC KEY TestSymmetric DECRYPTION BY PASSWORD = 'P@ssw0rd';
SELECT @message = EncryptByKey(KEY_GUID('TestSymmetric'), '123456');
SELECT CAST(DecryptByKey(@message) as varchar(10));
CLOSE SYMMETRIC KEY TestSymmetric;
```

100 %

结果 消息

	(无列名)
1	123456

图 5-5 对密文解密

使用CAST函数是为了将十六进制的数据转换为字符串，在解密完成后应该使用CLOSE语句关闭密钥。

其他加密算法的使用方法类似，有对应的加密函数和解密函数，比如非对称加密算法的 ENCRYPTBYASYMKEY，DECRYPTBYASYMKEY，证书加密算法的 ENCRYPTBYCERT，DECRYPTBYCERT 等。密钥的加密方法也不止有口令这一种方式，上例用口令加密了一个对称密钥，也可以用口令加密证书，用口令加密非对称密钥，进一步用证书加密对称密钥，用非对称密钥加密对称密钥等。

习　　题

一、填空题

1. 触发器采用事件驱动机制，当某个________发生时，定义在触发器中的功能将被 DBMS 自动执行。

2. 数据安全的含义包括________、________和________。

二、设计题

1. 设教学数据库中有四个基本表：学院 dept(did，dname，respid)，其属性分别表示学院编号、学院名、学院联系人的教工号；教师 teacher(tid，tname，tage，tsex，tsalary，did)，其属性分别表示教工号、姓名、年龄、性别、工资、所在学院的编号；课程 course(cid，cname，did)，其属性分别表示课程号、课程名和开课学院的编号；教师任课 teacourse(tid，cid，textbook)，其属性分别表示教工号、课程号和所用的教材名。给出表定义，考虑完整性约束：实体完整性；引用完整性；该学校仅有文学院、理学院、工学院三个学院。

2. 有一个表如图 5-6 所示。其中，一个系有多个考生，一个考生仅属于一个系；同一个系考生住在同一个地方，不同系考生住在不同地方。给出建表的 SQL 语句，定义完整性约束。

学号	系名	住址
A001	D1	H1
A002	D1	H1
A101	D2	H2
A201	D3	H3
A203	D3	H3

图 5-6　数据库表

三、简答题

1. 什么是数据完整性约束？可分为哪几类？

2. RDBMS 在实现外键约束时需要哪几种不同情况？

第6章

数据库设计：实体-联系方法

6.1 数据库设计方法和生命周期

数据库设计方法和生命周期，主要包括两种不同的数据库设计方法及其对应的数据库生命周期，以及实际中的数据库生命周期。

当我们置办了计算机硬件，并安装操作系统和数据库管理系统软件以后，怎样利用这个环境，面向特定应用需求，构造最优数据库模式，据此建立数据库及其应用系统呢？这个问题称为数据库设计问题，对这个问题的回答就是数据库设计方法。

数据库模式的优劣直接影响相应信息系统运行的稳定性和质量，所以正确运用数据库设计方法很重要。

数据库设计方法主要包括实体-联系方法和属性-联系方法两种。

实体-联系设计方法围绕实体展开，从软件工程角度看，数据库生命周期经历需求分析、概念设计、逻辑设计、物理设计、数据库实现以及运行维护等阶段，如图 6-1(a) 所示。

首先分析用户业务需求，得出数据库需要保存的信息内容，也就是数据需求。

有了数据需求，就可以进行概念设计，即设计概念模式，概念模式与具体 DBMS 无关，通常使用实体-联系图表示，也叫 E-R 图。

在概念模式的基础上，进行逻辑设计，即将概念模式转换成相应的逻辑模式，获得符合选定 DBMS 数据模型的逻辑结构，如关系模式。

逻辑设计之后是物理设计，关系数据库的物理设计已经非常简单，只是在需要的时候进行一些参数选择或设置，如索引机制、块大小等，由于关系数据库系统的物理数据独立性，在逻辑模式确定后伴随着物理设计，就可以进行应用程序设计。

物理设计完成后就可以开始实现数据库，用 DDL/DPL 定义数据库结构、把数据入库、编制与调试应用程序、进行数据库试运行。

如果试运行中功能指标和性能指标都达到设计目标，数据库系统就可以正式投入运行，在运行过程中，还需要经常对数据库进行维护，数据库维护的内容主要包括以下几个方面。

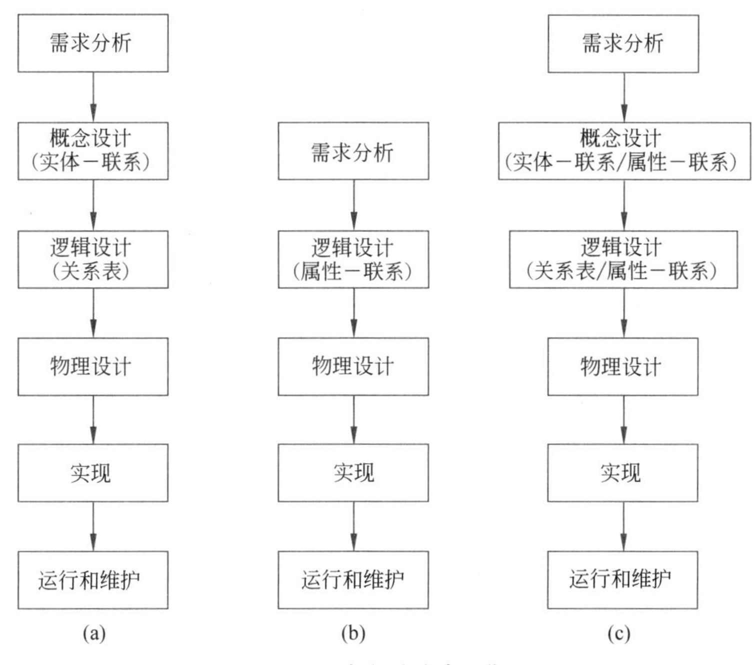

图 6-1 数据库生命周期

（1）定期对数据库和事务日志进行备份，保证发生故障时，能利用这些备份，尽快将数据库恢复到一个一致性状态。

（2）当应用环境、用户、完整性约束等出现变化时往往需要根据实际情况调整原有安全策略、完善原有安全机制。

（3）利用 DBMS 提供的系统性能监测工具监督系统运行，必要时调整某些参数，改进系统性能。

（4）针对数据库性能随着数据库运行逐渐下降问题，必要时重组数据库，回收垃圾，缩短指针链，提高系统性能。

（5）针对应用需求的变化，适当调整数据库模式即重构数据库。

如果应用发生根本性变化，重构数据库的代价太大，则应终止现有数据库应用系统生命周期，重新建立新数据库系统，开始新的生命周期。

属性-联系设计方法围绕属性展开，数据库生命周期与实体-联系设计方法类似，唯一的区别是属性-联系方法没有概念设计阶段，而是在需求分析的基础上直接采用属性-联系方法进行逻辑设计，也就是把需要数据库保存的所有属性放在一张关系表中，进而通过属性之间的联系来优化这个关系表模式，得到期望的结果模式，如图 6-1(b)所示。

实体-联系方法以实体为中心，着重于一个关系模式基本对应一个实体或联系，即关系模式与实体或联系之间基本是一一对应的；属性-联系方法以属性为中心，着重于属性之间的依赖关系。属性-联系方法已经发展出非常严密的数学理论和实用算法，但是随着应用规模增大，属性数增多，厘清属性间的关系会变得越来越烦琐，甚至很困难。实际中的数据库设计，通常将两种方法相结合。宏观上采用实体-联系方法，微观上采用属性-联系方法，也就是对由概念模式转换而来的关系表运用属性-联系方法进行分析优化，有经验的设计师甚至在概念模式设计阶段就会运用属性-联系方法来分析各个实体或联系的属性集，如图 6-1(c)所示。

总体来说，数据库设计就是针对具体应用的需求利用现成数据库管理系统，构造合适的数据库模式，建立数据库及其应用系统。从本质上讲，数据库设计的过程是将数据库系统与现实世界进行密切的、有机的、协调一致的结合过程。因此，数据库设计者对实际应用领域的业务处理以及数据库系统本身都必须有透彻的理解。

数据库设计有两种方法：实体-联系方法和属性-联系方法。它们的区别在于实体-联系方法是先建立概念模式再转换为关系模式，属性-联系方法是把需要数据库保存的所有属性放在一张关系表中，进而通过属性之间的联系来优化这个关系模式。实际中总是把这两种方法结合使用，宏观上采用实体-联系方法把握关键，微观上使用属性-联系方法进行优化。

6.2 基本 E-R 模型

6.2.1 E-R 模型基本元素

对于数据库设计，实体-联系方法是先基于实体-联系模型(也叫 E-R 模型)建立概念模式，然后再转换为关系模式。概念模式与具体 DBMS 无关，通常使用实体-联系图表示，也叫 E-R 图。

从数据管理的角度看，现实世界存在的就是一个个实体，各种业务活动就是实体和实体之间的联系。E-R 图主要包括实体和联系以及它们各自的属性。

实体指现实世界中客观存在的一个事物或对象，可以是具体可触及的事物，如一个人、一匹马、一棵树、一个零件等；也可以是抽象的对象，如一次会议、一次演出等。

同类实体组成的集合称为实体集。

例如，一个考生就是一个实体，实体考生都有相同的属性：考号、姓名、年龄、性别，所有考生就组成一个实体集考生集，考生集中的每个考生都用这些属性来描述，但每个考生在这些属性上都有各自相应的值。习惯上，把实体和实体集统称为实体。

在 E-R 图中，实体用方框表示，方框内标注实体的命名。

现实世界中，实体不是孤立的，实体之间总是存在一些联系。例如，“考官工作于某学院”就是实体“考官”和“学院”之间有联系“工作于”，“考生报考试卷”是实体“考生”和“试卷”之间有联系“报考”。像这样，联系就是一个或多个实体之间的关联关系。同类联系组成的集合称为联系集。习惯上，把联系和联系集统称为联系。在 E-R 图中，联系用菱形框表示，并用线段将其与相关的实体连接起来，如图 6-2 所示。

实体通常通过一组属性来描述，同类实体通常使用相同属性组来描述。属性可能取值的范围称为属性域，也称为属性的值域。现实世界中，经常需要区分同类实体集中一个个不同的实体。例如，由于有可能出现重名重姓的考生，考试系统给考生分配一一对应的考号，不同考生报考号不同，就像不同人具有不同身份证号一样。像这样，能够并且用以

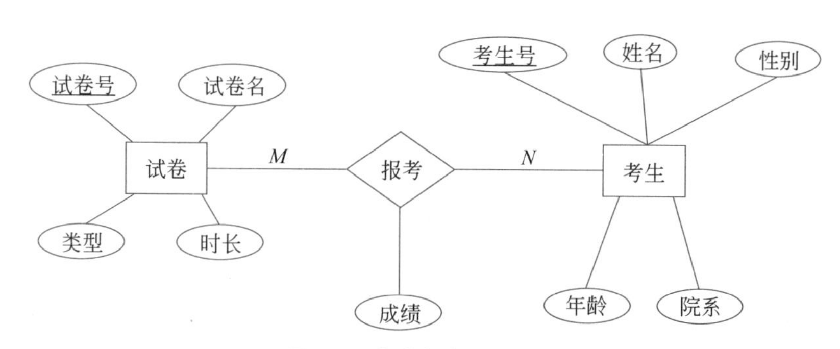

图 6-2　考生报考试卷 E-R

区分一个实体集中不同实体的最小属性集(组)称为实体标识符(简称标识符)或称为实体主键(简称主键),组成主键的属性称为标识属性。联系也会有属性。注意,数据库存储的数据主要就是属性值。在 E-R 图中,属性用椭圆表示,用线段将其与相关的实体或联系连接起来,以加下画线的方式标识出标识属性。

总之,就像前面所说的,E-R 图主要包括实体和联系以及它们各自的属性。这里有一个 E-R 图的简单实例。假设要建立一个数据库系统保存和查询考生报考试卷以及考试成绩信息,E-R 图就可以这样来设计。首先,这个系统涉及两类实体：考生和试卷,用方框表示,方框内标注实体的命名;这两个实体之间有联系“报考”,用菱形框表示;实体考生有属性：考生号、姓名、年龄、性别、院系,主键考生号加注下画线,试卷有属性试卷号、试卷名、时长、类型,主键试卷号加注下画线,联系“报考”有属性成绩。

这个例子中 E-R 图已经包括概念模式最主要的成分：实体、联系和属性,但还只是一个部分完成的 E-R 图,E-R 图能够表达更为丰富的语义,稍后详解。

6.2.2　基本 E-R 图设计

E-R 图主要包括实体和联系以及它们各自的属性,而属性和联系的设计一般会碰到多种不同情况。下面先来说说属性,然后再说联系。

1. 属性的设计

1）简单属性和复合属性

简单属性是不可再分割的属性;复合属性是可再分解为其他属性的属性。在 E-R 图设计过程中,除了像报考号、姓名这种简单的原子属性,还可能碰到复合属性。假设考生实体有报考号、姓名和地址三个属性,而地址是一个由多个成分组成的复合属性,如图 6-3 所示。对于复合属性,按其组成把它分解成一系列子属性,从而这个例子中的考生就有了报考号、姓名、邮政编码、省(市)名、区名、街道路名、门牌号码七个简单属性,如图 6-4 所示。

2）单值属性和多值属性

在 E-R 图设计过程中,除了像报考号、姓名这种单值属性,还可能碰到多值属性。单值属性指的是同一个实体在该属性上只能取一个值。例如,一个考生只能有一个报考号、

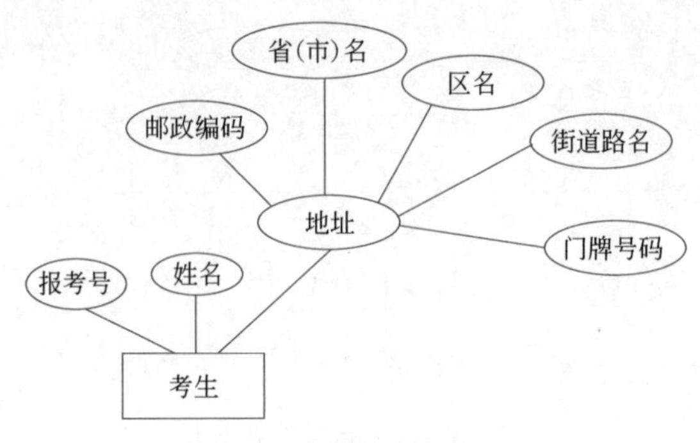

图 6-3 复合属性示例

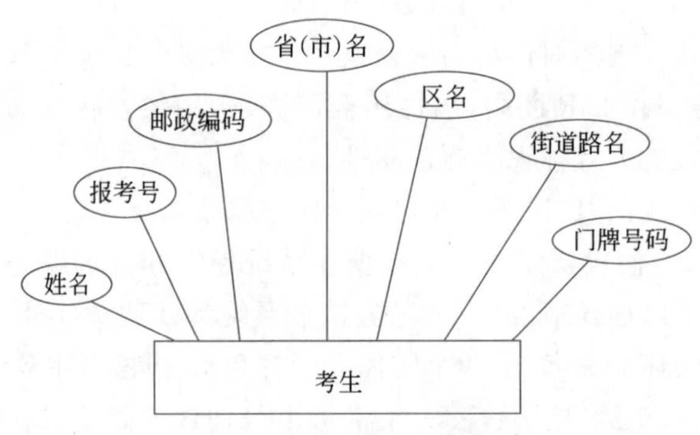

图 6-4 复合属性的处理示例

一个姓名。多值属性指同一个实体的某些属性可能取多个值。例如,一个考官可能有多种联系方式:移动电话、固定电话、电子邮件等。可以用双线椭圆来表示多值属性,如图 6-5 所示。为了关系数据库实现的方便,通常把多值属性转换成多个单值属性。在考官例子中,就可以用移动电话、固定电话、电子邮件三个单值属性代替联系方式这个多值属性,如图 6-6 所示。

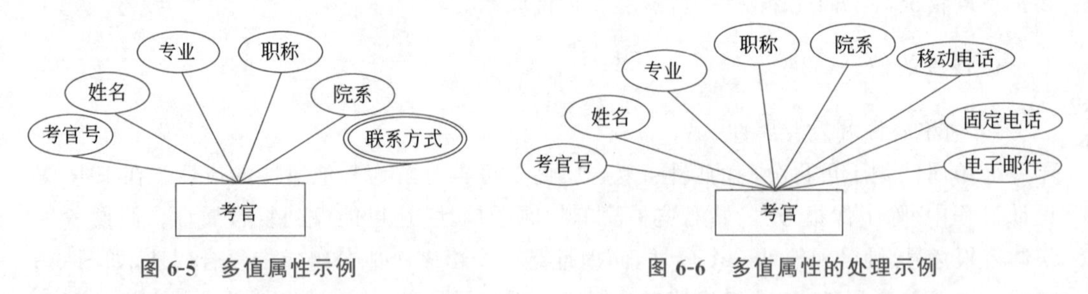

图 6-5 多值属性示例　　图 6-6 多值属性的处理示例

3）存储属性和派生属性

在 E-R 图设计过程中,还会碰到派生属性,即能从其他属性值推导出的属性。一般来说,派生属性的值不必存储在数据库内,而其他需要存储的属性称为存储属性。派生属性用虚线椭圆表示通过虚线与相应实体相连。例如,在如图 6-7 所示的用户实体中,实际月话费可从套餐费、套餐外话费、套餐外数据费等属性推导出来。派生属性的值不仅可以从其他属性导出，有时也可以从其他有关的实体导出。派生属性用虚线椭圆形与实体相连，如图 6-7 所示。

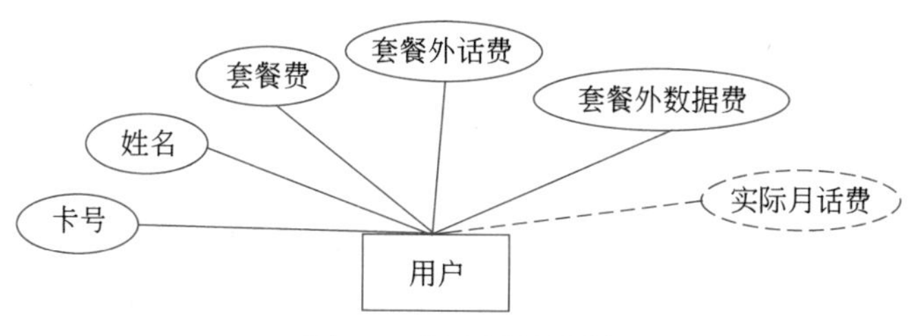

图 6-7 派生属性示例

4) 允许为空值的属性

当实体在某个属性上暂时没有值时可以使用空值。例如，如果某个考官尚未结婚，那么该考官的配偶属性值将是 Null。Null 还可以用于表示值未知。未知的值可能是缺失的(即值存在，只不过不知道具体是多少)或不知道的(不能确定该值是否真的存在)。例如，某个考官的办公电话为空值，实际上至少有以下三种可能的情况。

(1) 该考官尚未安装办公电话，即无意义(这种空值，称为“占位空值”)。

(2) 该考官已经安装了办公电话，但号码尚不知(这种空值，称为“未知空值”)。

(3) 该考官是否安装了办公电话，还不能得知。

在不同数据库管理系统中，在空值的处理上会有一些不同。

2. 联系的设计

联系的设计涉及联系的元数、基数和实体对联系的参与度，下面逐个介绍。

1) 联系的元数

联系关联的实体集个数，称为该联系的元数或度数。通常，同类实体集内部实体与实体之间的联系，称为一元联系；两个不同实体集中实体之间的联系，称为二元联系；三个不同实体集中实体之间的联系，称为三元联系，以此类推。

例如，“报考”这个联系关联了考生和试卷两个不同实体集，它是二元联系，如图 6-8 所示。知识点之间存在着组合关系，一个知识点由许多知识点组成，而一个知识点也可以是其他知识点的子知识点。知识点之间的联系“组成”就是一个一元联系，如图 6-9 所示；一个人会喜欢另一个人，人与人之间的联系“喜欢”也是一个一元联系，如图 6-10 所示；书

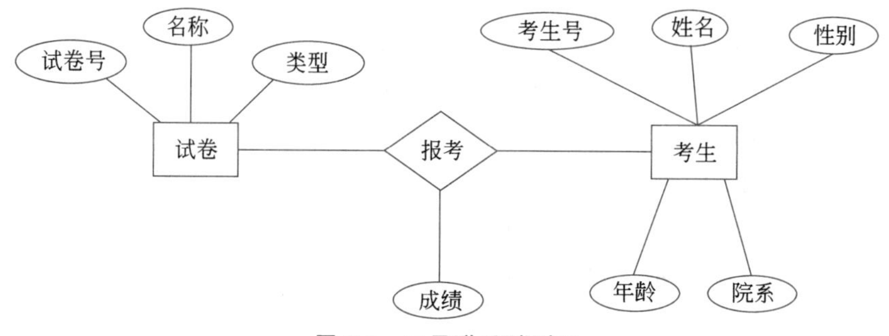

图 6-8 二元联系“报考”

店、出版社、书之间存在着“进货”联系，因为涉及三个实体集，是一个三元联系，如图 6-11 所示。

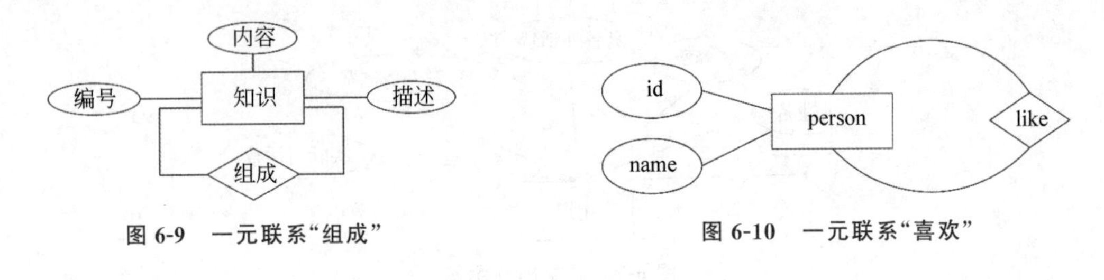

图 6-9 一元联系“组成”

图 6-10 一元联系“喜欢”

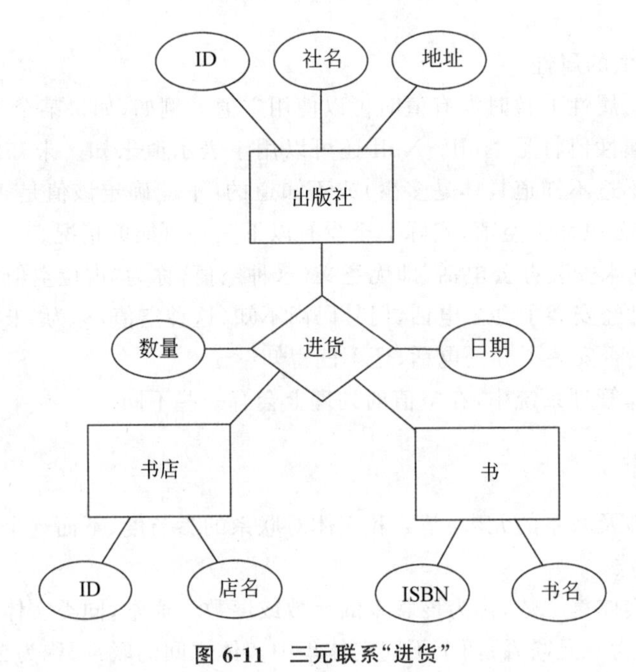

图 6-11 三元联系“进货”

2) 联系的基数

先定义二元联系的映射基数。如果实体集 E_1 和 E_2 之间有二元联系，则把参与该联系的实体数目称为映射基数。

对于二元联系类型，可能的映射基数有 1∶1、1∶N、M∶N 三种。

(1) 一对一：如果实体集 E_1 中每个实体至多和实体集 E_2 中的一个实体有联系，反之亦然，那么实体集 E_1 和 E_2 的联系称为“一对一联系”，记为“1∶1”。

(2) 一对多：如果实体集 E_1 中每个实体可以与实体集 E_2 中任意个(零个或多个)实体间有联系，而 E_2 中每个实体至多和 E_1 中一个实体有联系，那么称 E_1 对 E_2 的联系是“一对多联系”，记为“1∶N”。

(3) 多对多：如果实体集 E_1 中每个实体可以与实体集 E_2 中任意个(零个或多个)实体有联系，反之亦然，那么称 E_1 和 E_2 的联系是“多对多联系”，记为“M∶N”。

[例 6-1] 下面对二元联系的 1∶1、1∶N 和 M∶N 三种情况分别举例说明。

(1) 大学中一个辅导员只辅导一个班级，一个班级只由一个辅导员辅导，辅导员和班级之间是 1∶1 联系。其 *E-R* 图如图 6-12 所示。

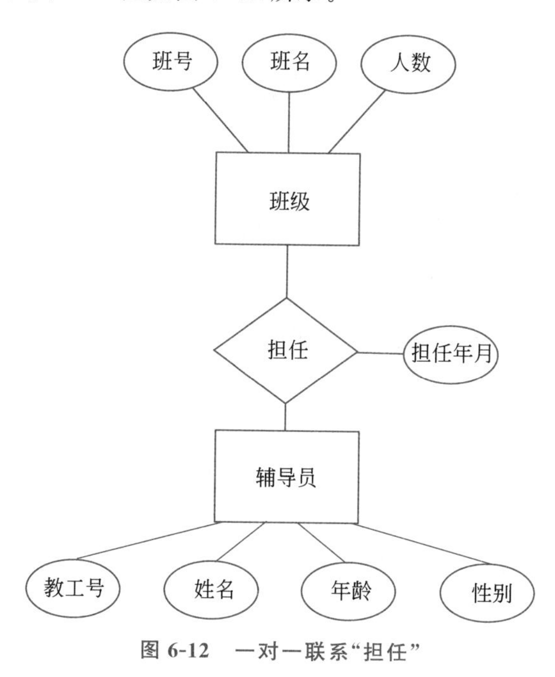

图 6-12　一对一联系“担任”

(2) 大学中一个院系有多个考官，一个考官只属于一个院系，院系与考官之间是 1∶*N* 联系。其 E-R 图如图 6-13 所示。这个例子中使用了与上例不同的一种表示方式，即有箭头表示 1 而无箭头表示多，这里有箭头线表示一名考官只属于一个系。

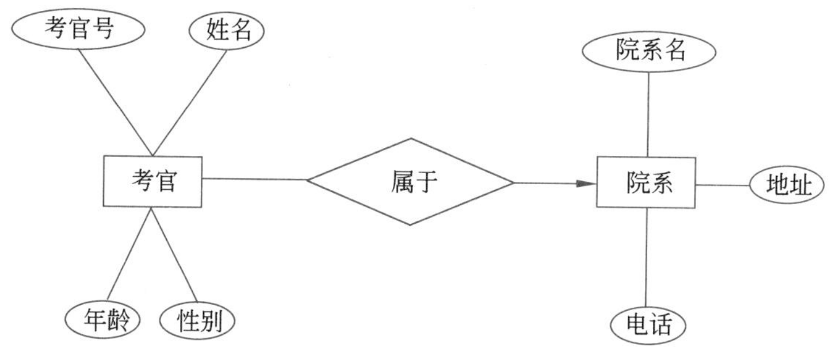

图 6-13　一对多联系

(3) 大学中一个题目可以源自多个知识点，一个知识点可以有多个题目，题目与知识点之间是 *M*∶*N* 联系，题目与知识点之间的联系是 *M*∶*N*。其 E-R 图如图 6-14 所示。

类似地，也可以给出一元联系、三元联系的映射基数例子。

[**例 6-2**]　下面列举一元联系映射基数的三种方式。

(1) 围棋象棋淘汰赛中的对弈，也就是棋手之间有 1∶1 的“对弈”联系，如图 6-15 所示。

(2) 组长带领组员的联系“带领”是 1∶*N* 联系。其 E-R 图如图 6-16 所示。

(3) 试题的知识点之间存在着组合关系，一个知识点由许多知识点组成，而一个知识

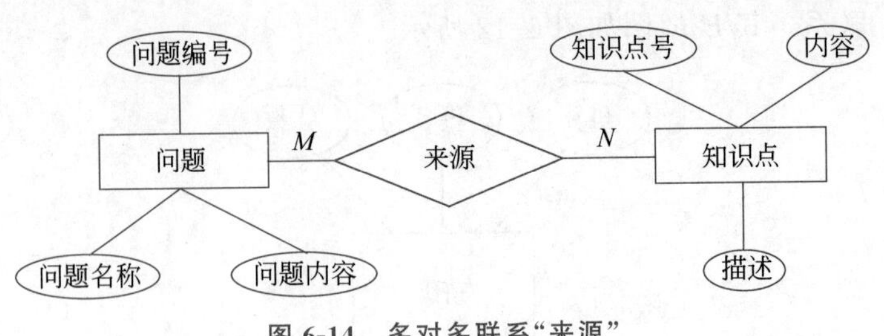

图 6-14　多对多联系“来源”

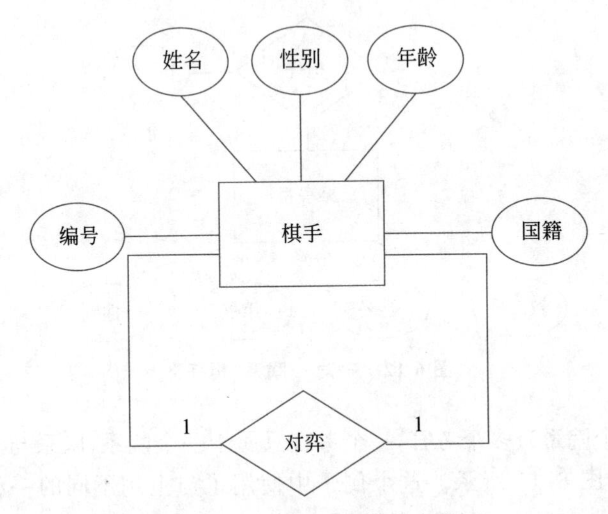

图 6-15　一元联系中的 1∶1 联系

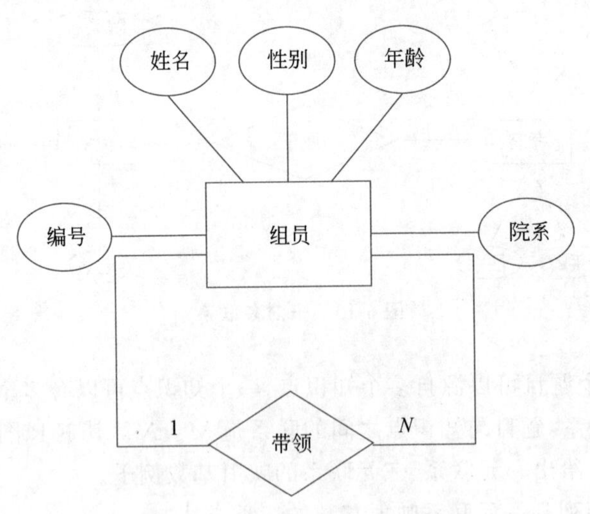

图 6-16　一元联系中的 1∶N 联系

点也可以是多个其他知识点的子知识点。其 E-R 图如图 6-17 所示。

[例 6-3]　出版社、书库、书之间存在着进货联系，其 E-R 图如图 6-18 所示。

实践中，有时需要对映射基数做出更精确的描述，即对参与联系的实体数目指明相关

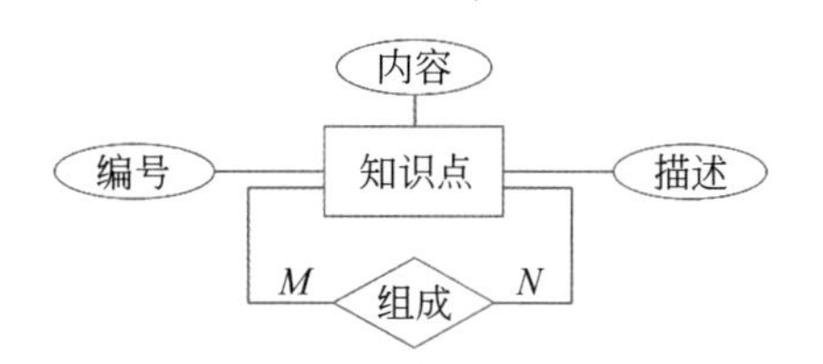

图 6-17　一元联系中的 $M:N$ 联系

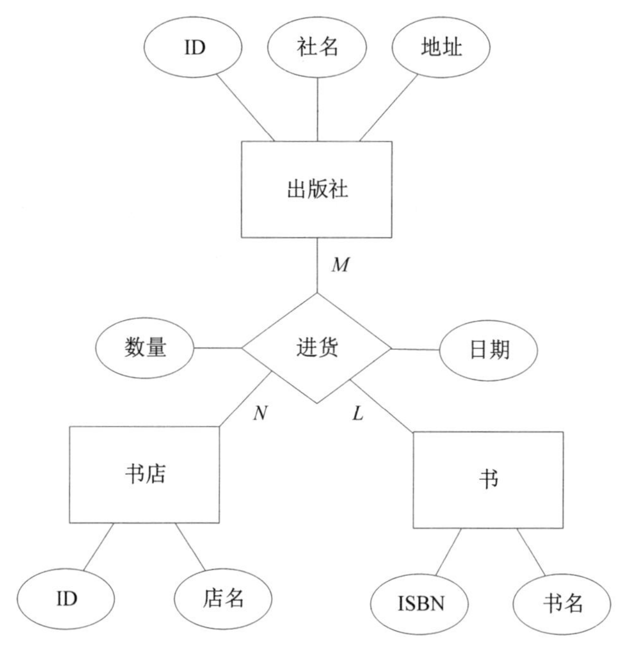

图 6-18　三元联系中的 $M:N:L$ 联系

的最小映射基数 min 和最大映射基数 max，用范围“min..max”的方式表示。最小映射基数表示该实体集中的每个实体最少参与的联系数；最大映射基数表示该实体集中的每个实体参与联系数的上限。例如，“1.. *”表示实体至少参与的联系数为 1 个，上界没有限制。

［**例 6-4**］　规定考生(**examinee**)每学期至少报考(**enroll**)3 个科目的试卷(**exam**)，最多报考 6 个科目试卷；每科试卷至多有 100 人报考，最少可以没人报考。也就是，在考生和报考之间的连线上标注基数约束 3..6，在试卷和报考之间的连线上标注基数约束 0..100，如图 6-19 所示。

3）参与度

如果实体集 S 中的每个实体都参与联系集 L 的至少一个联系中，称实体集 S“完全参与”联系集 L。如果实体集 S 中只有部分实体参与联系集 L 的联系中，称实体集 S“部分参与”联系集 L。在 E-R 图中，完全参与用双线表示，部分参与用单线表示。

［**例 6-5**］　如图 6-20 所示，一个护士可以护理 0～3 名伤员，一个伤员由一名护士护理，每个伤员都必须有护士负责护理，有不参与伤员护理的护士，所以护士是部分参与，伤

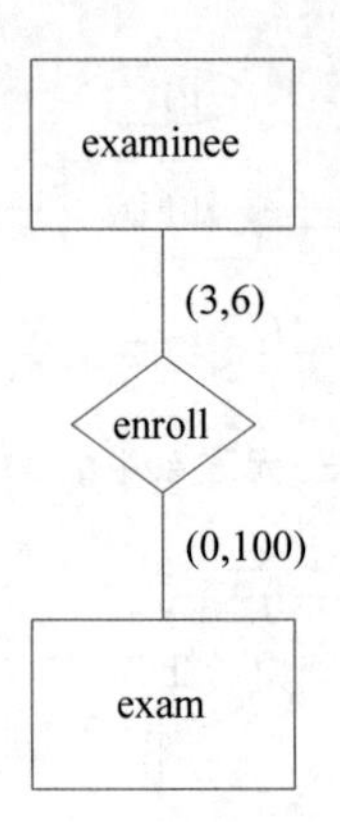

图 6-19 examinee 和 exam 之间的联系 enroll 的映射基数

员是完全参与；考生至少报考1个科目的试卷，最多报考6个科目试卷；每科试卷不限报考人数，最少可以没人报考。考生与试卷是 $M:N$ 联系，考生是完全参与，用双线边表示，试卷是部分参与，用单线边表示。

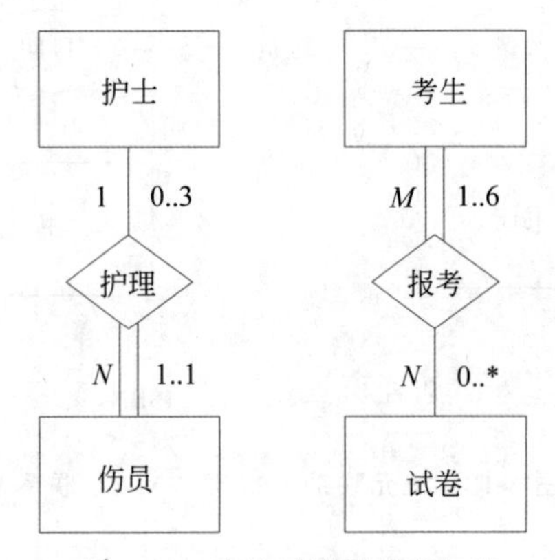

图 6-20 实体对联系的参与度

6.3 基本 E-R 图转换为关系模式

基本 E-R 图转换为关系模式的一般规则主要包括以下三个要点。

第一个要点是：一个实体转换为一个关系模式；实体的一个属性对应为该表的一个列；实体的主键就是表的主键。

例如，如图 6-21 所示，考生报考试卷的 E-R 图中有两个实体考生和试卷，分别转换为考生表和试卷表，表的属性和主键都与实体对应。

这两个表如下：考生(<u>考生号</u>,姓名,性别,年龄,院系)，试卷(<u>试卷号</u>,名称,类型)。

第二个要点是：一个联系转换为一个关系模式；联系的属性对应表的属性，另外并上所有参与联系的各实体主键的并集。

关于由联系转换来的表的主键，有三种情况：如果联系是 $M:N$ 的，主键是所有参

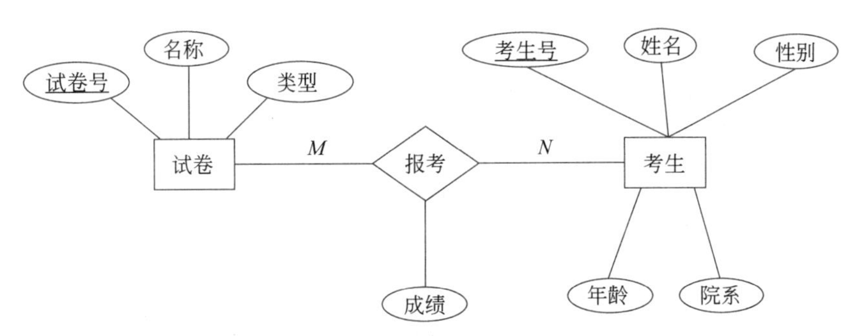

图 6-21　考生报考试卷的 E-R 图

与联系的各实体主键的并集；如果联系是 1∶N 的主键是多端实体主键；如果联系是 1∶1 的主键是任一端实体主键。

例如，在考生报考试卷的 E-R 图中有一个联系报考，对应转换为报考表，联系的属性成绩并上考生实体的主键考生号以及试卷实体的主键试卷号得到属性从而集合从而得到报考表的属性集；由于联系报考是 M∶N 的，主键是考生实体的主键考生号并上试卷实体的主键试卷号。

此时，总共得到三个表：考生(考生号，姓名，性别，年龄，院系)，试卷(试卷号，名称，类型)，报考(考生号，试卷号，成绩)。

第三个要点是：主键相同的关系模式可合并。

对于基本 E-R 图，主要有两种情况：一个 1∶1 联系转换的表可与任一端实体对应的表合并；一个 1∶N 联系转换的表可与 N 端对应的表合并。

先来看一个 1∶1 联系的例子。例如，在班级有辅导员的 E-R 图中有两个实体班级和辅导员，分别转换为班级表和辅导员表，主键分别是班号和教工名。这两个表为：班级(班号，班名，人数)，辅导员(教工号，姓名，年龄，性别)。

这个 E-R 图(图 6-22)中还有一个联系“拥有”，对应转换为拥有表，联系自己的属性是担任年月，表“拥有”的属性包括班级实体的主键班号以及辅导员实体的主键教工号；由于联系“拥有”是 1∶1 的，拥有表的主键可以与实体班级的主键相同，为班号；也可以与实体辅导员的主键相同，为教工号。拥有表可以是：拥有(班号，教工号，担任年月)；也可以是：拥有(班号，教工号，担任年月)。二者选其一，假如选定前者。由于主键相同的关系模式可合并，拥有表可以和班级表合并。总共得到两个表：班级(班号，班名，人数，教工号，担任年月)，辅导员(教工号，姓名，年龄，性别)。拥有表跟辅导员表合并的情况与此类似。

再来看一个 1∶N 联系的例子。例如，如图 6-23 所示，在考官属于院系的 E-R 图中有两个实体考官和院系，分别转换为考官表(考官号，姓名，性别，年龄)和院系表(院系名，电话，地址)，主键分别是考官号和院系名。这个 E-R 图中还有一个联系属于，对应转换为属于表，联系没有自己的属性，属于表的属性包括考官实体的主键考官号以及院系实体的主键院系名；由于联系“属于”是 1∶N 的，主键与多端实体考官的主键相同，即为考官号。属于表为：属于(考官号，院系名)。由于主键相同的关系模式可合并，属于表和考官

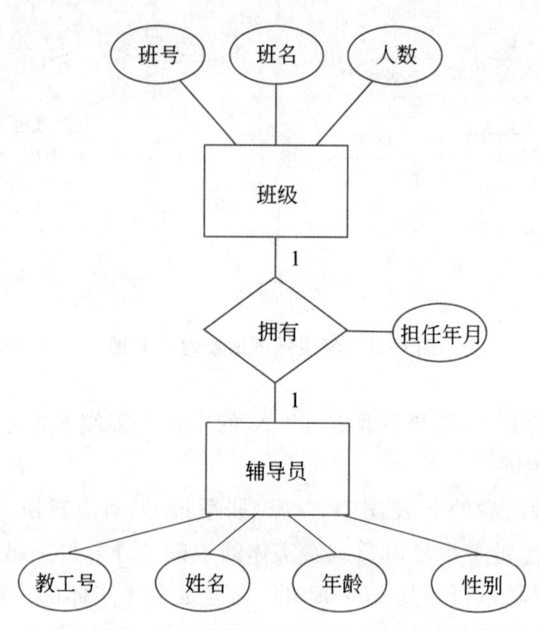

图 6-22 班级有辅导员的 E-R 图

表合并。最终结果该 E-R 图共转换为两个表：考官(考官号,姓名,性别,年龄,院系名)；院系(院系名,电话,地址)。

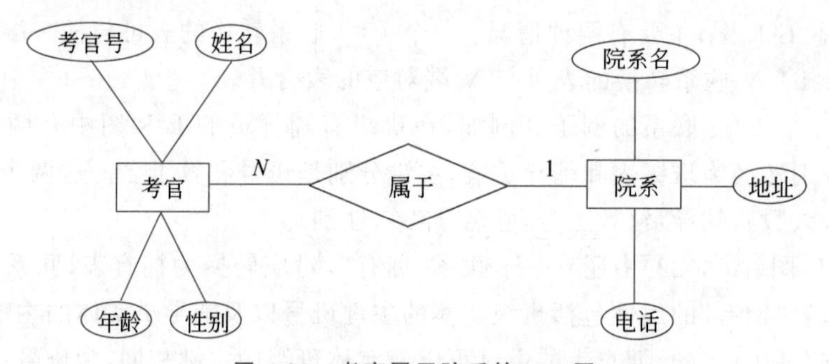

图 6-23 考官属于院系的 E-R 图

如果 E-R 图涉及自环联系,先将自环联系变成非自环联系的形式,再按照将 E-R 图变换成表的规则去做。例如,社交网上的 person 及其间的 like 关系对应 E-R 图如图 6-24 所示,变成非自环联系集的形式如图 6-25 所示,该 E-R 图变换成表模式为 like(likeid, likedid)。

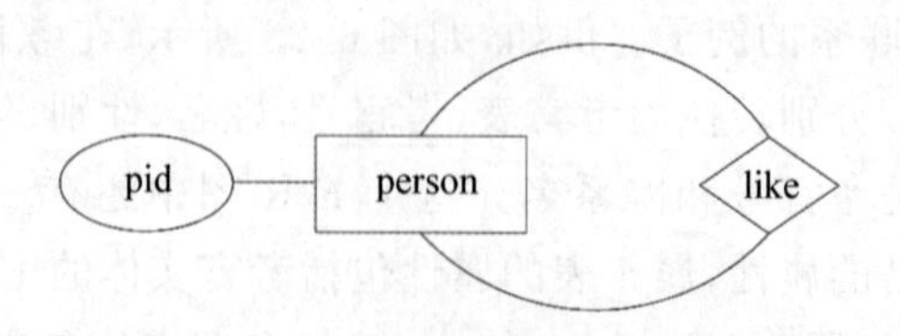

图 6-24 一个自环联系的例子

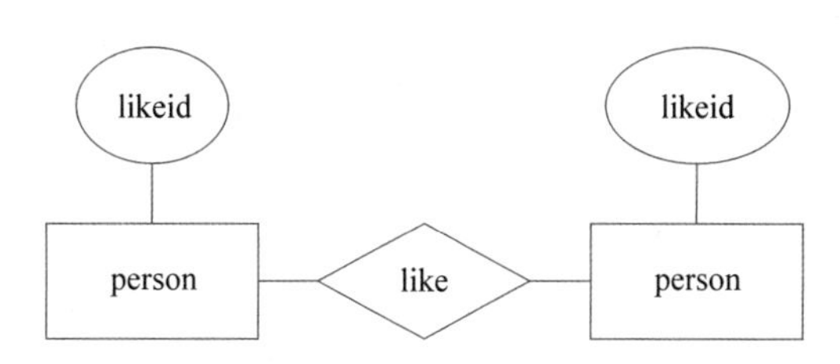

图 6-25　一个自环联系变成非自环联系集的形式的例子

总之，基本 E-R 图转换为关系模式，涉及实体的转换、联系的转换、主键的确定以及关系模式的精简等几个步骤。

6.4　扩展 E-R 图及其关系模式的转换

基本 E-R 图已经能够满足许多应用数据建模的要求，但现实世界中还存在一些现象需要对基本 E-R 图进行扩展，通常有两方面的扩展：弱实体和父子实体。

6.4.1　弱实体

与弱实体相对，前面提到的实体都可以称为强实体。如果一个实体对于另一个实体(称为强实体)具有很强的依赖性，而且该实体主键的一部分或全部从其所依赖的强实体中获得，则称该实体为弱实体。换句话说，所有属性都不足以形成主键的实体称为弱实体；其属性可形成主键的实体集称为强实体集。

在 E-R 图中，弱实体用双线矩形框表示；与弱实体关联的联系，用双线菱形框表示；弱实体与联系间的联系也画成双线边。弱实体集的标识属性用虚下画线标明。

例如，学校只关注学生，涉及家长通常也是因学生而起，在需要时总是说某某的家长。学校数据库中，学生是数据库主要关注点之一，至于家长，只是附带存储相关信息，如果学生毕业了，家长信息也就可以删除了。这样，家长就是一个依赖于学生实体的弱实体，如图 6-26 所示。

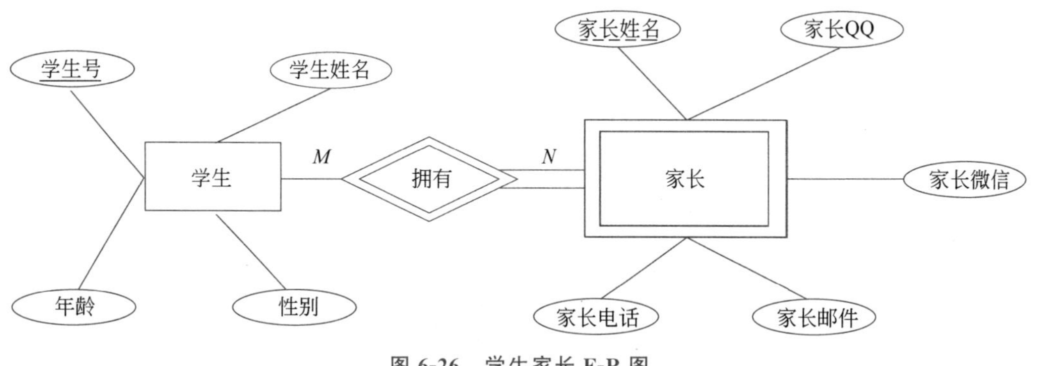

图 6-26　学生家长 E-R 图

含弱实体 E-R 图向关系模式转换的一般规则如下。

- 一个关联弱实体的联系和弱实体一起转换为一个关系模式：弱实体属性集和关

联弱实体的联系的属性集，以及其依赖的强实体主键的并集就是表的属性集。

- 如果弱实体在联系的基数约束上处于多端，则主键是参与联系的强实体主键并上弱实体标识属性。
- 如果弱实体在联系的基数约束上处于一端，则主键是参与联系的强实体的主键。

例如，图 6-26 中学生家长 E-R 图转换为两个表：学生(学生号，学生姓名，性别，年龄)；家长(学生号，家长姓名，家长 QQ，家长微信，家长电话，家长邮件)。除了学生表，另一个就是弱实体家长和联系拥有一起转换成的家长表，家长表包括弱实体的所有属性集合，与强实体主键的并；由于一个学生会有多个家长，一个家长会有多名学生，学生号和家长姓名的并是家长表的主键。

6.4.2 父子实体

关于父子实体设计，有一般化和特殊化两种方法，先讲一般化，然后讲特殊化。

假设洪水事件实体有属性编号、名称、经济损失、受灾人口和淹没面积，如图 6-27 所示；地震事件实体有属性编号、名称、经济损失、受灾人口和震级，如图 6-28 所示；公共卫生事件实体有属性编号、名称和疫情描述，如图 6-29 所示。这三个独立的实体集中洪水和地震都有属性编号、名称、经济损失、受灾人口。

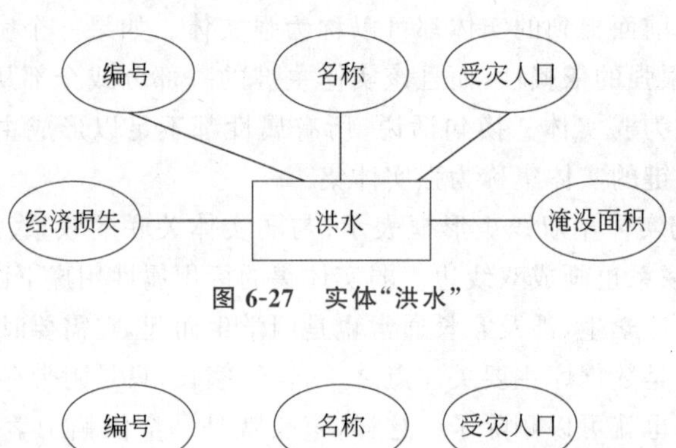

图 6-27 实体“洪水”

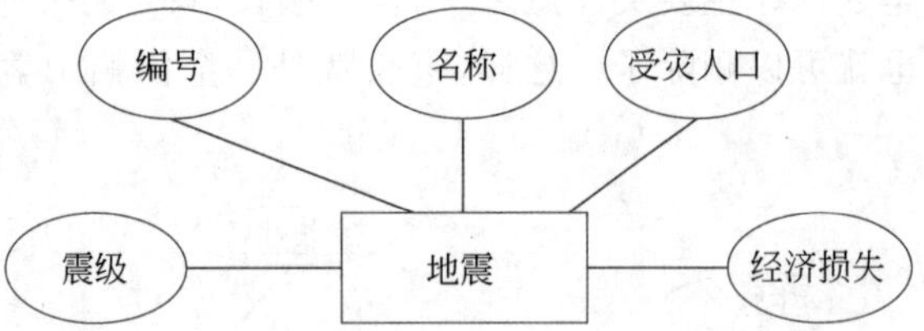

图 6-28 实体“地震”

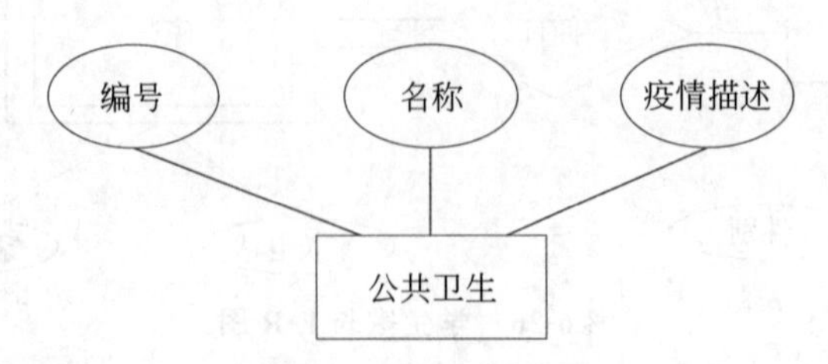

图 6-29 实体“公共卫生”

综合洪水和地震的共同属性，可以设计父实体自然灾害，让自然灾害有编号、名称、经济损失、受灾人口这四个属性，而洪水仅保留自己特有的属性淹没面积、地震保留自己特有的属性震级，如图 6-30 所示。

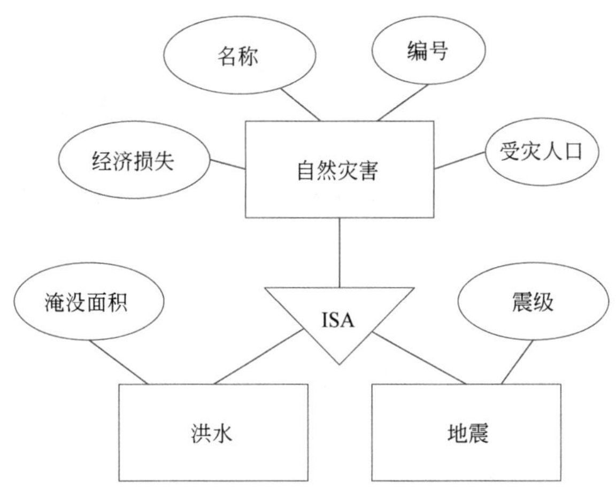

图 6-30　自然灾害 E-R 图

我们再看，自然灾害和公共卫生都有属性编号、名称。可以综合自然灾害和公共卫生，设计父实体突发事件拥有共同属性编号、名称，自然灾害保留属性经济损失、受灾人口，公共卫生保留属性疫情描述，如图 6-31 所示。

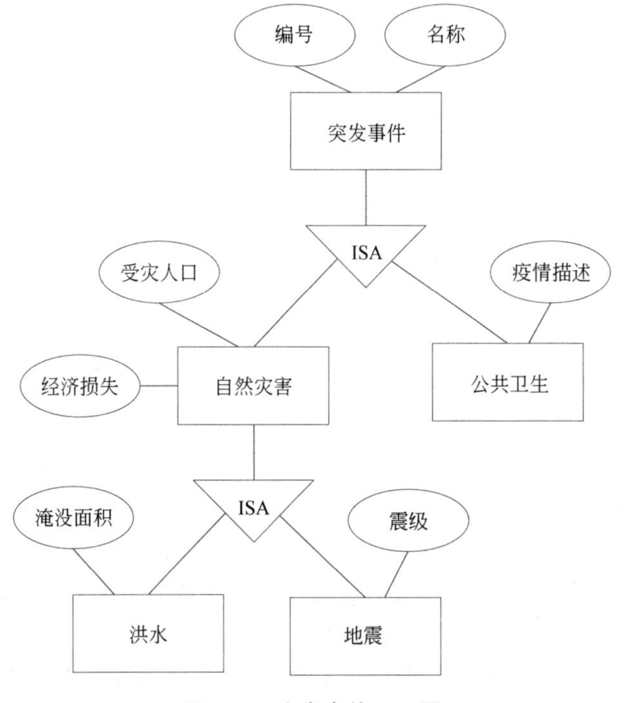

图 6-31　突发事件 E-R 图

像这样根据实体间具有的共同特征，将多个实体集综合成一个较高层次实体集的过程，称为一般化。高层实体集和低层实体集也称作父实体集和子实体集。在E-R图中，父实体集和子实体集之间的联系称为"父子"联系，通过用标记为ISA的三角形构件"▽"来表示：ISA的意思就是"is a"。

我们看到，一般化是一种自底向上的方法。还有一种自顶向下的方法，叫特殊化。例如，假设初始时有一个实体集突发事件，有编号、名称、经济损失、受灾人口、淹没面积、震级、疫情描述七个属性，如图6-32所示。实际上，大家都知道突发事件有多种，只有公共卫生才有疫情描述；只有自然灾害才有经济损失、受灾人口、淹没面积、震级。

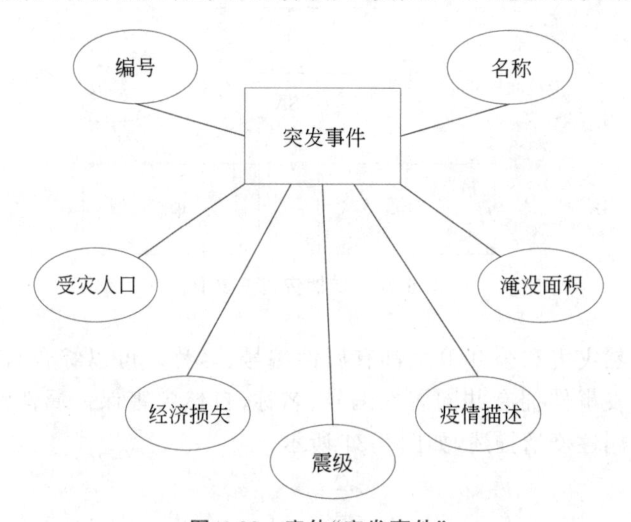

图6-32 实体"突发事件"

也就是说，突发事件可以划分为以下两类：自然灾害、公共卫生。突发事件都有编号和名称，公共卫生事件实体集通过属性疫情描述进一步刻画；而自然灾害实体集则通过属性经济损失、受灾人口、淹没面积、震级进一步描述，如图6-33所示。

自然灾害也有多种，只有地震才有震级，只有洪水才有淹没面积。也就是说，自然灾害进一步分为地震和洪水，自然灾害都有经济损失、受灾人口属性，地震通过属性震级进一步描述；而洪水则通过属性淹没面积进一步描述。如图6-34所示。

像这样，根据实体间的区别在实体集内部进行分组的过程称为特殊化。

特殊化从单一的实体集出发，通过创建不同的低层实体集来强调同一实体集中不同实体间的差异；一般化是在多个不同实体集的共性基础上将它们综合成一个高层实体集。一般化与特殊化互为逆过程，在实际应用中可以配合使用。通过特殊化或一般化得到的父子实体，高层实体集的属性被低层实体集继承，低层实体集还继承参与其高层实体集所参与的那些联系。低层实体集所特有的属性和联系仅适用于某个特定的低层实体集。

用表表示父子实体集时，有以下两种方法。

第一种方法是：为高层实体集创建一个表，为每个低层实体集创建一个表，并加入高层实体集主键属性。例如，假设E-R图如图6-35所示，可为高层实体突发事件创建一个突发事件表，属性是事件编号，事件名称，其中，事件编号是主键；为低层实体自然灾害创

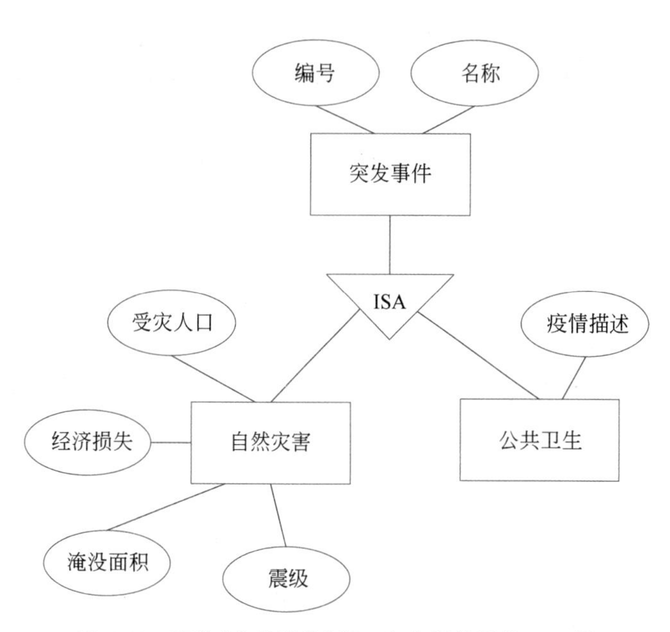

图 6-33 实体"突发事件"第一次分解得到的 E-R 图

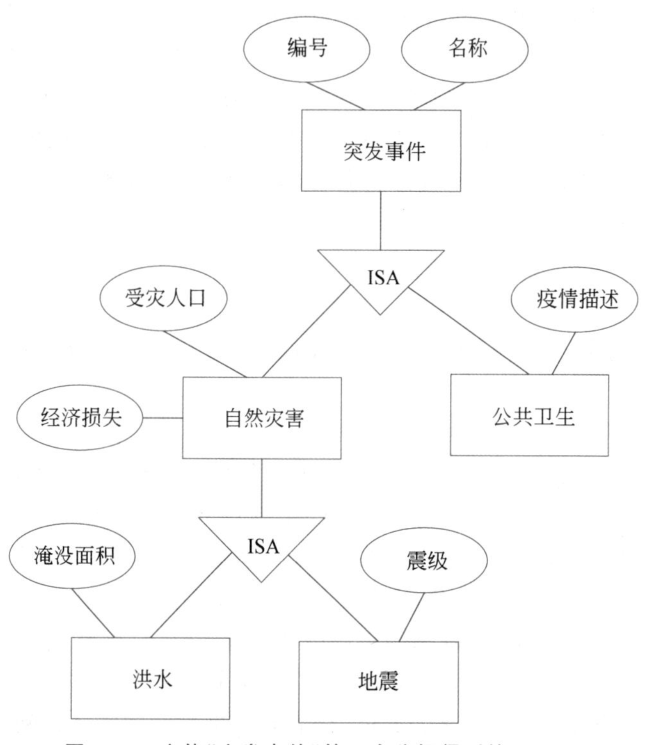

图 6-34 实体"突发事件"第二次分解得到的 E-R 图

建一个自然灾害表，属性是经济损失、受灾人口，然后加入高层实体的主键；为低层实体公共卫生事件创建一个公共卫生事件表，属性是疫情描述，然后加入高层实体的主键。总之,按照这种方法,如图 6-35 所示 E-R 图转换为关系模式的结果是三个表:突发事件(编号,名称),公共卫生(编号,疫情描述),自然灾害(编号,经济损失,受灾人口)。

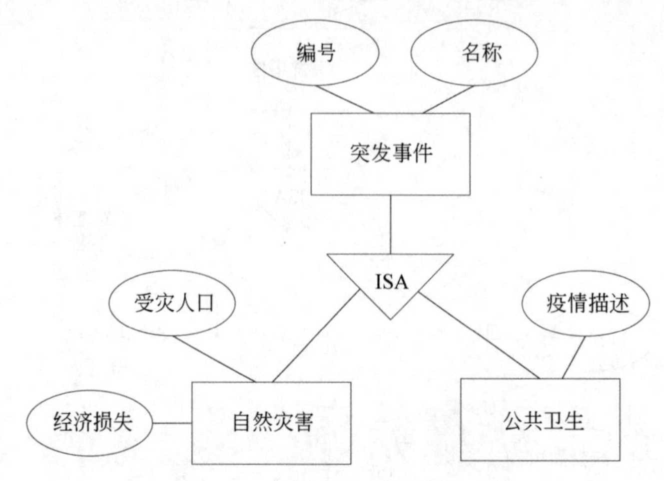

图 6-35　一个简单的突发事件 E-R 图

第二种方法是:如果每个高层实体肯定会对应于某个低层实体集,并且只会对应于一个低层实体集,则只需为每个低层实体集创建表。例如,假定数据库只管理公共卫生事件和自然灾害的数据,其他的突发事件一概无关,并且不可能有一个事件既是公共卫生事件又是自然灾害,这时就没有必要为高层实体突发事件单独创建表,而只需为每个低层实体集创建表。在这种情况下,如图 6-35 所示 E-R 图转换为关系模式的结果是两个表:公共卫生事件(编号,名称,疫情描述),自然灾害(编号,名称,经济损失,受灾人口)。公共卫生事件表,包括属性编号,名称,疫情描述,主键是编号;自然灾害表,包括属性编号,名称,经济损失,受灾人口,主键也是编号。

6.5　大数据 E-R 图及其关系模式的转换

传统数据库系统主要针对事务性应用,如火车票买卖、股票交易等,受存储等资源的限制,过往业务数据不被重视,更多关注支持业务的数据当前状态。随着大数据浪潮的兴起,人们意识到数据就是财富。对大尺度时间里的过往数据的积累和分析,挖掘潜在知识,价值可能很巨大。这对数据库设计也提出了新要求。下面就来看一个简单的例子。

图书馆是大家经常去的地方,图书馆借还书管理也是数据库设计常见的例子。今假定借还书系统包括两个实体:读者和图书。读者有读者号、姓名和类型属性,主键是读者号;图书有 ISBN、书名、作者、出版社、出版时间、图书状态(T:图书已被还回,可供读者借阅;F:图书被借出)等属性,主键是 ISBN。读者与图书之间的联系借阅有属性借书时间。由于一个读者可以同时借多本书,而一本书只能借给一个读者,借阅是读者和图书的 1∶N 联系。相应的 E-R 图如图 6-36 所示。按照转换规则,该 E-R 图转换为如下两个表:图书(<u>ISBN</u>,书名,作者,出版社,出版时间,图书状态,读者号,借书时间),读者(<u>读者号</u>,姓名,类型)。由于图书表的主键是 ISBN,图书表中每书只能有一个元组,每当一本书被借出或还回时，都用 Update 语句更新该书的图书状态、读者号、借书时间的属性值。此数据库能存放每本书最后一次借阅信息，这对图书管理基本业务来说应该是够了。

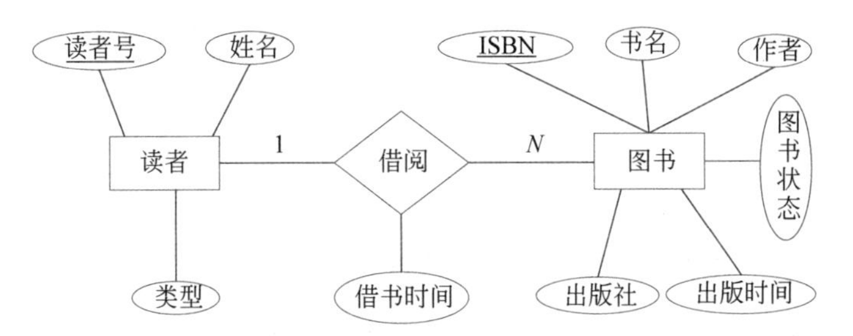

图 6-36　图书馆图书借阅 E-R 图的初始方案

但是，如果想分析一下每本书的利用率，或者分析每位读者的兴趣，以利于更有针对性地预订新书，此数据库就完全无能为力了，因为这些分析需要访问每本书的历次借阅信息。怎么办？把 E-R 图中的联系改为 $M:N$，如图 6-37 所示。按照转换规则，此时 E-R 图转换为如下三个表：图书(ISBN，书名，作者，出版社，出版时间，图书状态)，借阅(读者号，ISBN，借书时间)，读者(读者号，姓名，类型)。其中，读者号，ISBN 一起是借阅表的主键，也就是数据库中不仅可以保存一个读者可以借阅多本图书，也可以保存一本图书可被多个读者历次借阅的信息了。看起来可以支持上面提到的分析需求了。

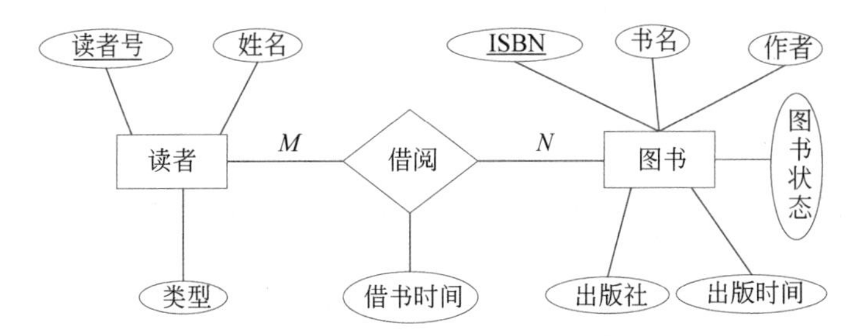

图 6-37　图书馆图书借阅 E-R 图第一次改进方案

但是，由于读者号，ISBN 一起是借阅表的主键，虽然不同读者多次借书的信息可以保存在数据库中，但对同一个读者多次借阅同一本图书时，数据库中只能保存最后一次借阅。考虑到同一个读者多次借阅同一本图书对读者兴趣分析的重要性，需要改进 E-R 图。为了区分同一个读者各次借阅同一本图书，只能用借阅时间来标识。此时，借阅时间是联系借阅的标识属性。当给定借阅时间时，一个读者可以同时借多本书，而一本书只能借给一个读者，借阅是读者和图书的 $1:N$ 联系。此时 E-R 图如图 6-38 所示，转换为关系模式的结果为如下三个表：图书(ISBN，书名，作者，出版社，出版时间，图书状态)，借阅(读者号，ISBN，借书时间)，读者(读者号，姓名，类型)。注意，因为联系借阅有标识属性借阅时间，借阅表的主键需要加上借阅时间，也就是说，ISBN，借书时间一起是借阅表的主键；尽管联系是 $1:N$ 的，但由于联系的标识属性的影响，借阅表和图书表的主键不同，也就不能像基本 E-R 图那样合并。

现在，数据库中不仅可以保存一本图书被多个读者历次借阅的信息，也可以保存同一

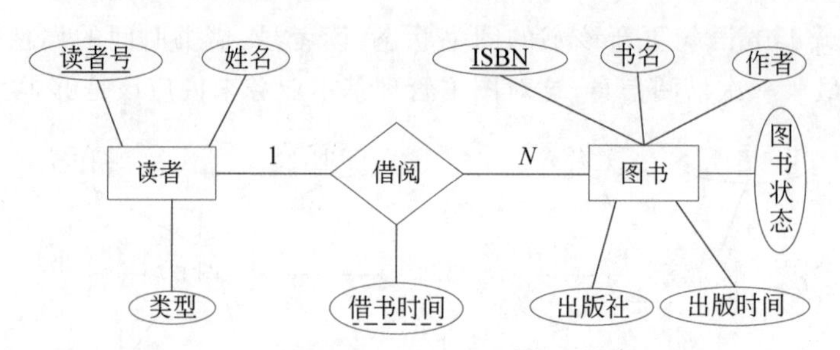

图 6-38 图书馆图书借阅 E-R 图第二次改进方案

个读者多次借阅同一本图书的信息。看起来似乎完美了,可是,同样一本书,图书馆往往会购买多个副本。这样,即使给定借阅时间,同一 ISBN 的图书也可以借给多位读者,改进 E-R 图如图 6-39 所示,联系借阅是 $M:N$ 的,有标识属性借书时间。此时 E-R 图转换为如下三个表:图书(ISBN,书名,作者,出版社,出版时间,图书状态);借阅(读者号,ISBN,借书时间);读者(读者号,姓名,类型)。因为联系借阅有标识属性借阅时间,借阅表的主键需要加上借阅时间,也就是说,读者号,ISBN,借书时间一起是借阅表的主键。

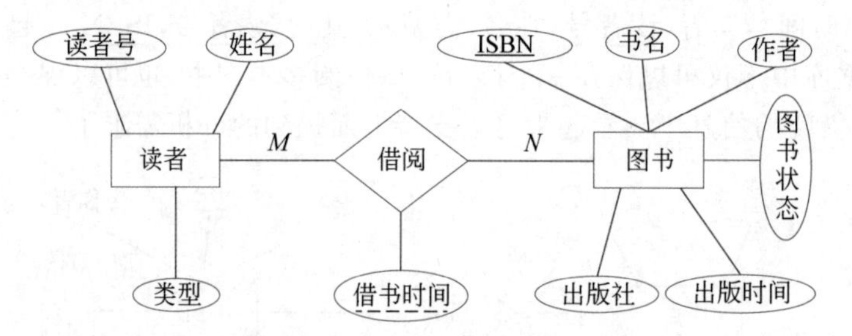

图 6-39 图书馆图书借阅 E-R 图第三次改进方案

通过图书管理系统,我们分析了四种不同方案的特点,体会了大数据对数据库设计的影响。实际中,并非所有的图书管理系统都要采用第四种,而是要根据具体需求选择最合适的方案,所以说,数据库设计也是一门艺术。

习 题

一、选择题

1. 简单属性由________构成。

   A. 一个独立存在的简单成分　　B. 多个独立存在的成分

   C. A 和 B　　D. 以上都不对

2. 复合属性由________构成。

   A. 一个独立存在的简单成分　　B. 多个独立存在的成分

   C. A 和 B　　D. 以上都不对

3. E-R 模型由________组成。

   A. 实体　　B. 属性　　C. 联系　　D. 以上都是

4. 三个实体集间的联系称为________。

A. 二元联系　　B. 三元联系　　C. 递归联系　　D. 以上都不对

5. 两个实体集间的联系称为________。

A. 二元联系　　B. 三元联系　　C. 递归联系　　D. 以上都不对

6. 同一实体集的实例之间的联系称为________。

A. 二元联系　　B. 三元联系　　C. 递归联系　　D. 以上都不对

7. 在一般化中，实体成员之间的差异被________。

A. 最大化　　B. 最小化

C. 以上两者都对　　D. 以上两者都不对

8. 特殊化是________。

A. 自顶向下定义超类及其子类的过程

B. 自底向上定义超类及其子类的过程

C. 以上两者都对

D. 以上两者都不对

9. 在特殊化中，实体成员之间的差异被________。

A. 最大化　　B. 最小化

C. 以上两者都对　　D. 以上两者都不对

二、设计题

1. 设要建立一个网上购书数据库，其需求是可以在 Internet 上浏览书目录和填订单。目录上有销售的所有书的 ISBN 号、名称、作者、出版时间、价格、库存量。顾客要登记其标识号、姓名、地址、信用卡号。订购的书在确认信用卡号后，则一次或多次(不同日期)发送给顾客。请给出 E-R 图，并变换为关系模式。

2. 某大学欲建一个考试系统。包括一个题目数据库，里面有大量考官们组的试卷(可以多名考官合作出一份试卷)，考生可以根据需要报考某份试卷，答卷后获得一个分数。大学有若干个院系，存有院系名、办公地点和联系电话；每位考官考生只能隶属一个院系；考官考生分别有编号(考官编号/考生编号)、姓名、年龄、性别、所在院系；试卷有试卷编号、试卷名、试卷类型、考试时长等。请给出 E-R 图，并变换为关系模式。

第7章

数据库设计：属性-联系方法

属性-联系方法是关系数据库领域的专家、学者们总结数据库设计和使用中的经验教训，并借助于近代数学工具而提出来的。它提出了一整套定义、概念、公理、定理、推论及各种实用算法，有效且较为圆满地解决了数据库设计中的种种问题。它巧妙地把抽象的数学理论和具体的实际问题相结合，使得这些概念、定义、公理、定理、推论及各种算法十分严密而又非常实用。它不仅是关系模型设计的指南，也是当前大数据管理中数据模式设计的指南。它推动了数据库技术的发展和应用，并且对整个计算机领域的发展也有很大影响。

7.1 数据依赖

数据库中所保存的数据值是对现实世界状态的反映，客观世界中的事物总是彼此联系、相互制约的，从数据管理的角度看，这些联系可以分为两种，一种是实体与实体间的联系，正如概念模型所及；另一种是属性与属性间的联系，乃是本章主题的基础。

无论现实世界的状态如何变化，一个关系模式中不同属性在取值上总会存在相互依赖又相互制约，这种属性与属性之间的联系，称为数据依赖。数据依赖是属性-联系数据库设计方法的基础。数据依赖有多种，如函数依赖、多值依赖、连接依赖，具有实用价值、最重要的数据依赖是函数依赖。

首先给出一些符号约定：设有关系模式 $S(A_1,A_2,\cdots,A_n)$ 和属性全集 $A=\{A_1,A_2,\cdots,A_n\}$，$A_i,A_j,A_k,\alpha,\beta,\gamma$ 均为 A 的子集，A_iA_j 表示 A_i 和 A_j 的并集，t 是 S 的任一具体关系，r 是 t 中的任意元组。$r[A_i]$ 表示元组 r 在 A_i 上的属性值，$r[A_j]$、$r[A_k]$、$r[A_l]$ 等有类似的意义。

7.1.1 函数依赖的定义

定义 设有关系模式 $S(A)$，A_i 和 A_j 是属性集 A 的子集，t 是 S 的任一具体关系，对 t 中任意两个元组 r_m 和 r_n，如果有 $r_m[A_i]=r_n[A_i]$，则必定 $r_m[A_j]=r_n[A_j]$，那么称函数依赖 $A_i\to A_j$ 在关系模式 $S(A)$ 中成立。$A_i\to A_j$ 读作"A_i 函数决定 A_j"，或"A_j 函数依赖于 A_i"。

注意，函数依赖是对关系模式 S 的一切可能的关系实例 t 都应该满足的约束。

［例 7-1］　设有关系模式 examiner (erid, ername, ersex, erage, dname)，属性分别表示考官号、姓名、性别、年龄和所在院系名等含义。

在这个关系模式上有函数依赖集：

- erid → ername
- erid → ersex
- erid → erage
- erid → dname

但是不存在函数依赖(可能不同院系存在相同姓名考官)：

- ername →dname

再比如一个包括考生考试、考官制卷数据的关系模式：

```
S(eeid, eename, eesex, eid, ename, achieve, erid, ername, erage)
```

属性分别表示考生考试号、姓名、性别、参加考试的试卷号、试卷名、成绩、制卷考官号、姓名和年龄等含义。

如果规定，每个考试号只能分配给一个考生，每个试卷号只能分配给一门考试，那么可写成下列函数依赖形式：

```
eeid → eename,
eid → ename
```

每个考生每考一门试，只有一个成绩，那么可写出下列函数依赖：

```
(eeid,eid) → achieve
```

还可以写出其他一些函数依赖：

```
eeid → eesex
eid →erid
erid → (ername,erage)
```

7.1.2　函数依赖的逻辑蕴涵

定义　如果给定关系模式 S 的函数依赖集 D，可以证明其他某些函数依赖也成立，就称这些函数依赖被 D 逻辑蕴涵；如果给定关系模式 S 的函数依赖集 D，D 的闭包是指被 D 所逻辑蕴涵的所有函数依赖的集合，记为 D^+。例如：

```
erexam(eid, erid, dname),(属性分别表示试卷号,考官号,院系名称)
D={ eid→ erid,erid→ dname}
```

令 A_1：eid；A_2：erid；A_3：dname，则 D^+ 如下。

$F+=\{$

$A_1\to\varnothing$	$A_2\to\varnothing$	$A_3\to\varnothing$	$A_1A_2\to\varnothing$	$A_1A_3\to\varnothing$	$A_2A_3\to\varnothing$	$A_1A_2A_3\to\varnothing$
$A_1\to A_1$	$A_2\to A_2$	$A_3\to A_3$	$A_1A_2\to A_1$	$A_1A_3\to A_1$	$A_2A_3\to A_2$	$A_1A_2A_3\to A_1$
$A_1\to A_2$	$A_2\to A_3$		$A_1A_2\to A_2$	$A_1A_3\to A_2$	$A_2A_3\to A_3$	$A_1A_2A_3\to A_1$
$A_1\to A_3$	$A_2\to A_2A_3$		$A_1A_2\to A_3$	$A_1A_3\to A_3$	$A_2A_3\to A_2A_3$	$A_1A_2A_3\to A_1$
$A_1\to A_1A_2$			$A_1A_2\to A_1A_2$	$A_1A_3\to A_1A_2$		$A_1A_2A_3\to A_1A_2$
$A_1\to A_1A_3$			$A_1A_2\to A_1A_3$	$A_1A_3\to A_1A_3$		$A_1A_2A_3\to A_1A_3$
$A_1\to A_2A_3$			$A_1A_2\to A_2A_3$	$A_1A_3\to A_2A_3$		$A_1A_2A_3\to A_2A_3$
$A_1\to A_1A_2A_3$			$A_1A_2\to A_1A_2A_3$	$A_1A_3\to A_1A_2A_3$		$A_1A_2A_3\to A_1A_2A_3$

7.1.3 函数依赖的推理规则

从已知的一些函数依赖，可以推导出另外一些函数依赖，这就需要一系列推理规则。

设 A 是关系模式 S 的属性集，D 是 S 上成立的只涉及 A 中属性的函数依赖集。Armstrong 公理的推理规则有以下三条。

R_1(反射律)：若 $A_j \subseteq A_i$，则 $A_i\to A_j$。

R_2(增广律)：若 $A_i\to A_j$，则 $A_iA_k\to A_jA_k$。

R_3(传递律)：若 $A_i\to A_j$，$A_j\to A_k$，则 $A_i\to A_k$。

定理 函数依赖推理规则 R_1、R_2 和 R_3 是正确的。

也就是，如果 $A_i\to A_j$ 是从 D 用推理规则导出，那么 $A_i\to A_j$ 在 D^+ 中。

证明：根据函数依赖的定义来证明。

(1) 关键是要证明当 $r_m[A_i]=r_n[A_i]$时，由 $A_j\subseteq A_i$ 能推导出 $r_m[A_j]=r_n[A_j]$。

$$\text{令：}\left.\begin{array}{l} r_m[A_i]=r_n[A_i] \\ A_j\subseteq A_i \end{array}\right\}\Rightarrow r_m[A_j]=r_n[A_j]\text{，故 } A_j\to A_j\text{。}$$

(2) 关键是要证明当 $r_m[A_iA_k]=r_n[A_iA_k]$时，由 $A_i\to A_j$ 能推导出 $r_m[A_jA_k]=r_n[A_jA_k]$。

$$\left.\begin{array}{l} \text{令：}r_m[A_iA_k]=r_n[A_iA_k]\Rightarrow\begin{cases} r_m[A_k]=r_n[A_k] \\ r_m[A_i]=r_n[A_i] \end{cases} \\ \left.\begin{array}{l} r_m[A_i]=r_n[A_i] \\ A_i\to A_j \end{array}\right\}\Rightarrow r_m[A_j]=r_n[A_j] \end{array}\right\}\Rightarrow r_m[A_jA_k]=r_n[A_jA_k]\text{，故 } A_jA_k\to A_jA_k\text{。}$$

(3) 关键是要证明当 $r_m[A_i]=r_n[A_i]$时，由 $A_i\to A_j$，$A_j\to A_k$ 能推导出 $r_m[A_k]=r_n[A_k]$。

$$\left.\begin{array}{l} \text{令：}\left.\begin{array}{l} r_m[A_i]=r_n[A_i] \\ A_i\to A_j \end{array}\right\}\Rightarrow r_m[A_j]=r_n[A_j] \\ \qquad A_i\to A_j \end{array}\right\}\Rightarrow r_m[A_k]=r_m[A_k]\text{，故 } A_i\to A_j\text{。}$$

有几条推论会使得推理许多时候更为方便。

Armstrong 公理的推论：

(1) R_4(合并律)：若 $A_i\to A_j$，$A_i\to A_k$，则 $A_i\to A_jA_k$。

(2) R_5(分解律)：若 $A_i\to A_jA_k$，则 $A_i\to A_j$，$A_i\to A_k$。

(3) R_6(伪传递律)：若 $A_i\to A_j$，$A_jA_m\to A_k$，则 $A_iA_m\to A_k$。

证明：

(1) 合并律正确性证明。

$$\left.\begin{array}{l}A_i \to A_j \Rightarrow A_i \to A_iA_j \\ A_i \to A_k \Rightarrow A_iA_j \to A_jA_k\end{array}\right\} \Rightarrow A_j \to A_jA_k。$$

(2) 分解律正确性证明。

$$\left.\begin{array}{l}A_i \subseteq A_jA_k \Rightarrow A_jA_k \to A_j \\ A_i \to A_jA_k\end{array}\right\} \Rightarrow A_i \to A_j，\quad 同理：A_j \to A_k。$$

(3) 伪传递律正确性证明。

$$\left.\begin{array}{l}A_i \to A_j \Rightarrow A_iA_m \to A_jA_m \\ A_jA_m \to A_k\end{array}\right\} \Rightarrow A_iA_m \to A_k。$$

7.1.4 属性集的闭包

实践中，经常要判断已知的函数依赖集 D 能否推导出某函数依赖(如 $A_i \to A_j$)，需先求出 D 的闭包 D^+，再看 $A_i \to A_j$ 是否在 D^+ 中。但是，求 D^+ 具有指数级时间复杂度。引入属性集闭包概念，将此问题变换为多项式级时间问题。

定义　设 D 为属性集 A 上的一组函数依赖，$\alpha \subseteq A$，$\alpha_{D^+}=\{\beta \mid \alpha \to \beta$ 能由 D 根据 Armstrong 公理导出$\}$，α_{D^+} 称为属性集 α 关于函数依赖集 D 的闭包。

下面介绍一个计算属性集闭包的算法。

算法　求属性集 $X(X \subseteq A, X=\{a_1,a_2,\cdots,a_k\})$ 在 A 上关于函数依赖集 D 的闭包 X_{D^+}。

输入：A, D, X

输出：X_{D^+}

步骤：

(1) 设所求结果闭包为 Y，将 Y 初始化：$Y=\{a_1,a_2,\cdots,a_k\}$。

(2) 在 D 中反复寻找这样的函数依赖：$B \to C$ 且 $B \subseteq Y$ 但 $C \not\subset Y$，若找到则 $Y=C \cup Y$，并重复这个过程。

(3) 当不能再添加任何新属性时，集合 Y 就是 X_{D^+}。

为解释该算法如何进行，举例如下。

[**例 7-2**]　假设给定关系 $S=(a_1,a_2,a_3,a_4,a_5,a_6)$ 及函数依赖集 $D=\{a_1 \to a_2, a_1 \to a_3, a_3a_4 \to a_5, a_3a_4 \to a_6, a_2 \to a_5\}$，求 $(a_1a_4)_D{}^+$。

开始 $Y=a_1a_4$，当第一次执行步骤(2)循环测试各个函数依赖时，发现：

由 $a_1 \to a_2$，于是 a_2 加入 Y。这是因为 $a_1 \to a_2$ 属于 D，$a_1 \subseteq Y$(即 a_1a_4)，于是 $Y=Y \cup a_2$。

由 $a_1 \to a_3$，Y 变为 $a_1a_2a_3a_4$。

由 $a_3a_4 \to a_5$，Y 变为 $a_1a_2a_3a_4a_5$。

由 $a_3a_4 \to a_6$，Y 变为 $a_1a_2a_3a_4a_5a_6$。

在第二次执行步骤(2)循环时，Y 中未加入新属性，算法终止。

引理　设 D 为属性集 A 上的一组函数依赖，$\alpha, \beta \subseteq A$，$\alpha \to \beta$ 能由 D 根据 Armstrong

公理导出的充分必要条件是 $\beta\subseteq\alpha_{D^+}$ 。

证明：(充分性证明)

当 $\beta\subseteq\alpha_{D^+}$ 时，$\alpha\to\beta$ 能用公理推出。

设 $\beta\subseteq\alpha_{D^+}$ 且 $\beta=B_iB_j\cdots B_k$，则：$\alpha\to B_i$；$\alpha\to B_j$；$\cdots\alpha\to B_k$ 能用 Armstrong 公理推出，再用合成规则得 $\alpha\to\beta$。

(必要性证明)

当 $\alpha\to\beta$ 能用公理推出时 $\beta\subseteq\alpha_{D^+}$ 。

设 $\alpha\to\beta$ 能用公理推出且 $\beta=B_iB_j\cdots\cdots B_k$，则：根据分解规则 $\alpha\to B_i$；$\alpha\to B_j$；$\cdots\alpha\to B_k$，$\beta\subseteq\alpha_{D^+}$ 。

该引理使得可将判定 $\alpha\to\beta$ 是否能由 D 根据 Armstrong 公理导出的问题，转换为求出 α_{D^+}、判定 β 是否为 α_{D^+} 的子集的问题。

Armstrong 公理不仅是正确的，还应该是完备的。公理的正确性保证推出的所有函数依赖都为真，只有完备的公理才可以保证推出所有的函数依赖。

定理　Armstrong 推理规则是完备的。

证明：

完备性是指"D^+ 中的每一个函数依赖都能使用推理规则集从 D 中推导出"。

其逆否命题：不能从 D 使用公理推出的函数依赖，不在 D^+ 中。

即：如果 $S(A,D)$，$A_i\subseteq A$，$A_j\subseteq A$，函数依赖 $A_i\to A_j$ 不能从 D 使用 Armstrong 公理推出，那么 $A_i\to A_j$ 不在 D^+ 中。

⇔如果 $S(A,D)$，$A_i\subseteq A$，$A_j\subseteq A$，函数依赖 $A_i\to A_j$ 不能从 D 使用 Armstrong 公理推出，那么 $A_i\to A_j$ 在模式 $S(A,D)$ 上不成立。

⇔如果 $S(A,D)$，$A_i\subseteq A$，$A_j\subseteq A$，函数依赖 $A_i\to A_j$ 不能从 D 使用 Armstrong 公理推出，那么 $A_i\to A_j$ 在模式 $S(A,D)$ 的某个关系表 t 上不成立。

⇔如果 $S(A,D)$，$A_i\subseteq A$，$A_j\subseteq A$，函数依赖 $A_i\to A_j$ 不能从 D 使用 Armstrong 公理推出，那么存在一个关系表 t 是模式 $S(A,D)$ 的关系且 $A_i\to A_j$ 在 t 上不成立。

⇔如果 $S(A,D)$，$A_i\subseteq A$，$A_j\subseteq A$，函数依赖 $A_i\to A_j$ 不能从 D 使用 Armstrong 公理推出，那么存在一个关系表 t：①t 的属性全集 A；②t 上 D 成立；③t 上 $A_i\to A_j$ 不成立。

⇔即需要证明以下两点：①D 的每个函数依赖在 t 上均成立；②证明 $A_i\to A_j$ 在关系表 t 上不成立。

	A_i^+中的属性	其他属性
t_1	1, 1,…, 1	1, 1,…, 1
t_2	1, 1,…, 1	0, 0,…, 0

图 7-1　特定关系表 t

对于①，证明 D 中每个函数依赖 $A_5\to A_4$ 在 t 上成立。

分为两种情况：或者 $A_5\subseteq A_i^+$，或者 $A_5\not\subseteq A_i^+$。

对于 $A_5\subseteq A_i^+$ 的情况，因为 $A_5\subseteq A_i^+$，有 $A_i\to A_5$ 成立。根据已知的 $A_5\to A_4$ 及传递律，可知 $A_i\to A_4$ 成立。从而，$A_4\subseteq A_i^+$，这样 $A_5\subseteq A_i^+$ 和 $A_4\subseteq A_i^+$ 同时成立，在图 7-1 的关系表 t 上可以看出，$A_5\to A_4$ 在 t 上是成立的。

对于 $A_5\not\subseteq A_i^+$ 的情况，如果 $A_5\not\subseteq A_i^+$，即 A_5

中含有 A_i^+ 外的属性。此时关系表 t 的两个元组在 A_5 值上不相等，因此 $A_5 \to A_4$ 也在 t 上成立。

总之，D 中每个函数依赖 $A_5 \to A_4$ 在 t 上成立。

对于②证明 $A_i \to A_j$ 在关系表 t 上不成立。

因为 $A_i \to A_j$ 不能从 D 用 Armstrong 公理推出，可知 $A_j \not\subseteq A_i+$。在关系表 t 中，可知二元组在 A_i 上值相等，在 A_j 上值不相等，因而 $A_i \to A_j$ 在 t 上不成立。

得证。

Armstrong 公理的正确性保证了推出的所有函数依赖是正确的；完备性保证了可以推出所有被蕴涵的函数依赖，从而保证了利用 Armstrong 公理进行推导的有效性和可靠性。

注意：在关系模式 $S(A)$ 中，对于 A 的子集 A_i 和 A_j，如果 $A_i \to A_j$，但 $A_j \not\subseteq A_i$，则称 $A_i \to A_j$ 是非平凡的函数依赖；若 $A_i \to A_j$，但 $A_j \subseteq A_i$，则称 $A_i \to A_j$ 是平凡的函数依赖。例如，考官表中，erid→ername 是非平凡的函数依赖，erid→erid、(erid, ername)→erid 都是平凡的函数依赖。除非必要或特别声明，总是只考虑非平凡的函数依赖。

7.1.5　函数依赖集的最小依赖集

定义　如果关系模式 $S(A)$ 上的两个函数依赖集 D_i 和 D_j，有 $D_i^+ = D_j^+$，则称 D_i 和 D_j 是等价的函数依赖集。

D_i 和 D_j 等价，意味着 D_i 中的每个函数依赖属于 D_j^+；且 D_j 中的每个函数依赖属于 D_i^+。对于任意函数依赖集 D，D 与其闭包 D^+ 等价。

定义　如果函数依赖集 D 满足下列三个条件，则称 D 是最小依赖集。

(1) D 中任一函数依赖的右部仅含有一个属性。

(2) D 中不存在这样的函数依赖 $A_i \to A_j$，A_i 有真子集 Z 使得 $(D - \{A_i \to A_j\}) \cup \{Z \to A_j\}$ 与 D 等价。

(3) D 中不存在这样的函数依赖 $A_i \to A_j$，使得 D 与 $D - \{A_i \to A_j\}$ 等价。

每一个函数依赖集 D 均等价于一个最小函数依赖集 D_m。此 D_m 称为 D 的最小依赖集。

算法　计算函数依赖集 D 的最小依赖集 D_m。

方法：具体过程分为以下三步。

(1) 逐个检查 D 中各函数依赖 d_i：$\alpha \to \beta$，若 $\beta = a_i a_j \cdots a_k$，$k > 1$，则用 $\{\alpha \to a_j \mid j = 1, 2, \cdots, k\}$ 来取代 $\alpha \to \beta$。

(2) 逐个取出 D 中各函数依赖 d_i：$\alpha \to \gamma$，设 $\alpha = b_i b_j \cdots b_m$，逐一考查 $b_i (i = l, 2, \cdots, m)$，若 $\gamma \in (\alpha - b_i)_{D^+}$，则以 $\alpha - b_i$ 取代 α。

(3) 逐个检查 D 中各函数依赖 d_i：$\alpha \to \varepsilon$，令 $G = D - \{\alpha \to \varepsilon\}$，若 $\varepsilon \in \alpha_{G^+}$，则从 D 中去掉此函数依赖。

每个函数依赖集至少存在一个等价的最小依赖集，但并不一定唯一。

7.1.6　多值依赖

设 $S(A)$ 是一个属性集 A 上的一个关系模式，A_i、A_j 和 A_k 是 A 的子集，并且 $A_k =$

$A-A_i-A_j$。关系模式 $S(A)$ 中多值依赖 $A_i \rightarrow\rightarrow A_j$ 成立，当且仅当对 $S(A)$ 的任一关系表 t，给定的一对 (a_i, a_k) 值，有一组 A_j 的值，这组值仅决定于 a_i 值而与 a_k 值无关。

多值依赖具有对称性，即若 $A_i \rightarrow\rightarrow A_j$，则 $A_i \rightarrow\rightarrow A_k$，其中，$A_k=A-A_i-A_j$。

函数依赖是多值依赖的特例，即若 $A_i \rightarrow A_j$，则 $A_i \rightarrow\rightarrow A_j$。

类似于平凡的函数依赖，也有平凡的多值依赖。关系模式 S 中的多值依赖 $A_i \rightarrow\rightarrow A_j$ 被称为平凡的函数依赖，如果满足下列条件：

① A_j 是 A_i 的子集，或者

② $A_i \cup A_j = A$。

之所以称为平凡是因为它不能确定 S 上的任何有意义或重要的约束。一个既不满足①也不满足②的多值依赖称为非平凡多值依赖。

7.2 模式分解

关系数据库设计的属性-联系方法，就是把需要数据库保存的所有属性放在一张关系表中，进而基于数据依赖来优化这个模式，得到期望的结果，这一过程的基本操作就是模式分解。模式分解有两方面的特性值得关注，其一，模式分解是否无损连接；其二，模式分解是否保持依赖。

定义 设关系模式 $S<A,D>$，属性全集为 A，函数依赖集为 D。而 $S_1<A_1,D_1>$，$S_2<A_2,D_2>$，…，$S_n<A_n,D_n>$，其中，$A=A_1A_2\cdots A_n$，且不存在 $A_i \subseteq A_j$。关系模式 $S_1,\cdots,S_n$ 的集合用 ρ 表示，$\rho=\{S_1,\cdots,S_n\}$。用 ρ 代替 S 的过程称为关系模式的分解。

一个关系模式分解成两个或两个以上关系模式(或表)时可能出现的一个现象是，无法恢复原始关系数据或表，即会丢失信息。例如，设有关系模式 er_paper(eid, erid, dname)，其函数依赖集为 $D=\{$eid→erid, eid→dname, erid→dname$\}$，对其分解的方法有很多种，如分解为 $\rho=\{$(eid, dname), (erid, dname)$\}$，如表 7-1 所示，表 7-1(b)、表 7-1(c) 是 er_paper 在模式(eid, dname)和(erid, dname)下的投影 t_1、t_2，此时，$t_1 \infty t_2 \neq$ er_paper，即 er_paper 在投影、连接之后比原来的元组要多，即丢失了一些信息。

S 为关系模式，关系模式集 $\{S_1,S_2,\cdots,S_n\}$ 为 S 的一个分解，即 $S=S_1 \cup S_2 \cup \cdots \cup S_n$。令 t 是模式 S 上的关系，即 $t(S)$，而 $t_i=\Pi_{S_i}(t)$，于是总有 $t \subseteq t_1 \infty t_2 \infty \cdots \infty t_n$。

由于信息在模式分解过程中丢失，所以接下来的连接操作无法还原表中的原始内容(元组会比原始表增多)，使得原表上的一些查询在分解后的表上无法得到相同的确定结果，这种分解称为“有损分解”。

表 7-1 有损分解示例

(a) er_paper

eid	erid	dname
0205000002	2009040	历史学院
0205000003	2009040	历史学院
0110001001	1990122	教育学部

续表

eid	erid	dname
0110001002	1990122	教育学部
0211000001	1998039	文学院
0211000002	2009041	历史学院
0219001014	2011049	物理系
0219001015	2011049	物理系

Decompose

(b) t_1

eid	dname
0205000002	历史学院
0205000003	历史学院
0110001001	教育学部
0110001002	教育学部
0211000001	文学院
0211000002	历史学院
0219001014	物理系
0219001015	物理系

(c) t_2

erid	dname
2009040	历史学院
1990122	教育学部
1998039	文学院
2009041	历史学院
2011049	物理系

Join

(d) t

eid	erid	dname
0205000002	2009040	历史学院
0205000003	2009040	历史学院
0211000002	2009040	历史学院
0205000002	2009041	历史学院
0205000003	2009041	历史学院
0211000002	2009041	历史学院
0110001001	1990122	教育学部
0110001002	1990122	教育学部
0211000001	1998039	文学院
0211000002	1998039	文学院
0219001014	2011049	物理系
0219001015	2011049	物理系

7.2.1 无损连接分解

一个关系表被分解成两个或者两个以上的小表，设计者通过连接被分解后的小表可以获得原始表的准确内容，这种分解称为"无损连接分解"。

有用的模式分解必须是无损的。无损的"损"是指信息的丢失。无损连接分解总是关于特定函数依赖集 D 定义的。

S 的模式分解 $S=\{S_1, S_2, S_3, \cdots, S_n\}$ 是关于 S 上依赖集 D 无损的，对于关系 S 的任意关系表 t 都有 $(\Pi_{S_1}(t)\infty\Pi_{S_2}(t)\infty\Pi_{S_3}(t)\infty\cdots\infty\Pi_{S_n}(t))=t$。

其中，Π=投影，$\infty=D$ 中所有关系的自然连接。

无损分解是模式分解的一种性质，它确保对分解后的关系进行自然连接操作时，不会产生假元组。

［**例 7-3**］ 设有关系模式 er_paper(eid, erid, dname)，其函数依赖关系为 $D=\{$eid→erid, eid→dname, erid→dname$\}$，对其分解的方法有很多种，如分解为 $\rho=\{$(eid, erid), (erid, dname)$\}$，如表 7-2 所示，表 7-2(b)、表 7-2(c)分别是 er_paper 在模式(eid, erid)和(erid, dname)下的投影 t_1、t_2，此时，$t_1\infty t_2$=er_paper。这种分解称为"无损分解"。

表 7-2 无损分解

(a) er_paper

eid	erid	dname
0205000002	2009040	历史学院
0205000003	2009040	历史学院
0110001001	1990122	教育学部
0110001002	1990122	教育学部
0211000001	1998039	文学院
0211000002	2009041	历史学院
0219001014	2011049	物理系
0219001015	2011049	物理系

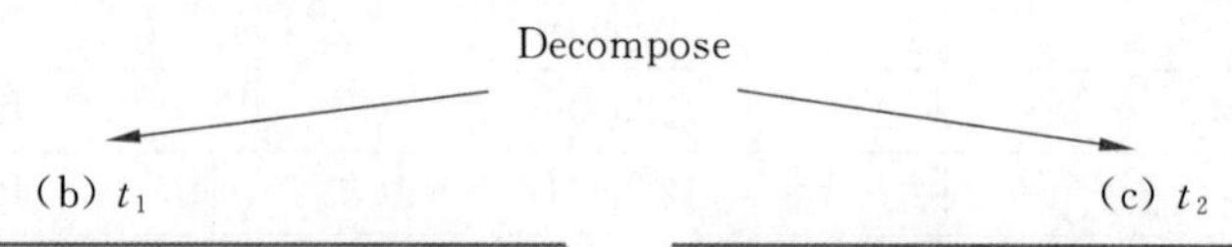

(b) t_1

eid	dname
0205000002	2009040
0205000003	2009040
0110001001	1990122
0110001002	1990122
0211000001	1998039
0211000002	2009041
0219001014	2011049

(c) t_2

erid	dname
2009040	历史学院
1990122	教育学部
1998039	文学院
2009041	历史学院
2011049	物理系

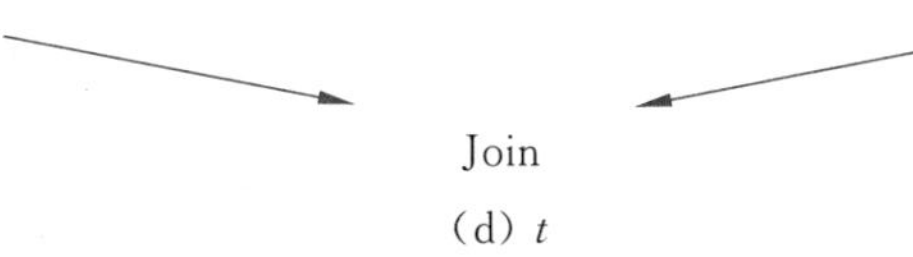

(d) t

eid	erid	dname
0205000002	2009040	历史学院
0205000003	2009040	历史学院
0110001001	1990122	教育学部
0110001002	1990122	教育学部
0211000001	1998039	文学院
0211000002	2009041	历史学院
0219001014	2011049	物理系
0219001015	2011049	物理系

如前所述，S 为关系模式，关系模式集 $\{S_1, S_2, \cdots, S_n\}$ 为 S 的一个分解，即：$S=S_1 \cup S_2 \cup \cdots \cup S_n$。令 t 是模式 S 上的关系，即 $t(S)$，而 $t_i=\Pi_{R_i}(t)$，于是总有：

$$t \subseteq t_1 \infty\ t_2 \infty\ \cdots\ \infty\ t_n$$

如果对模式 S 上所有合法关系表 t 均有：$t=\Pi_{S_1}(t)\ \infty\ \Pi_{S_2}(t)\ \infty\ \cdots\ \infty\ \Pi_{S_n}(t)$，那么，$\{S_1, S_2, \cdots, S_n\}$ 就是关系模式 S 的一个无损连接分解。

如果一个分解具有无损连接性，则它能够保证不丢失信息。

7.2.2　分解无损连接检验

对于一般情况，如何判断一次分解是否具有无损连接性呢？设有关系模式 $S=(A_1, \cdots, A_n)$，D 为其函数依赖集，$\rho=(S_1, S_2, \cdots, S_k)$ 为 S 的分解，其检测算法描述如下。

算法　无损连接分解检验。

输入：S 的函数依赖集 D 及分解 ρ。

输出：确定分解 ρ 是否具有无损连接性。

步骤：

(1) 构造一个 m 行 n 列的无损连接分解检验矩阵，第 i 行对应于关系模式 S_i，第 j 列对应于属性 A_j。如果 $A_j \in S_i$，则在第 i 行第 j 列上放符号 x_j，否则放符号 y_{ij}。

(2) 反复考察 D 中的每一个函数依赖，并修改表中的元素。方法如下。

(2.1) 取 D 中一个 $A_i \to A_j$，在 A_i 列中寻找相同的行，然后将这些行中 A_j 列改为相同的符号，如果其中有 x_j，则将 y_{ij} 改为 x_j；若其中无 x_j，则全部改为 y_{ij}（i 是这些行的行号最小值）。

(2.2) 若未找到两个这样的行，则转下一步。

(3) 对 D 集中所有函数依赖反复执行步骤(2)，直至不再对矩阵引起任何变动。

(4) 如果发现表中某一行变成了 $x_l, x_2, \cdots, x_n$（全 x），则分解 ρ 具有无损连接性；如

果 D 中所有函数依赖都不能再修改表中的内容，且没有发现这样的行，则分解 ρ 不具有无损连接性。

现举例来说明该算法。

［**例 7-4**］ 设 $S<A,D>$，其中，

$A=\{A_1,A_2,A_3,A_4,A_5\}$，

$D=\{A_1\to A_3,A_2\to A_3,A_3\to A_4,A_4A_5\to A_3,A_3A_5\to A_1\}$，

$\rho=\{S_1,S_2,S_3,S_4,S_5\}$，

$S_1=(A_1,A_4)$，$S_2=(A_1,A_2)$，$S_3=(A_2,A_5)$，$S_4=(A_3,A_4,A_5)$，$S_5=(A_1,A_5)$。
判断分解 ρ 是否是无损分解。

步骤 1：建立矩阵 $\boldsymbol{M}$。

$\boldsymbol{M}$：	A_1	A_2	A_3	A_4	A_5
$S_1=(A_1,A_4)$	x_1	y_{12}	y_{13}	x_4	y_{15}
$S_2=(A_1,A_2)$	x_1	x_2	y_{23}	y_{24}	y_{25}
$S_3=(A_2,A_5)$	y_{31}	x_2	y_{33}	y_{34}	x_5
$S_4=(A_3,A_4,A_5)$	y_{41}	y_{42}	x_3	x_4	x_5
$S_5=(A_1,A_5)$	x_1	y_{52}	y_{53}	y_{54}	x_5

步骤 2：取 $A_1\to A_3$，在第 1、2、5 行中，对于 A_1 的列全为 x_1，对应于 A_3 的列中无任何一个 x_i，选取 y_{13}，改 y_{23} 和 y_{53} 为 y_{13}，得新矩阵 $\boldsymbol{M}_1$。

$\boldsymbol{M}_1$：	A_1	A_2	A_3	A_4	A_5
$S_1=(A_1,A_4)$	x_1	y_{12}	y_{13}	x_4	y_{15}
$S_2=(A_1,A_2)$	x_1	x_2	y_{13}	y_{24}	y_{25}
$S_3=(A_2,A_5)$	y_{31}	x_2	y_{33}	y_{34}	x_5
$S_4=(A_3,A_4,A_5)$	y_{41}	y_{42}	x_3	x_4	x_5
$S_5=(A_1,A_5)$	x_1	y_{52}	y_{13}	y_{54}	x_5

步骤 3：取 $A_2\to A_3$，反复执行步骤 2，得矩阵 $\boldsymbol{M}_2$。

$\boldsymbol{M}_2$：	A_1	A_2	A_3	A_4	A_5
$S_1=(A_1,A_4)$	x_1	y_{12}	y_{13}	x_4	y_{15}
$S_2=(A_1,A_2)$	x_1	x_2	y_{13}	y_{24}	y_{25}
$S_3=(A_2,A_5)$	y_{31}	x_2	y_{13}	y_{34}	x_5
$S_4=(A_3,A_4,A_5)$	y_{41}	y_{42}	x_3	x_4	x_5
$S_5=(A_1,A_5)$	x_1	y_{52}	y_{13}	y_{54}	x_5

步骤 4：取 $A_3\to A_4$，反复执行步骤 2，得矩阵 $\boldsymbol{M}_3$。

$\boldsymbol{M}_3$：	A_1	A_2	A_3	A_4	A_5
$S_1=(A_1,A_4)$	x_1	y_{12}	y_{13}	x_4	y_{15}
$S_2=(A_1,A_2)$	x_1	x_2	y_{13}	$\boldsymbol{x}_4$	y_{25}
$S_3=(A_2,A_5)$	y_{31}	x_2	y_{13}	$\boldsymbol{x}_4$	x_5
$S_4=(A_3,A_4,A_5)$	y_{41}	y_{42}	x_3	x_4	x_5
$S_5=(A_1,A_5)$	x_1	y_{52}	y_{13}	$\boldsymbol{x}_4$	x_5

步骤 5：取 $A_4A_5 \to A_3$，反复执行步骤 2，得矩阵 $\boldsymbol{M}_4$。

$\boldsymbol{M}_4$：	A_1	A_2	A_3	A_4	A_5
$S_1=(A_1,A_4)$	x_1	y_{12}	y_{13}	x_4	y_{15}
$S_2=(A_1,A_2)$	x_1	x_2	y_{13}	x_4	y_{25}
$S_3=(A_2,A_5)$	y_{31}	x_2	$\boldsymbol{x}_3$	x_4	x_5
$S_4=(A_3,A_4,A_5)$	y_{41}	y_{42}	x_3	x_4	x_5
$S_5=(A_1,A_5)$	x_1	y_{52}	$\boldsymbol{x}_3$	x_4	x_5

步骤 6：$A_3A_5 \to A_1$，反复执行步骤 2，得矩阵 $\boldsymbol{M}_5$。

$\boldsymbol{M}_5$：	A_1	A_2	A_3	A_4	A_5
$S_1=(A_1,A_4)$	x_1	y_{12}	y_{13}	x_4	y_{15}
$S_2=(A_1,A_2)$	x_1	x_2	y_{13}	a_4	y_{25}
$S_3=(A_2,A_5)$	$\boldsymbol{x}_1$	x_2	x_3	x_4	x_5
$S_4=(A_3,A_4,A_5)$	$\boldsymbol{x}_1$	y_{42}	x_3	x_4	x_5
$S_5=(A_1,A_5)$	x_1	y_{52}	x_3	x_4	x_5

此时出现了第 3 行全为 x，ρ 是无损分解。

$\boldsymbol{M}_5$：	A_1	A_2	A_3	A_4	A_5
$S_1=(A_1,A_4)$	x_1	y_{12}	y_{13}	x_4	y_{15}
$S_2=(A_1,A_2)$	x_1	x_2	y_{13}	x_4	y_{25}
$S_3=(A_2,A_5)$	$\boldsymbol{x}_1$	$\boldsymbol{x}_2$	$\boldsymbol{x}_3$	$\boldsymbol{x}_4$	$\boldsymbol{x}_5$
$S_4=(A_3,A_4,A_5)$	x_1	y_{42}	x_3	x_4	x_5
$S_5=(A_1,A_5)$	x_1	y_{52}	x_3	x_4	x_5

定理　设 $\rho=(S_1,S_2)$是关系模式 S 的一个分解，D 为 S 的函数依赖集。当且仅当 $S_1\cap S_2 \to (S_1-S_2)$或者 $S_1\cap S_2 \to (S_2-S_1)$属于 D^+（$S_1\cap S_2 \to S_1$ 或者 $S_1\cap S_2 \to S_2$ 属于 D^+）时，ρ 为 S 的无损连接分解。

证明：

(1) **充分性：** 设 $S_1\cap S_2 \to (S_1-S_2)$，可构造无损连接分解检验矩阵如表 7-3 所示。表中省略了 x 和 y 的下标。

表 7-3　无损连接分解检验矩阵

S_i	$S_1 \cap S_2$	$S_1 - S_2$	$S_2 - S_1$
S_1	$x_1 x_2 \cdots x_k$	$x_{k+1} x_{k+2} \cdots x_m$	$y_{m+1} y_{m+2} \cdots y_n$
S_2	$x_1 x_2 \cdots x_k$	$y_{k+1} y_{k+2} \cdots y_m$	$x_{m+1} x_{m+2} \cdots x_n$

由于 $S_1 \cap S_2 \rightarrow (S_1 - S_2)$在 D 中，则可将表中第 2 行位于$(S_1 - S_2)$列中的所有符号都改为 x，这样该表中第 2 行就全是 x 了，则 ρ 具有无损连接性。

如果 $S_1 \cap S_2 \rightarrow (S_1 - S_2)$不在 D 中，但在 $D+$中，即它可以用公理从 D 中推出来，从而对每一个满足 $A_i \subseteq S_1 - S_2$ 的 A_i，依据传递律可以推出 $S_1 \cap S_2 \rightarrow A_i$，从而可以将 A_i 列的第 2 行改为全 x；同理，可以将 $S_1 - S_2$ 中的其他属性的第 2 行也改为 x，这样第 2 行就变成全 x 行。所以分解 $\rho = \{S_1, S_2\}$具有无损连接性。

同理可证，$S_1 \cap S_2 \rightarrow (S_2 - S_1)$时定理成立。

(2) 必要性：设构造的无损连接分解检验矩阵中有一行全为 x，例如，第 1 行全为 x，则由函数依赖定义可知 $S_1 \cap S_2 \rightarrow (S_2 - S_1)$；如果是第 2 行全为 x，则 $S_1 \cap S_2 \rightarrow (S_1 - S_2)$。必要性得证。定理证毕。

7.2.3　保持函数依赖的分解

模式分解的另一个特性是在分解的过程中能否保持函数依赖集。

设关系模式 $S<A, D>$被分解为若干个关系模式：$S_1<A_1, D_1>$，$S_2<A_2, D_2>$，…，$S_n<A_n, D_n>$，其中，$A = A_1 A_2 \cdots A_n$，且不存在 $A_i \subseteq A_j$。函数依赖集合 $D_i = \{\alpha \rightarrow \beta \mid \alpha \rightarrow \beta \in D^+ \wedge \alpha\beta \subseteq A_i\}$ 叫作 D 在 A_i 上的投影。

定义　设关系模式 $S<A, D>$被分解为若干个关系模式：

$$S_1<A_1, D_1>, S_2<A_2, D_2>, \cdots, S_n<A_n, D_n>$$

其中，$A = A_1 A_2 \cdots A_n$，且不存在 $A_i \subseteq A_j$，D_i 为 D 在 A_i 上的投影。若 D 等价于 $\bigcup_{i=1}^{n} D_i$，则称关系模式 S 的这个分解是保持函数依赖的。

利用触发器等机制，将函数依赖定义为数据库中的完整性约束，可以帮助解决相应的异常情况。如果某个分解能保持函数依赖，那么就可以在分解后的模式上定义等价的完整性约束，当输入、删除或更新数据时，要求每个分解后关系模式上的函数依赖约束被满足，就可以与未分解模式等价地保证数据库中数据的语义完整性，显然这是一种良好的特性。相反地，如果某个分解不能保持函数依赖，则分解后的模式利用函数依赖约束来保护数据完整性的能力就变弱了。

[**例 7-5**]　设有关系模式 er_paper(eid, erid, dname)，其函数依赖为 $D = \{$eid→erid, eid→dname, erid→dname, eid→dname$\}$，对其分解的方法有很多种，如分解为 $\rho = \{$(eid, erid), (erid, dname)$\}$，如表 7-4 所示，表 7-4(b)、表 7-4(c)是 er_paper 在模式(eid, erid)和(erid, dname)下的投影 t_1、t_2，$D_1 = \{$eid, erid$\}$，$D_2 = \{$erid, dname$\}$。$(D_1 \cup D_2)^+ = D^+$，这个分解是保持函数依赖的。

表 7-4 保持函数依赖的分解

(a) er_paper

eid	erid	dname
0205000002	2009040	历史学院
0205000003	2009040	历史学院
0110001001	1990122	教育学部
0110001002	1990122	教育学部
0211000001	1998039	文学院
0211000002	2009041	历史学院
0219001014	2011049	物理系
0219001015	2011049	物理系

(b) t_1

eid	erid
0205000002	2009040
0205000003	2009040
0110001001	1990122
0110001002	1990122
0211000001	1998039
0211000002	2009041
0219001014	2011049
0219001015	2011049

(c) t_2

erid	dname
2009040	历史学院
1990122	教育学部
1998039	文学院
2009041	历史学院
2011049	物理系

[例 7-6] 设有关系模式 er_paper(eid, erid, dname)，其函数依赖为 $D=\{$eid→erid, eid→dname, erid→dname $\}$，对其分解的方法有很多种，如分解为 $\rho=\{$ (eid, erid), (eid, dname)$\}$，如表 7-5 所示，表 7-5(b)、表 7-5(c)是 er_paper 在模式(eid, erid)和(eid, dname)下的投影 t_1、t_2，$D_1=\{$eid→erid, $\}$，$D_2=\{$ eid→dname $\}$。$(D_1 \cup D_2)^+ \neq D^+$，这个分解不是保持函数依赖的。

表 7-5 不是保持函数依赖的分解

(a)

eid	erid	dname
0205000002	2009040	历史学院
0205000003	2009040	历史学院
0110001001	1990122	教育学部

续表

eid	erid	dname
0110001002	1990122	教育学部
0211000001	1998039	文学院
0211000002	2009041	历史学院
0219001014	2011049	物理系
0219001015	2011049	物理系

(b) t_1

eid	erid
0205000002	2009040
0205000003	2009040
0110001001	1990122
0110001002	1990122
0211000001	1998039
0211000002	2009041
0219001014	2011049
0219001015	2011049

(c) t_2

erid	dname
0205000002	历史学院
0205000003	历史学院
0110001001	教育学部
0110001002	教育学部
0211000001	文学院
0211000002	历史学院
0219001014	物理系
0219001015	物理系

分解具有无损连接性和分解保持函数依赖是两个互相独立的标准。具有无损连接性的分解不一定能够保持函数依赖；同样，保持函数依赖的分解也不一定具有无损连接性。模式分解有可能属于以下四种情况之一。

- 不具有无损连接性，也未保持函数依赖。
- 保持函数依赖，但不具有无损连接性。
- 具有无损连接性，但未持函数依赖。
- 既具有无损连接性，又保持了函数依赖。

7.3 范　　式

同一关系模式中属性之间往往亲疏不同。数据依赖反映的是关系模式中不同属性在取值上的相互依赖、相互制约，这种依赖和制约有完全的也有部分的，有直接的也有间接的。完全和直接意味着属性之间的依赖和制约性更强，属性之间的联系更紧密、更亲近；部分和间接则意味着属性之间依赖和制约性更弱，属性之间的联系更松散、更疏远。具体到函数依赖，对于任意关系模式 $S<A,D>$，有以下几个概念。

在 S 中，如果 $A_i \rightarrow A_j$，并且对于 A_i 的任何一个真子集 A_i'，都没有 $A_i' \rightarrow A_j$，则称 A_j 对 A_i 完全函数依赖，记作 $A_i \xrightarrow{F} A_j$。

例如，考官表中，erid → ername、erid → ersex 都是完全函数依赖，可以写成 erid $\xrightarrow{F}$ ername、erid $\xrightarrow{F}$ ersex。

在 S 中，如果 $A_i \to A_j$，并且存在 A_i 的一个真子集 A_i' 有 $A_i' \to A_j$，则称 A_j 对 A_i 部分函数依赖，记作 $A_i \xrightarrow{P} A_j$。

例如，考官表中，(erid，ername)→erage、(erid，ername)→ersex，都是部分函数依赖，可以写成(erid，ername)$\xrightarrow{P}$ erage、(erid，ername)$\xrightarrow{P}$ ersex。

如果 $A_i \to A_j$，$A_j \to A_k$ 且 $A_j \not\to A_i$，$A_j \not\subseteq A_i$，$A_k \not\subseteq A_j$，那么称 $A_i \to A_k$ 是传递依赖，或 A_k 传递依赖于 A_i，记作 $A_i \xrightarrow{T} A_k$。

设有关系模式考官院系，有三个属性分别是考官号、考官院系名、考官院系办公地点，其中每个考官只在一个院系工作，所以考官号→考官院系名，每个院系只有一个办公地点，所以考官院系名→考官院系办公地点，因为一个院系有多个考官，所以考官院系名$\not\to$考官号，这样，考官号$\xrightarrow{T}$考官院系办公地点。

如果 $A_i \to A_k$，不存在 A_j 有 $A_j \not\to A_i$ 但 $A_i \to A_j$、$A_j \not\subseteq A_i$、$A_j \to A_k$、$A_k \not\subseteq A_j$，称 A_k 直接依赖于 A_i，记作 $A_i \xrightarrow{D} A_k$。

同一关系模式中属性之间不仅亲疏不同，往往不同属性在关系模式中的地位也不同。比如键，包括超键、候选键和主键，在关系模式中具有决定性地位，是关系模型中非常重要的概念，可以基于函数依赖给出这些概念的另一种形式的定义。

超键：设 K 为 $S < A, D >$ 的属性或属性组，若 $K \to A$，则称 K 为 S 的超键。

候选键：设 K 为 $S < A, D >$ 的超键，若 $K \xrightarrow{F} A$，则称 K 为 S 的候选键。

主键：若 $S<A,D>$ 有多个候选键，则可以从中选定一个作为 S 的主键。

候选键中的属性，称作主属性；不包含在任何候选键中的属性称为非主属性。

候选键在关系模式中处于决定地位，与其他属性有可能亲疏不同，完全决定和直接决定意味着更强的决定力，而部分决定和间接决定意味着更弱的决定力。正如管理学中职权越明晰执行力越强一样，属性分组使每个模式中候选键的决定力越纯粹统一，则对事务处理的支持越强，越能避免一些意想不到的修改异常；反之，正如管理学中广泛参与的座谈会是获取各方信息的有效途径一样，如果把不同亲疏度的属性集中放在一个组里，则有利于及时查询全面的信息。根据模式中候选键决定力的纯粹性级别，将模式分为不同的六种范式：1NF、2NF、3NF、BCNF、4NF、5NF，其中，1NF 表示第一范式，其他类同。如果关系模式 S 是第 n 范式的，通常简写为 $S \in n$NF。每一级范式都是在其前面第一级范式的基础上附加上新的限制条件，所以这些范式之间关系为：1NF⊃2NF⊃3NF⊃BCNF⊃4NF⊃5NF。实际当中常用的是 3NF 和 BCNF，为了便于理解，下面着重介绍 1NF～BCNF。

7.3.1　第一范式(1NF)

定义　如果关系模式 S 的每个关系表 t 的属性值都是不可分的原子值(简单的、不可分割的,不能以集合、序列等作为属性值),那么称 S 是第一范式(1NF)的模式。

在第一范式中,所有的域都是简单的,每个简单域中的所有元素都是原子的。关系模式中的每个元组(行)对应每个属性只有一个值,也不存在重复的组。1NF 要求每一个数据项或属性(域)值必须是不可分解的。因此,1NF 不允许本身有复合属性和多值属性,如表 7-6 所示。

关系数据库只研究满足 1NF 的关系。1NF 是关系模式应具备的最起码的条件。

表 7-6 1NF 示例

(a) 非规范化关系

系名称	高级职称人员	
	教 授	副教授
计算机系	6	10
信息管理系	3	5
电子与通信系	4	8

(b) 规范化关系

系名称	教授人数	副教授人数
计算机系	6	10
信息管理系	3	5
电子与通信系	4	8

7.3.2 第二范式(2NF)

1NF 关系模式中可能有数据冗余,会出现操作异常现象。

定义 若 $S \in 1NF$,且每一个非主属性完全函数依赖于候选键,则 $S \in 2NF$。

换言之,2NF 要求关系表中的属性都不部分函数依赖于候选键。所以,只有在候选键包含多个属性的情况下,关系才有可能不符合 2NF。2NF 是基于完全函数依赖的,它消除了 1NF 的问题。

不满足 2NF 的关系模式中必定存在非主属性对候选键的部分依赖。

[**例 7-7**] 有关系模式"报考(报考号,姓名,试卷号,试卷名,分数)",候选键为"(报考号,姓名,试卷号)",存在"报考号→姓名",所以"(报考号,试卷号)→姓名"是一个部分依赖,存在"试卷号→试卷名",所以"(报考号,试卷号)→试卷名"也是一个部分依赖,这些都说明报考模式虽是第一范式的但不是第二范式的。

从函数依赖可以看出,"报考号$\xrightarrow{F}$姓名""(报考号,试卷号)$\xrightarrow{P}$姓名""(报考号,试卷号)$\xrightarrow{P}$试卷名""试卷号$\xrightarrow{F}$试卷名""(报考号,试卷号)$\xrightarrow{F}$分数",也就是说,"报考号"完全直接决定"姓名","试卷号"完全直接决定"试卷名","(报考号,试卷号)"完全直接决定"分数"。根据属性间亲疏度进行分组:(报考号,姓名)为一组,给个名字比如考生;

（试卷号，试卷名）一组，给个名字比如试卷；（报考号，试卷号，分数）一组，给个名字比如成绩。注意：分组时把被部分决定属性移出和其完全决定因素属性一起作为一个新模式，但其完全决定因素属性仍同时出现在原来的模式中。这样，将原来的关系模式"报考（报考号，姓名，试卷号，试卷名，分数）"分解为三个关系模式：考生（报考号，姓名）、试卷（试卷号，试卷名）、成绩（报考号，试卷号，分数），并且这三个模式中都没有了部分依赖，都是第二范式的，也就可以说这三个表组成的数据库是第二范式的。

考虑原来的关系模式"报考（报考号，姓名，试卷号，试卷名，分数）"中导致其不满足第二范式要求的部分函数依赖"（报考号，试卷号）$\xrightarrow{P}$姓名""（报考号，试卷号）$\xrightarrow{P}$试卷名"，它们都不会出现在该模式上的极小函数依赖集中。例如，其中"（报考号，试卷号）$\xrightarrow{P}$姓名"，本质上是由"（报考号，试卷号）→报考号"和"报考号→姓名"推导出的。模式分解后，"（报考号，试卷号）→报考号"会出现在"成绩（报考号，试卷号，分数）"的函数依赖集的闭包中，而"报考号→姓名"会出现在"考生（报考号，姓名）"中的函数依赖集的闭包中。这样$(D_{考生} \cup D_{成绩})^+$能够推导出"（报考号，试卷号）→报考号"；"（报考号，试卷号）$\xrightarrow{P}$试卷名"与此情形类似。从而，尽管消除了非主属性对候选键的部分依赖，但是这个模式分解方案并没有影响$D_{考生} \cup D_{成绩} \cup D_{试卷}$与$D_{报考}$的等价。可以证明该分解是无损连接并保持函数依赖的。

可以用投影分解法来消除关系模式 S 中存在非主属性对候选键的部分依赖。

采用投影分解法将一个 1NF 的关系分解为多个 2NF 的关系，从而可以消除原 1NF 关系中因非主属性对候选键部分依赖存在的插入异常、删除异常、数据冗余度大、修改复杂等问题。将一个 1NF 关系分解为多个 2NF 的关系，并不能完全消除关系模式中的各种异常情况和数据冗余，因为还存在除非主属性对候选键部分依赖以外的其他依赖。

7.3.3　第三范式(3NF)

定义　如果关系模式 $S<A,D>$ 是 1NF，且每个非主属性都既不部分也不传递依赖于 S 的任何候选键，那么称 S 是第三范式(3NF)的模式。

或者说，关系模式 $S<A,D>$ 满足第二范式，且每个非主属性都不传递依赖于 S 的任何候选键，则称 $S<A,D> \in$ 3NF。

或者说，设 D 是关系模式 S 的函数依赖集，如果对 D 中每个非平凡的函数依赖 $A_1 \to A_2$，要么 A_2 的每个属性都是主属性，否则都有 A_1 是 S 的超键，那么称 S 是 3NF 的模式。

如果数据库模式中每个关系模式都是 3NF，则称其为 3NF 的数据库模式。

不满足 3NF 的关系模式中必定存在非主属性对候选键的传递依赖。

［**例 7-8**］　有关系模式"考官院系（考官号，姓名，院系名，院系总人数）"，候选键为"考官号"，由于"考官号→院系名"和"院系名→院系总人数"，所以，存在考官号$\xrightarrow{T}$院系总人数，是一个非主属性对候选键的传递依赖，考虑到其中不存在非主属性对候选键的部分依赖，考官院系虽是第二范式但不是第三范式。

从函数依赖可以看出，“考官号$\xrightarrow{D}$姓名，院系名”“考官号$\xrightarrow{T}$院系总人数”“院系名$\xrightarrow{D}$院系总人数”，也就是说，“考官号”完全直接决定“姓名，院系名”；“院系名”完全直接决定“院系总人数”；但“考官号”传递决定“院系总人数”。根据属性间亲疏度进行分组：(考官号，姓名，院系名)为一组，给个名字比如考官；(院系名，院系总人数)一组，给个名字比如院系。注意：分组时把被传递决定的属性移出和其直接决定因素属性一起作为一个新模式，但其直接决定因素属性仍同时出现在原来的模式中。这样，将原来的关系模式“考官院系(考官号，姓名，院系名，院系总人数)”分解为两个关系模式：考官(考官号，姓名，院系名)、院系(院系名，院系总人数)，并且这两个模式中都没有了传递依赖，都达到第三范式，也就可以说这两个表组成的数据库是第三范式的。

考虑原来的关系模式“考官院系(考官号，姓名，院系名，院系总人数)”中导致其不满足第三范式要求的传递依赖“考官号$\xrightarrow{T}$院系总人数”，本质上是由“考官号→院系名”和“院系名→院系总人数”推导出的。模式分解后，“考官号→院系名”会出现在“考官(考官号，姓名，院系名)”的函数依赖集中，而“院系名→院系总人数” 会出现在“院系(院系名，院系总人数)”中的函数依赖集中。这样$(D_{\text{考官}} \cup D_{\text{院系}})^{+}$能够推导出“考官号→院系总人数”。从而，尽管消除了非主属性对候选键的传递依赖，但是这个模式分解方案并没有影响$D_{\text{考官}} \cup D_{\text{院系}}$与$D_{\text{考官院系}}$的等价。可以证明该分解是无损连接并保持函数依赖的。

采用投影分解法将一个 2NF 的关系分解为多个 3NF 的关系，能消除因传递依赖而存在的插入异常、删除异常、数据冗余度大、修改复杂等问题。将一个 2NF 关系分解为多个 3NF 的关系后，仍然不能完全消除关系模式中的各种异常情况和数据冗余，因为还存在除非主属性对候选键部分依赖和传递依赖以外的其他依赖。

7.3.4 BC 范式(BCNF)

注意，3NF 模式并未排除主属性对候选键的部分依赖和传递依赖。

定义 关系模式$S<A,D>$满足第三范式，且每个主属性都既不部分也不传递依赖于S的任何候选键，则称$S<A,D> \in$ BCNF。

关系模式$S<A,D>$，它的任何一个(非主、主)属性都既不部分也不传递依赖于任何候选键，则称$S \in$ BCNF。

关系模式$S<A,D> \in$ 1NF，其D中任意一个非平凡函数依赖的决定因素都包含键，则$S \in$ BCNF。

[**例 7-9**] 如有关系模式“研究生导师(研究生号，导师号，院系名)”，其中，每个导师可以指导多名研究生但只能在一个院系工作；每个研究生可以有多位导师，但一个院系只能有一个。该模式上有函数依赖：“(研究生号，导师号)→院系名”“导师号→院系名”“(研究生号，院系名) →导师号”。候选键为“(研究生号，导师号)”和“(研究生号，院系名)”。存在“导师号→院系名”，所以“(研究生号，导师号)→院系名”是一个主属性对候选键的部分依赖，这说明研究生导师模式(没有非主属性)虽是第三范式的但不是 BC 范式的。

从函数依赖可以看出，“导师号$\xrightarrow{F}$院系名”“(研究生号，导师号)$\xrightarrow{P}$院系名”，也就是说，“导师号”完全直接决定“院系名”。根据属性间亲疏度进行分组：（导师号，院系名）为一组，给个名字比如导师院系；（研究生号，导师号）为一组，给个名字比如师生。注意：分组时把被部分/传递决定的属性移出和其完全/直接决定因素属性一起作为一个新模式，但其完全/直接决定因素属性仍同时出现在原来的模式中。这样，将原来的关系模式“研究生导师（研究生号，导师号，院系名）”分解为两个关系模式：导师院系（导师号，院系名）、师生（研究生号，导师号），并且这两个模式中都没有了主属性对候选键的部分依赖和传递依赖，都是 BC 范式的，也就可以说这两个表组成的数据库是 BC 范式的。

考虑原来的关系模式“研究生导师（研究生号，导师号，院系名）”中导致其不满足 BC 范式要求的部分函数依赖“（研究生号，导师号）$\xrightarrow{P}$院系名”，不会出现在该模式上的极小函数依赖集中。“（研究生号，导师号）→院系名”，本质上是由“（研究生号，导师号）→导师号”和“导师号→院系名”推导出的。模式分解后，“（研究生号，导师号）→导师号”会出现在“师生（研究生号，导师号）”的函数依赖集的闭包中，而“导师号→院系名”会出现在“导师院系（导师号，院系名）”中的函数依赖集的闭包中。这样$(D_{导师院系} \cup D_{师生})^+$能够推导出“（研究生号，导师号）→院系名”。但是，该分解移出的是主属性，破坏了原关系模式中的候选键（研究生号，院系名），使得原关系中的函数依赖“（研究生号，院系名）→导师号”丢失。这个模式分解方案中 $D_{导师院系} \cup D_{师生}$ 与 $D_{研究生导师}$ 不等价。可以证明该分解是无损连接但非保持函数依赖的。

如果关系模式 S 是 BCNF 模式，那么 S 也是 3NF 模式。

采用投影分解法将一个 3NF 的关系分解为多个 BCNF 的关系，可以解决原 3NF 关系中因主属性对候选键的部分或传递依赖而存在的插入异常、删除异常、数据冗余度大、修改复杂等问题。将一个 3NF 关系分解为多个 BCNF 的关系后，仍然不能完全消除关系模式中的各种异常情况和数据冗余。

7.3.5　第四范式

定义　关系模式 $S<A,D>\in$ BCNF，如果对于 S 的每个非平凡多值依赖 $A_1 \rightarrow\rightarrow A_2$ $(A_2 \not\subset A_1)$，A_1 都含有候选键，则 $S\in$ 4NF。

如果 $S\in 4NF$，则 $S\in$ BCNF。

采用投影分解法将一个 BCNF 的关系分解为多个 4NF 的关系，可以在一定程度上解决原 BCNF 关系中因非平凡且非函数依赖的多值依赖而存在的插入异常、删除异常、数据冗余度大、修改复杂等问题。

将一个 BCNF 关系分解为多个 4NF 的关系后，仍然不能完全消除关系模式中的各种异常情况和数据冗余，为此，还提出了 5NF 的概念，但实际中很少用到，这里不再繁述。

7.4　规　范　化

属性-联系设计方法，就是把需要数据库保存的所有属性放在一张关系表中，进而不断优化这个模式。传统上，关系数据库主要面向事务型业务系统，诸如铁路、航空等票务系统、银行存贷款管理系统，这些系统都是“写中心”式的。正如管理学中职权越明晰执行力越强一样，属性分组使每个模式中候选键的决定力越纯粹统一，模式达到的范式越高，则对事务处理的支持越强，越能避免一些意想不到的修改异常。一个较低范式的关系模式，依据其中的数据依赖，通过模式分解可以转换为若干高范式的关系模式的集合，这个过程称为规范化。

关系模式规范化实际上就是一个模式分解过程：把逻辑上相对独立的信息放在独立的关系模式中。把较低范式的关系模式分解为若干较高范式的关系模式的方法不是唯一的，只有能够保证分解后的关系模式与原关系模式等价，分解才有意义。

模式分解具有无损连接性和保持依赖性是两个互相独立的特性。无损连接的分解不一定能够保持依赖；同样，保持依赖的分解也不一定无损连接。如果仅要求分解具有无损连接性，那么一定能够达到 BCNF；如果要求分解既具有无损连接性，又具有保持依赖性，则一定能够达到 3NF，但不一定能够达到 BCNF。

下面给出几种常用规范化算法。

1. 达到 BCNF 无损连接分解算法

输入：给定关系模式 $S<A\ ,\ D>$

输出：满足 BCNF 的无损连接分解 ρ

(1) 初始化令 $\rho=\{S<A\ ,\ D>\}$。

(2) 检查 ρ 中各关系模式是否都属于 BCNF，若是，则算法终止；否则执行步骤(3)。

(3) 对 ρ 中不属于 BCNF 的模式(如 $S_i<A_i,\ D_i>$)执行如下操作：由于 $S_i<A_i,\ D_i>$不属于 BCNF，则 S_i 必定存在非平凡函数依赖 $\alpha\rightarrow\beta\in D_i^+$ ($\alpha\sqsubset A_i$；$\beta\sqsubset A_i$；$\alpha\cap\beta=\varnothing$)，且 α 不是 S_i 的候选键，将 S_i 分解为 $\sigma=\{S_{i1},S_{i2}\}$，其中，$S_{i1}=\alpha\sqcup\beta$，$S_{i2}=A_i-\beta$，以 σ 代替 S_i，返回到(2)。

现在来看一个无损连接分解关系模式以达到 BCNF 的例子。

[**例 7-10**] 设有关系模式“研究生导师(研究生号，导师号，院系名)”，其中，每个导师可以指导多名研究生但只能在一个院系工作；每个研究生可以有多位导师，但一个院系只能有一个。该模式上有函数依赖：“(研究生号，导师号)→院系名”“导师号→院系名”“(研究生号，院系名)→导师号”。候选键为“(研究生号，导师号)”和“(研究生号，院系名)”。存在“导师号→院系名”，所以“(研究生号，导师号)→院系名”是一个主属性对候选键的部分依赖，这说明研究生导师模式不是 BC 范式的。

为了将该模式无损连接地分解为 BCNF，首先初始化 $\rho=\{$研究生导师$<A\ ,\ D>\}$，其中，$A=\{$研究生号，导师号，院系名$\}$，$D=\{$(研究生号，导师号)→院系名、导师号→院系名、(研究生号，院系名)→导师号$\}$。之所以该模式不是 BC 范式，是因为 D 中函数依赖“导师号→院系名”的左部没有包含候选键“(研究生号，导师号)”或“(研究生号，院系名)”。将该函数依赖左右两端的属性一起作为一个新的模式并起名导师院系，将研究生导师模式中的属性院系名移去后剩下的属性成为一个模式并起名师生，这样分解后 $\rho=\{$导师院系$<A_1,\ D_1>$，师生$<A_2,\ D_2>\}$，其中，$A_1=\{$导师号，院系名$\}$，$D_1=\{$导师号→院系名$\}$，$A_2=\{$研究生号，导师号$\}$，$D_2=\{\ \}$。此时，导师院系和师生两个关系模式都已经达到 BCNF，分解结束。

2. 无损连接且保持依赖地分解成 3NF 模式集算法

输入：给定关系模式 $S<A\ ,D>$

输出：满足 3NF 的无损连接且保持依赖的分解 ρ

(1) 对于关系模式 S 上成立的 D，先求出 D 的最小依赖集，然后再把最小依赖集中那些左部相同的用合并律合并起来。

(2) 每个函数依赖 $\alpha \to \beta$ 构成一个模式 $\alpha \sqcup \beta$。

(3) 在构成的模式集中，如果每个模式都不包含 S 的候选键，那么把候选键作为一个单独模式放入模式集中。

这样得到的模式集是关系模式 S 的一个分解，并且这个分解既是无损连接，又能保持依赖。

[**例 7-11**] 有关系模式"考官院系(考官号，姓名，院系名，院系总人数)"达不到第三范式。为了将该模式无损连接且保持依赖地分解以达到 3NF，首先求解该模式上的函数依赖集的极小依赖集，为{考官号→姓名，考官号→院系名，院系名→院系总人数}，合并左部相同的函数依赖得到{考官号→(姓名，院系名)，院系名→院系总人数}。分别将这两个函数依赖的两端出现的属性作为单独的模式并起个合适的名字，则产生两个模式：考官(考官号，姓名，院系名)和院系(院系名，院系总人数)。原模式"考官院系"的候选键"考官号"已经出现在刚刚产生的"考官"模式中。这样，总共分解为两个模式，分解结束。

[**例 7-12**] 有关系模式"报考(报考号，姓名，试卷号，试卷名)"，仅是第一范式。为了将该模式无损连接且保持依赖地分解以达到 3NF，首先求解该模式上的函数依赖集的极小依赖集并合并左部相同的函数依赖，得到{报考号→姓名，试卷号→试卷名}，分别将这两个函数依赖的两端出现的属性作为单独的模式并起个合适的名字，则产生两个模式：考生(报考号，姓名)和试卷(试卷号，试卷名)。原模式"报考"的候选键"(报考号，试卷号)"没有出现在刚刚产生的两个模式中，所以将其单独作为一个模式并起个合适的名字，为报考(报考号，试卷号)。这样，总共分解为三个模式：考生(报考号，姓名)，试卷(试卷号，试卷名)，报考(报考号，试卷号)，分解结束。

3. 无损连接分解成 4NF 模式集算法

对于关系模式 S 的分解 ρ，如果 ρ 中有一个关系模式 S_i 不是 4NF，则依据 4NF 定义，S_i 中必存在至少一个非平凡多值依赖，对这些非平凡多值依赖中的每一个执行如下操作，比如非平凡多值依赖为 $\alpha \to\to \beta$，有 α 不包含超键。将 S_i 分解为 $\sigma = \{S_{i1}, S_{i2}\}$，其中，$S_{i1} = \alpha \sqcup \beta$，$S_{i2} = A_i - \beta$，以 σ 代替 S_i。重复上述过程，一直到 ρ 中每一个模式都是 4NF。

7.5 大数据与反规范化

关系数据库设计的属性-联系方法，就是把需要数据库保存的所有属性依据它们之间的数据依赖来进行分组。同一个数据库，设计达到的范式越高，结果表个数越多。同一个数据库,其较低范式的形式和较高范式的形式之间在无损连接或保持依赖方面可以是等价的。那么什么时候应该选择更高的范式、什么时候应该选择更低的范式呢?先来看一个例子。

假设有关系模式"报考试卷(eeid,eid,ename,erid)"四个属性分别表示报考号、试卷号、试卷名和组卷考官号,如表7-7所示。该模式只有一个候选键为"(eeid,eid)",有函数依赖(eeid,eid)→(ename,erid)、eid→(ename,erid),达不到第二范式而只是第一范式。

表7-7 关系模式"报考试卷"及实例

eeid	eid	ename	erid
218811011013	0205000002	中国近现代史纲要	2009040
218811011013	0210000001	大学外语	2010019
218811011013	0201020001	计算机应用基础	1999011
218811011116	0210000001	大学外语	2010019
218811011116	0201020001	计算机应用基础	1999011

现在有218811011013号考生报考了中国近现代史纲要和大学外语,如果又有218811011016号考生报考大学外语,则会加入一个新行,其中,大学外语的试卷名和组卷考官会伴随试卷号0210000001重复存储一次。如果还有100个考生报考大学外语,大学外语的试卷名和组卷考官会伴随试卷号0210000001还重复存储一百次,如果再有1000个考生报考大学外语,就会类似地再重复存储1000次。这种相同信息的重复存储称为冗余。面对冗余,假设大学外语组卷考官号变化,改为2009099,有100个考生报考就需要更新100处,如果有1000个考生报考就需要更新1000处,这种现象称为更新复杂;当需要将一门新的尚未有考生报考的试卷加入数据库中时,由于eeid属性值为空、主键不完整,从而无法插入,这种现象称为插入异常;对目前只有一个考生报考的试卷,比如中国近现代史纲要,如果该学生要退报,在删除报考信息时,会删除整行元组,这种现象称为删除异常。

假设把同样的信息保存在两个模式"报考(eeid,eid)、试卷(eid,ename,erid)"中,如表7-8所示。可以看到,这两个模式都是BC范式的,是原来"报考试卷(eeid,eid,ename,erid)"模式的无损连接和保持依赖的分解。现在有218811011013号考生报考了中国近现代史纲要和大学外语,如果又有218811011016号考生报考大学外语,则仅在"报考"中加入一个新行,包含报考号和试卷号;无论有多少考生报考大学外语,大学外语的试卷名和组卷考官仅在"试卷(eid,ename,erid)"中存储一次。没有了冗余,假设大学外语组卷考官号变化,改为2009099,无论有多少考生报考只需更新一处,也就没有了更新复杂问题;当需要将一门新的尚未有考生报考的试卷加入数据库中时,只需直接在"试卷(eid,ename,erid)"中插入一行,和有无考生报考无关,也就没有了插入异常问题;对目前只有一个考生报考的试卷,比如中国近现代史纲要,如果该学生要退报,在"报考(eeid,eid)"中删除相应报考信息的行,完全与"试卷(eid,ename,erid)"中有关中国近现代史纲要的行无关,也就没有了删除异常问题。

表 7-8　关系“报考”和“试卷”

(a) 报考表

eeid	eid
218811011013	0205000002
218811011013	0210000001
218811011013	0201020001
218811011116	0210000001
218811011116	0201020001

(b) 试卷表

eid	ename	erid
0205000002	中国近现代史纲要	2009040
0201020001	计算机应用基础	1999011
0210000001	大学外语	2010019

如果现在要执行的操作不涉及对数据进行修改，而只是查询数据库中的内容，比如查询所有考生报考试卷详细信息或某些考生报考试卷详细信息。对于仅属于 1NF 的关系模式“报考试卷(eeid,eid,ename,erid)”，可以直接从表中选择相应的行输出。

而对于属于 BCNF 的关系模式“报考(eeid,eid)、试卷(eid,ename,erid)”，查询所有考生报考试卷详细信息或某些考生报考试卷详细信息，需要先对报考(eeid,eid)和试卷(eid,ename,erid)进行自然连接，然后从中选择相应的行输出。实践证明，连接运算是非常耗时的，是关系数据库系统中最关键的性能瓶颈。

这些例子体现出的现象具有普遍性。若关系模式的规范化程度越高，优势在于数据冗余、插入异常、删除异常、更新复杂等问题越少。但是，当一个应用的查询中经常涉及两个或多个关系模式的属性时，系统必须经常地进行连接运算，而连接运算的执行代价是非常高的。规范化程度越高的劣势在于查询效率越低。

若关系模式的规范化程度越低，优势在于可以减少查询所要连接表的个数，减少 I/O 和 CPU 时间，提高查询效率。但是，劣势在于数据冗余造成的空间代价以及修改代价(插入异常、删除异常、更新复杂)高。

也就是说，较高的范式更适合以写为中心的系统，而较低的范式更适合以读为中心的系统。在设计数据库模式结构时，必须对现实世界的实际情况和用户应用需求及数据特征做进一步分析，确定一个合适的性能和冗余的折中处理。对于证券交易、银行、售票系统等事务型应用，一般强调规范化设计。在数据库设计中最常用的是 3NF 和 BCNF。

对社交平台、搜索引擎等互联网应用，通常用户数量极大、分布极广，内容通常是一次追加多次读，这种以读为中心的数据分析型应用，即使采用关系模型也是常采用低范式，或对高范式的设计反规范化，更有甚者完全不采用关系模型，以便提高性能。Google 的 BigTable 虽然沿用了一些关系数据库的术语，但它是非关系型的，比如它允许属性值可以是一个表。

对并不使用关系模型的大数据存储系统，仍可先按关系模型设计，然后再转换为相应的数据模型，这样就可充分借鉴利用关系模式分析方法来指导模式设计。具体做法如下。

(1) 根据数据分析和用户的需求确定每一实体内各属性的相互制约，即依赖关系，并表示成函数依赖。

(2) 用实体的主键代替相应的实体，将实体之间的联系表示成函数依赖。

(3) 按关系理论分析其中的每一个函数依赖。

(4) 根据应用中数据访问特征，设计数据存储模式，对以读为主的表常采用低范式或非关系模式，并在应用程序中以适当方式处理数据冗余及其带来的问题。

我们再也不能简单地说数据冗余不好，因为数据冗余有利有弊；再也不能简单地说关系模式满足的范式级别越高越好，因为高范式和低范式各有千秋。在设计数据库模式结构时，必须对现实世界的实际情况和用户应用需求做进一步分析，以选择一个合适的规范化和冗余的折中处理。

习　　题

一、选择题

1. $A_1 \rightarrow A_2$ 能从推理规则导出的充分必要条件是________。

A. $A_2 \subseteq A_1$　　B. $A_2 \subseteq A_1^+$　　C. $A_1 \subseteq A_2^+$　　D. $A_1^+ = A_2^+$

2. 设有关系模式 $S(A_1, A_2, A_3, A_4)$，D 是 S 上成立的函数依赖集，$D=\{A_1 A_2 \rightarrow A_3, A_4 \rightarrow A_1\}$，则属性集$(A_3 A_4)$的闭包$(A_3 A_4)^+$为________。

A. $A_3 A_4$　　B. $A_1 A_3 A_4$　　C. $A_2 A_3 A_4$　　D. $A_1 A_2 A_3 A_4$

3. 函数依赖集 D_1 和 D_2 等价的充分必要条件是________。

A. $D_1 = D_2$　　B. $D_1^+ = D_2$　　C. $D_1 = D_2^+$　　D. $D_1^+ = D_2^+$

4. 无损连接分解中的“损”是指________。

A. 信息的丢失　　B. 属性的丢失　　C. 联系的丢失　　D. 以上都不是

5. 如果保持函数依赖的分解是关系数据库模式 S 分解中的一个性质，这里在 S 的函数依赖集中的每个函数依赖________。

A. 直接出现在 S 分解后得到的一个关系模式 S_i 中

B. 可以由 S_i 的函数依赖集推出

C. A 和 B 都是

D. 以上都不是

二、设计题

1. 当关系中所有的属性都依赖于主键时，该关系必定满足________。

A. 1NF　　B. 2NF　　C. 3NF　　D. 4NF

2. 下列分解是否具有无损连接性。

已知：$S(A_1, A_2, A_3)$　$D=\{A_1 \rightarrow A_2, A_3 \rightarrow A_2\}$

(1) $\rho_1=\{A_1 A_2, A_1 A_3\}$

(2) $\rho_2=\{A_1A_2, A_2A_3\}$

3. 设关系模式 $S(A_1A_2A_3A_4)$，D 是 S 上成立的函数依赖集，$D=\{A_1\rightarrow A_2, A_2\rightarrow A_3, A_1\rightarrow A_4, A_4\rightarrow A_3\}$，$\rho=\{A_1A_2, A_1A_3, A_2A_4\}$是 S 的一个分解。

(1) 相对于 D，ρ 是无损分解吗？为什么？

(2) 试求 D 在 ρ 的每个模式上的投影。

(3) ρ 保持函数依赖吗？为什么？

4. 设关系模式 $S(A_1A_2A_3A_4)$，D 是 S 上成立的函数依赖集，$D=\{A_1A_2\rightarrow A_3A_4, A_1\rightarrow A_4\}$。

试说明 S 是几范式及理由。

5. 设关系模式 $S(A_1A_2A_3)$，D 是 S 上成立的函数依赖集，$D=\{A_3\rightarrow A_2, A_2\rightarrow A_1\}$。试说明 S 是几范式及理由。

6. 有如表 7-9 所示的表 S：

表 7-9 表 S

学 号	系 名	考生宿舍名
2016012016	D1	H1
2016022016	D1	H1
2016022001	D2	H2
2016012001	D3	H3
2016012003	D3	H3

S 中：一个系有多个考生，一个考生仅属于一个系；同一个系的考生住在同一个地方，不同系考生住在不同地方。请完成如下分析与设计。

(1) S 中有哪些候选键？它最高为几范式？为什么？

(2) S 中是否存在冗余及删除操作异常？若存在，则在什么情况下发生？其发生的理论原因是什么(部分函数依赖、完全函数依赖、传递函数依赖)？

(3) 将 S 分解为两个高级范式模式，并说明分解后是如何解决上述删除异常的？

存储和存取

8.1 存储器件

一个计算机系统通常有多种不同存储器件，它们在速度、成本和易失性等方面各不相同。常见的易失性存储器包括高速缓冲和内存；常见的非易失性存储器包括闪存、磁盘、光盘和磁带。

(1) 高速缓冲：访问速度最快，成本最贵的存储器，通常容量小。

(2) 主存：又称为内存。机器指令可以直接对内存中的数据进行读写。

(3) 闪存：又称为"电可擦可编程只读存储器"(EEPROM)。掉电不会导致数据丢失，其速度低于内存，又快于磁盘。

(4) 磁盘：磁盘是目前最流行的外部存储器。能长时间地联机存储数据。掉电或系统崩溃不会导致数据丢失。

(5) 光盘：数据以光学原理可识别的形式存储在盘片里，然后可以用一个激光器进行读取。

(6) 磁带：磁带主要用于数据备份或归档。磁带价格最便宜，属于"顺序存取存储器"。

一级存储指高速缓冲存储器和主存储器；磁盘称为二级存储或联机存储；三级存储或脱机存储常用的有磁带机和自动光盘塔。

8.2 磁　　盘

事务持久性要求数据库数据始终完整保存在辅助存储器上。现代计算机系统普遍使用磁盘作为辅助存储。传统上，一个大型数据库可能有上百个磁盘。

磁盘结构如图 8-1 所示。磁盘的每一个盘片是薄薄的圆盘。两面都覆盖着磁性物质，通过磁性物质磁化的不同方向，分别保存 0 或 1。盘片表面划分为磁道，磁道又划分为扇区，扇区是从磁盘读出和写入信息的最小单位，一般大小为 512B。一个磁盘通常包括很多个盘片，每个盘片的每一面都有一个读写头，所有磁道的读写头安装在一个称为磁盘臂的单独装置上，并且一起移动。所有盘片的同一个磁道合在一起称为柱面。读写头通过在盘片上移动来访问不同的磁道。

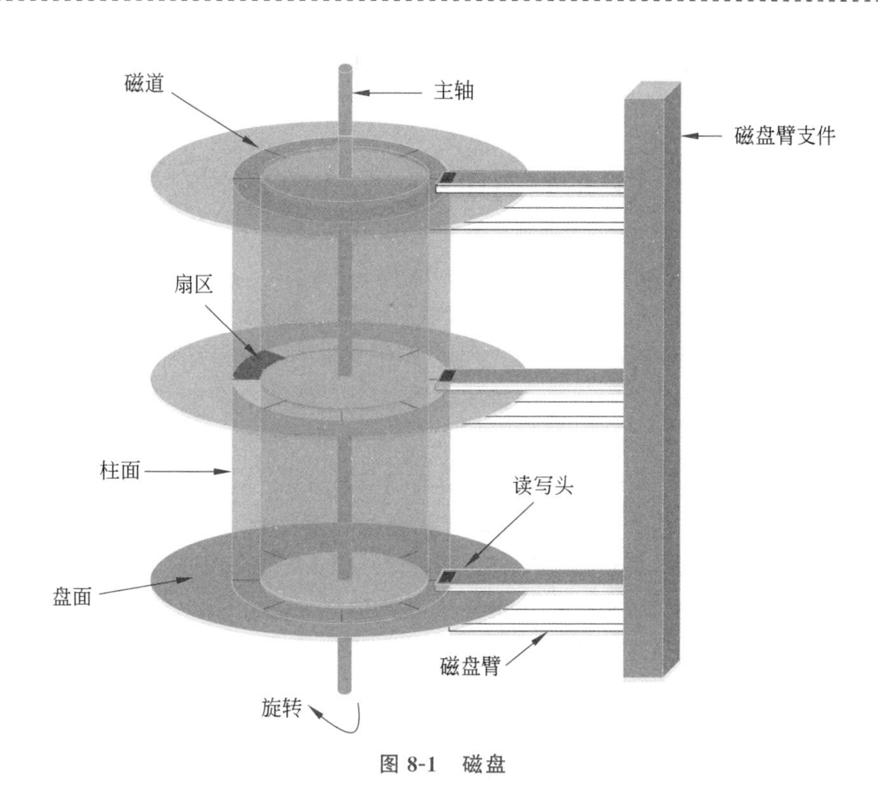

图 8-1 磁盘

一条磁道内几个连续的扇区构成磁盘块，一般简称块；数据在磁盘和主存储器之间以块为单位传输。

磁盘质量的主要度量指标是容量、访问时间、数据传输率和可靠性。

当前 PC 的磁盘容量典型情况是每个磁盘 1～2TB。

访问时间是从发出读写请求到数据开始传输之间的时间。

为了访问磁盘上指定扇区的数据，磁盘臂必须移动到正确的磁道，然后等待磁盘旋转到指定的扇区出现在它下方。

磁盘臂重定位的时间称为寻道时间。一旦读写头移动到正确的磁道，等待访问的扇区出现在它下面所花费的时间称为旋转等待时间。磁盘的平均旋转等待时间是磁盘旋转半周的时间。访问时间是寻道时间和旋转等待时间的总和。

磁盘 I/O 请求需指定要存取的磁盘地址，这个地址是以块号的形式给出的；文件管理器将块地址变换成硬件层的柱面号、盘面号和扇区号。可以通过磁盘调度和文件结构组织来优化磁盘访问时间。例如，由于按块经过读写头的顺序发出访问块的请求，能节省访问时间，可以按照与预期的数据访问方式最接近的方式来组织磁盘上的块。通常访问磁盘上的数据比访问主存储器中的数据慢几个数量级。

数据库文件管理器负责将包含用户所需数据所在的磁盘块传送到主存中的数据库系统缓冲区，或将缓冲块传送到外存并覆盖磁盘上原来相应的块。从磁盘获取数据或向磁盘传输数据的速率称为数据传输率。普通磁盘数据传输率约为 25～100MB/s。

磁盘可靠性通常用平均故障时间（Mean Time To Failure，MTTF）来衡量。平均故障时间指平均来说期望磁盘系统无故障连续运行时间。当前，大多数磁盘可以预期工作5年左右。

8.3 DBMS文件管理

DBMS的高层（逻辑层和视图层）把数据看成是“元组”（行）的集合；DBMS的底层（物理层）在处理I/O问题时，把数据看成是“块”的集合，通常对应磁盘块的大小。

目前，大部分DBMS中数据存取都是通过操作系统的文件系统来进行。文件系统把整个数据库当作一个文件，把每一个磁盘块当作这个文件的一个记录。每次文件系统传送一个块给DBMS，至于这个块里到底放什么、怎样存放、放满了没有等都由DBMS的文件组织模块来处理。文件系统与DBMS交换的信息就是块号。当DBMS插入元组需要新的磁盘块时，就向文件系统申请，文件系统就分配给DBMS一块外存空间。当文件系统把这些数据写入外存后，就送给DBMS一个块号，DBMS会记下这个块号，并登记其中必要的数据信息（比如最高或最低的关键字），以便建立索引。DBMS掌握了文件的各个元组所在的块号，可以根据这些块号建立各种文件组织，例如B+树。获取数据时DBMS确定目标元组所驻块的块号后，首先在缓冲区中查找该块，如果找到，则再在该块中找到目标元组；如果该块不在缓冲区中，则请求文件系统把该块从外存传送到缓冲区中。

也有DBMS绕过文件系统直接调用操作系统的I/O模块。在这种方式下，DBMS需要承担原属文件系统的工作。比如进行块号与物理地址的映射，建立柱面、磁道的索引以及查找时索引的搜索等全都由DBMS来做。这种方式的优点是DBMS把整个外存空间当作可用空间，可以灵活安排元组位置以提高存取效率，例如，有一些元组需要在物理上靠近存放（例如元组聚集以及Hash溢出的元组）就可以安排在同一个磁道上，或同一个柱面上。

8.4 数据库文件组织

一个数据库文件由一系列存储元组的磁盘块组成。尽管特定计算机系统中，磁盘的物理特性和操作系统决定了一个块具有固定的大小，但是，不同关系数据库中的元组通常有不同的大小。把数据库映射到文件的基本方法有两种：行存储和列存储。行存储将每个元组的所有属性的数据聚合存储；列存储将所有元组中相同属性的数据聚合存储。行存储数据库中数据以行相关的存储体系架构进行空间分配，主要适合于小批量的数据处理，常用于更新操作，尤其是插入、删除操作频繁的OLTP场合；列存储数据库中数据以列相关存储架构进行数据存储的数据库，主要适合于批量数据处理和即时查询，常用于查询为主，大多数查询仅涉及少数几个属性的大部分数据的场合。

8.4.1 行存储

行存储数据库中元组存储方式包括两种：定长元组方式和变长元组方式。

1. 定长元组

首先考虑定长元组文件的一个例子。下面是考试系统数据库中的 examiner 元组组成的一个文件。文件中的每个元组结构定义如下。

```
erid  CHAR[8],
ername  CHAR[20],
ersex   CHAR[4],
erage unsigned int,
erdepa  CHAR [20]
```

如果假设每个字符占 1B，那么一个 examiner 元组为 80B。一种简单的方法是用前 80B 存储第一个元组接着的 80B 存储第二个元组，以此类推(见表 8-1)。

表 8-1 包含 examiner 元组的表

	erid	ername	ersex	erage	erdepa
元组 0	2009040	成志云	女	35	历史学院
元组 1	1990122	戴小刚	男	53	教育学部
元组 2	1998039	丁向军	女	42	文学院
元组 3	2011049	郑博宇	男	32	物理系
元组 4	2007033	李晓燕	女	38	心理学院
元组 5	1995057	林永强	男	49	历史学院
元组 6	2010022	姚翠红	女	36	物理系
元组 7	2013069	王瑞芬	女	30	心理学院

这种方法简单，但删除操作时通常需要一些额外的附加处理。例如，从这个结构中删除一个元组，方案一：删除一个元组时，顺序移动其后的所有元组，插入一个元组则始终在文件的尾部进行；方案二：删除一个元组时，移动最后一个元组到此位置，而插入一个元组则始终在文件的尾部进行；方案三：删除一个元组时，并不移动元组，而是将其加入空闲元组列表，当要插入元组时，使用空闲列表中的元组空间，若没有空闲空间就插入到文件的尾部。

2. 变长元组

数据库系统中经常存在变长元组，例如，一个文件中需要存储多种元组类型；一个或多个属性是变长；元组有重复属性。一般来说，可以有三种方法来存储元组。

方法一：字节流表示法，在每个元组的末尾都附加特殊的元组终止符；或者是在每个元组的开头存储该元组的长度。

方法二：分槽的页结构，如图 8-2 所示，每个块的开始处有一个块头，其中包含以下信息。

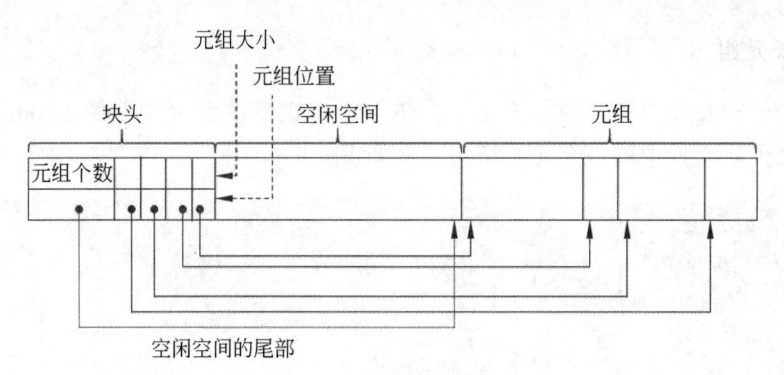

图 8-2 分槽的页结构

(1) 块中元组的个数。

(2) 块中空闲空间末尾的指针。

(3) 包含每个元组大小和位置的数据项组成的数组。

实际中，元组从块的尾部向块头方向开始连续存放，每当插入一个新元组，便放在空闲空间尾部，并将该元组大小和位置的数据项加到块头数组中。由此可见，如果块中还有空闲空间，那么一定是连续的，并位于块头数组的最后一个数据项和最后插入的那个元组之间。

分槽页结构的维护方法如下。

(1) 删除一个元组。

① 释放该元组所占用的空间。

② 该元组与空闲空间尾部之间的元组向块尾部移动，覆盖该元组。

③ 更新各个被移动元组相应块头数组中的数据项值。

(2) 插入一个元组。

① 在空闲空间尾部给该元组分配空间。

② 存入该元组值。

③ 更新块头中空闲空间尾部指针。

④ 更新块头，将该元组大小和位置的数据项加到块头数组中。

(3) 元组的增长。

① 按元组的增长量，在此元组之前的元组都向块头方向移动；并更新每个被移动元组在块头数组中登记的位置。

② 更新块头中空闲空间尾部指针。

③ 存入该增长元组的新值，并更新该元组在块头数组中登记的大小和位置。

(4) 元组的缩短。

① 该元组的末尾指针不变，头指针缩进缩短量。

② 存入该增长元组的新值，并更新该元组在块头数组中登记的大小和位置。

③ 按元组的缩短量，在此元组之前的元组都向块尾方向移动；并更新每个被移动元组在块头数组中登记的位置。

④ 更新块头中空闲空间尾部指针。

方法三：定长表示法。用一个或多个定长元组来表示一个变长元组。由于所采用的策略不同，定长表示法又分为以下几类。

(1) 保留空间法：假设所有的变长元组都不会超过某个长度，就为每个元组都分配这样长度的空间。如果假设不合理，或者元组长度差别很大，就会浪费大量存储空间。变长元组保留空间法存储如图 8-3 所示。

元组 0	218811011013	0205000002	92	0201020001	88	0110001001	99	⊥
元组 1	218811011116	0210000001	90	⊥	⊥	⊥	⊥	⊥
元组 2	218811011219	0201020001	80	⊥	⊥	⊥	⊥	⊥
元组 3	218811011220	0211000001	60	0205000002	60	⊥	⊥	⊥
元组 4	218811011221	0219001014	75	⊥	⊥	⊥	⊥	⊥
元组 5	218811011117	0110001001	85	⊥	⊥	⊥	⊥	⊥

图 8-3　变长元组保留空间法存储

(2) 指针法：用一系列通过指针链接起来的定长元组来表示一个变长元组。优点：与定长元组类似，变长元组是一个链表。缺点：引入额外结构，浪费存储空间。变长元组指针法存储如图 8-4 所示。

元组0	218811011013	0205000002	92	
元组1	218811011016	0210000001	90	
元组2	218811011219	0201020001	80	
元组3	218811011220	0211000001	60	
元组4	218811011221	0219001014	75	
元组5	218811011117	0110001001	85	
元组6		0201010001	88	
元组7		0110001001	99	⊥
元组8		0205000002	60	⊥

图 8-4　变长元组指针法存储

(3) 锚-溢出块表示法：使用两种不同的块，锚块包含元组的定长部分和变长部分的第一个分量,溢出块包含元组的变长部分除第一个分量以外的其他分量。锚-溢出块表示法如图 8-5 所示。

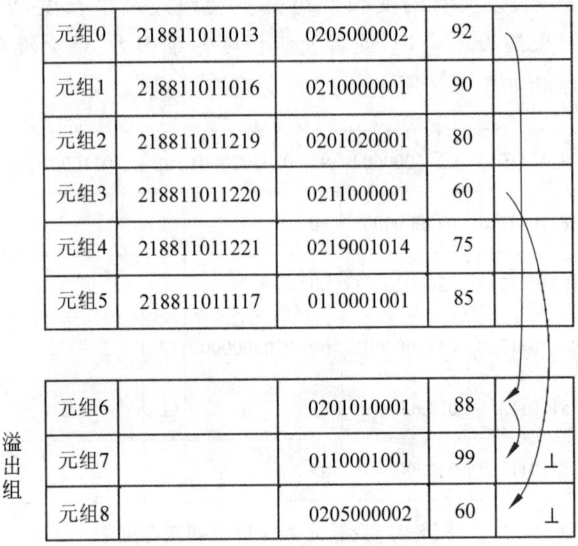

元组0	218811011013	0205000002	92	
元组1	218811011016	0210000001	90	
元组2	218811011219	0201020001	80	
元组3	218811011220	0211000001	60	
元组4	218811011221	0219001014	75	
元组5	218811011117	0110001001	85	

溢出组

元组6		0201010001	88	
元组7		0110001001	99	⊥
元组8		0205000002	60	⊥

图 8-5 锚-溢出块表示法

8.4.2 列存储

列存储将表中各属性数值单独存放。例如,表 8-1 中的 examiner 表,按列存储时可以有以下三种处理方法。

(1) 列 erid 存为(2009040,1990122,1998039,2011049,2007033,1995057,2010022);ername 存为(成志云,戴小刚,丁向军,郑博宇,李晓燕,林永强);其他属性类似。

(2) 如果加上每个值所属元组的序号,则列 erid 存为((0,2009040),(1,1990122),(2,1998039),(3,2011049),(4,2007033),(5,1995057),(6,2010022),(7,2013069));ername 存为((0, 成志云),(1, 戴小刚),(2, 丁向军),(3, 郑博宇),(4, 李晓燕),(5, 林永强),(6, 姚翠红),(7, 王瑞芬));其他属性类似。

(3) 如果以主键来指明各属性值所属元组,则 ername 存为((2009040, 成志云),(1990122, 戴小刚),(1998039, 丁向军),(2011049, 郑博宇),(2007033, 李晓燕),(1995057, 林永强),(2010022, 姚翠红),(2013069, 王瑞芬)),其中其他每个列值都附带所属主键值;其他属性类似。

另外,ersex 可用一个位串存为(01010100);如果该大学的学院数量较小,对属性 erdepa 也可按类似于 ersex 的方法做压缩处理。

列存储的主要优点有以下两个。

(1) 每个属性的数据聚集存储,当查询仅涉及少数几个属性时,能大大减少读取的数据量,据调查分析,查询密集型应用的特点之一就是查询一般只关心少数几个属性。

(2) 一个属性的数据聚集存储,更容易实现更好的压缩/解压。

8.5　文件中元组组织

在文件中组织元组的常用方法有：堆积、顺序、哈希、聚簇。

（1）堆积的方法：元组可以放在任何有空闲空间容纳它的地方。

（2）顺序的方法：根据应用中经常用于在文件中查找元组的属性或属性集值的顺序来存储元组。为了依据特定属性或属性集值快速地获取元组，通常通过指针把元组按顺序链接起来，每个元组的指针都指向在特定属性或属性集值顺序上的下一个元组；为了进一步减少顺序文件处理中磁盘块的访问次数，可以物理上（尽可能）也按特定属性或属性集值的顺序来物理存储元组。顺序文件组织的好处：结构清晰，容易理解，对特定查询的处理速度快。顺序文件组织的问题：插入和删除元组后，应该仍然保持元组按特定属性或属性集值的顺序链接；但是，为了优化磁盘块的访问次数，采用物理上（尽可能）也按特定属性或属性集值的顺序来物理存储元组时，如果通过移动元组的方式来维护元组在物理上的顺序，则十分困难。

（3）哈希的方法：对每个元组的同一属性或属性集值计算一个哈希（Hash）函数，用哈希函数的结果指明元组应该存储到文件的哪个磁盘块中。该方法虽然没有存储元组顺序，但是能用哈希（Hash）函数按属性或属性集值快速找到相应的元组。

（4）聚簇的方法：按聚簇键值把有关元组集中在一个（相邻的）磁盘块内，以提高某些查询的速度。例如，考虑表 8-2 和表 8-3 中的 eeexam 和 examinee 关系。如果按图 8-6 中组织文件结构，执行涉及查询 eeexam $\bowtie$ examinee 的效率会很高，因为每组具有相同 eeid 值的 eeexam 元组和 examinee 元组都存储在附近。这种结构将两个关系的元组按照连接属性值组合在一起，可以大大减少连接运算时读磁盘块次数，从而提高连接执行效率。当读取 examinee 关系的一个元组时，包含这个元组的整个块从磁盘传送到缓冲区中，由于具有相同 eeid 值的对应 eeexam 元组存储在相同（或相邻的）磁盘块内，所以要么存储 examinee 元组的块也存有对应的 eeexam 关系的元组，要么存有对应的 eeexam 关系的元组的块的临近块存有对应的 eeexam 关系的元组，这两种情况都可以减少连接运算时读磁盘块次数和/或从磁盘块传输数据的时间，从而提高连接运算效率。

表 8-2　eeexam 关系

eeid	eid	achieve
218811011013	0205000002	92
218811011013	0210000001	85
218811011013	0201020001	88
218811011116	0210000001	90
218811011116	0201020001	80

表 8-3 examinee 关系

eeid	eename	eesex	eeage	eedepa
218811011013	刘诗诗	男	20	历史学院
218811011116	刘慧杰	女	19	教育学部
218811011219	王琳懿	女	18	文学院
218811011028	张立帆	男	19	心理学院

聚簇的缺点：如果需要改用其他属性或属性集作聚簇键，将不得不移动所有元组，这将极其费时；如果更新了一个元组的聚簇键值，则这个元组要移动到相应的新位置；多表聚簇方法可以大大提高特定连接（比如前面例子中的 eeexam ⋈ examinee）运算的效率，但是它会使得其他一些查询的处理效率变慢。由于与用单独一个文件存储 examinee 表相比，图 8-6 给出的聚簇中 examinee 表的元组散布在更广的磁盘块中，如果在图 8-6 给出的聚簇中执行查询 **SELECT** * **FROM** examinee，则会因需要读更多磁盘块而比用单独文件存储 examinee 表慢。几个 examinee 元组不是出现在一个块中，而是每个元组位于一个不同的块中。实际上，不仅是需要多读一些磁盘块，而且在每个磁盘块中还需要撷取 examinee 元组，可以用指针把关系 examinee 的所有元组连接起来，以利于快速撷取，如图 8-7 所示。

218811011013	程思思	男	20	历史学院
218811011013	0205000002	92		
218811011013	0210000001	85		
218811011013	0201020001	88		
218811011116	刘慧杰	女	19	教育学部
218811011116	0210000001	90		
218811011116	0201020001	80		
218811011219	王琳懿	女	18	文学院
218811011028	张立帆	男	19	心理学院

图 8-6 聚簇文件结构

聚簇适合多表连接查询占比很高、特别频繁的应用，这在斯坦福大学的大学课程推荐项目（以多表连接查询和追加写操作为主）中已经得到实证。如果应用中大多数查询涉及单表的一个或多个属性的大部分数据，则列存储（列式数据库管理系统）具有显著优势。

218811011013	程思思	男	20	历史学院	
218811011013	0205000002	92			
218811011013	0210000001	85			
218811011013	0201020001	88			
218811011116	刘慧杰	女	19	教育学部	
218811011116	0210000001	90			
218811011116	0201020001	80			
218811011219	王琳懿	女	18	文学院	
218811011028	张立帆	男	19	心理学院	

图 8-7　带指针链的聚簇文件结构

8.6 索　　引

由于数据库文件通常比较大，占用很多磁盘块，如果用遍历方式从这些磁盘块中找出一个特定元组的效率会很低，实际中通常使用索引，就像新华字典中的音序索引和笔画索引一样。例如，若要以给定 eid 检索特定 exampaper 元组，数据库管理系统首先在索引中找到给定的 eid 及相应的索引项，获悉相应元组所在的磁盘块，然后从相应磁盘块中获取特定 exampaper 元组。索引项由一个属性（或属性集）值以及指向具有该值的一个或多个元组的指针组成，其中指向元组的指针包括磁盘块标识和元组在块内的偏移量。建立索引的属性或属性集，称为索引键；每一个相应的属性或属性集值，称为索引键值；指向具有特定索引键值的元组的指针，称为索引项指针。

索引对元组检索性能的改进很重要，有以下两种基本的索引类型。

- 顺序索引：基于索引键值的对元组按顺序建立的索引，对应的文件结构可以是顺序文件或 B+树文件等。
- 哈希索引：通常把若干(1～32)个连续磁盘块构成存储桶，基于索引键值，使用一个函数（该函数称为散列函数，也叫哈希函数）将元组平均、随机地分布到若干存储桶中。

对数据库建立索引，首先索引项需要占用额外空间，进而每当数据库发生变化时通常需要维护索引完整性，另外，对数据项的检索也需要先检索索引项再找数据项，不同索引方法在这些时间和空间上的花费不同，从而适合不同访问类型的应用。

如果关系表中元组按照某属性或属性集值的顺序物理排列，则在该属性或属性集上建立的索引称为主索引（也称为聚集索引）；相反，属性或属性集值顺序与关系表中元组的物理排列顺序不同的属性或属性集上建立的那些索引称为辅助索引（也称为非聚集索引）。显然，一个关系表上只能有一个主索引，但可以同时建有多个辅助索引。图 8-8 给出了一个辅助索引的例子：exampaper 关系表的 etype 属性上建的辅助索引。辅助索引能够提高相应索引键上的相关查询性能，但是，数据修改时维护辅助索引需要花费时间，宜依据查询和修改的相对频率来确定是否需要以及需要哪些辅助索引。

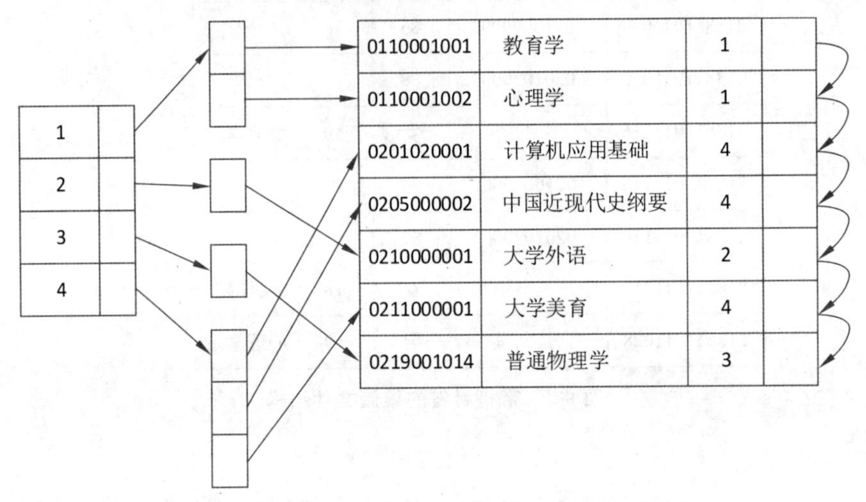

图 8-8 关系表 exampaper 属性 etype 上的辅助索引

8.6.1 稠密索引和稀疏索引

顺序索引有以下两类。

- **稠密索引**：指关系表中欲建索引的索引键的每个值有一个索引项，每个索引项包括索引项值以及指向具有该值的第一个元组的指针，具有相同索引项值的其他元组紧跟其后。
- **稀疏索引**：只为关系表中欲建索引的索引键的某些值建立索引项，每个索引项包括一个索引项值和指向具有该值的第一个元组的指针。依稀疏索引查找一个元组时，首先找到小于或等于所找元组的索引键值的索引项，然后从该索引项指向的元组开始，依次往后查找，直至找到所请求的元组为止。

如图 8-9 和图 8-10 所示分别是 exampaper 关系表上建立的稠密索引和稀疏索引。假如要找出 eid 是 0205000002 的元组，利用图 8-9 的稠密索引，可以直接找到 eid 为 0205000002 的索引项，按指针找到相应的第一条元组，然后依次找到其后具有相同索引项值的元组，直到遇到 eid 不是 0205000002 的元组。如果使用稀疏索引（见图 8-10），那么可以先找到 eid 值比 0205000002 小的最大 eid 索引项，按指针找到相应的第一个元组，然后依次往后找，直至找到具有相同索引项值的一个或多个元组，直到遇到 eid 不是 0205000002 的元组。

大多数情况下，利用稠密索引可以比稀疏索引更快地找到一个特定元组；但是，稀疏索引的索引项更少，索引所占空间更小，并且元组插入和删除时索引维护花的时间也较少。

由于数据在磁盘和主存之间总是以块为单位进行传输，为每个磁盘块创建一个索引

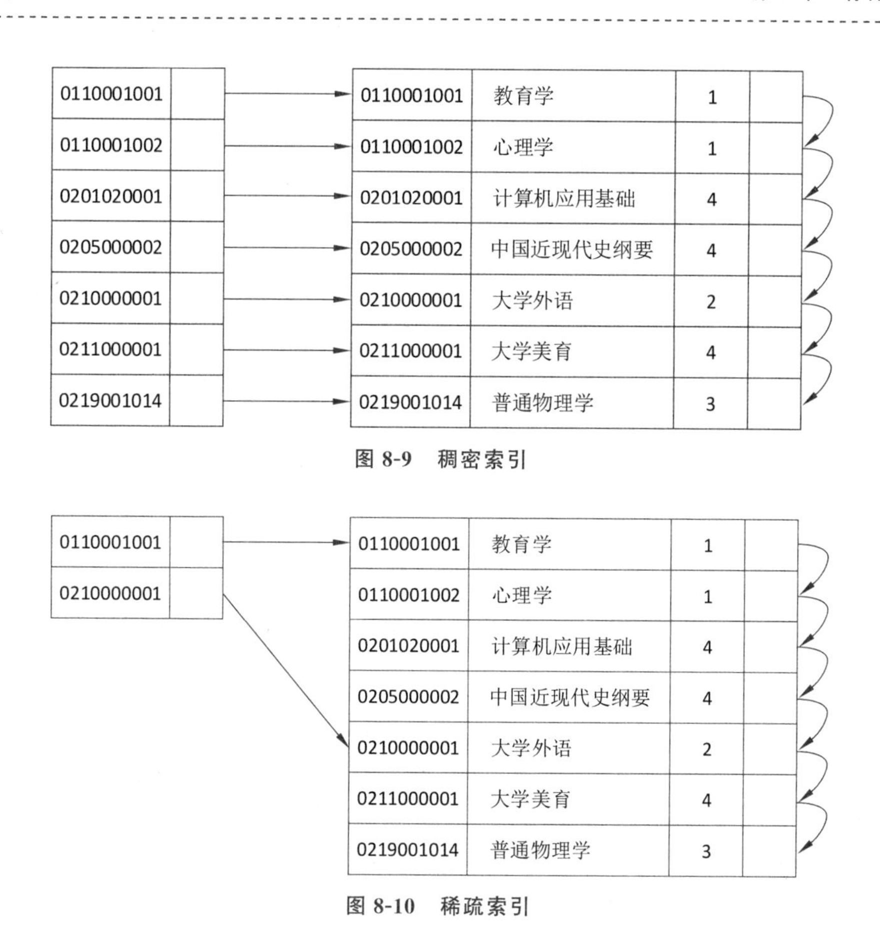

图 8-9　稠密索引

图 8-10　稀疏索引

项的稀疏索引是一个较好的方法。这种方法能同时有效减少磁盘块访问次数和索引项数。

8.6.2　多级索引

如果索引足够小可以常驻内存，查找特定索引项的时间就会小很多。但是，大多数数据库会很大，即使使用稀疏索引，索引本身也可能会非常大而占用大量磁盘块。例如，假定一个数据库有 100 000 条元组，每一个磁盘块可存储 10 条元组，如果为每个磁盘块建个索引项，那么索引项就有 10 000 条，假设一个磁盘块能容纳 100 条索引项，那么索引将占用 100 个磁盘块。每当查找一个元组时，需要访问很多次磁盘块，如果是顺序查找索引项平均需要 50 次磁盘块访问；如果是二分法查找索引项需要访问 7 次磁盘块。为此，可以将所有索引项看成一个关系表，并对这个索引关系表以磁盘块为单位再构造一个稀疏索引，如图 8-11 所示。刚好 100 条索引项可以容纳到一个磁盘块里，这个磁盘块内容常驻内存是有可能行的。

为了找到一个元组，首先在二级索引上使用二分搜索找到该元组索引键值对应一级索引项所在的磁盘块，从该块中找到特定元组所在磁盘块并读取该特定的元组。共需访问三个磁盘块。如果二级索引能常驻内存中，则只需访问两次磁盘块。反过来，如果数据

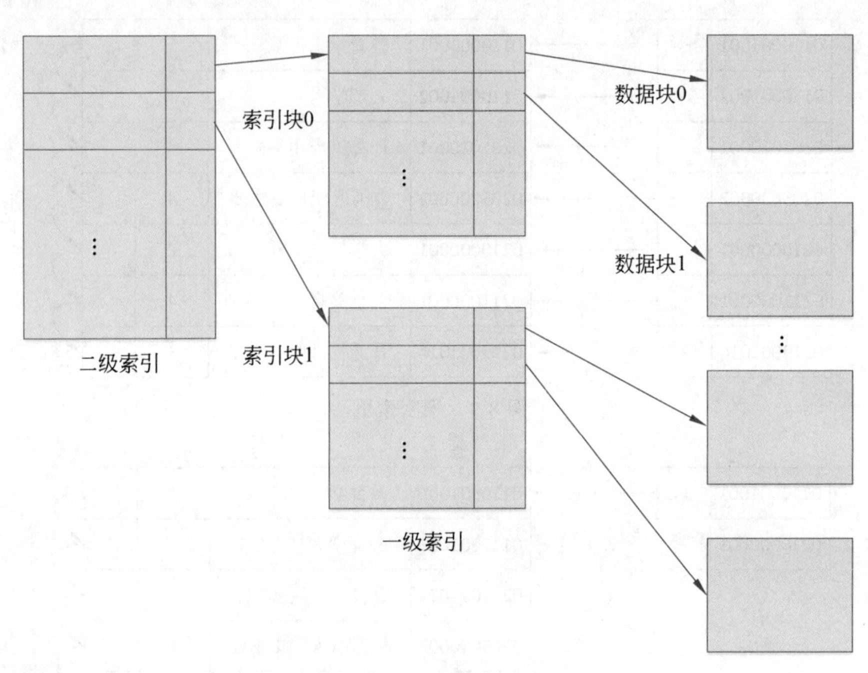

图 8-11 两级稀疏索引

库迅速增长，比如是现在规模的100倍，这时二级索引也需要占用100个磁盘块。这种情况就可以创建更高一级索引。具有两级或两级以上的索引称为多级索引。利用多级索引查找元组可以节省很多I/O操作；每一级索引可以分别对应一个物理存储单位，例如，可以有磁盘块级、磁道级、柱面级和磁盘级的索引。

实际生活中，新华字典的“部首查字法”就是一个典型的多级索引的例子。其中，“部首目录”相当于二级索引，“检字表”相当于一级索引。当在字典中查找不认识的生字时，首先确定要查汉字的部首，按其笔画数在“部首目录”中找到该部首及其对应的“检字表”页码，然后在“检字表”中按照去除部首后汉字笔画数找所查汉字，得到该所查汉字在正文内容部分的页码，按此页码即可找到汉字。

8.6.3 B+树索引

关系数据库的许多典型OLTP应用都涉及频繁数据修改，特别是元组插入和删除，这给前述顺序式聚集索引（一般情况下，数据库管理系统都会自动建立主键上的聚集索引）的维护带来极大挑战，随着数据库规模的增大，以及修改的频繁执行，会导致数据访问性能急剧下降。B+树索引采用平衡树结构，在插入和删除操作很频繁的情况下仍保持有效的索引结构，适合数据库存储。

典型的B+树结点结构如图8-12所示。它最多包含 $n-1$ 个索引键值 $k_1,k_2,\cdots,k_{n-1}$，以及 n 个指针 $P_1,P_2,\cdots,P_n$。每个结点中的索引键值按序存放，因此，如果 $i<j$，那么 $K_i<K_j$。

除非整棵树只有一个结点，根结点必须至少包含两个指针；每个非叶子结点至少容纳 $\lceil n/2 \rceil$ 个、至多 n 个指针；每个叶结点至少容纳 $\lceil (n-1)/2 \rceil$ 个、至多 $n-1$ 个值，各叶结点

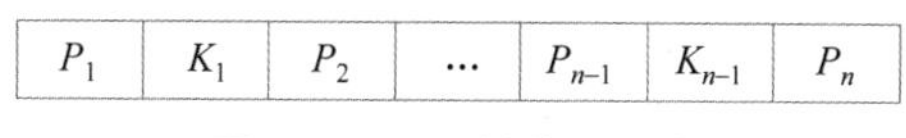

图 8-12　B+树典型结点

中值的范围互不重合，如果 D_i 和 D_j 是两个叶结点且 $i<j$，那么 D_i 中的所有索引键值都小于 D_j 中的所有索引键值；对 $i=2,3,\cdots,n-1$，指针 P_i 指向一棵子树，该子树包含的索引键值小于或等于 K_i 且大于 K_{i-1}，指针 P_1 指向所含索引键值小于或等于 K_1 的子树，指针 P_n 指向右兄弟。

基于 B+树建立稠密索引，则各索引键值都必须出现在某个叶结点中，在叶结点，对 $K=1,2,\cdots,n-1$，指针只指向索引键具有值 K_i 的一个元组。图 8-13 是 exampaper 关系表的 B+树的一个叶结点，其中，设 $n=3$，索引属性是 eid。

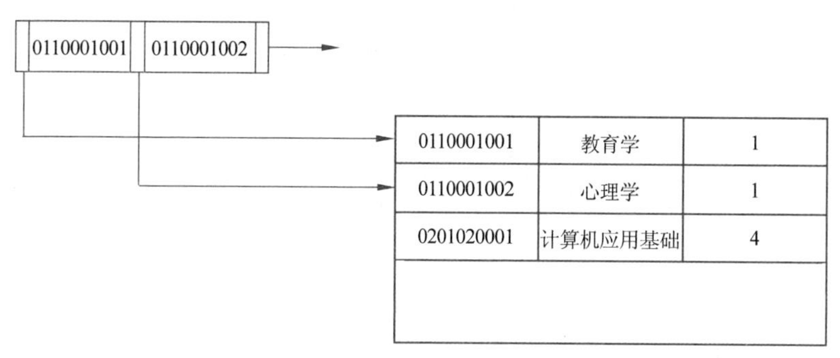

图 8-13　关系表 exampaper B+树索引的一个叶结点举例($n=3$)

图 8-14 给出了 exampaper 关系表($n=3$)的完整 B+树；图 8-15 给出了一个 $n=5$ 的 exampaper 关系表 B+树(根结点所含值的个数必须小于$\lceil n/2 \rceil$)。

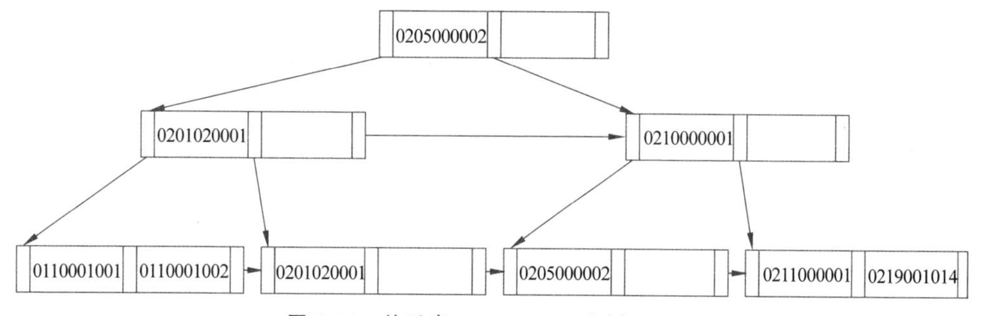

图 8-14　关系表 exampaper B+树($n=3$)

如何利用 B+树索引执行查询呢？例如，查找索引键值为 K 的所有元组，步骤如下。

(1) 读取根结点。

(2) 在此结点中选择合适指针走向下层结点。

① 如果 $K\leqslant K_1$，则沿着指针 P_1，到一个结点。

② 如果 $K_1<K\leqslant K_{n-1}$，从中找出大于或等于 K 的最小索引键值，设为 K_i，则沿着指针 P_i，到另一个结点。

(3) 对新到达的结点，执行步骤(2)，直至到达一个叶结点。

B+树中各叶结点之间按所含的索引键值大小线性有序，这使得按顺序访问非常方

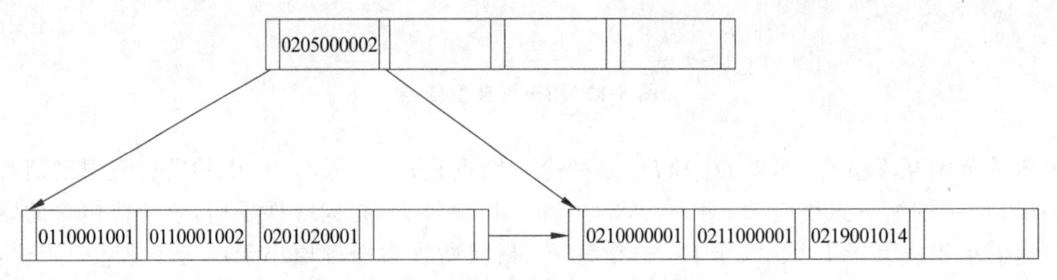

图 8-15 关系表 exampaper B+树($n=5$)

便。B+树是数据管理中最流行的索引结构,虽然理论上B+树可以有任意层,但是实际中B+树都不超过三层。假设磁盘块大小为8KB,索引属性或属性值为2B,指针为2B,则一个块可放2048个索引项,三层B+树索引空间如表8-4所示,可达85亿多元组。事实上,Google的BigTable数据存储系统也是使用了至多三层的B+树索引。关于B+树更详尽的内容可参阅数据结构。

表 8-4 B+树索引空间

层数	索引大小(块数/大小)	索引元组空间
1	1/8KB	2047
2	(1+2048)/约16MB	约419万(2^{22})
3	($1+2^{11}+2^{22}$)/约32GB	约85亿(2^{33})

8.6.4 哈希方法

在基于哈希的数据库表存储中,以存储桶为存储单位。通过计算索引键值上的哈希值,来表明包含该索引键值的元组该存储的桶号。

令 K 表示索引键所有值的集合,令 B 表示所有桶号的集合,哈希函数 h 就是一个从 K 到 B 的映射:$h(K)\to B$ 或 $B=h(K)$。

基于哈希的数据库表存储中数据操作过程如下。

1. 插入元组

为了插入一个索引键值为 K_i 的元组,通过计算 $h(K_i)$获得存放该元组的桶号,然后就把该元组存入相应桶中或是相应的溢出桶中。

2. 删除元组

如果待删除元组的索引键值是 K_i,则计算 $h(K_i)$,然后在相应的桶中查找此元组并删除它。

3. 查找元组

设待查找元组的索引键值是 K_i,首先计算 $h(K_i)$,然后在计算出桶号所指桶中找出所有满足条件的元组。

在基于哈希的数据库表存储中,需要仔细设计哈希函数。如果哈希函数设计不好,就有可能把所有的索引键值都映射到少数几个或同一个存储桶中，这时哈希就失去了意义。因此，对哈希函数的基本要求是在把索引键值分配到桶时分布应该是均匀的并且随机的。

(1) 分布是均匀的：即每个存储桶从所有可能的索引键值集合中分配到的值的个数差不多相同，例如，将大写英文字母分配到 5 个存储桶中。

(2) 分布是随机的：不管索引键值的实际是怎样分布的，每个存储桶应分配到的索引键值的个数也差不多相同。即散列函数应该是随机的。

假设将 110005 起始的整数分布到 5 个存储桶中(桶号从 0 到 4)，那么哈希函数 h 可设计为：假设用 x 表示所对应数据值，……；哈希函数 h = code(x－110005) mod 5，如图 8-16 所示。

桶0	桶1	桶2	桶3	桶4
110005	110001	110002	110003	110004
110010	110006	110007	110008	110009
110015	110011	110012	110013	110014
110020	110016	110017	110018	110019
110025	110021	110022	110023	110024
…	…	…	…	…

图 8-16　数值的哈希组织

图 8-17 给出了用于 exampaper 关系表、有 10 个桶的哈希。哈希函数：先计算 exampaper 关系表主键中各位上数字的总和，然后对该总和取桶数目(10)的模。

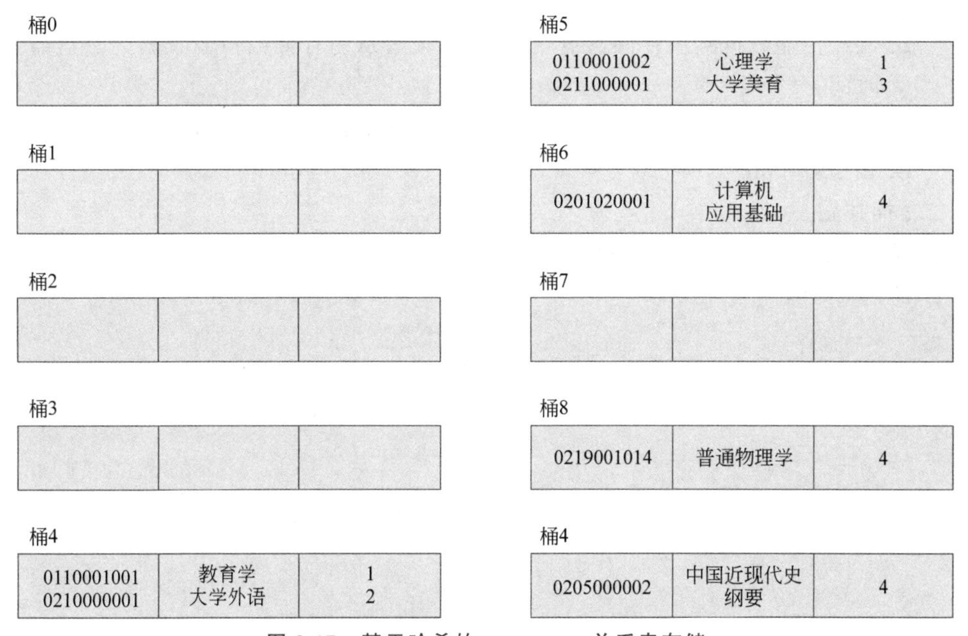

图 8-17　基于哈希的 exampaper 关系表存储

哈希不仅可以用来组织元组的存储，也可以用来组织索引中索引项的存储。哈希索引：将索引项中的索引键值及相应的元组指针看作普通关系元组，按照前述哈希方法组织存储。哈希索引的构造方法：首先将哈希函数作用于索引项中的索引键值以确定对应的存储桶，然后将此索引键值及相应的元组指针存入此存储桶中，而指针指向关系表中的元组。

哈希方法更适合如 SELECT $A_1, A_2, \cdots, A_n$ FROM r WHERE $A_i = c$，按索引键值上的等值查询；顺序索引则更适合如 SELECT $A_1, A_2, \cdots, A_n$ FROM r WHERE $A_i >= c_1$ AND $A_i <= c_2$，按索引键值范围上的查询。

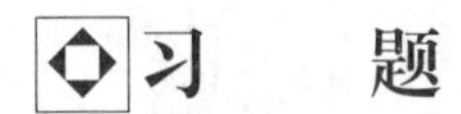

习 题

一、选择题

1. 与主存储器相比，辅助存储器是________。

   A. 昂贵的　　B. 易失的　　C. 更快速　　D. 以上都不是

2. 访问时间是________。

   A. 从发出读、写请求到开始传输数据的时间

   B. 磁盘传输数据到主存储器需要的时间，或者主存储器传输数据到磁盘需要的时间

   C. 读/写头到达发生数据传输的地方的磁盘表面的电子激活时间

   D. 以上都不是

3. 数据传输速度是________。

   A. 从发出读、写请求到开始传输数据的时间

   B. 磁盘传输数据到主存储器需要的时间，或者从主存储器传输数据到磁盘需要的时间

   C. 读/写头到达发生数据传输的地方的磁盘表面的电子激活时间

   D. 以上都不是

二、简述题

1. 简述分槽页结构的基本原理。
2. 简述B+的优点。

第9章

查询处理与优化

9.1 查询处理过程及查询优化问题

当用户用数据库语言给出查询请求，数据库管理系统需要从数据库中撷取相应的数据返回给用户，这个过程称为查询处理。由于简单易用的关系数据库声明性查询语言并不会给出查询执行方案，蛮力执行的性能不好，关系数据库诞生之初并不被看好；得益于加州大学伯克利分校的 Ingres（PostgreSQL 的前身）和 IBM 的 System R 项目在查询优化上的突破，消除性能劣势后，关系数据库以其简单性取胜，进入实际应用并一直独占鳌头数十年。本章重点介绍对查询进行优化处理的核心思想，这些方法也是大数据管理中对查询处理进行优化的出发点。

查询处理涉及从数据库中提取数据并给用户返回结果的一系列动作步骤，包括：将数据库语言查询语句翻译为一种内部表示形式（如关系代数表达式）、查询优化以及查询的实际执行。查询处理步骤如图 9-1 所示。主要步骤包括：①分析；②翻译；③优化；④执行。

1. 分析与翻译

在对用户给出的 SQL 查询进行词法分析所得词汇表基础上进行语法分析，并验证查询中出现的关系名是否是数据库中的合法关系名，查询语句是否符合 PgSQL 语法等，如果查询涉及视图，还要用定义该视图的关系代数表达式来替换所有对该视图的引用。然后，将其翻译成关系代数表达式。

2. 优化

由于一个 SQL 语句可以对应为多个不同的关系代数表达式，一个表达式中的每个关系运算又可以用不同的算法实现，通常一个数据库查询都会有多种执行方案来计算其结果。关键是寻找一种执行代价最小的方案来执行查询处理。

例如查询：

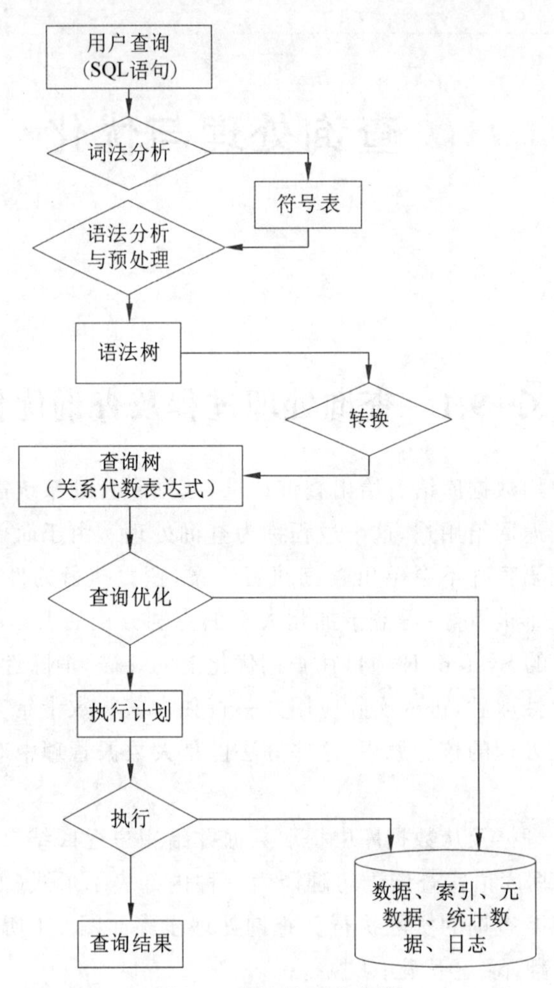

图 9-1　查询处理的步骤

```
SELECT ername
FROM examiner
WHERE erage < 50
```

该对考试数据库的查询至少可以对应下面两个关系代数表达式。

$$\Pi_{\text{ername}}(\sigma_{\text{erage}<50}(\Pi_{\text{ername,erage}}(\text{examiner})))$$

$$\Pi_{\text{ername}}(\sigma_{\text{erage}<50}(\text{examiner}))$$

进而,可以选择不同的算法来执行每个关系代数运算。例如,对其中的选择运算可以通过扫描 examiner 的每个元组筛选出满足 erage＜50 条件的元组;如果属性 erage 上存在 B+树索引,也可以通过这个索引来找到满足条件的元组。

一个关系查询的关系代数表达式,可以对应一棵树,树中叶子是数据库中的关系,非叶子结点是关系代数操作,通常称为查询树。更进一步,完善的查询执行方案,应包含相应的关系代数表达式中每个具体操作所采用的算法,以及用到的索引。这种对查询执行过程步骤的详细说明称为查询计划。

图 9-2 用查询树给出一个查询计划的例子。其中为选择运算指定了一个具体的索引(图中用“索引 ecap”表示)。查询计划一旦确定，数据库管理系统就按该计划说明的步骤和方法逐个执行操作处理并输出查询结果。

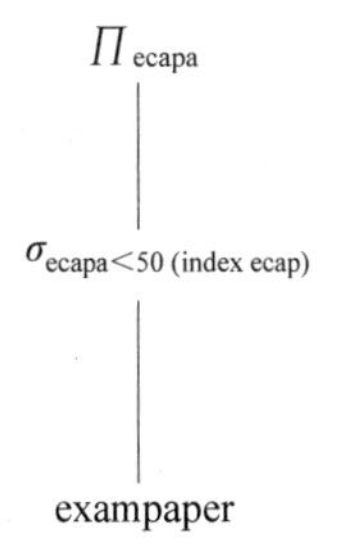

图 9-2　查询树示例

每一个关系操作的执行都需要使用系统中的各种资源,包括：磁盘存取(磁盘 I/O)、执行查询所用的 CPU 时间、并行/分布式数据库系统中的通信开销。一个关系查询对各种资源的使用情况的衡量称为该查询的处理代价。

给定查询的不同查询计划通常会有不同的执行代价,寻找具有最小查询执行代价的计划叫作查询优化,查询优化是由数据库管理系统自动完成的。

为了筛选处理代价最优的查询计划,数据库管理系统中的查询优化器需要知道每个操作的代价。由于确定操作处理代价所涉及的许多参数在实际运行中其值是不断变化的(例如该操作实际能用的内存大小),精确计算代价很难甚至根本不可能,工程实践中通常都是对每个操作的执行代价粗略地估计一个(精度足够的)近似值。

在集中式数据库系统中磁盘访问通常是最主要的代价,这是因为：磁盘存取比内存操作(CPU)要慢得多;CPU 速度的提升要比磁盘速度的提升快得多。从而,在集中式数据库系统中一般都是采用磁盘存取代价作为查询执行计划代价的合理度量。

主存中缓冲区的大小对查询处理算法代价影响很大。最好的情形是,所有的数据都可以同时位于缓冲区中,不必再访问磁盘。最坏的情形是,缓冲区只能容纳关系操作涉及的每个表各一个数据块,通常这就需要反复访问磁盘。

为简洁地阐述基本原理,如无特别说明,本章后续阐述都是基于缓冲区的最坏情形,并假设查询开始执行前所有数据只在磁盘上,每个数据项都需从磁盘读取,查询优化目标是尽可能缩短响应时间。

9.2　关系代数表达式的等价变换与优化

一个 PgSQL 语句可以对应为多个不同的关系代数表达式。如果两个或多个关系代数表达式在所有有效数据库实例上都会产生相同的结果元组集(元组的顺序和属性出现的次序可以不同),称这些关系代数表达式等价。可以通过等价规则将一个关系代数表达式变换为与它等价的不同形式。

9.2.1　关系代数表达式等价变换规则

用θ、θ_1、θ_2、…、θ_n表示布尔条件表达式，P、P_1、P_2、……、P_n 等表示谓词,A_1、A_2、A_3、……、A_n 等表示属性列表,而 E、E_1、E_2、…、E_n 等表示关系代数表达式。

1. 选择运算

(1) 基于条件合理地选择运算,可以分解为多个选择运算的组合。

$$\sigma_{\theta_1 \wedge \theta_2}(E)=\sigma_{\theta_1}(\sigma_{\theta_2}(E))$$

(2) 选择运算满足交换律：

$$\sigma_{\theta_1}(\sigma_{\theta_2}(E))=\sigma_{\theta_2}(\sigma_{\theta_1}(E))$$

2. 投影运算

当 $A_1\subseteq A_2\subseteq\cdots\subseteq A_n$ 时：$\Pi_{A_1}(\Pi_{A_2}(\cdots(\Pi_{A_n}(E))\cdots))=\Pi_{A_1}(E)$。

3. 笛卡儿积和连接运算

(1) 笛卡儿积满足交换律：$E_1E_2=E_2E_1$。

(2) 自然连接满足交换律：$E_1\infty E_2=E_2\infty E_1$。

(3) θ 连接满足交换律：$E_1\infty_\theta E_2=E_2\infty_\theta E_1$。

(4) 笛卡儿积满足结合律：$(E_1E_2)E_3=E_1(E_2E_3)$。

(5) 自然连接满足结合律：$(E_1\infty E_2)\infty E_3=E_1\infty(E_2\infty E_3)$。

(6) 当其中 θ_2 只涉及 E_2 与 E_3 的属性时，θ 连接具有以下方式的结合律：$(E_1\infty_{\theta_1}E_2)\infty_{\theta_2\wedge\theta_3}E_3=E_1\infty_{\theta_1\wedge\theta_3}(E_2\infty_{\theta_2}E_3)$。

(7) 依据 θ 连接的定义，有：$\sigma_\theta(E_1\times E_2)=E_1\infty_\theta E_2$。

(8) $\sigma_{\theta_1}(E_1\infty_{\theta_2}E_2)=E_1\infty_{\theta_1\wedge\theta_2}E_2$。

4. 集合并与交运算

(1) 并满足交换律 $E_1\cup E_2=E_2\cup E_1$。

(2) 交满足交换律 $E_1\cap E_2=E_2\cap E_1$。

(3) 并满足结合律 $(E_1\cup E_2)\cup E_3=E_1\cup(E_2\cup E_3)$。

(4) 交满足结合律 $(E_1\cap E_2)\cap E_3=E_1\cap(E_2\cap E_3)$。

5. 分配律

(1) 如果选择条件 θ_0 只涉及参与连接运算的表达式之一(如 E_1)，则有如下分配律：$\sigma_{\theta_0}(E_1\times E_2)=(\sigma_{\theta_0}(E_1))\times E_2$。

(2) 如果选择条件 θ_0 只涉及参与连接运算的表达式之一(如 E_1)，则有如下分配律：$\sigma_{\theta_0}(E_1\infty E_2)=(\sigma_{\theta_0}(E_1))\infty E_2$。

(3) 如果选择条件 θ_0 只涉及参与连接运算的表达式之一(如 E_1)，则有如下分配律：$\sigma_{\theta_0}(E_1\infty_\theta E_2)=(\sigma_{\theta_0}(E_1))\infty_\theta E_2$。

(4) 如果选择条件 θ_1 只涉及 E_1 的属性，θ_2 只涉及 E_2 的属性，则有如下分配律：$\sigma_{\theta_1\wedge\theta_2}(E_1\times E_2)=(\sigma_{\theta_1}(E_1))\times(\sigma_{\theta_2}(E_2))$。

(5) 如果选择条件 θ_1 只涉及 E_1 的属性，θ_2 只涉及 E_2 的属性，则有如下分配律：$\sigma_{\theta_1\wedge\theta_2}(E_1\infty E_2)=(\sigma_{\theta_1}(E_1))\infty(\sigma_{\theta_2}(E_2))$。

(6) 如果选择条件 θ_1 只涉及 E_1 的属性，θ_2 只涉及 E_2 的属性，则有如下分配律：$\sigma_{\theta_1\wedge\theta_2}(E_1\infty_\theta E_2)=(\sigma_{\theta_1}(E_1))\infty_\theta(\sigma_{\theta_2}(E_2))$。

(7) 令 A_1、A_2 分别代表 E_1、E_2 中出现过的属性，则有如下分配律：

$\Pi_{A_1\cup A_2}(E_1\times E_2)=(\Pi_{A_1}(E_1))\times(\Pi_{A_2}(E_2))$。

(8) 令 A_1、A_2 分别代表 E_1、E_2 中出现过的属性，则有如下分配律：

$$\Pi_{A_1 \cup A_2}(E_1 \infty E_2) = (\Pi_{A_1}(E_1)) \infty (\Pi_{A_2}(E_2))。$$

(9) 令 A_1、A_2 分别代表 E_1、E_2 中出现过的属性，假设 θ 仅涉及 $A_1 \cup A_2$ 中的属性，则有如下分配律：

$$\Pi_{A_1 \cup A_2}(E_1 \infty_\theta E_2) = (\Pi_{A_1}(E_1)) \infty_\theta (\Pi_{A_2}(E_2))。$$

(10) 令 A_1、A_2 分别代表在 E_1、E_2 中出现过的属性，令 A_3 是在 E_1 和 θ 中出现过但在 $A_1 \cup A_2$ 中没出现过的属性，令 A_4 是 E_2 和 θ 中出现过但在 $A_1 \cup A_2$ 中没出现过的属性，则有如下分配律：

$\Pi_{A_1 \cup A_2}(E_1 \infty_\theta E_2) = \Pi_{A_1 \cup A_2}((\Pi_{A_1 \cup A_3}(E_1)) \infty_\theta ((\Pi_{A_2 \cup A_4}(E_2))$。

(11) 选择运算对并运算具有分配律：

$\sigma_P(E_1 \cup E_2) = \sigma_P(E_1) \cup \sigma_P(E_2)$。

(12) 选择运算对交运算具有分配律：

$\sigma_P(E_1 \cap E_2) = \sigma_P(E_1) \cap \sigma_P(E_2)$。

(13) 选择运算对差运算具有分配律：

$\sigma_P(E_1 - E_2) = \sigma_P(E_1) - \sigma_P(E_2)$。

(14) 投影运算对并运算具有分配律：

$\Pi_A(E_1 \cup E_2) = (\Pi_A(E_1)) \cup (\Pi_A(E_2))$。

下面举例说明等价规则的用法。

表达式：

$$\Pi_{\text{examinee.eename}}(\sigma_{\text{exampaper.ename='C语言'}}(\text{exampaper} \infty \text{examinee} \infty \text{eeexam}))$$

依规则 4(b)可变换成以下表达式。

$$\Pi_{\text{examinee.eename}}((\sigma_{\text{exampaper.ename='C语言'}}(\text{exampaper})) \infty (\text{examinee}) \infty \text{eeexam})$$

变换前后的两个关系代数表达式等价，但先计算选择操作会产生较小的中间关系。

针对一个查询或查询的一部分，可以连续使用多个等价规则。例如，关系代数查询

$$\Pi_{\text{examinee.eename}}(\sigma_{\text{exampaper.ename='C语言'} \wedge \text{achieve}=90}(\text{exampaper} \infty (\text{examinee} \infty \text{eeexam})))$$

不能把选择谓词直接应用到 exampaper 关系上，因为该谓词牵涉到 exampaper 和 eeexam 两个关系的属性。然而，可以先用 3(e)即自然连接的结合律把连接变换成

$$\Pi_{\text{examinee.eename}}(\sigma_{\text{exampaper.ename='C语言'} \wedge \text{achieve}=90}((\text{exampaper} \infty \text{eeexam}) \infty \text{examinee}))$$

然后使用规则 4(h)，将查询变换为：

$$\Pi_{\text{examinee.eename}}((\sigma_{\text{exampaper.ename='C语言'} \wedge \text{achieve}=90}(\text{exampaper} \infty \text{eeexam})) \infty \text{examinee})$$

利用规则 1(a)，可以把该表达式的选择子表达式分解为两个条件选择操作，得到以下子表达式：

$$\sigma_{\text{exampaper.ename='C语言'}}(\sigma_{\text{achieve}=90}(\text{exampaper} \infty \text{examinee}))$$

进一步，可以用规则 4(e)继续变换，得到如下子表达式。

$$(\sigma_{\text{exampaper.ename='C语言'}}(\text{exampaper})) \infty (\sigma_{\text{achieve}=90}(\text{eeexam}))$$

这个例子中原始关系代数表达式对应的查询树和经过上述变换后的最终关系代数表达式对应的查询树如图 9-3 所示。这是一个通过先计算选择操作来减少中间结果的例子。下面给出一个通过先计算投影来减少中间结果的例子。

现在考虑如下的关系代数表达式。

$$\Pi_{\text{examinee.eename}}((\sigma_{\text{exampaper.ename='C语言'}}(\text{exampaper}) \infty \text{eeexam}) \infty \text{examinee})$$

其中，子表达式 $\sigma_{\text{exampaper.ename='C语言'}}(\text{exampaper}) \infty \text{eeexam}$ 计算完后，会得到结果关系

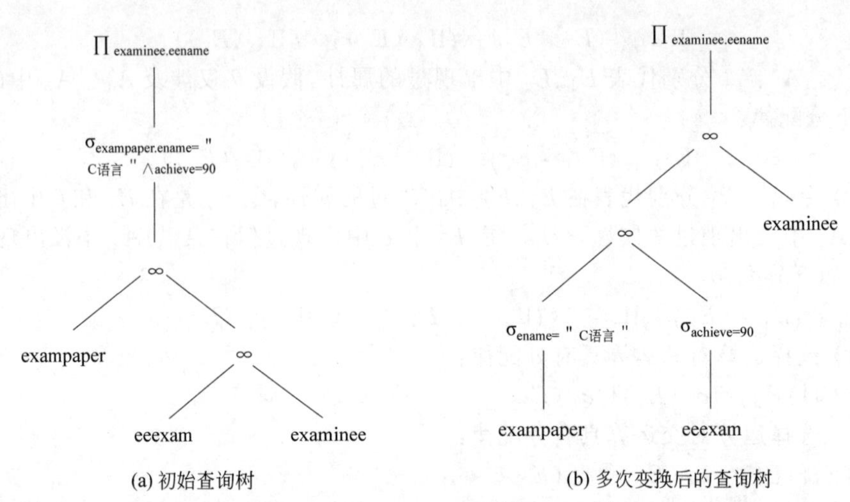

(a) 初始查询树　　(b) 多次变换后的查询树

图 9-3　多次变换前后的查询树

的模式如下：(eid，ename，etype，eeid，achieve)。其中，exampaper 与 eeexam 的连接只需属性 eid。因此，通过使用等价变换规则 4(h)可将表达式变换为：

$$\Pi_{examinee.eename}((\Pi_{eid}(\sigma_{exampaper.ename='C语言'}(exampaper))\infty eeexam)\infty examinee)$$

与原始关系代数表达式相比，该变换后的关系代数表达式会先做投影运算，从而通过仅保留那些出现在查询结果中或在后续运算中用得到的属性，去除各模式中那些不会出现在查询结果中或在后续运算中用不到的不必要的几个属性，从而可以减少中间结果的列数，也就减少了中间结果关系的大小。

9.2.2　关系代数等价变换的启发式规则

等价的关系代数表达式，执行结果相同，但效率不同。查询优化的启发式规则如下。

(1) 将合取(∧)选择运算分解为单个选择运算序列。

(2) 尽可能早地执行选择运算。

(3) 将投影属性分解，并尽可能早地执行投影运算。

(4) 确定哪些选择运算和连接运算将产生比较小的关系，重新组织表达式中多个连接的顺序。

(5) 将有关选择运算和笛卡儿积运算组成连接运算。

9.3　实现关系运算的算法与优化

以选择运算和连接运算为例来介绍为关系操作选择执行算法。

9.3.1　选择运算的算法与优化

1. 基本算法

(1) 简单的全表扫描方法。

对查询的基本表顺序扫描，扫描每一个文件块，逐一检查每个元组是否满足选择条件，把满足条件的元组作为结果输出。这种方法适合小表，不适合大表。

（2）二分搜索。

若存放数据库的磁盘块按某一属性排序，且选择条件是该属性的等值比较，则可用二分搜索来查找满足选择条件的元组。这里的二分搜索是针对文件的磁盘块进行的。

2. 利用索引的选择

使用索引的扫描算法称为索引扫描。

索引（或散列）扫描方法：适合选择条件中的属性上有索引（例如 B+树索引或 Hash 索引），通过索引先找到满足条件的元组主键或元组指针，再通过元组指针直接在查询的基本表中找到元组。

3. 选择算法的优化

（1）对于小关系：使用全表顺序扫描。

（2）对于大关系：

① 由于一般的 RDBMS 会自动建立主键索引，对于选择条件是主键＝值的查询，查询结果最多是一个元组，可以选择基于主键索引的索引扫描方法。

② 对于选择条件是非主属性＝值的查询，并且选择列上有索引，要估算查询结果的元组数目，如果比例较小可以使用索引扫描方法，否则还是使用全表顺序扫描。

③ 对于选择条件是属性上的非等值查询或者范围查询，并且选择列上有索引，要估算查询结果的元组数目，如果比例较小可以使用索引扫描方法，否则还是使用全表顺序扫描。

9.3.2　连接运算的算法与优化

连接操作是查询处理中最耗时的操作之一，本节讨论自然连接最常用的实现算法。仍然使用考试系统数据库作为例子，并对数据库规模做如下假设。

eeexam 的元组数：$n_{\text{eeexam}}=6000$。

eeexam 的磁盘块数：$b_{\text{eeexam}}=20$。

examinee 的元组数：$n_{\text{examinee}}=1000$。

examinee 的磁盘块数：$b_{\text{examinee}}=30$。

1. 元组嵌套循环连接

图 9-4 给出了基于元组嵌套循环执行关系表 t_1 和 t_2 连接的算法，其中，r_1 和 r_2 表示 t_1、t_2 的元组。对外循环的每一个元组（r_1），检索内层循环中的每一个元组（r_2）；检查这两个元组在连接属性上是否相等；如果满足连接条件，则串接后作为结果输出，直到外循环表中的元组处理完为止。由于该算法由两个嵌套的循环构成，故称为嵌套循环连接。算法中有关 t_1 的循环包含有关 t_2 的循环，关系表 t_1 称为连接的外关系，而 t_2 称为连接的内关系。

```
对于 t1 中每个元组 r1{
    对于 t2 中每个元组 r2{
      测试(r1,r2)是否满足连接条件
      如果满足,把 r1 串接 r2加到结果中
      }
    }
```

图 9-4　元组嵌套循环连接

元组嵌套循环适合有一个参与连接的关系表能放入内存的情况，例如，假设把 eeexam 作为内关系而把 examinee 作为外关系，eeexam 表可以全部放入内存，则基于元组嵌套循环来执行 eeexam 和 examinee 的连接运算，共需读磁盘块 $b_{\text{eeexam}}+b_{\text{examinee}}=50$(块)。考虑最坏的情形，如果受内存容量限制，eeexam 和 examinee 表分别只能有一块放入内存，则基于元组嵌套循环来执行 eeexam 和 examinee 的连接运算，共需读磁盘块 $n_{\text{examinee}}\times b_{\text{eeexam}}+20=20\ 020$(块)。

2. 块嵌套循环连接

如果受可用内存容量限制，无法将较小的关系完全纳入缓冲中时，若能以块为单位处理连接运算，则可以大大减少块读写次数。图 9-5 给出了基于块的嵌套循环连接操作过程。基于块的嵌套循环连接是与基于元组的嵌套循环连接不同，对于读入缓冲中的内关系每一个块与外关系每一个块，每一个外关系块中的每一个元组与每一个内关系块中的每一个元组如果满足共同属性取值相等便串接形成结果关系的元组。

```
对于 t1 中每个块 B1{
    对于 t2 中每个块 B2{
        对块 B1 中每个元组 r1{
            对块 B2 中每个元组 r2{
                测试(r1,r2)是否满足连接条件
                如果满足,把 r1 串接 r2加到结果中
            }
        }
    }
}
```

图 9-5　块嵌套循环连接

考虑最坏的情形，如果受内存容量限制，eeexam 和 examinee 表分别只能有一块放入内存，则基于块的嵌套循环来执行 eeexam 和 examinee 的连接运算，共需读磁盘块 $b_{\text{examinee}}\times b_{\text{eeexam}}+20=620$(块)。这个代价比采用基于元组嵌套循环连接算法所需的 20 020 次块传输有极其显著的改进。最好情形即两个表可以同时完全纳入内存，则基于块嵌套循环连接和基本元组嵌套循环连接代价一样：$b_{\text{eeexam}}+b_{\text{examinee}}=50$(块)次磁盘块传输。

3. 排序-合并方法

排序-合并关系连接操作处理方法适合连接的诸表已经排好序的情况。

下面以 examinee 表和 eeexam 表的自然连接操作举例说明排序-合并连接方法的步骤。

(1) 如果连接的表没有排好序,先对 examinee 表和 eeexam 表按连接属性 eeid 排序。

(2) 取 examinee 表中第一个 eeid,依次扫描 eeexam 表中具有相同 eeid 的元组。

(3) 当扫描到 eeid 不相同的第一个 eeexam 元组时,返回 examinee 表扫描它的下一个元组,再扫描 eeexam 表中具有相同 eeid 的元组,把它们连接起来。

(4) 重复上述步骤直到 examinee 表扫描完。

以排序-合并关系连接操作处理 examinee 表和 eeexam 表的连接运算,如果原来两个表都已排序,两个表都只需要扫描一遍,共需 $b_{\text{eeexam}} + b_{\text{examinee}}$ 次磁盘块传输;如果两个表原来无序,执行时间要加上对两个表的排序时间。

一般情况下,如果参与连接运算的两个表并未排好序而且规模比较大,先排序后使用 sort-merge join 方法执行连接操作,总的时间一般仍会大大减少。

4. 索引嵌套循环连接方法

在上述嵌套循环连接处理中,如果在层关系在连接属性上已经建有索引,则可以避免所有每一个元组对在连接属性上的两两比较,改而针对外关系的每一个连接属性值利用索引查找内关系中满足连接条件的元组,将外层关系表 t_1 的每一个元组 r_1 与利用索引查找到的 t_2 中和元组 r_1 满足连接条件的元组串接,并加入到结果关系中。

这种利用索引来实现自然连接中元组匹配的连接方法称为索引嵌套循环连接。该方法可以在内关系已有所需索引的情况下使用,也可以在必要时为连接运算专门建立临时索引。

下面以 examinee 表和 eeexam 表的自然连接操作举例说明索引嵌套连接方法的步骤。

(1) 如果 eeexam 表上原来没有属性 eeid 的索引,在 eeexam 表上建立属性 eeid 的索引。

(2) 对 examinee 中每一个元组,通过 eeexam 的索引查找相应的与当前元组 eeid 值对应的 eeexam 元组。

(3) 把这些 eeexam 元组和 examinee 元组串接起来。

循环执行(2)和(3),直到 examinee 表中的元组处理完为止。

examinee 表和 eeexam 表基于索引嵌套循环连接的执行代价可以这样估计:对于外层关系 examinee 中的每一个元组,需要通过索引查找关系 eeexam 具有相同 eeid 属性值的元组。最坏情形下,如果受内存容量限制,eeexam 和 examinee 表分别只能有一块放入内存,只能内存容纳关系 examinee 表的一个数据块,并用一个块来交替容纳 eeexam 表的一个索引块或一个数据块。从而读取 examinee 表需 b_{examinee} 次磁盘访问操作。假设对于 examinee 表中的每个元组,对 eeexam 进行索引查找的代价为 c,连接运算需要总代价

为 $b_{examinee}+c\times n_{examinee}$。

5. 哈希连接

哈希连接方法把连接属性作为 hash 关键字,用同一个 hash 函数把 t_1 和 t_2 中的元组散列到同一个桶中,连接过程分为两个阶段:划分阶段和试探阶段。下面以 examinee 表和 eeexam 表的自然连接操作举例说明哈希连接方法的步骤。

(1) 划分阶段。

对包含较少元组的表(如 examinee)进行一遍处理;把它的元组按 hash 函数分散到 hash 表的桶中。

(2) 试探阶段,也称为连接阶段。

对另一个表(如 eeexam)进行一遍处理;把 eeexam 的元组散列到适当的 hash 桶中。

(3) 把每一个 eeexam 的元组与桶中所有来自 examinee 并与之相匹配的元组连接起来。

6. 连接算法的优化

基于启发式规则的连接操作优化原则如下。

(1) 如果两个表都已经按照连接属性排序:选用排序-合并方法。

(2) 如果一个表在连接属性上有索引:选用索引连接方法。

(3) 如果上面两个规则都不适用,其中一个表较小,选用 hash join 方法。

(4) 可以选用嵌套循环方法,并选择其中较小的表,确切地讲,是占用的块数(B)较少的表,作为外表(外循环的表)。

9.4 表达式的求值方法与优化

对于包含多个关系运算的关系代数表达式可按照适当的顺序每次执行一个运算,计算结果实体化到一个临时关系中,这种方式称为实体化计算。但是,这里构造的临时关系除非非常小,否则需要写到磁盘上。另一种方式是以流水线方式同时计算多个运算,一个运算的中间结果直接传递给下一个运算,而无须借助磁盘保存中间临时关系。

9.4.1 实体化

$$\Pi_{ername}(\sigma_{dloc=信息楼}(department)\infty_{department.dname=examiner.erdepa}(examiner)$$

当采用实体化方式时,查询处理从表达式的最底层运算开始往上逐个执行。图 9-6 给出的例子中,从最底层运算 department 表上的选择运算开始处理。最底层运算的输入通常是数据库中的关系。可以用 9.3 节阐述的操作处理算法来执行这些运算,并将结果存储到临时关系中。在上一层,运算的输入要么是临时关系,要么是来自数据库的关系。如图 9-6 给出的例子中,连接运算的输入是 examiner 关系及在 department 关系进行选择所建立的临时关系。进行该连接运算,建立另一个临时关系。通过重复类似过程,直至计算树根的运算,从而得到关系代数表达式的最终查询结果。

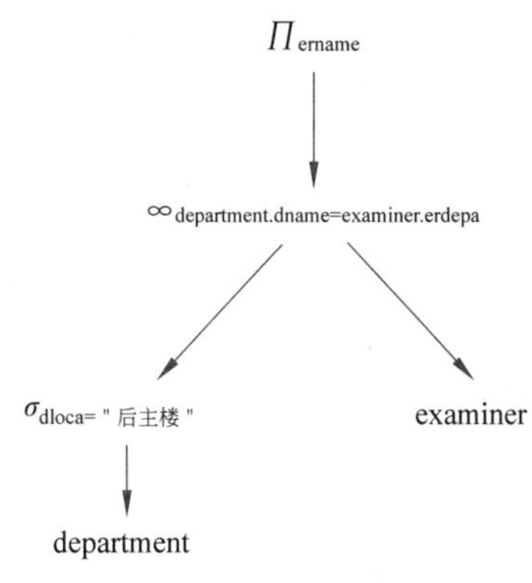

图 9-6　一个查询表达式及其查询树

9.4.2　流水线

通过减少查询执行中产生的临时关系数,可以提高查询执行的效率。这可通过将多个关系操作组成流水线来实现,其中一个运算操作的中间结果直接传送到流水线的下一个运算操作,这种方式叫作流水线计算。

例如,有一个涉及连接和投影的关系代数表达式,如果采用实体化方式,执行连接运算时将创建存放连接结果的临时关系并予以保存,然后再读入该连接结果临时关系,执行投影运算。采用流水线计算时,当连接操作产生一个结果元组时,该元组马上传送给投影操作去处理。

使用流水线方式有以下两个好处。

(1) 能消除读和写临时关系的代价。

(2) 如果一个查询执行计划的根操作符及其输入能合并到流水线中,则每当该运算产生一个结果元组时,可以立即把此结果元组显示给用户。否则,如果结果集很大,生成完整查询结果再传送给用户的话,响应时间会很长。

9.5　基于代价的定量优化

通常,数据库管理系统总需要数据库数据相关的统计信息,来尽可能快、尽可能准确地估计不同查询计划的代价,以筛选最优查询计划。为此,数据库管理系统需要存储各个关系的大小及列值分布情况,相关的统计信息一般至少包括:

(1) 每个关系表(比如 t)中的元组数目:n_t。

(2) 每个关系表(比如 t)元组所占用的磁盘块数目:b_t。

(3) 每个关系表(比如 t)中一个元组的宽度:s_t。

(4) 每个关系表(比如 t)的块因子:f_t,即一个磁盘块中能容纳的关系表 t 的元组数目。

(5) 每个关系表中各个属性(比如属性 A)所具有的不同值的数目:$V(A,r)$。若 A 为关系表 t 的候选键,则 $V(A,t)=n_t$。

(6) 关系表 t 的属性 A 的选择基数：$C(A,t)$，给定关系表 t 及其属性 A，假定至少有一个元组满足等值条件，那么 $C(A,t)$ 表示在属性 A 上满足某个等值条件的平均元组数。

① 若 A 为 t 的候选键，则 $C(A,t)=1$。

② 若 A 为非候选键属性，通常假定 $V(A,t)$ 个不同的值在多个元组中平均分布，即 $C(A,t)=(n_t/V(A,t))$ 来估计关系操作的结果元组数。

(7) 索引 i 的层数：HT_i，即索引 i 的高度。

利用这些统计信息可以估计实现各种关系代数运算的算法代价。这里给出的统计信息只是简单举例，实际数据库管理系统中的查询优化器通常使用丰富得多的统计信息。

基于代价的查询优化通常针对给定查询语句的一系列等价的查询执行计划，估计查询计划执行代价，并选择代价最小的一个。

一个给定查询通常会有多个甚至大量等价查询计划，一方面，代价估计也需要花费代价；另一方面，好的查询计划和差的查询计划的代价可能相差很大甚至好几个数量级，花费一定代价进行优化处理通常是重要的。但同时应该尽可能节省用于查询优化的时间，实际中多使用启发式方法来减少备选查询计划数目，以便节省优化代价。

习 题

一、选择题

1. 下述________变换是作为选择和投影的交换律。

   A. $\sigma_{c_1 \wedge c_2 \wedge \cdots \wedge c_N}(R) \equiv \sigma_{c_1}(\sigma_{c_2}(\cdots(\sigma_{c_N}(R))\cdots))$

   B. $\sigma_{c_1}(\sigma_{c_2}(R)) \equiv \sigma_{c_2}(\sigma_{c_1}(R))$

   C. $\Pi_L \Pi_M \cdots \Pi_N(R) \equiv \Pi_L$

   D. $\Pi_{A_1,A_2,\cdots,A_N}(\sigma_c(R)) \equiv (\sigma_C(\Pi_{A_1,A_2,\cdots,A_N}(R)))$

2. 下述________将产生一个有效的执行策略。

   A. 尽可能早地完成投影操作　　B. 尽可能早地完成选择操作

   C. 只计算公共表达式一次　　D. 以上都是

3. 在集中式系统中基于代价的查询优化中，下述________代价是最需要考虑的代价。

   A. 内存使用成本　　B. 二级存储访问成本

   C. 通信成本　　D. 以上都是

4. 估计关系代数操作的代价和结果大小的成功与________有关。

   A. 存储在 DBMS 中的统计数据信息的数量

   B. 存数在 DBMS 中的统计数据信息的准确性

   C. A 和 B

   D. 都不是

5. 下述________查询处理方法更有效。

   A. 流水线　　B. 实体化　　C. 串行执行　　D. 都不是

6. 在关系代数表达式的查询优化中，不正确的叙述是

A. 尽可能早地执行连接

B. 尽可能早地执行选择

C. 尽可能早地执行投影

D. 把笛卡儿积和随后的选择合并成连接运算

二、设计题

1. 考虑下列图书管理数据库：书(书名，作者，出版社名，图书号)，出版者(出版社名，出版社所在街道，出版社所在城市)，借阅者(姓名，街道，城市，借书卡号)，借阅(借书卡号，图书号，借书日期)。

2. 对于查询“列出 2018 年 1 月 1 日以前借出的所有书名”：

(1) 请给出关系代数表达式。

(2) 画出该关系代数查询表达式对应的查询树。

(3) 试用启发式规则进行查询优化，给出优化后的查询树。

3. 对于考试数据库系统：

(1) 用 SQL 语句实现如下查询：查询考生张林的“数据库原理”成绩。

(2) 将上述 SQL 语句转换为等价的关系代数表达式。

(3) 画出优化后的查询树。

第10章

事务处理

10.1 事务概念

10.1.1 如果没有事务

假定某数据文件存储火车车票信息，用高级语言编写应用程序实现车票出售。例如，考生购买火车票去上海参加面试，北京西站有40个窗口及市内有若干售票点同时出售T42次火车票，设该日该次列车座位剩余 n（资源数），并用 $t(0)$，$t(1)$，…，$t(n-1)$ 来表示。

1. 多人并发购票时的情形

购票程序可表示如下。

```
Void tt() {…
n--;
if(n>=0)
…}
```

其中，n--在实际执行时是由如下三个等价的语句实现的。

```
Read(y);
y=y-1;
Write(y);
```

现令 $n=10$，两个考生同时买票，即 P_0 和 P_1 交替执行 n--。

P_0	P_1
a：Read(y)	l：Read(y)
b：y=y−1	m：y=y−1
c：Write(y)	k：Write(y)

$a \to b \to c \to l \to m \to k \quad P_0: s(9) \quad P_1: s(8) \quad n: 8$

$l \to a \to b \to c \to m \to k \quad P_0: s(9) \quad P_1: s(9) \quad n: 9$

$a \to l \to b \to c \to m \to k \quad P_0: s(9) \quad P_1: s(9) \quad n: 9$

…　　　　…

$l \to a \to m \to k \to b \to c \quad P_0: s(9) \quad P_1: s(9) \quad n: 9$

$l \to m \to a \to b \to k \to c \quad P_0: s(9) \quad P_1: s(9) \quad n: 9$

$l \to m \to k \to a \to b \to c \quad P_0: s(8) \quad P_1: s(9) \quad n: 8$

总共 20 种可能的执行序列,其中只有第一种和最后一种产生正确结果,另外 18 种都是两个人买到了有重号的座位,这是不应该的。

2. 出现故障时的情形

在购买火车票时,考虑付款操作,需要从买票人账户转账给火车站账户,假设火车站账户用 x 表示,买票人账户用 z 表示,火车票价格用 p 表示,则转账流程可用如下伪代码表示。

```
Void zz() {…
    Read(z);
    z=z-p;
    Write(z);
    Read(x);
    x =x+p;
    Write(x);
}
```

假设在执行完 Write(z)而没有执行 Write(x)期间系统出现故障,则数据文件中保存的购票人款项已经支付了票款但票款并没有进入火车站账户,造成款项无端丢失。

如果由应用程序来处理上述并发出错的情况,则需要借助操作系统的信号量机制,由于信号量是操作系统中的关键资源,通常很紧俏,实际中数据库中的数据项数量一般也远远大于可用信号量数量,使得应用程序编写变得异常复杂并造成信号量枯竭。由于应用程序没有记忆功能,故障都是随机发生的,应用程序无法以合理的工作量来检查纠正发生故障后数据中存在的问题。

每个基于数据的应用都面临这两个问题,所幸的是,我们可以抽取共性特征,实现为通用功能置入数据库管理系统来支撑应用程序,这就产生了事务。

10.1.2　事务及其特性

事务是对数据库进行操作的程序单位,具有原子性、一致性、隔离性、持久性。把事务的原子性(Atomicity)、一致性(Consistency)、隔离性(Isolation)、持久性(Durability),简称 ACID 特性。

设 τ_i 是用户 i 的一个转账事务，这个事务可以定义为如图 10-1 所示。

```
τi : read(x);
     x=x-1;
     write(x)
     read(y);
     y=y+1;
     write(y).
```

图 10-1 购票事务定义

其中，x 表示用户 i 的账号，y 表示接收转账的用户账号。

事务处理是数据库管理系统的一个基本功能，它主要用于维护数据的一致性。一致性维护是数据库管理系统最基本、最核心、最关键的任务。数据库中的数据一致性是由事务的正确性来保证的。为了保证数据一致性，要求数据库系统维护事务的以下性质。

(1) **原子性(Atomicity)**：如果数据库系统运行中发生故障，有些事务尚未完成就被迫中断，这些未完成事务对数据库所做的修改有一部分已经写入数据库，这时数据库就处于一种不正确的状态。事务原子性指一个事务所包含的所有操作要么全做，要么全不做。原子性由事务管理模块中的恢复机制实现。保证原子性的基本思路如下：对于事务要执行写操作的数据项，数据库系统在磁盘上记录其旧值，如果事务没能完成执行，数据库系统将恢复旧值，使得表面上看好像事务从未执行过。

(2) **一致性(Consistency)**：事务一致性指应用程序所定义的事务，其单独执行时(即不存在其他并发执行事务的情况下) 必定是使数据库从一个一致性状态变到另一个一致性状态。或者说，如果事务开始时数据库是一致性的，那么事务结束时，数据库也就应该处于一致性状态。这就要求正确编写每个事务，使得每个事务执行都能保持数据库的一致性，这当然是程序员的任务，另一方面完整性机制也能给予帮助。

(3) **隔离性(Isolation)**：当多个事务同时对数据库进行更新时，即使每个单独的事务都是正确的，数据的一致性也可能被破坏。数据库管理系统应该允许多个事务并发执行，但同时需保证，对任一事务来说感觉不到系统中其他事务的存在。事务隔离性指一个事务的执行不能被其他事务干扰。隔离性由事务管理模块中的并发控制机制实现。

(4) **持久性(Durability)**：事务持久性指一个事务一旦被提交，它对数据库中数据的改变就应该是持久性的，接下来的其他操作或故障不应该对其执行结果有任何影响。持久性由事务管理模块中的恢复机制实现。

为了有效管理事务对数据库的操作以保证数据一致性，人们引入了具有 ACID 特性的事务概念。事务是一系列的数据库操作，是数据库应用程序的基本逻辑单元。事务的原子性要求事务中包含的所有操作要么都做，要么都不做。事务的一致性要求应用程序所定义的事务(在单个事务正常执行完成时)是使数据库从一个一致性状态变到另一个一致性状态。如果数据库系统运行中发生故障，有些事务尚未完成就被迫中断，这些未完成事务对数据库所做的修改有一部分已经写入数据库，这时数据库就处于一种不正确的状态，或者说是不一致的状态。可见，一致性与原子性密不可分。当多个事物同时对数据库进行更新时，即使每个单独的事务都是正确的，数据的一致性也可能被破坏。事务的隔离性就要求一个事务的执行不能被其他事务干扰。考虑到系统中可能的各种故障，事务的持久性要求一个事务一旦被提交，它对数据库中数据的改变就应该是持久性的，接下来的其他操作或故障不应该对其执行结果有任何影响。可见，保证了系统中一切事务的原子性、一致性、隔离性和持续性，就保证了数据库的一致性。

下面以考生购买火车票的事务为例说明 ACID 特性对具体应用的含义。

（1）**原子性**：假设事务 τ_i 执行前，y 和 x 分别有0张和20 000张火车票。在事务 τ_i 执行时，比如在write(x)操作执行之后，write(y)操作执行之前，出现电源故障、硬件故障或软件错误等故障导致 τ_i 没有成功执行完。在这种情况下，数据库中 y 有0张火车票，而 x 剩余19 999张。总的来说，无端丢失了1张火车票。

（2）**一致性**：对考生购买火车票来说，一致性要求事务的执行不改变火车站与客户的火车票数之和。如果一致性得不到保证，火车票可能就会在事务执行中凭空增加或减少。数据库管理系统需要保证如果数据库在事务执行前是一致的，那么事务执行后应该仍然是一致的。像这种情况由于故障而导致系统的状态不再反映数据库本应描述的现实世界的真实状态，称为不一致状态，即数据库多描述的状态与相应的现实状态不一致，数据库管理系统必须保证不会出现这种不一致。

（3）**持久性**：一个事务一旦执行成功并完成（比如用户已经被告知购票成功），数据库管理系统就必须保证任何故障都不能导致与这次购票相关的数据丢失。持久性保证一个事务一旦成功执行完后，即使出现故障该事务对数据库所做的所有修改都应该是持久的。

（4）**隔离性**：即使每个事务单个执行时都能保证事务一致性、原子性和持久性，如果若干事务并发执行而对这些事务操作的交替并发执行不加以控制，仍可能会导致不一致。

如果对多个事务并发执行的更新行为不加以协调，可能带来的数据不一致包括三种情况：丢失修改、无法重复读或读“脏”数据。

（1）丢失修改：两个事务 τ_1 和 τ_2 读入同一数据项（如 d_i）并修改，在后面做修改的事务（如 τ_2）提交的结果会覆盖先做修改的事务（如 τ_1）提交的结果，导致 τ_1 的修改丢失，如图10-2所示。

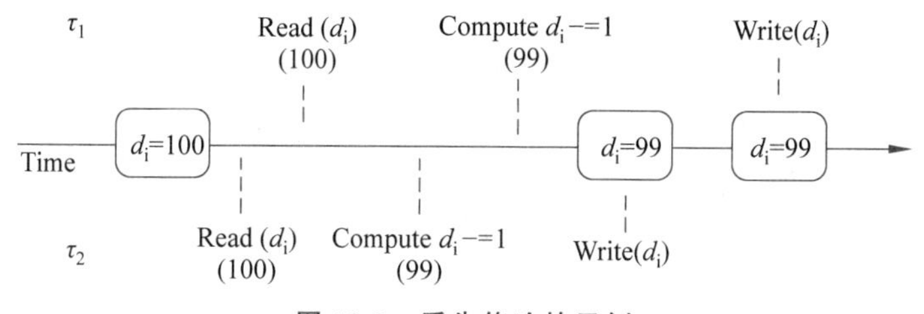

图10-2 丢失修改的示例

（2）无法重复读：一个事务（如 τ_1）读取某数据项（如 d_i）后，另一个事务（如 τ_2）执行更新操作，这使得 τ_1 多次读取的 d_i 值不同，如图10-3所示。

（3）读“脏”数据：一个事务（如 τ_1）修改某数据项（如 d_i），并将其写回磁盘，另一个事务（如 τ_2）读取同一数据 d_i 后，τ_1 由于某种原因被回滚，这时 τ_1 已修改过的数据恢复原值，τ_2 读到的 d_i 数据值就与数据库中的数据不一致，则 τ_2 读到的数据就为“脏”数据，即过时无意义的数据值，如图10-4所示。

如果对多个事务并发执行的行为不加以协调，同一个查询的多次执行可能看到的元组会变多，这是由于该事务执行时其他并发事务的插入操作带来的元组，称为“幻象”。

虽然限定每个事务都串行执行就不会出现这些问题，但是事务并发执行能显著地改

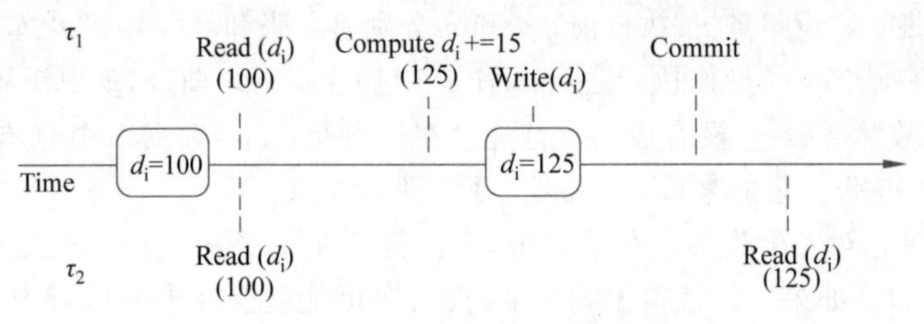

图 10-3 无法重复读的示例

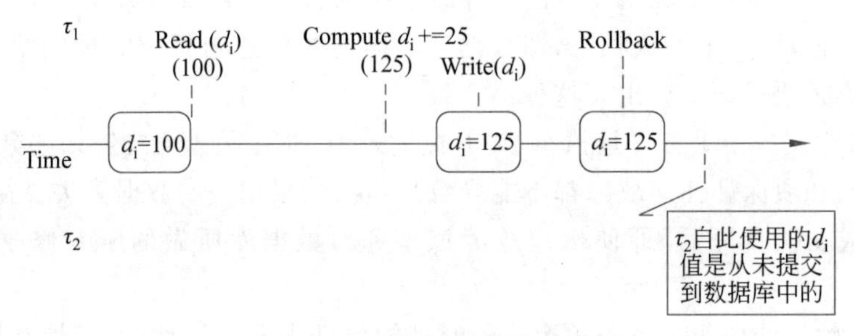

图 10-4 读"脏"数据的示例

善性能，现代计算机系统也都通过多种机制（多核、多线程、多进程、多虚拟机、多用户）支持并发。一个事务由不同的步骤组成，所涉及的资源也不同。这些步骤可以并发执行，以提高系统的吞吐量；系统中存在着周期不等的各种事务，串行可能会带来难以预测的时延。如果各个事务所涉及的是数据库的不同部分，采用并发会减少平均响应时间。事务处理系统通常允许多个事务并发执行，以便提高吞吐量和资源利用率，缩短等待时间。

也就是说，事务处理系统通常允许多个事务并发执行，当多个事务并发执行时，即使每个事务都正确执行，数据库的一致性也可能被破坏。数据库管理系统必须控制事务之间的相互影响，防止它们破坏数据库的一致性。

10.2 并发执行和调度

10.2.1 并发执行

当多个事务并发执行时，即使每个事务都正确执行，数据库的一致性也可能被破坏。数据库系统必须控制事务之间的相互影响，防止它们破坏数据库的一致性。DBMS 通过并发控制机制来保证这一点。

事务中对数据库操作指令执行的时间顺序称为事务调度。显然，一组事务的一个调度必须包含这一组中每个事务的每条数据库操作指令，每个事务中的数据库操作指令的前后顺序应该不变，不同事务中数据库操作指令可以交替并发执行即前后顺序可能不同。

为叙述方便起见，用调度时序图来描述各个具体调度的指令执行顺序，如图 10-5 和图 10-6 等。其中，中间自上而下的有向竖线表示时间轴，其两侧给出按时间先后顺序执行的各个事务的指令。

τ_1	τ_2
read(y)	
y=y-1	
write(y)	
read(x) ;	
x=x-1;	
write(x)	
	read(y)
	y=y-1
	write(y)
	read(x) ;
	x=x-1;
	write(x) ;

图 10-5 先 τ_1 后 τ_2 的调度

τ_1	τ_2
	read(y)
	y=y-1
	write(y)
	read(x) ;
	x=x-1;
	write(x) ;
read(y)	
y=y-1	
write(y)	
read(x) ;	
x=x-1;	

图 10-6 先 τ_2 后 τ_1 的调度

如 10.1 节中的购票事务可能有多种调度执行情况。假定 T42 次还有 10 张票、T1 次还有 18 张票，两个考生同时需各自买这两个往返车次车票各一来回，这两个事务定义如下。

A 考生：

```
τ1:{
    read(y);
    y=y-1;
    write(y);
    read(x) ;
    x=x-1;
    write(x) ;
    }
```

B 考生：

```
τ2:{
    read(y);
    y=y -1;
    write(y);
    read(x) ;
    x=x-1;
    write(x) ;
    }
```

这两个事务执行前 $y=10$，$x=18$。设这两个事务串行执行，先是 τ_1，然后是 τ_2。该调度如图 10-5 所示，其中，指令序列自顶向下按时间顺序排列，τ_1 的指令在前，τ_2 的指令在后。事务的执行使得用户 A 和 B 分别买到 T42 次车的 t(9)、t(8)座位；T1 次车的

t(17)、t(16)座位。事务执行完即在卖出两个座位后，T42 还剩 8 个座位，T1 还剩 16 个座位。

如果这两个事务串行执行时先是 τ_2，然后是 τ_1，那么相应的执行顺序如图 10-6 所示。事务的执行使得用户 A 和 B 分别买到 $T42$ 次车的 t(8)、t(9)座位；$T1$ 次车的 t(16)、t(17)座位。事务执行完即在卖出两个座位后，$T42$ 还剩 8 个座位，$T1$ 还剩 16 个座位。

图 10-5 和图 10-6 给出的都是串行调度，即调度中属于同一个事务的指令总是紧挨在一起，也就是说，当调度开始执行一个事务时一直到该事务执行完才会去调度其他事务，因此，n 个事务共有 $n!$ 个可能的串行调度。

数据库系统中的事务执行时会映射为操作系统中的进程(线程)，各个操作系统对进程(线程)的调度都有特定的调度策略和方法，都希望通过尽可能地提高并发(并行)度，以提高资源利用率、吞吐率，并改进响应时间、等待时间、周转时间等时间特性。对于并发执行的事务(进程或线程)，操作系统总是在中断(陷阱、异常)处理完从核心态进入用户态时在进程(线程)间进行切换，除了时钟中断是周期性的外，其他中断(陷阱、异常)通常都是随机发生的。系统通常总是在机器指令之间(前一条机器指令执行完而后一条机器指令尚未开始执行)对中断(陷阱、异常)进行响应。由于不同机器指令通常包含的机器周期数不同；不同数据库操作指令对应的机器指令数不同，事实上即使同一条数据库操作指令在不同执行环境中对应的机器指令数也不同甚至差别可能很大。从而，准确预测共享 CPU 时间的所有事务中某个事务的指令在 CPU 每次切换中执行多少条是不可能的。

假设 τ_1 和 τ_2 这两个事务按如图 10-7 所示调度并发执行，执行效果与先执行 τ_1 后执行 τ_2 的串行调度一样；但是，并不是所有的并发执行都能得到正确的结果，例如，τ_1 和 τ_2 这两个事务按如图 10-8 所示调度，则会出现用户 A 和 B 都买了重号座位：用户 A 和 B 都买到 T42 次车的 $t(9)$座位，T1 次车的 $t(17)$座位。在分别卖出两个座位后，T42 还剩 9 个座位，T1 还剩 17 个座位。这显然与实际情况不一致。

τ_1	τ_2
read(y)	
y=y–1	
write(y)	
	read(y)
	y=y–1
	write(y)
read(x)	
x=x–1	
write(x)	
	read(x)
	x=x–1
	write(x)

图 10-7 等价先 τ_1 后 τ_2 一个并发调度

τ_1	τ_2
read(y)	
y=y–1	
	read(y)
	y=y–1
	write(y)
	read(x)
write(y)	
read(x)	
x=x–1	
write(x)	
	x=x–1
	write(x)

图 10-8 一个不能得到正确结果的并发调度

有的并发调度能得到正确结果而有的并发调度得不到正确结果，数据库管理系统需要保证对事务的调度应该禁止得不到正确结果的并发调度，同时仅允许并尽可能允许能得到正确结果的并发调度。通常，并发控制机制通过保证并发执行的效果等价一个串行调度效果，来保证数据库的一致性。也就是说，应该保证并发调度在某种意义上等价一个串行调度。

10.2.2　可串行化

事务处理系统通常允许多个事务并发执行。当多个事务并发执行时，即使每个事务都正确执行，数据库的内部一致性也可能被破坏。数据库管理系统必须控制事务之间的相互影响，防止它们破坏数据库的内部一致性。在数据库系统中，维护数据库内部一致性的并发控制机制通常使用冲突可串行化正确性准则。数据库系统必须控制事务的并发执行，保证数据库处于一致的状态。并发控制机制通过保证任何调度执行的效果与没有并发执行的调度执行效果一样，来确保数据库的一致性。也就是说，保证调度应该在某种意义上等价一个串行调度。

用 s 表示一个数据对象的状态，return(s,0)表示定义在该对象上的操作 O 的返回值，state(s,o)表示操作 O 执行后的状态。给定一事务集 T 中事务的执行调度 H，H_d 表示涉及数据对象 d 的操作的投影。$H_d = o_1 <o_2 <_T \cdots <_T o_n$ 既表明了操作的执行顺序(o_i 先于 o_{i+1})，又表明了操作的功能复合。因此，一系列操作所产生的状态 s 也就等于对对象的初始状态 s_0 应用这些操作相应的调度 H_d 所产生的状态，即 $s = \text{state}(s_0, H_d)$。为了简洁起见，始终隐含假定初始状态为 s_0，并可用 H_d 表示一个数据项由 H_d 产生的状态。设 $\tau \in T$，用 $D(\tau)$表示事务 τ 的操作数据集，用 $D_w(\tau)$表示事务 τ 的写数据集，用 $D_r(\tau)$表示事务 τ 的读数据集。

两个操作 o_1、o_2 在由 H_d 产生的状态中冲突，记作 $C(H_d, o_1, o_2)$当且仅当：

$$(\text{state}(H_d <_T o_1, o_2) \neq \text{state}(H_d <_T o_1, o_2)) \vee$$
$$(\text{return}(H_d, o_2) \neq \text{return}(H_d <_T o_1, o_2)) \vee$$
$$(\text{return}(H_d, o_1) \neq \text{return}(H_d <_T o_2, o_1))$$

令($o_{\tau_i}[d] \xrightarrow{H} o'_{\tau_j}[d]$)表示在 H_d 中 $o_{\tau_i}[d]$出现在 $o'_{\tau_j}[d]$的前面。

令 $\tau_i, \tau_j \in T$，当且仅当 $\exists d \, \exists o, o'(C(H_d, o_{\tau_i}[d], o'_{\tau_j}[d]) \wedge o_{\tau_i}[d] \xrightarrow{H} o'_{\tau_j}[d]))$.($\tau_i \neq \tau_j$)，那么，称 τ_i 和 τ_j 冲突，记为 $\tau_i C_H \tau_j$，也就是说，如果分属两个事务的两个操作的执行效果与它们的执行次序相关，称这两个操作相互冲突。

设有分别属于 τ_i 与 τ_j 的两条连续的指令 o_i 与 o_j($i \neq j$)。如果 o_i 与 o_j 操作的数据项不同，则交换 o_i 与 o_j 对其他任何指令都不会产生影响；如果 o_i 与 o_j 操作的数据项相同(比如都操作数据项 d)，则有以下四种可能的情况。

(1) o_i 和 o_j 同为 read(d)，由于不论 o_i 与 o_j 的次序如何，τ_i 与 τ_j 总是读取相同的 d 值。

(2) o_i 为 read(d)而 o_j 为 write(d)，此时，如果先 o_i 后 o_j，则 τ_i 读取的是 τ_j 的指令 o_j 写之前的 d 值而不会是 o_j 写的值；如果先 o_j 后 o_i，则 τ_i 读到的是 τ_j 的指令 o_j 写入的 d 值。也就是说，o_i 与 o_j 的次序很重要。

(3) o_i 为 write(d)而 o_j 为 read(d)，如果先 o_i 后 o_j，则 τ_j 读到的是 τ_i 的指令 o_i 写的

值；如果先o_j后o_i，则τ_j读到的是τ_i的指令o_i写之前的d值而不会是o_i写入的d值。也就是说，o_i与o_j的次序很重要。

(4) o_i为write(d)，而o_j为write(d)，此时，后一个写操作会覆盖前一个写操作的效果。

当且仅当两条指令是不同事务对相同的数据项的操作，并且其中至少有一个是写操作时，这两条指令是冲突的。图10-5中，τ_1的write(y)指令与τ_2的read(y)指令相冲突；由于两条指令访问不同的数据项，τ_2的write(y)指令与τ_1的read(x)指令不冲突。

如果调度H可以经过一系列非冲突指令交换变换成H'，则称H与H'是冲突等价的。例如，图10-5的调度与图10-6的调度不是冲突等价的，图10-5的调度与图10-7的调度是冲突等价的。

若一个调度H与一个串行调度冲突等价，则称调度H是**冲突可串行化的**。因为图10-7的调度等价于图10-5的串行调度，所以图10-7的调度是冲突可串行化的。

令C_H^*为C_H的传递闭包，即

$$(\tau_i C_H^* \tau_j) \quad \text{如果}[(\tau_j C_H \tau_j) \vee \exists \tau_k (\tau_i C_H \tau_k \wedge \tau_k C_H^* \tau_j)]$$

H是(冲突)可串行化的当且仅当$\forall \tau \in T \neg(\tau C_H^* \tau)$。

令H中关系C_H对应的关系图称为事务次序图，记作S_H。该图是一个有向图$G=(V,E)$，V是顶点集，E是边集。顶点对应参与调度的事务；假设d是数据库中的任意数据项，边集由满足下列条件之一的边$\tau_i \rightarrow \tau_j$组成：①在$\tau_j$执行read($d$)之前，$\tau_i$执行write($d$)；②在$\tau_j$执行write($d$)之前，$\tau_i$执行read($d$)；③在$\tau_j$执行write($d$)之前，$\tau_i$执行write($d$)。

τ_3	τ_4
read(z)	
	write(z)
write(z)	

图 10-9 一个非冲突可串行化调度

H是冲突可串行化的当且仅当S_H中无环，即H是冲突可串行化调度的充分必要条件是其中的提交事务不构成冲突关系的圈。

如图10-9所示调度，分别由事务τ_3与τ_4的read与write操作组成，由于它既不等价于串行调度$<\tau_3,\tau_4>$，也不等价于串行调度$<\tau_4,\tau_3>$，该调度不是“冲突可串行化”的，或者说是“非冲突可串行化”的。

10.3 并发控制

为保证事务的隔离性，DBMS需要对事务交替并发执行的行为加以控制，以保证仅产生冲突可串行化调度。

最常用的并发控制方法之一是锁机制，即只允许事务访问其当前持有锁的数据项。

10.3.1 锁

有以下两种基本锁。

(1) 共享锁：如果一个事务获得了某数据项上的共享锁，则该事务可以实际执行对该数据项的读操作，但不能执行写操作。

(2) 排他锁：如果一个事务获得了某数据项上的排他锁，则该事务既可以实际执行对该数据项的读操作，也可以实际执行对该数据项的写操作。

为表述方便，本书中用 slock(z)来表示事务申请数据项 z 上的共享锁，用 xlock(z)来表示申请数据项 z 上的排他锁，用 unlock(z)来表示释放数据项 z 上的锁。

锁机制要求每个事务都要根据其将对各个数据项进行的操作类型提前申请适当的锁。

锁申请是堵塞式的，即每个事务发出锁申请 slock(z)或 xlock(z)时堵塞等待直至获得所申请的锁。每个事务的锁请求被发送到并发控制机制，并发控制机制根据一定的规则在合适的时候给各事务授予其所需锁，此后该事务才能继续其允许。

图 10-10 的矩阵给出了两类基本锁的相容关系。事务在访问一个数据项前，需要先申请该数据项上合适的锁，或者说需要给该数据项加上合适的锁。如果当一个事务在给某数据项加锁时，该数据项已经被另一事务加上了锁，除非已经加的锁和正申请的锁都是共享锁，否则在所有其他事务释放持有的锁之前，并发控制机制不会给当前申请事务授予锁，该申请事务必须等待，直到所有已经加锁的事务释放掉其持有的锁。如果当一个事务在给某数据项加共享锁时，该数据项已经被另外一个或一些事务加上了共享锁，即已经加的锁和正申请的锁都是共享锁，则并发控制机制立即分配共享锁给当前申请事务。

申请 已加	共享锁	排他锁
共享锁	是	否
排他锁	否	否

图 10-10　基本锁相容性

事务理所当然应该能够在适当的时候释放先前加在某个数据项的锁，但是通常并不能在对某数据项进行最后一次访问后立即释放该数据项上的锁，否则不能保证产生的调度是冲突可串行化的。锁机制通常以锁表为基础来实现，其中应该通过信号量机制将加锁和解锁时对锁表的访问作为临界区实现成原子操作，否则锁机制不会起作用。

通常锁的申请和释放时机应该符合一定的要求才能保证仅产生冲突可串行化调度。通常使用最普遍的方法是两阶段封锁。

10.3.2　两阶段封锁

事务在访问某个数据项之前加相应的锁，在适当的时候可以释放加在某个数据项上的锁。但是并不能在对该数据项进行最后一次访问后当即释放该数据项的锁，否则无法保证冲突可串行化(有可能出现非冲突可串行化调度)。通常要求系统中每个事务对锁的申请和释放都要遵从称为封锁协议的一组规则，这些规则规定事务何时对各数据项进行加锁和释放锁。封锁协议限制了可能的调度数目，是所有可能的冲突可串行化调度的一个真子集。

两阶段封锁协议就是保证冲突可串行化的一个协议。该协议要求每个事务中加锁和释放锁操作分为以下两个阶段进行。

(1) **增长阶段**：锁申请阶段，事务可以不断申请不同数据项上的新锁，但不能释放任何锁。

① 如果事务中没有出现 write(x)，在事务中第一次出现 read(x)操作前，插入一个 slock(x)指令。

② 如果事务中出现了 write(x)，在事务中第一次出现对 x 的操作前，插入一个 xlock(x)指令。

(2) **缩减阶段**：锁释放阶段，事务可以不断释放不同数据项上自己已经持有的锁，但不能申请任何新锁。

事务一开始总是处于增长阶段，根据数据访问需求不断获得新锁；一旦该事务开始释放锁，就进入缩减阶段，不能再申请任何新锁。

在两阶段封锁协议下，可能发生级联回滚。如图 10-11 所示，每个事务都遵从两阶段封锁协议，但在事务 τ_p 的 read(y)步骤之后事务 τ_k 发生故障(调度时序图中虚线以下的指令尚未执行)，从而导致 τ_l 与 τ_p 级联回滚。

τ_k	τ_1	τ_p
		xlock(v)
		write(v)
	xlock(z)	
	write(z)	
		xlock(u)
		write(u)
xlock(y)		
read(y)		
slock(x)		
read(x)		
write(y)		
unlock(y)		
	xlock(y)	
	read(y)	
	write(y)	
	unlock(y)	
		xlock(y)
		write(y)
出现故障		
…	…	…
unlock(x)	unlock(z)	unlock(u)
		unlock(v)

图 10-11　两阶段封锁时可能出现级联回滚的例子

级联回滚有可能涉及多个事务，事务数量可能很大，从而给系统性能带来严重问题，需要避免级联回滚。

商用数据库系统中广泛使用严格两阶段封锁(一个事务持有的所有排他锁只能在提交后释放)或强两阶段封锁协议(一个事务持有的所有锁只能在提交后释放)，并自动地为事务产生申请锁、释放锁指令。

10.3.3　死锁

两阶段封锁能解决事务并发执行的一致性问题，但也带来了新问题。两个或多个事务都封锁了一些数据对象，并相互等待对方释放锁后才能继续运行，结果这些事务都只能一直等待，这种情况称为死锁。

如图 10-12 所示事务τ_q与τ_r的调度。由于τ_q在 x 上拥有排他锁，而τ_r正在申请 x 的排他锁，即τ_r等待τ_q释放 x 的锁；而τ_r在 y 上拥有排他锁，而τ_q正在申请 y 的排他锁，即τ_q等待τ_r释放 y 的锁。也就是说，两个事务互相等待从而都无法继续前进，即出现死锁。

τ_q	τ_r
xlock (x)	
read(x)	
x=x−50	
	xlock(y)
	read(y)
	y=y*2
	xlock(x)
x=x*6	
xlock(y)	

图 10-12　出现死锁的调度

系统会自动侦测死锁并会通过退出一个当前事务来解决这个问题，以便允许其他事务完成。大多数实际数据库系统与此类似。

10.4　故障恢复

10.4.1　恢复准备

计算机系统随时可能发生各种各样的故障，从数据库系统的角度，根据故障的影响范围，这些故障可以分为三类：事务故障、系统故障和数据库故障。

仅影响单个事务顺利运行的故障称为事务故障，通常是某事务运行没有到达预期的终点就终止。事务故障还可进一步细分为非预期事务故障和可预期事务故障。非预期事务故障如出现运算溢出、因死锁而被选中撤销等；可预期故障指应用程序可以发现并处理的事务故障，如转账时发现账面金额不足，应用程序可以加入余额检查并在余额不足时让事务回滚。

系统故障通常是因硬件故障或软件错误等影响，尚未破坏外存中的数据库，而造成当时运行的多个(或全部)事务不能到达预期的终点就终止，如 CPU 故障、突然停电、DBMS 或 OS 等异常终止。

事务故障和系统故障都未影响外存中的数据库，如果故障破坏了外存中的数据库则称为数据库故障。外存上的数据库被破坏，将影响正在存取这部分数据的所有事务，如磁盘的磁头碰撞、瞬时的强磁场干扰。

这些故障均会导致数据不一致，需要采取措施，保证事务的原子性和持久性。为此，需要了解事务操作数据的详细过程。通常，数据库常驻在外存即磁盘上，事务执行过程中，必要时通过 BInput(X)操作把所需数据项所在磁盘块传入缓冲；或通过 BQutput(X)操作把所需写数据项所在缓冲块传送到外存并覆盖磁盘上原来相应的块。

每个事务初始化时，DBMS 会在内存中分配给它一些内存空间，称为私有工作区，用来存放和处理该事务需要访问的数据项，事务对每个数据项的读或写都需要将相应的值从缓冲块读到私有工作区 read(x)或从私有工作区写到缓冲块 write(x)。事务提交或中止时 DBMS 会回收其私有工作区。

事务对数据项的访问就是在磁盘块、缓冲块和私有工作区间传送数据，在私有工作区计算处理数据。

一事务读数据项 x 的过程：如果 x 在私有工作区则直接读；如果 x 不在私有工作区，在缓冲区中找 x，若找到则执行传送到私有工作区后执行读操作；如果 x 不在私有工作区，也不在缓冲区中，则从磁盘找到 x 所在块传送到缓冲区，进而再传送到私有工作区执行读操作。

一事务写数据项 x 的过程：如果 x 在私有工作区则对 x 赋新值，并在适当时刻将 x 传送到相应缓冲块；如果 x 不在私有工作区，在缓冲区中找 x，若找到则执行传送到私有工作区后对 x 赋新值并在适当时刻将 x 传送到相应缓冲块；如果 x 不在私有工作区，也不在缓冲区中，则从磁盘找到 x 所在块传送到缓冲区，进而再传送到私有工作区对 x 赋新值并在适当时刻将 x 传送到相应缓冲块，进一步在适当时刻将 x 所在的缓冲块传送到外存并覆盖磁盘上原来相应的块。

一事务改写数据项 x 值的过程：如果 x 在私有工作区则直接计算 x 新值并在适当时刻将 x 传送到相应缓冲块；如果 x 不在私有工作区，在缓冲区中找 x，若找到则执行传送到私有工作区后计算 x 新值并在适当时刻将 x 传送到相应缓冲块；如果 x 不在私有工作区，也不在缓冲区中，则从磁盘找到 x 所在块传送到缓冲区，进而再传送到私有工作区计算 x 新值并在适当时刻将 x 传送到相应缓冲块，进一步在适当时候将 x 所在的缓冲块传送到外存并覆盖磁盘上原来相应的块。

当某事务对某数据项(如 x)执行写操作时，如果在私有工作区对 x 赋新值后，将 x 所在的缓冲块传送到外存前出现故障，x 的新值就会丢失。不论是事务故障、系统故障还是数据库故障，数据库管理系统都能从错误状态自动恢复到某一致状态，以保证数据库的完整性。为此，针对事务故障和系统故障的恢复，需要在事务处理过程中详细登记事务对数据库进行的每个更新(如记日志)，针对数据库故障的恢复还需要定期备份数据库。

通常，日志是以事务为单位并由数据库管理系统用于自动登记数据库的每一次更新活动，一个个日志项总是依次写入稳定存储器上的日志尾部。

典型的事务日志内容包括：日志项序号、事务标识符、元组标识符、元组旧值、元组新值等。

举例如下。

事务 τ_i 开始执行时，在日志中登记日志项：＜Lid，τ_i start＞，Lid 是系统分配的该日志项序号。

事务 τ_i 执行更新前，在日志中登记日志项：＜Lid，τ_i，erid，V_{old}，V_{new}＞，V_{old}是更新前的元组值，V_{new}是 x 更新后的元组值。

事务 τ_i 执行插入前，在日志中登记日志项：＜Lid，τ_i，erid，null，V_{new}＞，V_{new}是插入的元组值。

事务 τ_i 执行删除前，在日志中登记日志项：＜Lid，τ_i，erid，V_{old}，null＞，V_{old}是删除的元组值。

事务 τ_i 成功执行结束，在日志中登记日志项：＜Lid，τ_i Commit＞。

事务 τ_i 回滚结束，在日志中登记日志项：＜Lid，τ_i Rollback＞。

为了应对数据库故障，还需要对数据库进行备份，即将数据库复制到另一个存储设备上保存起来，以便数据库中任一部分的数据可以根据存储在系统别处的冗余数据和日志来重建。

对数据库进行备份的方式有以下多种。

(1) 按照备份的时机不同，可以分为静态转储和动态转储。

① 静态转储：转储期间不对数据库进行任何存取、修改活动。

② 动态转储：于数据库正常运行期间进行转储，即转储期间仍有对数据库的存取或修改。

(2) 按照备份的内容不同，可以分为海量转储和增量转储。

① 海量转储：每次转储时都将转储数据库全部内容。

② 增量转储：每次转储时都只是转储上次转储后变化了的内容。

将私有工作区 x 新值传送到相应缓冲块和将 x 所在的缓冲块传送到外存并覆盖磁盘上原来相应块的适当时刻的选择有两种方式：延迟修改技术，立即更新技术。

(3) 延迟修改。

当事务执行期间对私有工作区中数据项进行修改时，只是在日志中逐一登记这些对数据库的修改，而将一个事务私有工作区中所有被修改数据项新值传送到相应缓冲块和将所有被修改数据项所在缓冲块传送到外存并覆盖磁盘上原来相应块的操作延迟到该事务所有日志项都写到稳定存储器之后，事务提交时才执行。使用延迟修改方法时日志中不需要登记每个被修改数据项的旧值。

(4) 立即修改。

当事务执行期间对私有工作区中数据项进行修改时，允许在日志中登记对数据库的修改后，随时将事务私有工作区中被修改数据项新值传送到相应缓冲块和将被修改数据项所在缓冲块传送到外存并覆盖磁盘上原来相应块，该事务所有日志项都写到稳定存储器之后，事务提交时才执行。使用立即修改方法时日志中需要登记每个被修改数据项的旧值。

注意，无论是延迟修改还是立即修改，都要求在将事务私有工作区中被修改数据项新值传送到相应缓冲块之前，必须先将相应的日志项从日志缓冲区写入日志稳定存储器。否则，如果在将日志项从日志缓冲区写入日志稳定存储器执行完之前发生故障，就无法进行恢复。

10.4.2 恢复处理

此节恢复处理以立即修改为例。数据库系统通常会运行大量事务，在数据库系统出现故障的那一刻，有的事务已经成功完成，其日志中已经登记了相应的 Commit 日志项，这些事务称为圆满事务；其他一些事务尚未完成，其日志中只有相应的 Begin 日志项，而无 Commit 日志项，这些事务称为夭折事务。

故障恢复时，对圆满事务和夭折事务应分别处理：对圆满事务所做过的修改操作逐一执行 Redo 操作，即重新执行该事务所做的每个修改操作，给被修改数据项按日志登记赋予新值；对夭折事务所做过的修改逐一执行 Undo 操作，即撤销该事务所做的每个修改操作，给被修改数据项按日志登记赋予旧值。

对不同类型故障的处理流程如下所述。

1. 事务故障恢复

面对事务故障，数据库管理系统必须撤销该事务已在日志中登记的修改。恢复处理流程如下：①从事务日志尾部向前扫描事务日志，查找涉及该事务的日志项。②对该事务的每一个日志项，如果是更新操作，如日志项$<\mathrm{Lid}, \tau_i, \mathrm{erid}, V_{\mathrm{old}}, V_{\mathrm{new}}>$，则用元组旧值 V_{old} 替换元组新值 V_{new}；如果是插入操作，如日志项$<\mathrm{Lid}, \tau_i, \mathrm{erid}, \mathrm{null}, V_{\mathrm{new}}>$，则删除该日志项中 erid 标识的新元组；如果是更新操作，如日志项$<\mathrm{Lid}, \tau_i, \mathrm{erid}, V_{\mathrm{old}}, \mathrm{null}>$，则插入该日志项中 erid 标识的旧元组。③继续向前扫描事务日志，查找涉及该事务的日志项，如果是$<\mathrm{Lid}, \tau_i\ \mathrm{start}>$，在事务日志尾部登记日志项$<\mathrm{Lid}, \tau_i\ \mathrm{Rollback}>$，恢复结束；如果不是$<\mathrm{Lid}, \tau_i\ \mathrm{start}>$，按②处理。

2. 系统故障恢复

系统故障会影响当时正在运行的所有事务，系统故障发生时可能有的事务对一些数据项的修改尚在私有工作区还未传送到相应缓冲块；也可能有的事务对一些数据项的修改尚在相应缓冲块中还未传送到外存；既可能是有的事务已经在日志中登记了日志项$<\mathrm{Lid}, \tau_i\ \mathrm{Commit}>$，也可能对一些数据项的修改还未传送到外存。对于系统故障的恢复，必须考虑在系统中执行过的每一个事务。

面对系统故障，数据库管理系统必须对所有圆满事务执行重做并撤销所有夭折事务。恢复处理流程如下：①初始化圆满事务队列、夭折事务队列。②从事务日志文件头部向后扫描事务日志直至事务日志文件尾部，找出日志中同时存在日志项$<\mathrm{Lid}, \tau_i\ \mathrm{start}>$和$<\mathrm{Lid}, \tau_i\ \mathrm{Commit}>$的圆满事务，插入重做队列；找出日志中仅存在日志项$<\mathrm{Lid}, \tau_i\ \mathrm{start}>$而无$<\mathrm{Lid}, \tau_i\ \mathrm{Commit}>$、$<\mathrm{Lid}, \tau_i\ \mathrm{Rollback}>$的夭折事务，插入夭折事务队列。③从事务日志文件尾部向前扫描事务日志直至事务日志文件头部，对每一个属于夭折事务队列事务的日志项，如果是$<\mathrm{Lid}, \tau_i\ \mathrm{start}>$，在事务日志尾部登记日志项$<\mathrm{Lid}, \tau_i\ \mathrm{Rollback}>$；如果是更新操作，如日志项$<\mathrm{Lid}, \tau_i, \mathrm{erid}, V_{\mathrm{old}}, V_{\mathrm{new}}>$，则用元组旧值 V_{old} 替换元组新值 V_{new}；如果是插入操作，如日志项$<\mathrm{Lid}, \tau_i, \mathrm{erid}, \mathrm{null}, V_{\mathrm{new}}>$，则删除该日志项中 erid

标识的新元组；如果是更新操作，如日志项＜Lid，τ_i，erid，V_{old}，null＞，则插入该日志项中 erid 标识的旧元组。④从事务日志文件头部向后扫描事务日志直至事务日志文件尾部，对每一个属于圆满事务队列事务的日志项，如果是更新操作，如日志项＜Lid，τ_i，erid，V_{old}，V_{new}＞，则用新值 V_{new} 替换元组旧值 V_{old}；如果是插入操作，如日志项＜Lid，τ_i，erid，null，V_{new}＞，则插入该日志项中 erid 标识的新元组；如果是更新操作，如日志项＜Lid，τ_i，erid，V_{old}，null＞，则删除该日志项中 erid 标识的旧元组。

3. 数据库故障恢复

数据库故障导致磁盘上的数据文件部分或全部失效。面对数据库故障，除了事务日志外，还需要用到数据库备份。数据库故障恢复流程如下：①如果数据库备份是海量转储式的，直接装入最近的备份数据库副本；如果数据库备份是增量转储式的，装入最近的海量转储备份的数据库副本，并加载此后的所有数据库增量。②加载事务日志，初始化圆满事务队列、夭折事务队列。③正向扫描事务日志，找出日志中同时存在日志项＜Lid，τ_i start＞和＜Lid，τ_i Commit＞的圆满事务，插入重做队列；找出日志中仅有存在日志项＜Lid，τ_i start＞而无＜Lid，τ_i Commit＞或＜Lid，τ_i Rollback＞的夭折事务，插入夭折事务队列。④从事务日志文件尾部向前扫描事务日志直至事务日志文件头部，对每一个属于夭折事务队列事务的日志项，如果是＜Lid，τ_i start＞，在事务日志尾部登记日志项＜Lid，τ_i Rollback＞；如果是更新操作，如日志项＜Lid，τ_i，erid，V_{old}，V_{new}＞，则用元组旧值 V_{old} 替换元组新值 V_{new}；如果是插入操作，如日志项＜Lid，τ_i，erid，null，V_{new}＞，则删除该日志项中 erid 标识的新元组；如果是更新操作，如日志项＜Lid，τ_i，erid，V_{old}，null＞，则插入该日志项中 erid 标识的旧元组。⑤从事务日志文件头部向后扫描事务日志直至事务日志文件尾部，对每一个属于圆满事务队列事务的日志项，如果是更新操作，如日志项＜Lid，τ_i，erid，V_{old}，V_{new}＞，则用新值 V_{new} 替换元组旧值 V_{old}；如果是插入操作，如日志项＜Lid，τ_i，erid，null，V_{new}＞，则插入该日志项中 erid 标识的新元组；如果是更新操作，如日志项＜Lid，τ_i，erid，V_{old}，null＞，则删除该日志项中 erid 标识的旧元组。

4. 基于检查点的故障恢复

如上所述，当发生系统故障或数据库故障后，恢复处理需要扫描全部事务日志文件多遍。然而，实际中发生故障时，通常绝大部分事务已经圆满提交，特别是在系统故障恢复中，对事务日志的全程扫描很大程度上是对资源的大大浪费，随着数据库系统的投入运行时间越长，事务日志文件会越来越大，这种浪费也就越来越严重。为了提高恢复效率，实际中通常都是基于检查点的恢复。

执行检查点时，一般不允许有事务执行任何更新，如写缓冲块或写日志项。恢复机制周期性地执行检查点：①将当前日志缓冲区中的所有内容传送到稳定存储器。②在事务日志文件中登记一个检查点日志项，其中包括当前活跃事务列表。③将所有事务私有工作区中被修改数据项的新值传送到相应缓冲块，将所有缓冲块传送到外存并覆盖磁盘上原来相应的块。

利用检查点进行系统故障恢复的处理流程如下：①从事务日志文件尾部向前扫描事务日志，找到最近一个检查点日志项，获得该检查点中的活跃事务列表。②初始化圆满事务队列、夭折事务队列，把上步中所找到活跃事务列表中的事务插入夭折事务队列。③从最近一个检查点开始向后扫描事务日志，遇到日志项＜Lid，τ_i start＞，则将 τ_i 插入夭折事务队列；遇到＜Lid，τ_i Commit＞，如果 τ_i 已在夭折事务队列则将移入圆满队列，否则将 τ_i 插入圆满事务队列。④从事务日志文件尾部向前扫描事务日志直至夭折事务队列为空：对每一个属于夭折事务队列事务的日志项，如果是＜Lid，τ_i start＞，在事务日志尾部登记日志项＜Lid，τ_i Rollback＞，从夭折事务队列中移除 τ_i；如果是更新操作，如日志项＜Lid，τ_i，erid，V_{old}，V_{new}＞，则用元组旧值 V_{old} 替换元组新值 V_{new}；如果是插入操作，如日志项＜Lid，τ_i，erid，null，V_{new}＞，则删除该日志项中 erid 标识的新元组；如果是更新操作，如日志项＜Lid，τ_i，erid，V_{old}，null＞，则插入该日志项中 erid 标识的旧元组。⑤从最近一个检查点日志项开始向后扫描事务日志直至圆满事务队列为空：对每一个属于圆满事务队列事务的日志项，如果是＜Lid，τ_i Commit＞，从圆满事务队列中移除 τ_i；如果是更新操作，如日志项＜Lid，τ_i，erid，V_{old}，V_{new}＞，则用新值 V_{new} 替换元组旧值 V_{old}；如果是插入操作，如日志项＜Lid，τ_i，erid，null，V_{new}＞，则插入该日志项中 erid 标识的新元组；如果是更新操作，如日志项＜Lid，τ_i，erid，V_{old}，null＞，则删除该日志项中 erid 标识的旧元组。

如果没有检查点技术，恢复时需要从头至尾扫描整个事务日志文件多遍，而利用检查点技术，只需从最后一个检查点时活跃事务中最早开始的事务起点＜Lid，τ_i start＞处开始扫描和处理，这就大大缩短了恢复所需的时间，而且最后一个检查点时活跃事务中最早开始的事务起点＜Lid，τ_i start＞处之前的所有日志项都可以予以清除。检查点技术减少了需要保存的日志项数量、恢复时需要扫描和处理的日志项数量，使得系统恢复处理的效率得到大大提高。

这些针对立即修改的恢复方法也可以用于延迟修改，进而，还可以针对延迟修改对其中很多环节进行优化，从而提高延迟修改时的恢复效率。

10.5 小　　结

数据库系统中对数据操作的基本单位是事务，对数据库最基本的要求是数据一致性，一致性维护是数据库管理系统最基本、最核心、最关键的任务。数据库中的数据一致性是由事务的正确性来保证的。为了保证数据一致性，要求数据库系统维护事务的 ACID 特性。为了保证事务的原子性和持久性，数据库管理系统必须能对事务面临的各种故障进行恢复；为了保证事务的隔离性，数据库管理系统需要对事务的并发操作进行控制。恢复和并发控制都是以事务为基本单位进行的。

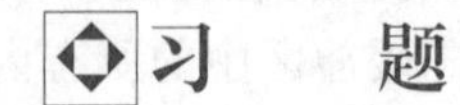

习　　题

一、选择题

1. 下述________是事务性质。

   A. 隔离性　　B. 持久性　　C. 原子性　　D. 以上都是

2. 下述________保证事务一致性。

A. 应用程序员 B. 并发控制 C. 恢复管理 D. 以上都是

3. 下述________保证事务的持久性。

A. 应用程序员 B. 并发控制 C. 恢复管理 D. 以上都是

4. 下述________确保了事务的隔离性。

A. 应用程序员 B. 并发控制 C. 恢复管理 D. 以上都是

5. 下述________调度是一个事务接着一个事务执行，而不是同时完成。

A. 非串行化调度 B. 冲突可串行化调度

C. 串行化调度 D. 都不是

6. 延迟修改下的日志必须存储________。

A. 仅更新数据项的旧值 B. 仅更新数据项的新值

C. 更新数据项的旧值和新值 D. 仅更新开始事务和提交事务的元组

7. 若采用延迟修改，对于事务故障，则需要进行________。

A. 撤销操作 B. 重做操作 C. 撤销和重做操作 D. 以上都不是

8. 采用立即修改，事务日志应包含________。

A. 事务名称、数据项名称、数据项的旧值和新值、操作符

B. 事务名称、数据项名称、数据项的旧值

C. 事务名称、数据项名称、数据项的新值

D. 事务名称、数据项名称

9. 检查点技术减少了________。

A. 日志项的数量 B. 扫描日志项的数量

C. 需要处理日志项的数量 D. 以上都是

二、设计题

1. 设有如下的3个事务，A 的初值为100，B 的初值为100。事务1：$A=A+200$；$B=B+2000$。事务2：$A=A\times300$；$A=A\times3000$。事务3：$A=A\times A\times A$；$B=B\times B\times B$。

(1) 若系统对这3个事务并发行为不加以控制：

① 给出一个冲突可串行化调度，及其执行结果。

② 给出一个非冲突可串行化调度，及其执行结果。

③ 总共有多少种可能的执行结果？

(2) 在锁式并发控制的系统中：

① 若这3个事务都遵守两段封锁协议，给出一个不会死锁的冲突可串行化调度。

② 若这3个事务都遵守两段封锁协议，给出一个产生死锁的调度。

2. 针对不同的故障，试给出使用延迟更新时的恢复处理流程。(如何进行事务故障的恢复、系统故障的恢复和数据库故障恢复？)

第11章

大数据技术

随着计算和通信技术、特别是无线移动通信技术的飞速发展，以博客、微博、社交网络为代表的新型信息发布方式的不断涌现，以及云计算、物联网等技术的兴起，数据正以前所未有的速度在不断地增长和累积，大数据时代已经来到。

大数据的"大"是相对而言的，是指数据规模巨大到无法通过当前主流技术工具，以可接受的质量完成数据的存储、处理、传输、管理或分析，需要研究新的相关关键技术。

11.1 大数据特征

目前，典型大数据应用中的数据与传统技术面对的数据显著不同，体现出一些独有的特征(4V)：数据量(Volume)大、类型(Variety)多样、产生或变化的速度(Velocity)快、价值(Value)高而密度稀疏。

(1) 数据量(Volume)大：当今世界需要进行及时处理以提取有用信息的数据数量级已经从TB级别，跃升到PB甚至EB级别。

(2) 类型(Variety)多样：数据类型繁多。大数据的挑战不仅是数据量的大，也体现在数据类型的多样化。除了普通关系数据，还有网络日志、位置相关信息等半结构数据，以及音频、视频、图片、图形等非结构化数据，很多大数据应用以半结构数据或非结构数据为中心。

(3) 速度(Velocity)快：许多大数据应用中，数据高度动态、随着时间快速变化，如股票价格、拍卖竞价、检测数据等都是"短暂有效"的，即只在一定的时间范围内有效，过时则对当前的决策或推导无意义；另一方面，应用活动有很强的时间要求，需要对数据处理速度快，如果移动客户发出的股票交易事务不能在截止期内完成，便会造成经济以及财经机遇的严重损失，移动电子医疗系统中事务超截止期将导致人员生命的损失。

(4) 价值(Value)高而密度稀疏：大数据中可能蕴含极富商业价值的信息，但是价值密度低。只有将大量数据聚合起来分析才能借助历史数据预测未来走势。

11.2　大数据关键技术

如今对大数据的谈论,往往并非仅指数据本身,通常特别是指新的大数据技术,尤其在计算机、互联网、信息领域。大数据技术的目标乃是简单、高效并安全地共享大数据,支持大数据应用。为此,大数据技术的关键需求包括:①可伸缩性,满足应用对数据处理性能的前提下,能够轻松应对越来越多的数据和越来越多的访问。这主要是简单性和高效性的体现。②可靠性(可用性),能够容忍实际合理的故障。这是安全性的一种体现。③框架式并行编程,应用开发人员只需在框架的基础上针对特定应用需求进行一些针对性设计和编程。这是简单性的一种体现。目前,大数据技术涉及存储、管理、处理、应用和保护等,如表 11-1 所示。针对大数据安全保护的专门技术尚在发展中,本章后面部分将从存储、管理、处理、应用几个方面介绍当前流行的大数据技术。

表 11-1　大数据关键技术

技术层面	功　　能
数据存储和管理	利用分布式技术实现对结构化、半结构化和非结构化海量数据的可扩展、容错、高可用地存储和管理
数据处理与分析	利用分布式并行编程模型和计算框架,实现对海量数据的处理和分析
数据隐私和安全	构建隐私数据保护体系和数据安全体系,有效保护个人隐私和数据安全

11.3　分布式文件系统

由于大数据的数据规模远远超过单结点存储能力,通常在计算机集群中使用分布式文件系统存储。

11.3.1　计算机集群

以前,为了提高计算或存储能力,通常不断提高 CPU、内存、外存的性能与容量,采用多处理器或拥有高级专用硬件的并行计算机系统等。这种方式称为垂直扩展。

与早前垂直扩展的思想不同,目前面对大数据挑战,总是采用水平扩展的方式,也就是由普通商用计算机构成计算机集群,需要时不断扩展集群规模,这种方式可以大大降低硬件成本。

实际中,成千上万的计算机结点构成计算机集群,分布式文件系统把文件分布存储到这些结点上。据估计,像 Google、Amazon 和 Microsoft 等跨国公司,都拥有数百个数据中心分布在全球不同国家和地区,每个数据中心安放若干个计算机集群。

图 11-1 给出一个集群例子。一个集群通常由 40 个或更多个机架(Rack)和两组高带宽交换机(提供与其他数据中心和互联网的连接)组成。每个机架上可以安放 40～80 台 PC,每个机架有两个交换机,即使其中一个交换机出现故障,集群仍可正常工作。

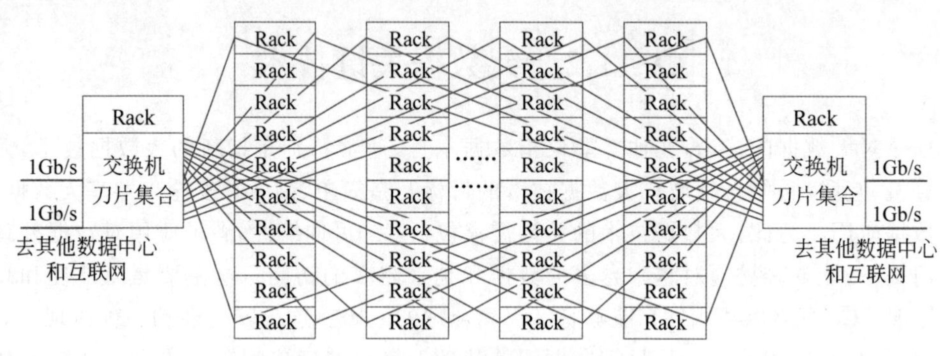

图 11-1 计算机集群的基本架构示例

11.3.2 分布式文件系统

当前大数据应用中的分布式文件系统通常都采用主从结构，物理上由计算机集群中的多个结点构成，这些结点分为两类，一类叫“主结点”(Master Node)或“名称结点”(Name Node)，另一类叫“从结点”(Slave Node)或“数据结点”(Data Node)。大规模文件系统的整体结构如图 11-2 所示。

通常将文件存储在固定大小的块中(Google GFS 中每个块的大小为 64MB)，主结点的作用是管理有关文件系统的元数据，包括名字空间、访问控制和每个文件映射到相关的数据块集合。此外，所有的数据块都被重复存储，以便提供必要的可靠性。访问数据时，从结点首先将其请求发给主结点，主结点回复相应的块标识和副本位置，然后从结点可以缓冲这些信息并利用这些信息向有相应副本的数据结点进行数据访问。

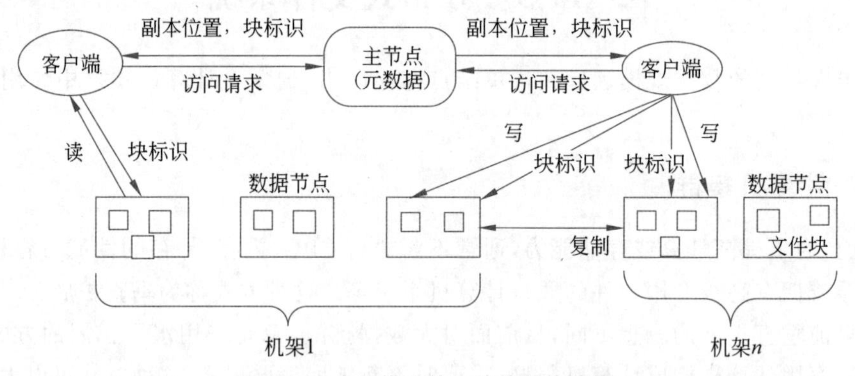

图 11-2 大规模文件系统的整体结构

为了应对可能随时发生的故障，文件的每个块都在不同结点上存有多个副本。当面对大量用户通过网络对位于不同结点的同一数据项的不同副本进行并发修改时，需要分布式并发控制、提交和恢复机制来维护多个副本间的一致性，归根结底需要一个异步系统中的分布式共识协议(就像儿童游戏中的“石头/剪刀/布”机制)，使得多个独立结点依据简单规则通过异步交互自发形成共识，比如 Google 系统中够实用但并不完美的 Paxos(不能确保达成共识)，还有区块链中的算力比拼，都是这一领域的典型代表者。

11.4　NoSQL 数据模型

当前，典型大数据应用要求数据访问性能高、灵活性强，期望给定 key 值后容易映射到各种数据值，但通常不强调数据的强一致性。归结起来，典型的 NoSQL 系统可以分为四类：键值存储系统、列族存储系统、文档存储系统和图存储系统。

11.4.1　键值存储

键值存储系统，就是一个通过键来访问对应存储值的哈希表，类似有两列的关系表：一列对应特定的“键”(Key)，另一列对应“值”(Value)，Value 可以是任意类型，如字符串、数值，甚至集合等复杂对象，当 Value 是复杂对象时并没有直接访问内部特定部分域的原生方法。

键值存储系统中，可以按照 Key 值来存储和提取 Value 原子值，也就是给定一个“键”，返回一个“值”，但不能通过“值”来获取一个“键”。模型中的主要操作包括“get”，即实现按“键”找“值”；“put”，即在不存在“键”的情况下插入一个键/值对，否则为这个“键”更新“值”；“delete”：即删除一个键/值。

例如，这里有一个键/值存储用于自然灾害应急预案编著系统的例子，如图 11-3 所示。给“键”加了相应的前缀以区分分别存储用户名、用户号、预案属主、应急事件、应急组织结构、应急资源、响应过程的不同“键” 。左边一列是六个键 Key，右边每一行是对应的 Value，Value 中每个元素值前也给出了相应的属性名。

键	值			
用户名：myplan	用户名/10099	用户口令/bnu3399		
用户名：ourplan	用户名/10999	用户口令/bnu6699		
用户名：10099	姓名/刘涛	性别/男	参考了/[用户号：10099，用户名：10888]	应急预案/[预案：3034，..]
用户名：10999	姓名/刘晨	性别/女	参考了/[用户号：30689，用户名：/90118]	应急预案/[预案：1202，预案：2166..]
…				
预案：1202	日期/10/10/2018	内容/四川省地震……	用户号：10099	灾种/灾种：3
…				
灾种：3	类名/地震			
灾种：6	类名/洪水			
…				

图 11-3　一个键/值存储用于自然灾害应急预案编著的示例

例如，当预案编制人员使用用户名"myplan"和口令"bnu3399"通过 Internet 登录系统时，系统按照键"用户名/myplan"搜索找到对应键值对，假定"bnu3399"与存储的口令一致，则登录成功；然后从用户编号中提取用户号"10099"，按照键"用户号/10099"获取的相应值就包括用户的所有其他信息。如果还需要获取该用户参考了的其他用户信息，从值中"参考用户"元素中提取出用户号，就可以找到相应信息。

键值存储系统没有 Join 操作，如果需要只能编码实现。

Key/Value 模型的优势在于简单、易部署。但通常只适合绝大部分频繁访问的键/值对能够予以缓存的情形。

11.4.2 列族存储

列族存储系统，用表来组织数据。表中的每一行由行键来标识，一般是一个字符串。每一行标识出若干列簇，列簇包括若干个列，通常通过"列簇名:列限定符"来标识一个列，也就是一个单元格，一个单元格中的数据可以有多个版本。

物理上按列簇切分存储，以行键为标识，单元格中的数据按时间戳降序排列。

例如，这里有一个列族存储用于存储应急人员信息的例子（见图 11-4）。左边第一列是每一行的行键，右边是一个列族，由三个列组成，分别是姓名、性别和电话。其中，2188111333369 号叫张航的女用户电话号码修改过一次，有两个版本；另外一个用户的电话号码有三个版本。

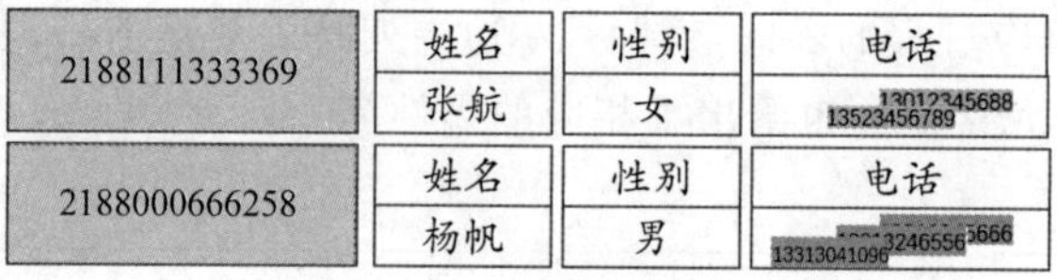

行键	姓名	性别	电话
2188111333369	张航	女	13012345688 13523456789
2188000666258	杨帆	男	…5666 …3246556 13313041096

图 11-4 一个列族存储用于存储应急人员信息的示例

列簇存储通过列聚集可以大大减少特定查询的 I/O 行为；另外，由于数据和时间戳的结合，可以有效支持时间相关处理。

11.4.3 文档存储

文档存储系统，数据模型是包含键/值集合的文档集合。在一个文档存储中，"值"可以是嵌套文档、序列、数组、标量值，甚至可以是图片、视频等二进制大对象。

一个文档以存储系统能够理解的格式存储数据。例如，这里给出的有关用户刘涛在预案编著系统中的 JSON 格式的信息片段，如图 11-5 所示。

理论上，存储格式可以是 XML，JSON，Binary JSON，或者存储系统能够理解其文档内部结构的其他任意格式。

文档型存储系统在内容管理、博客等领域特别受青睐。

11.4.4 图存储

顾名思义，图存储系统使用图作为数据模型，有一个结点集合和表征了结点关系的边

```
{
  "用户号":" 10099","姓名":"刘涛","性别":"男",
  "引用":[30689,90118],
  "被引用":[10999],
  "编写":[{"内容":"四川省自然灾害……","灾种":"地震"},
          {"内容":" 四川省自然灾害……","灾种":"泥石流"}]
}
```

图 11-5　用户刘涛在预案编著系统中的 JSON 格式的信息片段

集合。

由于图存储系统实际存储了边信息，从结点沿相关的边遍历图来处理查询，避免了诸如关系数据库管理系统中的连接等计算开销，通常是一个很有效的方法。

然而，遍历一个图，需要在成百万或者上亿的结点中找到起点，因此也离不开好的索引。另外，绝大多数图存储系统都利用特定图数据的特质来改进查询效率。社交网络、电子商务和推荐系统经常使用图存储系统。

这里有一个图存储系统的例子，如图 11-6 所示：如果要查询考生 eeLiu 关注的考生报考的机考科目，处理的步骤如下：首先，从 eeLiu 结点开始，查找标签为“关注”的所有出边，沿着“关注”的出边找到 eeYang 结点。然后从该结点出发，查找所有标签为“报考”的出边，可以找到两个结点，对于它们中的每一个，查找标签为“机考”的边，只有 C++ 符合查询要求。

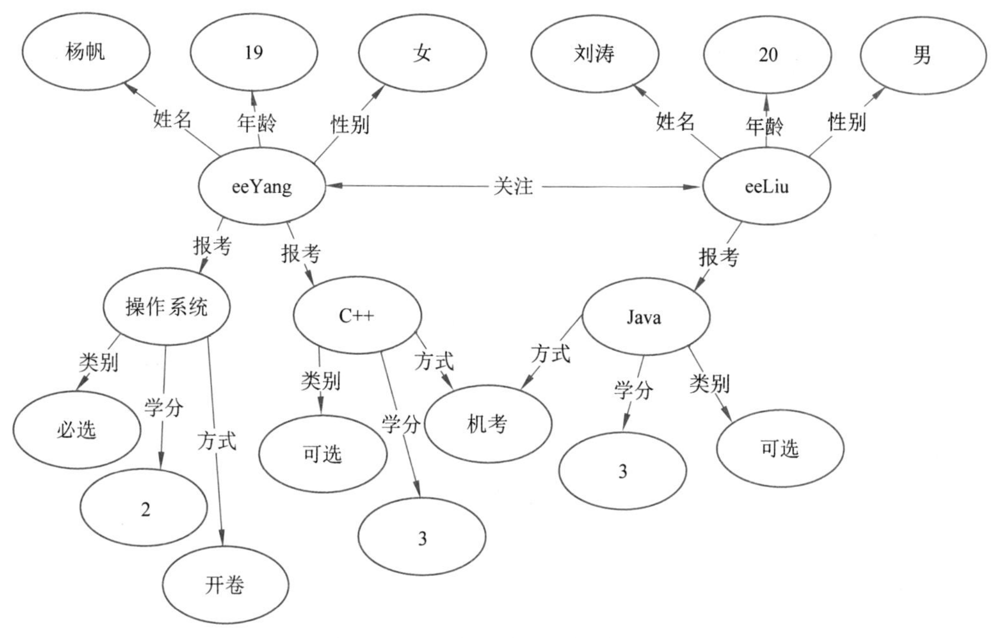

图 11-6　一个图存储系统的例子

11.5 大数据计算

大数据计算有多种计算模式，最常见的是批处理和流计算两种。图 11-7 对比了流式计算模型和批处理计算模型，从图中可看出两种模式理念上的显著不同。

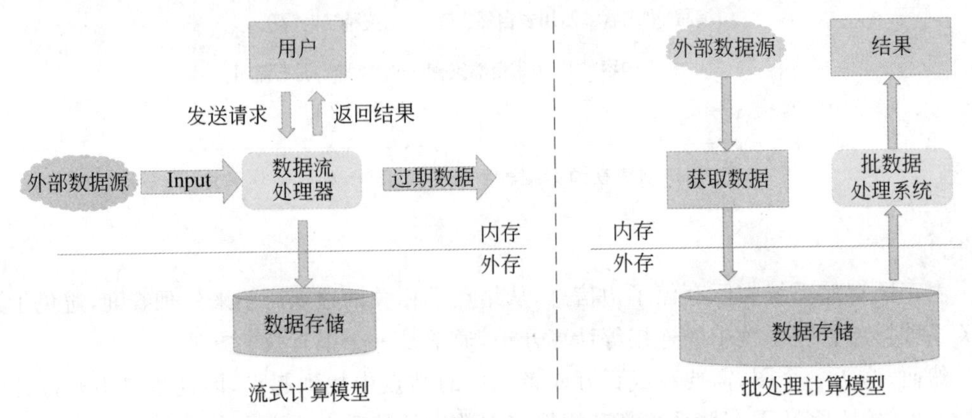

图 11-7 流式计算模型和批处理计算模型对比

流式计算处理的源数据通常是开放的，都是流数据，也称为流式数据，是指将数据看作数据流的形式来处理。也就是会有源源不断的数据输入，经处理提取有用信息后把垃圾丢弃，每一瞬时的数据量并不一定很大，通常可以在内存中处理完成。典型的用户查询通常涉及一个时间区间里的数据，如每分钟的统计数、平均值、最大值、最小值等；或自某时刻开始到当前的状态信息或统计分析等。

也就是说，流式计算模型处理的是瞬时、有序的数据流，数据即来即处理，并且只要数据流不中断，数据的处理就持续不断地进行，处理过程直接在内存中进行，不涉及对硬盘的访问，只有处理完成后才将结果输出到磁盘。

批处理计算处理的源数据通常是封闭的，一般将需要处理的大批量数据存入硬盘，处理的时候再从硬盘中读取数据进行一次性处理，如果产生了中间结果，需将中间结果写入外存，再继续后面的处理，因此批处理的 I/O 操作相对更加频繁。

表 11-2 总结了流式计算和批处理计算的不同点。

表 11-2 流式计算模型和批处理计算模型的区别

项　目	批处理计算模型	流式计算模型
数据流量	批量数据	单条数据流
访问数据方式	随机访问	顺序存取
处理时间	无限制	实时快速处理
执行次数	单次	长时间持续执行
所得结果数目	单个	多个
I/O 操作次数	频繁	只有最终结果会访问外存

11.5.1　批处理

MapReduce 采用分而治之的思想。首先把大规模数据集分解成很多小数据集，然后对每一个小数据集进行处理，最后将得到的结果汇总。

MapReduce 将这一处理过程高度抽象为 Map 阶段和 Reduce 阶段，用户只需编写 Map 和 Reduce 这两个函数。系统管理 Map 和 Reduce 任务的并行执行以及任务之间的协调，并能应对任务故障。图 11-8 显示了 MapReduce 处理数据集的过程。

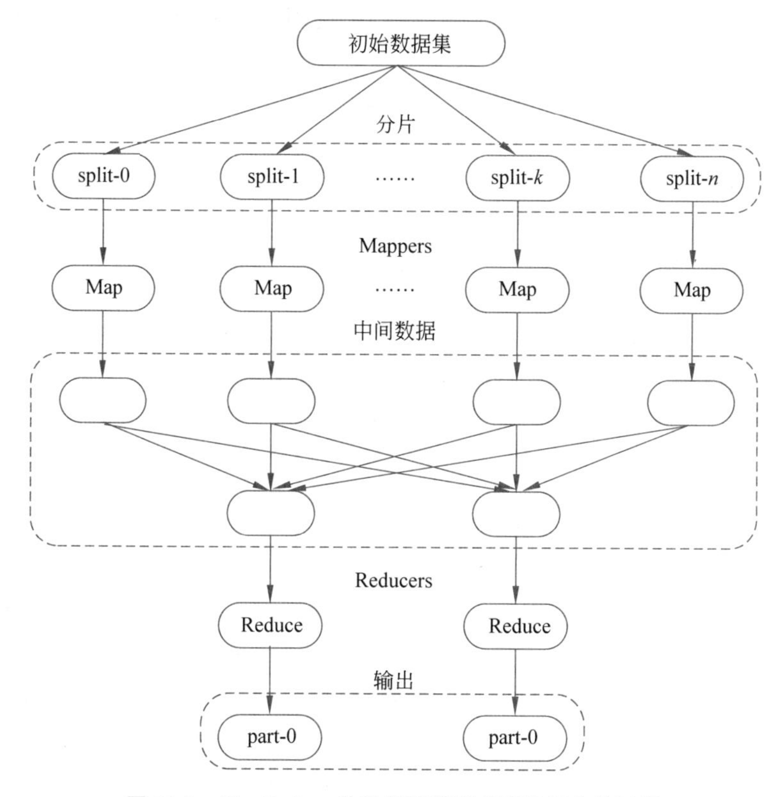

图 11-8　MapReduce 并行编程模型处理数据集的过程

在 Map 阶段：首先将输入的数据集分解成固定大小的块，每个块将由一个 Map 任务处理。Map 任务将执行用户自定义的 map 函数，将输入块转换成一个键-值对序列。

系统主控器：从每个 Map 任务收集键-值对序列，并将它们按键大小排序，键相同的键-值对被发送给同一个 Reduce 任务。

在 Reduce 阶段：Reduce 任务接收从不同 Map 任务得到的键相同的键-值对，执行用户编写的 reduce 函数，将键相同的键-值对中的所有值以 reduce 函数指定的方式组合起来，得到键-值对并输出。

MapReduce 是一种处理海量数据的并行编程模型和计算框架，通过处理用户的 map 和 reduce 函数，能够自动地并行执行在可伸缩的大规模集群上，从而可以对大规模数据进行处理和分析，具有可扩展、容错等特点。

11.5.2 流式计算

流计算的代表Storm框架由Twitter公司开源，用于数据量大、对实时响应要求高的实时计算场景，它实现了一种实时的数据流处理模型，可以获取源源不断的数据流，并且让这些数据流在该模型中流转和处理。

Storm流式计算框架结构如图11-9所示，包括Spout和Bolt两种组件。Spout用于从外部数据源接收数据，然后将其分发到拓扑中的相应组件中去。Bolt中是处理逻辑，用来完成对数据的处理，它是数据流的处理结点，使用多个Bolt可以完成数据流的多重变换。

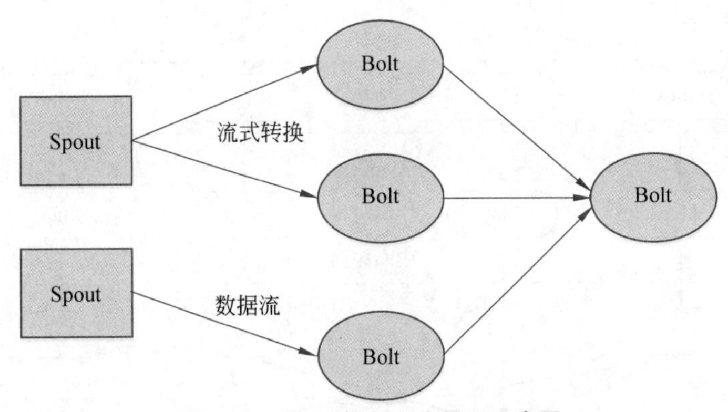

图11-9 Storm框架工作原理示意图

第一个Bolt用于接收来自Spout的数据流，当一个Bolt执行完后，数据形式会发生一定的变化，进而产生一个新的数据流，新的数据流可能继续流通到下一个Bolt中进行进一步的逻辑处理，也可能形成结果输出到存储器。

Storm集群架构如图11-10所示，集群中有两类结点：主结点和工作结点。守护进程Nimbus运行在主结点上，负责代码分发，为工作结点分配任务、故障监测；守护进程Supervisor运行在工作结点上，负责监听分配给所在工作结点的任务，即根据Nimbus的任务分配来决定启动或停止工作进程执行Storm拓扑，一个Supervisor可能执行拓扑的一部分，也可能执行完整的拓扑。

图11-10 Storm集群架构示意图

ZooKeeper是一个分布式协调器，负责Nimbus和多个Supervisor之间的所有协调工作；另外，ZooKeeper还保存了Storm的状态信息，所有无状态的守护进程一旦因故障终止被重启后，可以恢复到之前的状态继续工作，这极大地促进了Storm的稳定性。

Storm的工作流程大体包括三个步骤：首先，客户端提交拓扑到Storm集群中；接着，Nimbus 将给 Supervisor 分配的任务写入 ZooKeeper；然后，Supervisor 从 ZooKeeper 中获悉所分配的任务，并启动工作进程执行具体任务。

流式计算在一些数据量大、实时性要求高的应用场景中发挥着重要作用，比如微博话题的实时分析就需要流式计算技术的支撑。

11.6　大数据应用

本节以推荐系统为例说明大数据应用的特点以及带来的大数据技术挑战。

互联网应用的流行度与用户数量成正比，用户数通常达百万、千万乃至数亿。

这些互联网应用不仅提供信息服务，同时也通过系统日志条目记录用户历史行为、用户历史标注或系统中用户推送的原始内容，从而不断收集数据。这些数据能真实地反映用户兴趣，通过这些数据可以预测用户偏好，进而较为准确地向用户提供个性化的信息服务或信息推荐。例如，电子商务系统通过用户历史购物数据的分析，识别用户兴趣，进行精准的广告投放；电信行业通过对用户消费信息、位置信息、使用习惯等数据的分析，为用户及时推荐符合用户需要的服务、产品、内容等。

推荐是指根据用户的过往行为、活动、态度等，为用户推荐感兴趣的各种对象，如电影、书籍、音乐或新闻等的软件系统。在推荐系统中，通常把为用户推荐的对象称为“物项”。

现今比较主流的推荐方法包括两大类：基于内容的推荐、协同过滤推荐，而协同过滤推荐进而又可分为基于用户的协同过滤和基于物项的协同过滤。这些方法，各有其长、各有其短，实际当中总是采用混合的方法来改进推荐效果。

11.6.1　基于内容推荐

基于内容推荐算法的基本过程如图 11-11 所示。

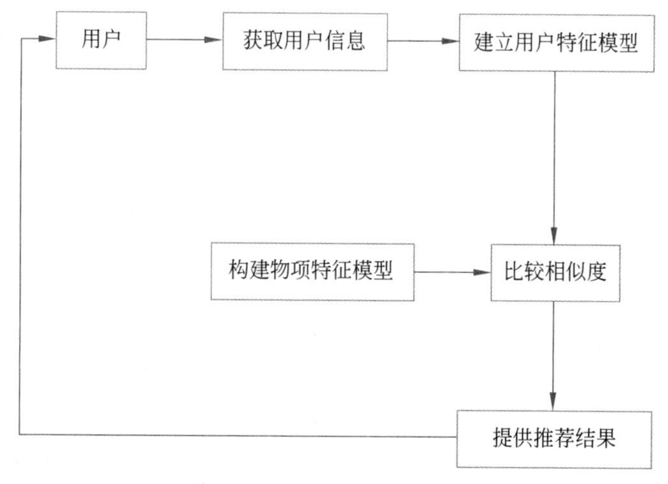

图 11-11　基于内容的推荐

基于内容的推荐,基本思想是通过分析用户的属性,如性别、年龄、专业和显式兴趣描述文本信息,发掘出与用户兴趣相关的关键词或标签,构建用户画像即兴趣模型;接着,建立物项的特征模型;然后,选用一种相似性计算方案来计算用户的兴趣模型与每一个物项的特征模型之间的相似性;最后,系统按照相似度高低对物项进行标记,并以一定形式推荐给目标用户。基本内容的推荐关键是模型建立与相似性计算方案。

用户兴趣模型是用户兴趣偏好的数学表示,如果用户兴趣模型建立不够好,推荐结果就会更不好。使用怎样的模型,提取怎样的用户和物项信息,一直是推荐算法研究的重点和难点,并是推荐算法进一步发展的关键。

另外,由于用户兴趣模型是基于历史信息或个人属性产生的,这就使得用户模型更具有记忆性而非预测性,并且系统无法区分不同属性的相同关键词表示,这种局限对推荐质量也有一定的影响。除此之外,基于内容的推荐算法具有以下两方面优点。

(1) 可解释性好。用户以前喜欢什么样的物项,系统就推荐给目标用户具有相似特征的物项,这种解释几乎对于所有的用户都是可接受的。

(2) 新物项可以得到推荐。每当有新物项时,一般已经确立好其属性,可以利用这些已经确定好的信息对新物项进行建模,这种效果与老物项并无区别,所以新物项具有与老物项同等的被推荐概率。

11.6.2 协同过滤推荐

1. 基于用户的协同过滤推荐

基于用户的协同过滤推荐方法的基本思想是用一个数据库来存储用户的历史标注数据,如评分、观看、浏览、购买、单击等,认为用户会喜欢与他具有相似历史标注习惯的用户所喜欢的物项,据此向用户推荐。

也就是说,根据已知信息推测用户间相似性,找到用户"邻居",进而把"邻居"感兴趣的物项推荐给用户。

包括两个步骤:①根据用户的历史标注信息,计算用户相似性,发现某一特定用户的"邻居"集合;②推荐"邻居"感兴趣的但此用户尚未选择过的物项给该用户。

1) 发现"邻居"集合

系统的输入为用户对项目的评分矩阵 $\mathbf{A}$,它是一个 n 行 m 列的矩阵,其中,n 为用户的数目,m 为项目个数。一般情况下,用户数远大于项目数。评分矩阵包含用户的行为,是发现用户邻居的重要信息。关键的评分信息有助于推测用户兴趣,进而由用户间行为的相似性发现具有共同兴趣的用户。$\bar{R}_i$ 表示用户 i 的平均分信息,$\bar{R}_j$ 表示用户 j 的平均分信息,N 代表用户 i 的所有邻居。

用户 i 和用户 j 的相似性用相似性系数 $\mathrm{Sim}(i,j)$ 来表征:

$$\mathrm{Sim}(i,j)=\frac{\sum_{c\in I_{i,j}}(R_{i,c}-\bar{R}_i)(R_{j,c}-\bar{R}_j)}{\sqrt{\sum_{c\in I_{i,j}}(R_{i,c}-\bar{R}_i)^2}\cdot\sqrt{\sum_{c\in I_{i,j}}(R_{i,c}-\bar{R}_j)^2}} \tag{11-1}$$

式(11-1)是 Pearson 简单相关系数,用于度量用户 i 和用户 j 之间的线性关系。另一种度量用户相似性的方法是利用余弦公式度量向量的夹角大小。定义用户 i 的评分信息为向量 I_i，用户 j 的评分信息为向量 I_j，则用户 i 和用户 j 之间的相关相似性 $\mathrm{Sim}(i,j)$ 为：

$$\mathrm{Sim}(i,j)=\cos(I,J)=\frac{I\times J}{\| I\| \times \| J\|}=\frac{\sum\limits_{c\in I_{i,j}} R_{i,c}-R_{j,c}}{\sqrt{\sum\limits_{c\in I_i}{}^2 R_{i,c}^2}\cdot\sqrt{\sum\limits_{c\in I_j} R_{j,c}^2}} \tag{11-2}$$

式(11-2)的缺点在于向量包含平均分信息，计算量大，计算时间长，消耗资源多。经过研究发现，平均分信息并不影响相似性系数的计算。为此，目前主流算法都对余弦算法进行了修正，消除了平均分信息对计算能力的限制，如公式(11-3)所示。

$$\mathrm{Sim}(i,j)=\frac{\sum\limits_{c\in I_{i,j}}(R_{i,c}-\bar{R}_i)(R_{j,c}-\bar{R}_j)}{\sqrt{\sum\limits_{c\in I_i}(R_{i,c}-\bar{R}_i)^2}\cdot\sqrt{\sum\limits_{c\in I_j}(R_{i,c}-\bar{R}_j)^2}} \tag{11-3}$$

2) 推荐项目

系统的最终目的是推荐用户感兴趣的项目，产生推荐列表。推表算法中使用了用户的所有“邻居”的信息，预测用户 i 对未评分项目 p 的评分公式如下。

$$P_{i,p}=\bar{R}_i+\frac{\sum\limits_{j\in N}\mathrm{sim}(i,j)\times(R_{j,p}-\bar{R}_j)}{\sum\limits_{j\in N}(|\ \mathrm{sim}(i,j)\ |)} \tag{11-4}$$

利用公式(11-4)计算出用户 i 对未评分项目 p 的得分后，对这些得分进行降序排列后输出，即实现协同过滤算法。

算法　基于用户的协同过滤推荐算法

输入：用户集合 U，项目集合 Q，评分矩阵 $\mathbf{A}$，输出数量 N，以及被推荐用户 U_i

输出：用户 U_i 的 TOP-N 推荐集

Step 1：利用公式 11-3 计算用户间相似性系数，发现用户 U_i 的“邻居”集合。

Step 2：利用公式 11-4 计算用户 U_i 未选择项目的推荐分数。

Step 3：对步骤 2 中得到的数据进行降序排列，输出前 N 个数据。

基于用户的协同过滤推荐方法，邻居用户是基于用户对物项的共同标注来计算的，在数据稀疏的情况下，用户共同标注的物项往往非常少，相似度估计就会很不准确，无法有效地找到邻居用户，从而影响推荐结果的准确性。

2. 基于物项的协同过滤推荐

基于物项的协同过滤推荐方法的基本思想也是用一个数据库来存储用户的历史标注数据，认为用户会喜欢与他自己曾经喜欢过的物项相似的物项，据此向用户推荐。

也就是说，根据已知信息推测物项间相似性，找到物项“邻居”，进而把“邻居”物项推荐给感兴趣的用户。

包括两个步骤：①根据历史标注信息，计算物项相似性，发现某物项的“邻居”集合；②推荐“邻居”物项给可能感兴趣的用户。

基于物项的协同过滤推荐方法，邻居物项是基于用户对物项标注的共性来计算的，在数据稀疏的情况下，物项相似度估计就会很不准确，无法有效地找到邻居物项，从而导致推荐结果准确度不高。

11.6.3 小结

推荐系统是自动联系用户和物项的一种工具，和搜索引擎相比，推荐系统通过研究用户的兴趣爱好，帮助用户从大数据中发觉自己潜在的需求，进行个性化推荐，缓解或解决信息过载问题。

为用户提供高质量的推荐能够提高用户忠诚度，如果进一步把用户对推荐项的标注记录下来用以丰富推荐数据库，就可以不断改进推荐质量，吸引更多的用户。

互联网应用都依托数量极其庞大的用户群。根据中国互联网络信息中心（CNNIC）发布第41次《中国互联网络发展状况统计报告》显示，2017年年底中国网民数量达到7.72亿，其中手机网民7.53亿。2018年春节期间，微信官方统计月活跃用户数已经突破10亿大关。对如此规模用户的推荐系统，不仅用户发布数据量巨大，用户历史行为、用户特征属性数据也都是大数据。不论是基于内容的推荐还是协同过滤推荐，系统都需要管理一张高维度、大规模的用户信息表，而且表中的列通常不是固定的；其次，很多属性存在空值或多值；最后，这张表的数据读写负载非常巨大，并且一点儿也不均衡。管理和分析大规模用户信息通常都是使用NoSQL数据存储和处理技术。

像推荐技术一样，许多互联网应用中的关键功能，不论是早期基于批处理的离线分析，还是更好的实时在线数据分析，都离不开有效的大数据管理、分析、处理和应用技术。

大数据技术从信息搜索起步，如今已经融合到社会生产生活的方方面面：电子商务、智能电网、网上交易、智慧物流、环保检测、安保监控、智慧交通、智慧教育，还有我们正在使用的MOOC平台，等等。

习 题

1. 简述大数据的基本特征。
2. 简述NoSQL的数据模型及其特点。
3. 简述MapReduce框架工作流程。
4. 简述流式计算一般流程。

附录A

实 验 指 导

实验一　认识数据库

1. 实验目的

（1）了解数据库的概念。
（2）了解数据库中表、行、列的概念。
（3）了解查询的概念和基于 QBE 的查询方法。

2. 实验内容

（1）熟悉 Microsoft Office 工作环境。
（2）创建 Access 表，并对表中数据进行插入、删除和更改操作。
（3）对所创建的表进行基本查询，包括：查询所有列、查询特定列等。
（4）创建两个表，并建立两表之间的关系。

3. 实验作业

（1）创建一个数据库，以“考生院系表_你的姓名”命名。

（2）创建考生表 examinee，包括 examinee_id，examinee_name，examinee_sex，examinee_department，examinee_age 共 5 个属性。

（3）创建院系表 department，包括 dparexaminername，dpartlocation，dparttel 共 3 个属性。

（4）向 examinee 表和 department 表中插入至少 5 条记录，并进行修改、删除的操作。

（5）使用 access 进行查询。查询 1：查找 examinee_department＝'信息'的考生的姓名、性别。查询 2：查找 examinee_age>20 的考生的学号、姓名和年龄。

（6）建立表 examinee 和 department 之间的关系，查询女或男考生所在院系联系电话。

4. 思考与体会

Access 工作表与 Excel 工作表有什么区别？两者各有哪些侧重？又有怎

样的联系？

实验二 SQL Server 基础和安装

1. 实验目的

（1）了解 SQL Server 的应用方面和优势。

（2）熟悉 SQL Server 在 Windows 下的下载、安装和启动服务步骤。

（3）掌握 SQL Server 的基本操作。

2. 实验内容

（1）学习了解 SQL Server 的基本内容和功能。

（2）下载安装 SQL Server，启动 SQL Server 服务器。

（3）数据管理平台 SQL Server 的基本操作，包括启动，连接和界面功能。

（4）在 SQL Server 上执行 SQL 查询语句。

3. 实验作业

（1）下载 SQL Server 安装包，根据计算机的操作系统选择正确的安装版本。下载网址为 https://www.microsoft.com/zh-cn/sql-server/sql-server-downloads。

（2）安装 SQL Server，双击下载的安装包，即可打开软件欢迎安装的窗口，根据提示进行安装。

（3）启动 SQL Server，并与数据库建立连接，观察数据库的属性，明确各属性含义。

（4）熟悉 SQL Server 工具界面操作：新建服务器、显示所选对象属性、执行任意 SQL 查询、查看所选对象数据、输入条件对所选对象的数据进行过滤等。

（5）配置 SQL Server 服务器的属性。

（6）执行 SQL 查询语句。

4. 思考与体会

（1）对比其他数据库软件，SQL Server 有什么优势？

（2）下载安装 SQL Server 时是否遇到任何问题？下载是需要根据平台选择不同版本，如果遇到“服务器未监听”的错误怎么办？如何修改服务器登录密码？

实验三 数据库的基本操作

1. 实验目的

（1）掌握创建数据库、修改数据库属性、删除数据库的方法。

（2）了解数据库修改的技巧。

（3）掌握 SQL Server 对数据库进行操作的方法。

2. 实验内容

（1）分别使用 SQL Server 创建用户、删除用户。

（2）分别使用 SQL Server 创建数据库、修改数据库属性、删除数据库。

3. 实验作业

（1）登录 SQL Server，创建数据库 exampaper 和 exampaper1，选择当前数据库为 exampaper，并查看 exampaper 数据库的信息及属性。

（2）修改数据库的连接最大值为 10。

（3）删除数据库 exampaper 和 exampaper1。

（4）创建一个新账户 account1，该用户通过本地主机连接数据库，密码为 oldpwd1，授权该用户创建数据库对象的权限。

（5）创建 SQL 语句更改 account1 用户的密码为 newpwd2。

（6）查看 account1 用户的权限。

（7）创建 SQL 语句将 account1 用户的账号信息从系统中删除。

4. 思考与体会

（1）使用 SQL 语句时，注意 SQL 语句应用以后 SQL Server 界面上的刷新方式。

（2）如何使用 SQL 语句创建具有一定条件的数据库？使用 DROP 删除一个数据库时是否遇到问题？如何解决？

实验四　数据表的基本操作

1. 实验目的

（1）掌握创建数据表、查看数据表的属性、修改数据表、删除数据表的方法。

（2）掌握向表中插入数据、更新数据、删除数据的方法。

2. 实验内容

（1）创建数据表，包括添加主键、外键、非空约束。

（2）修改已存在数据表的结构，包括修改表名、属性数据类型或属性名，添加和删除属性，删除表的外键约束等。

（3）删除数据表。

（4）向数据表中插入数据记录，包括插入完整的记录，插入记录的一部分，插入多条记录。

（5）对表中已有数据进行更新。

（6）从数据表中删除数据。

3. 实验作业

（1）创建数据库 business，在 business 中创建数据库表 clients，clients 表结构如表 A-1 所示，按要求进行操作。

表 A-1 clients 表结构

属 性 名	数据类型	主键	外键	非空	唯一
clienexaminerid	INT	是	否	是	是
clienexaminername	varchar(20)	否	否	否	否
clienttelephone	varchar(15)	否	否	否	否
clientaddress	varchar(50)	否	否	否	否
clientconstellation	varchar(4)	否	否	是	否

- 创建数据库 business。
- 创建数据表 clients，在 clienexaminerid 属性上添加主键约束，在 clientconstellation 属性上添加非空约束。
- 将 clienexaminername 属性数据类型改为 varchar(70)。
- 将 clienttelephone 属性改名为 clientphone。
- 增加属性 clientgender，数据类型为 char(1)。
- 将表名修改为 clients_info。
- 删除属性 clientaddress。

（2）在 business 数据库中创建数据表 orders，orders 表结构如表 A-2 所示，按要求进行操作。

表 A-2 orders 表结构

属 性 名	数据类型	主键	外键	非空	唯一
orderid	varchar(30)	是	否	是	是
orderdate	date	否	否	否	否
ordermachineprice	Float	否	否	否	否
clienexaminerid	INT	否	是	否	否

- 创建数据表 orders，在 orderid 属性上添加主键约束，在 clienexaminerid 属性上添加外键约束，关联 clients 表中的主键 clienexaminerid。
- 删除 orders 表的外键约束，然后删除表 clients。

（3）创建数据表 machines，并对表进行插入、更新和删除操作。machines 表结构如表 A-3 所示，machines 表中的记录如表 A-4 所示。

表 A-3　machines 表结构

属性名	数据类型	主键	外键	非空	唯一	属性说明
machinecode	varchar(18)	是	否	是	是	机器码
machinetype	varchar(50)	否	否	是	否	型号
machinemaker	varchar(8)	否	否	是	否	制造商
machineprice	Float	否	否	是	否	销售价格
madedate	date	否	否	是	否	出厂日期
machinedescrip	varchar(255)	否	否	否	否	机器简介
currentnum	INT	否	否	是	否	当前库存

表 A-4　machines 表中的记录

machinecode	machinetype	machinemaker	machineprice	madedate	machinedescrip	currentnum
500224923103100029	Dell 9600	Dell	6570	2016.3.3	PC 商用	102
412726918909084979	T805C	苹果	7600	2016.8.1	八核平板	25
340823923106097028	M2-803L	三星	7800	2016.2.7	通话平板	6786
140107918709161723	T715C	华为	6800	2016.4.8	2 合 1 平板	42 857
120105923109294244	A7-30TC	联想	8500	2016.5.9	投影平板	45
223302923231223224	FE8030CXG	华硕	6600	2016.6.6	4G 网络平板	5687
371581919103013156	A8-50LC	小米	7700	2016.9.9	1000 万像素	5278

- 创建数据表 machines，使用 insert 语句同时插入一条或多条记录的方法将表 A-4 中的记录插入到 machines 表中。
- 使用 update 语句将名称为 Dell 9600 的销售价格改为 6600。
- 将 machinenote 值为 null 的记录 machinenote 属性值改为 unknown。
- 删除 currentnum 为 0 的记录。
- 删除表中的所有记录。

4. 思考题

(1) 每一个表中都要有一个主键吗？
(2) 插入记录时可以不指定属性名称吗？
(3) 更新或者删除表时必须指定 WHERE 子句吗？

实验五　数据备份与还原

1. 实验目的

(1) 了解数据备份和还原的概念。
(2) 掌握数据备份和还原的方法。

2. 实验内容

1) 数据备份
(1) 使用图形化工具(SQL Server Management Studio)执行数据库备份。
(2) 使用 BACKUP DATABASE 命令备份数据库。
2) 数据还原
(1) 使用图形界面(SQL Server Management Studio)恢复数据库。
(2) 使用 RESTORE DATABASE 语句还原数据库。

3. 实验作业

注意：请保存好步骤(1)中的数据库的备份文件，因为实验六和实验七的作业就是在这个数据库上进行的。

(1) 创建数据库 questiondb，在库中创建表 question 和表 point，如表 A-5 和表 A-6 所示。

表 A-5　question 结构

属　性	描　述	类　型	长　度
QuestionID	问题 ID	varchar	18
Type	类型	smallint	
Difficulty	难度	double precision	
Poinexaminerid	知识点编号	varchar	18
Etime	预期时间	double	
Text	题干	Text	
Answer	答案	text	

表 A-6　point 结构

属　性	描　述	类　型	长　度
Poinexaminerid	知识点编号	varchar	18
Content	知识点内容	varchar	20
Chapter	分布章节	varchar	4

向两个表中插入表 A-7 和表 A-8 中的数据。

表 A-7　question 中记录

QuestionID	Type	Text	Difficulty	Poinexaminerid	Etime	Answer
500884983903900089	5	$X^2-2x+1=0$	0.1	402126002030324010	65	1
498786998909084979	2	事务有哪些特性?	0.3	633224023033033320	126	AEXAMID
340883983906097088	3	SQL 包括哪些部分?	0.2	362632000332362603	67	数据定义、操作、保护
940907998709969783	4	秦始皇执政多少年?	0.5	773307973739773778	89	49
980905983909894844	1	操作系统的目标?	0.4	379579999903093956	100	简单高效使用计算机
883308983839883884	3	What does zoo mean?	0.5	367507999007357693	76	动物园
379589999903093956	2	确定准确位置的信息技术?	0.3	383223023036301322	88	全球定位系统
368508999008358693	5	种瓜得瓜种豆得豆取决于?	0.2	083031002130060123	65	细胞核
343223023036301322	4	验证假设的途径是?	0.5	023036023030208288	186	进行实验
043031002130060123	3	毛泽东思想三个活的灵魂?	0.4	383223123136311322	67	实事求是/独立自主/群众路线
023036023030204244	2	拥有范围经济的企业必存在规模经济?	0.3	183131112131161123	89	错误,并无必然联系
223332023230223224	5	老年节是哪天?	0.1	310620000033303066	89	农历九月初九

表 A-8　point 中记录

Poinexaminerid	Content	Chapter
633224023033033320	事务是一系列不可分割的数据库操作……	3.3
402126002030324010	一元二次方程的主要解法如下……	6.7
310620000033303066	尊老爱幼是中华民族的传统美德……	8.9
362632000332362603	SQL 是声明性语言……	9.9

(2) 备份数据库 **Questiondb**,删除数据库,并将其还原。

(3) 备份 **Questiondb** 数据库中的 question 表,然后删除这个表,并还原该表。

4. 思考与体会

(1) 使用 BACKUP DATABASE 备份数据库时需要注意哪些问题?

实验六　简单查询：基于“感动中国年度人物”数据库

1. 实验目的

(1) 掌握基本 SQL 查询语句格式。
(2) 掌握单表查询方法。
(3) 掌握聚集函数查询方法。

2. 实验内容

(1) 使用 SQL 基本查询语句进行单表查询，主要有：查询属性、查询指定记录、查询空值、多条件的查询、去重、分组查询以及对查询结果排序等。

(2) 使用集合函数对表进行查询，聚集函数主要有：AVG()，COUNT()，MAX()，MIN()，SUM()。

3. 实验作业

本次实验使用“感动中国年度人物”数据库，主要涉及人物获奖表 award，包括获奖编号(aid)，获奖称号(atite)，获奖人姓名(aname)，获奖人性别(asex)，获奖时的年龄(aage)，获奖年份(ayear)，颁奖辞(description)。

(1) 登录 SQL Server，用 SQL 语句创建数据表 award，如表 A-9 所示。

表 A-9　award 结构

属　性	描　述	类　型	长　度
aid	获奖编号	varchar	20
atitle	获奖称号	varchar	20
aname	获奖人姓名	varchar	20
asex	获奖人性别	varchar	4
aage	获奖时的年龄	smallint	
ayear	获奖年份	smallint	
description	颁奖辞	text	

(2) 向 award 表中插入表 A-10 中的数据。

表 A-10　award 中的元组

aid	atitle	aname	asex	aage	ayear	description
2018001	临危岂顾生	杜富国	男	27	2018	你退后/让我来/六个字铁骨铮铮/以血肉挡住危险/哪怕自己坠入深渊/无法还给妈妈一个拥抱/无法再见妻子明媚的笑脸/战友们拉着手趟过雷场/你听/那嘹亮的军歌/是对英雄的礼赞

续表

aid	atitle	aname	asex	aage	ayear	description
2018002	见义勇必为	吕保民	男	49	2018	NULL
2018003	孤云心浩然	王仕花	女	56	2018	浪的执着/礁的顽强/民的本分/兵的责任/岛再小也是国土/家未立也要国先安/三十二年驻守/三代人无言付出/两百面旗帜收藏了太多风雨/涛拍孤岛岸/风颂赤子心
2017001	天意怜幽草，人间重晚晴	卢永根	男	87	2017	种得桃李满天下，心唯大我育青禾。是春风，是春蚕，更化作护花的春泥。热爱祖国，你要把自己燃烧。稻谷有根，深扎在泥土，你也有根，扎根在人们心里
2017002	际会中兴日，四海两心知	卢丽安	女	49	2017	台湾的女儿有大气概，祖国为大乡愁不改，把握现在开创未来。分离再久，改不了我们的血脉。海峡再深，挡不住人民追求福祉的路
2017003	芳兰生贵里，山河澄正气	廖俊波	男	49	2017	人民的樵夫，不忘初心。上山寻路，扎实工作，廉洁奉公，牢记党的话，温暖群众的心。春茶记住你的目光，青山留下你的足迹，谁把人民扛在肩上，人民就把谁装进心里
2016001	星斗焕文章	孙家栋	男	87	2016	少年勤学，青年担纲，你是国家的栋梁。导弹、卫星、嫦娥、北斗，满天星斗璀璨，写下你的传奇。年过古稀未伏枥，犹向苍穹寄深情
2016002	芳兰振蕙叶	支月英	女	55	2016	你跋涉了许多路，总是围绕大山。吃了很多苦，但给孩子们的都是甜。坚守才有希望，这是你的信念。三十六年，绚烂了两代人的童年，花白了你的麻花辫
2016003	君子通大道	秦玥飞	男	31	2016	NULL

（3）使用 SQL 语句查询 award 表中所有行的 atitle、aname 和 ayear。

（4）使用 SQL 语句查询 award 表中获奖年份为 2018 年的所有获奖人姓名和性别。

（5）使用 SQL 语句查询 award 表中 aid 为 2018001 或 2017001 的获奖人姓名和年龄。

（6）使用 SQL 语句查询 award 表中获奖年龄为 30～50 岁的获奖人姓名、性别、年龄，并按年龄升序排序。

（7）使用 SQL 语句查询 award 表中编号以“2016”开头并且 description 为空的行。

（8）使用 SQL 语句查询 award 表中 ayear 属性的值，并返回不重复的 ayear 属性值。

（9）使用 SQL 语句查询 award 表中从第 4 行开始(包括第 4 行)之后的 3 行记录。

(10) 使用COUNT()函数统计award表中不同年份的获奖人数。

(11) 使用AVG()函数统计award表中不同年份获奖人的平均年龄，要求只显示平均年龄在50岁以上的分组。

(12) 使用AVG()函数统计award表中不同年份，获奖年龄在50岁以上的获奖人的平均年龄。

(13) 使用MAX()函数统计award表中各个年份获奖年龄的最大值并把最大值命名为max_age。

(14) 查询从孙家栋获奖的时间到现在过去了几年。

4. 问题与思考

(1) 在where子句中必须使用圆括号吗？

(2) having关键字和where关键字在功能上有什么区别？

实验七　高级数据查询

1. 实验目的

(1) 掌握连接查询。

(2) 掌握嵌套查询。

(3) 掌握集合操作。

(4) 掌握使用正则表达式查询。

2. 实验内容

(1) 使用连接运算符实现多表查询，包括内连接、外连接和复合条件连接查询。

(2) 在语句中嵌套子查询，并为属性和表创建别名，常使用的操作符有：ANY(SOME)，ALL，IN，EXISTS。

(3) 使用集合操作实现多个查询结果的合并。

(4) 在检索或替换某个符合要求的文本内容的语句中使用正则表达式。

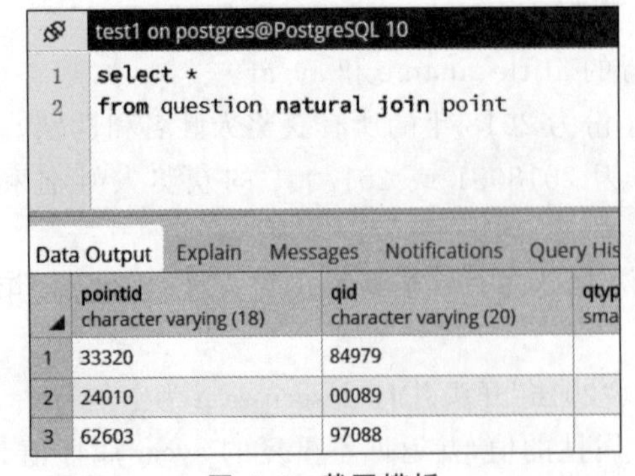

图 A-1　截图模板

3. 实验作业

必须用SQL完成作业并在截图时将SQL和对应输出同框截图，否则不给分，截图模板如图A-1所示。

1) 数据准备

利用实验五建立的questiondb数据库和question表完成以下操作。

(1) 用SQL语句在question数据库中创建知识点表point，如表A-11所示，并向表中插入表 A-12 中的数据。

表 A-11　point 结构

属　性	描　　述	类　型	长度
pointid	知识点编号	varchar	18
pcontent	知识点内容	varchar	20
pchapter	知识点分布章节	varchar	4

表 A-12　point 记录

pointid	pcontent	pchapter
33320	事务是一系列不可分割的数据库操作……	3.3
24010	一元二次方程的主要解法如下……	6.7
03066	尊老爱幼是中华民族的传统美德	8.9
62603	SQL 是声明性语言……	9.9

(2) 为了操作简便,使用以下语句删除原问题表 question 中的记录,重新插入 5 行数据。

```
delete from question;
insert into question
values
('00089',5,'X2-2x+ 1=0',0.2,'24010',65,'1'),
('84979',2,'事务有哪些特性?',0.3,'33320',126,'ACID'),
('97088',3,'SQL 包括哪些部分?',0.2,'62603',67,'数据定义、操作、保护'),
('69783',4,'秦始皇执政多少年?',0.5,'73778',89,'49'),
('94844',1,'操作系统的目标?',0.4,'93956',100,'简单高效使用计算机')
```

2) 使用连接查询完成操作

(1) 查询 question 表与 point 表有相同知识点编号的问题,并输出此类问题及其知识点的详细信息,要求分别用交叉连接、on 条件连接,并简述不同之处。

(2) 查询每个问题的详细信息,若某些问题在 point 表中存储有相关知识点,也一并输出,否则为空值。

(3) 查询 question 表中与 00089 号问题难度一样的问题 ID 及其难度,要求使用自连接。

3) 使用嵌套查询完成操作

(1) 查询 question 表中与 00089 号问题难度一样的问题 ID 及其难度。

(2) 查询 question 表中问题类型大于任一难度为 0.2 的问题的问题编号和类型。

(3) 查询 question 表中在 point 表中存储有相关知识点且分布章节大于 8 的问题 ID 和知识点编号。

（4）查询 question 表中问题类型大于 3 的问题，输出在这些问题下不同难度的平均预期时间。

4）使用集合完成操作

（1）查询 point 表中有被 question 表使用的知识点编号。

（2）查询 question 表中所有难度大于 0.2、小于 0.5 的题目信息，查询 question 表中知识点编号大于 60000、小于 90000 的题目信息，然后使用 UNION 合并两个查询结果。

5）使用正则表达式完成操作

查询 question 表中题干中包含文字“哪些”的记录。

6）探究实验

要求根据 question 表和 point 表自己提出一个复杂查询任务，并完成查询，获得结果。

4. 思考与体会

（1）在连接查询中，在查询某些列时什么时候可以忽略列前的表名？什么时候不可以忽略？

（2）连接查询时会使用 on 来指定连接条件，并且其连接条件也可以直接用在 where 子句中，那么 on 跟 where 的区别是什么？

实验八 Java 连接数据库

1. 实验目的

（1）掌握 JDBC 的基本概念及其操作数据库的基本步骤。

（2）熟悉使用 Java 进行数据库应用程序设计。

2. 实验内容

（1）配置 Java 环境变量。

（2）理解 JDBC 连接 SQL Server 的基本步骤。

（3）使用 Java 语言编程实现对数据库的访问，所有的 SQL 操作均在自己建立的新库里进行，数据库选用考试系统数据库，进行创建、插入、查询、删除和更新等操作。

3. 实验作业

以下对考试系统数据库的操作均通过在 Eclipse 环境下编写 Java 程序实现

1）创建表

```
examinee(eeid, eename, eesex, eeage, eedepa)
exampaper(eid,ename,etype, eduration)
eeexam(eeid,eid, achieve)
```

examinee、exampaper、eeexam 结构如表 A-13～表 A-15 所示。

表 A-13　examinee 结构

属性名	属性说明	数据类型	说　明
eeid	考生编号	INT	主键，非空
eename	考生姓名	VARCHAR(20)	非空
eesex	考生性别	CHAR(4)	非空
eeage	考生年龄	INT	非空
eedepa	院系	VARCHAR(20)	非空

表 A-14　exampaper 结构

属性名	属性说明	数据类型	说　明
eid	试卷编号	INT	主键，非空
ename	试卷名	VARCHAR(20)	非空
etype	学分	SMALLINT	非空
eduration	考试时间	INT	非空

表 A-15　eeexam 结构（主键（eeid，eid））

属性名	属性说明	数据类型	说　明
eeid	考生编号	INT	外键（参照 examinee），非空
eid	试卷编号	INT	外键（参照 exampaper），非空
achieve	成绩	FLOAT	非空

2）插入数据

插入表 A-16～表 A-18 中的数据。

表 A-16　examinee 中插入记录

eeid	eename	eesex	eeage	eedepa
13225698	杨紫紫	女	20	信科
16625645	张数数	男	22	英语

表 A-17　exampaper 中插入记录

eid	ename	etype	eduration
13456767	Java	2	120
28765435	数据库	3	150

表 A-18 eeexam 中插入记录

eeid	eid	achieve
13225698	13456797	80
13225698	28765438	85
16625645	27865589	90

3）更新数据

将 examinee 表中的 eeid 为 13225698 的考生名字改为“张更新”。

4）删除数据

删除表 eeexam 中 eeid 为 16625645 的记录。

5）查询数据

查询 eeid 为 16625645 的考生的报考信息（eeid，eename，eid，ename，etype）。

4. 实验思考

以 Java 连接 SQL Server 数据库为例，写出 JDBC 操作数据库的基本步骤，并做相应说明。

提示：

（1）加载驱动类。

```
Private static final String DRIVER =“com.microsoft.sqlserver.jdbc.SQLsERVERDriver”;
Class.forName(DRIVER);
```

（2）提供 JDBC 连接的 URL。

实验九 简单的流程控制与用户自定义函数

1. 实验目的

（1）了解流程控制。
（2）掌握简单的用户自定义函数的编写。
（3）掌握用户自定义函数的调用方法。

2. 实验内容

（1）编写简单的用户自定义函数，输入参数、定义变量、输出相应结果。
（2）编写用户自定义函数，通过函数对数据表进行修改。
（3）调用已编写的用户自定义函数。

3. 实验作业

数据表的建立及数据插入采用 SQL 语句，其余要求均通过创建函数和调用函数实现。

(1) 创建一个函数，输入字符串 a，输出该字符串从第 10 位开始的连续 8 个字符的大写形式。需验证：当字符串 a 为“learning database is interesting”时，返回“DATABASE ”。

(2) 在 examiner 表基础上，依据要求完成函数的创建与调用。

① 创建 examiner 表，插入表 A-19 中的数据。

表 A-19　examiner

erid(int，PK)	ername(varchar(20))	erdepa(varchar(20))	ersalary(int)\
1	杨幂幂	信科	3000
2	朱迅迅	英语	2000
3	宋佳佳	化学	2000
4	刘诗诗	信科	3000

② 创建一个函数，实现给考官加薪 1000 的功能。若考官存在于 examiner 表中，返回“加薪成功”；若考官不在表中，则返回“该考官不存在”。

需验证：给考官杨幂幂加薪，返回“加薪成功”；给考官关彤彤加薪，返回“该考官不存在”。

③ 创建一个函数，采用流程控制语句，返回表中所有考官的 ername。

4. 思考题

使用函数调用和直接使用 SQL 对数据表进行修改有何区别？

实验十　索引和视图

1. 实验目的

(1) 了解索引的概念及创建索引和删除索引的方法。

(2) 了解视图的概念及创建视图、查看和删除视图的方法。

2. 实验内容

(1) 创建索引：使用 SQL 语句创建唯一索引、普通索引、组合索引；重命名索引；删除索引。

(2) 创建视图：分别在单表上和多表上创建；查看视图及详细信息；删除视图。

3. 实验作业

(1) 在数据库中创建数据表 dancers,结构如表 A-20 所示,按要求进行操作。

表 A-20　dancers 表结构

属性名	数据类型	主键	外键	非空	唯一
dancersid	VARCHAR(18)	是	否	是	是
dancersname	VARCHAR(255)	否	否	是	否
dancersaddress	VARCHAR(255)	否	否	否	否
dancersage	CHAR(2)	否	否	是	否
dancersnode	VARCHAR(255)	否	否	否	否

① 在数据库中创建数据表 dancers,在 dancersid 属性上添加名称为 uniqidx 的唯一索引。

② 在 dancersname 属性上建立名称为 nameidx 的普通索引。

③ 在 dancersaddress 和 dancersage 上建立名称为 ultiidx 的组合索引。

④ 删除名称为 uniqidx 的普通索引。

(2) 在考试数据库中进行以下视图操作

① 在 eeexam 表中创建成绩在 80 分以上考生的视图 ee_view。

② 查看 ee_view 中的所有考生信息。

③ 创建计算机系考生的成绩视图,视图中包含考生的学号、姓名和成绩。

④ 删除创建的视图 ee_view。

4. 思考题

(1) 索引对数据库性能如此重要,我们应该如何使用它?

(2) SQL Server 中视图和表的区别和联系是什么?

实验十一　SQL Server 权限管理

1. 实验目的

(1) 了解数据库用户;熟悉创建、更改、删除用户的方法;了解查询用户的方法。

(2) 了解权限、角色的不同点以及它们之间的关系;熟练掌握对角色的管理。

(3) 了解数据库的不同权限;掌握为用户分配权限的方法。

2. 实验内容

(1) 组角色管理:创建、查看、修改、删除组角色。

(2) 账户管理:创建、更改、删除用户。

（3）组角色和用户权限管理：对组角色和用户授权及收回。

（4）数据库权限管理。

3. 实验作业

（1）创建一个数据库 mydb01。

（2）选择 mydb01 数据库为当前数据库。在该数据库下创建数据表 myexaminee，属性包括 idnumber varchar(20) 主键、nameinmydb varchar(30) 非空、achievement INT 非空。

（3）创建一个新账户，用户名称为 monitor01，密码为'pw123'。

（4）创建一个新账户，用户名称为 monitor02，密码为'pw456'。

（5）将数据库 mydb01 的所有者修改为 monitor01，并在"对象浏览器"中查看 mydb01 的属性。

（6）允许用户 monitor02 对数据表 myexaminee 进行查询、插入和更新操作。

（7）删除 monitor02 的账户信息。

4. 思考与体会

（1）如何撤销用户对数据表的操作权限？

（2）思考组角色和用户的区别。

实验十二 触 发 器

1. 实验目的

（1）了解触发器概念。

（2）掌握创建触发器、调用触发器、删除触发器的方法。

（3）掌握使用触发器的技巧。

2. 实验内容

（1）对于表的 INSERT、DELETE、UPDATE 操作，创建触发器函数并使用 create TRIGGER 语句，对表中数据进行修改或抛出异常。

（2）查看和删除触发器。

3. 实验作业

在考试数据库中进行以下触发器相关的操作。

（1）建立 INSERT 触发器，若插入 examinee 表的记录学号长度不为 10 位，提示"学号格式错误！"（提示：可使用 CHAR_LENGTH()获取字符串长度）。

（2）建立 UPDATE 触发器，对 examinee 表进行 update 操作后，若考生学号被修改，则将 eeexam 表中相应学号进行修改。

(3) 建立DELETE触发器,examinee表中考生记录被删除后,删除eeexam中该考生相应的考试记录。

(4) 查看所有触发器,删除上面创建的三个触发器及触发器函数。

4. 思考与体会

(1) 在使用触发器时,对相同的表、相同的事件是否只能创建一个触发器?

(2) 使用触发器时应注意什么问题?

(3) 为什么要及时删除不再需要的触发器?

实验十三 事务与并发控制

1. 实验目的

(1) 了解事务的概念。

(2) 了解事务的特性。

(3) 掌握锁方法。

2. 实验内容

针对考试系统数据库,进行以下相关的操作。

(1) 将多个SQL语句定义为一个事务,执行并中间人为制造故障,分析系统恢复的情况。

(2) 并发执行多个事务,运行并分析隔离性。

3. 实验作业

在考试数据库中进行以下触发器相关的操作。

(1) 设计SQL语句,将一个学生成绩减1分而给另一个学生加1分,中间穿插多个较长时间的其他无关SQL语句,并把这些操作定义为一个事务;执行事务并在中间其他无关代码运行期间人为断电,重启系统,分析系统恢复的情况。

(2) 设计SQL语句,将一个学生成绩减1分而给另一个学生加1分,中间穿插多个较长时间的其他无关SQL语句,并不把这些操作作为事务;执行这些操作并在中间其他无关代码运行期间人为断电,重启系统,分析结果。

(3) 设计SQL语句,将一个学生成绩减1分而给另一个学生加1分,中间穿插多个较长时间的其他无关SQL语句,并不把这些操作作为事务;并发执行这些操作并分析分数的修改与运行次数的关系,考虑并发是否带来错误。

(4) 设计SQL语句,将一个学生成绩减1分而给另一个学生加1分,中间穿插多个较长时间的其他无关SQL语句,并把这些操作定义为一个事务;并发执行事务并分析分数的修改与运行次数的关系,考虑并发是否带来错误。

4. 思考与体会

(1) 数据库管理系统是如何保证原子性的?
(2) 数据库管理系统是如何保证隔离性的?

实验十四 PowerDesigner

1. 实验目的

(1) 熟悉 PowerDesigner 应用环境。
(2) 掌握 PowerDesigner 概念模型的定义和创建方法。
(3) 掌握利用 PowerDesigner 建立数据库后台的方法。

2. 实验内容

(1) 分析图书管理系统中的实体关系模式,设计相应的 E-R 图。
(2) 根据实体关系模式,设计系统的逻辑结构,即将 E-R 图转换为关系结构。
(3) 利用 PowerDesigner 设计系统的物理结构,并根据数据库管理系统转换成相应的 SQL 文件。

3. 实验作业

(1) 根据课上使用的图书管理系统,分析其内部的实体关系情况,并画出 E-R 图。
请设计一个图书馆数据库,此数据库中对每个借阅者保存读者记录,包括:读者号,姓名,地址,性别,年龄,部门。对每本书存有:书号,书名,作者,出版社。每当有一本书被借还时,保存每次借阅信息:借出日期、应还日期、归还日期。
(2) 根据上述 E-R 图,分析表结构的属性特征(主键或外键关系)及实体之间的对应关系。
(3) 通过 PowerDesigner 建立数据库后台,根据概念设计模型生成物理属性模型,最后转换成 SQL 语句。
(4) 将生成的 SQL 语句导入到 SQL Server 中,查看相应表结构。

4. 思考与体会

简述 PowerDesigner 数据库建模的主要步骤。

实验十五 综合应用

1. 实验目的

(1) 掌握针对实际需求进行数据库建设。
(2) 提高综合运用所学知识解决实际问题的能力。

2. 实验内容

(1) 分析网上书店的需求。

(2) 完成数据库概念设计、逻辑设计和物理设计。

(3) 实现数据库的数据和表的创建和设计，并自行插入适当数据。

(4) 可根据需求适当建立相应触发器，使用程序实现系统功能。

(5) 数据库测试，进行数据查询、插入、更新等操作，并查看结果。

3. 实验作业

网上书店应用信息如下，据此完成实验内容相关工作，并撰写报告。

有实体书店“梨园书屋”，运营中出现很多客户通过电话下订单的情况，书店对订单、出货、货款交付状态等现均以手工方式处理。书店希望创建一个新的 Web 站点，客户可通过 Internet 在这个 Web 站点上下订单，以实现订单、出货、货款交付状态等在线管理。

主要需求如下。

新客户第一次登录书店 Web 站点前，需申请账号并登记注册信息，如客户名、客户地址和客户信用卡号等，站点会给每个客户分配唯一标识号。

客户可以在 Web 站点上浏览图书目录并对需要的书下订单。图书目录包括 ISBN 号、书名、作者、定价、出版年等。一个客户可以下多个订单，也可以在一个订单中订购多种不同的书，比如同时购买数据库教材 30 本和操作系统教材 28 本，如果某订单出现某种图书书店存货不够的情况，则等待书店补充相应图书，订单所需图书齐全后才对该订单发货。

4. 思考与体会

(1) 如果将需求稍做修改：在一个订单中订购多种不同的书，比如同时购买数据库教材 30 本和操作系统教材 28 本，有的书存货不够，此时先将已有的图书发货，后补充需求后再对所缺图书发货。那么这对数据库设计会有什么影响？

(2) 总结本次综合训练的体会。

实验课评分标准

实验课评分标准如下。

(1) 学习态度：是否能按时出勤，有无迟到、早退、旷课等情况，上机实验时是否认真，能否按时递交实验报告。

(2) 实验准备：是否认真阅读实验讲义及有关参考书、理解实验内容，比如是否在实验课前画好程序流程图，做好实验前各项准备工作。

(3) 实验上机：能否在规定时间内按要求完成实验内容，并在实验的基础上，深入理解相关原理。

(4) 动手能力：编写调试程序的熟练程度，以及发现问题、解决问题的能力。

实验报告评分标准实例

实验（总共 66 分）

简单查询：基于“感动中国年度人物”数据库（1 分）

1. 实验目的（3 分）

（1）掌握基本 SQL 查询语句格式。
（2）掌握单表查询方法。
（3）掌握聚集函数查询方法。
（按照完整度比例得分）

2. 实验环境（写清硬件配置和软件版本）（3 分）

（1）硬件。
（2）操作系统。
（3）数据库管理系统。
（按照完整度比例得分）

3. 实验内容（2 分）

（1）使用 SQL 基本查询语句进行单表查询，主要有：查询指定属性、查询指定元组、查询空值、多条件的查询、分组查询、对查询结果去重、对查询结果排序等。

（2）使用聚集函数对数据表进行查询，主要有 COUNT()、SUM()、AVG ()、MAX()、MIN()。

（按照完整度比例得分）

4. 实验数据（2 分）

本次实验使用“感动中国年度人物”数据库，主要涉及人物获奖表（award），包括获奖编号（aid），获奖称号（atite），获奖人姓名（aname），获奖人性别（asex），获奖时的年龄（aage），获奖年份（ayear），颁奖辞（description）。

5. 实验作业（46 分）

（重要步骤使用截图和文字说明实验过程。

截图包括：操作界面截图及操作点突出显示，源程序截图和源程序运行截图（包括初始和结果，如果有程序的话）。注意截图尺寸，一般不要截全屏，可尽量聚焦操作点。

说明包括：操作说明、源程序、源程序注释和源程序说明（如果有程序的话）。

截图或说明不完整的，按不完整比例扣分。）

（1）登录 SQL Server，用 SQL 语句创建数据表 award，如表 A-21 所示。（2 分）

表 A-21 award 结构

属 性	描 述	类 型	长 度
aid	获奖编号	varchar	20
atitle	获奖称号	varchar	20
aname	获奖人姓名	varchar	20
asex	获奖人性别	varchar	4
aage	获奖时的年龄	smallint	
ayear	获奖年份	smallint	
description	颁奖辞	text	

（说明和截图完整，得 2 分；否则，按不完整比例扣分。截图包括 SQL 语句及执行效果；说明中给出可编辑格式的 SQL 语句。）

（2）向 award 表中插入表 A-22 中的数据。（3 分）

表 A-22 award 中记录

aid	atitle	aname	asex	aage	ayear	description
2018001	临危岂顾生	杜富国	男	27	2018	你退后/让我来/六个字铁骨铮铮/以血肉挡住危险/哪怕自己坠入深渊/无法还给妈妈一个拥抱/无法再见妻子明媚的笑脸/战友们拉着手趟过雷场/你听/那嘹亮的军歌/是对英雄的礼赞
2018002	见义勇必为	吕保民	男	49	2018	NULL
2018003	孤云心浩然	王仕花	女	56	2018	浪的执着/礁的顽强/民的本分/兵的责任/岛再小也是国土/家未立也要国先安/三十二年驻守/三代人无言付出/两百面旗帜收藏了太多风雨/涛拍孤岛岸/风颂赤子心
2017001	天意怜幽草，人间重晚晴	卢永根	男	87	2017	种得桃李满天下，心唯大我育青禾。是春风，是春蚕，更化作护花的春泥。热爱祖国，你要把自己燃烧。稻谷有根，深扎在泥土，你也有根扎根在人们心里
2017002	际会中兴日，四海两心知	卢丽安	女	49	2017	台湾的女儿有大气概，祖国为大乡愁不改，把握现在开创未来。分离再久，改不了我们的血脉。海峡再深，挡不住人民追求福祉的路

续表

aid	atitle	aname	asex	aage	ayear	description
2017003	芳兰生贵里，山河澄正气	廖俊波	男	49	2017	人民的樵夫，不忘初心。上山寻路，扎实工作，廉洁奉公，牢记党的话，温暖群众的心。春茶记住你的目光，青山留下你的足迹，谁把人民扛在肩上，人民就把谁装进心里
2016001	星斗焕文章	孙家栋	男	87	2016	少年勤学，青年担纲，你是国家的栋梁。导弹、卫星、嫦娥、北斗，满天星斗璀璨，写下你的传奇。年过古稀未伏枥，犹向苍穹寄深情
2016002	芳兰振蕙叶	支月英	女	55	2016	你跋涉了许多路，总是围绕大山。吃了很多苦，但给孩子们的都是甜。坚守才有希望，这是你的信念。三十六年，绚烂了两代人的童年，花白了你的麻花辫
2016003	君子通大道	秦玥飞	男	31	2016	NULL

（说明和截图完整，得 3 分；否则，按不完整比例扣分。截图包括 SQL 语句及执行效果；说明中给出可编辑格式的 SQL 语句。）

（3）使用 SQL 语句查询 award 表中所有行的 atitle、aname 和 ayear。（2 分）

（说明和截图完整，得 2 分；否则，按不完整比例扣分。截图包括 SQL 语句及执行效果；说明中给出可编辑格式的 SQL 语句。）

（4）使用 SQL 语句查询 award 表中获奖年份为 2018 年的所有获奖人姓名和性别。（2 分）

（说明和截图完整，得 2 分；否则，按不完整比例扣分。截图包括 SQL 语句及执行效果；说明中给出可编辑格式的 SQL 语句。）

（5）使用 SQL 语句查询 award 表中 aid 为 2018001 或 2017001 的获奖人姓名和年龄。（4 分）

（要求写出两种 SQL 语句，每种写法各占 2 分；说明和截图完整，得 4 分；否则，按不完整比例扣分。截图包括 SQL 语句及执行效果；说明中给出可编辑格式的 SQL 语句。）

（6）使用 SQL 语句查询 award 表中获奖年龄为 30～50 岁的获奖人姓名、性别、年龄，并按年龄升序排序。（4 分）

（要求写出两种 SQL 语句，每种写法各占 2 分；说明和截图完整，得 4 分；否则，按不完整比例扣分。截图包括 SQL 语句及执行效果；说明中给出可编辑格式的 SQL 语句。）

（7）使用 SQL 语句查询 award 表中编号以 2016 开头并且 description 为空的行。（3 分）

（说明和截图完整，得 3 分；否则，按不完整比例扣分。截图包括 SQL 语句及执行效果；说明中给出可编辑格式的 SQL 语句。）

（8）使用 SQL 语句查询 award 表中 ayear 属性的值，并返回不重复的 ayear 属性值。

(2分)

(说明和截图完整,得2分;否则,按不完整比例扣分。截图包括SQL语句及执行效果;说明中给出可编辑格式的SQL语句。)

(9) 使用SQL语句查询award表中从第4行开始(包括第4行)之后的3行记录。(3分)

(说明和截图完整,得3分;否则,按不完整比例扣分。截图包括SQL语句及执行效果;说明中给出可编辑格式的SQL语句。)

(10) 使用COUNT()函数统计award表中不同年份的获奖人数。(4分)

(说明和截图完整,得4分;否则,按不完整比例扣分。截图包括SQL语句及执行效果;说明中给出可编辑格式的SQL语句。)

(11) 使用AVG()函数统计award表中不同年份获奖人的平均年龄,要求只显示平均年龄在50岁以上的分组。(5分)

(说明和截图完整,得5分;否则,按不完整比例扣分。截图包括SQL语句及执行效果;说明中给出可编辑格式的SQL语句。)

(12) 使用AVG()函数统计award表中不同年份,获奖年龄在50岁以上的获奖人的平均年龄。(5分)

(说明和截图完整,得5分;否则,按不完整比例扣分。截图包括SQL语句及执行效果;说明中给出可编辑格式的SQL语句。)

(13) 使用MAX()函数统计award表中各个年份获奖年龄的最大值并把最大值命名为max_age。(4分)

(说明和截图完整,得4分;否则,按不完整比例扣分。截图包括SQL语句及执行效果;说明中给出可编辑格式的SQL语句。)

(14) 查询从孙家栋获奖的时间到现在过去了几年。(3分)

(说明和截图完整,得3分;否则,按不完整比例扣分。截图包括SQL语句及执行效果;说明中给出可编辑格式的SQL语句。)

6. 问题与思考(4分)

(尽可能用自己的语言,尽可能表达清楚自己的理解,可联系以上实验过程,必要时也可以给出自己补充的实验操作截图。)

(1) 在where子句中必须使用圆括号吗?(2分)

(回答合理且与本次实验过程涉及的概念和操作相关,得2分;否则,酌情扣分。)

(2) having关键字和where关键字功能上有什么区别?(2分)

(回答合理且与本次实验过程涉及的概念和操作相关,得2分;否则,酌情扣分。)

7. 实验体会(2分)

(自己总结两点及以上,得2分;否则,酌情扣分。)

(结合本次实验目的;实验过程中遇到了什么问题,是如何解决的;实验中产生的错误及其原因分析、实验中得到的主要收获;实验过程中有什么印象深刻的操作或现象。)

附加计分项(3 分)

其中分三个小项计分：①作业是否整体排版清晰，若是得 1 分，否则得 0 分；②各节小标题是否准确，若是得 1 分，否则得 0 分；③是否去掉了评分说明蓝色文字，若是得 1 分，否则得 0 分。三个小项满分共 3 分。

(评分时遵循“总分公平合理”，比如打分过程中出现觉得应该给 0.5 分，那么可以第一个 0.5 进位，第二个 0.5 舍去，以此类推；或第一个 0.5 舍去第二个 0.5 进位等。)

(互评中碰到雷同的实验报告各项请均给 0 分。)

实验报告样板

实 验 报 告

实验　单表查询：基于感动中国年度人物数据库

1. 实验目的

(1) 掌握基本 SQL 查询语句格式。

(2) 掌握单表查询方法。

(3) 掌握聚集函数查询方法。

2. 实验环境

(1) 硬件：PC。

(2) 操作系统：Windows 10。

(3) 数据库管理系统：SQL Server。

3. 实验内容

(1) 使用 SQL 基本查询语句进行单表查询，主要有：查询指定属性、查询指定元组、查询空值、多条件的查询、分组查询、对查询结果去重、对查询结果排序等。

(2) 使用聚集函数对数据表进行查询，主要有 COUNT()、SUM()、AVG()、MAX()、MIN()。

4. 实验数据

本次实验使用感动“中国年度人物”数据库，主要涉及任务获奖表(award)、包括获奖编号(aid)、获奖称号(atitle)、获奖人姓名(aname)、获奖人性别(asex)、获奖时年龄(aage)、获奖年份(ayear)、颁奖词(description)。

5. 实验作业

(1) 登录 SQL Server，用 SQL 语句创建数据表 award，如表 A-23 所示。

表 A-23 数据表 award

属性	描述	类型	长度
aid	获奖编号	varchar	20
atitle	获奖称号	varchar	20
aname	获奖人姓名	varchar	20
asex	获奖人性别	varchar	4
aage	获奖时的年龄	smallint	
ayear	获奖年份	smallint	
description	颁奖辞	text	

说明：

登录数据库后右击，在弹出的快捷菜单中选择“数据库”→“新建查询”命令，如图 A-2 所示，打开 SQL Server 编辑器。

图 A-2 新建查询

在编辑器中按照表结构输入创建表 SQL 语句，如图 A-3 所示。题目未要求设置主键，这里未设置，单击 ▷ 执行(X) 按钮，运行 SQL 语句，运行结果如图 A-4 所示。

成功创建表后，刷新数据库。如图 A-5 所示，在“数据库”→my→“表”目录下，可以看见创建的表“award”。右击 award，在弹出的快捷菜单中选择“设计”命令，可以查看表的属性和结构，如图 A-6 所示。

（SQL Server 中一个汉字占 2B，由于后续录入的数据部分超出题目要求，这里将 atitle 字段长度修改为 40。）

（2）向 award 表中插入如表 A-24 所示的数据。

```
use my
go
    create table award
    (
        aid         varchar(20),
        atitle  varchar(20),
        aname        varchar(20),
        asex      varchar(4),
        aage      smallint ,
        ayear   smallint,
        description  text
    )
```

图 A-3　在编辑器中按照表结构输入创建表 SQL 语句

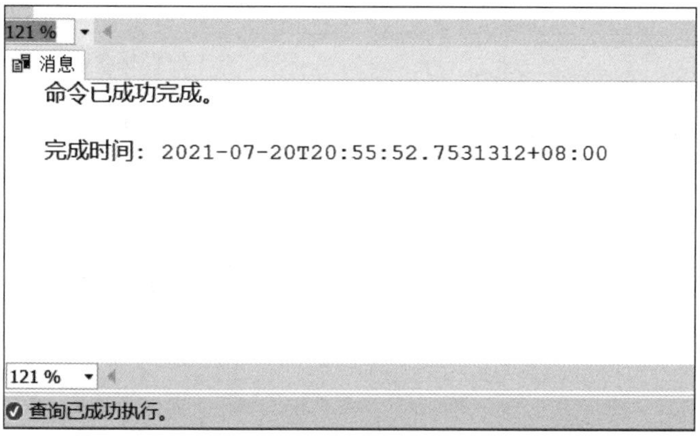

121 %

消息

命令已成功完成。

完成时间：2021-07-20T20:55:52.7531312+08:00

121 %

查询已成功执行。

图 A-4　运行结果

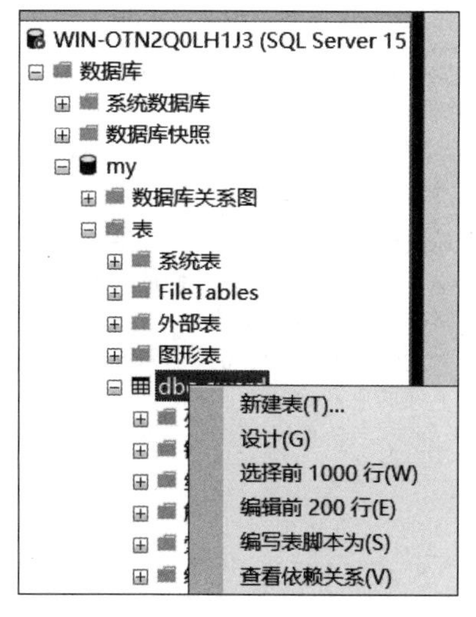

图 A-5　“设计”命令

WIN-OTN2Q0LH1J3.my - dbo.award*　SQLQuery5.sql - 未连接　SQLQue

列名	数据类型	允许 Null 值
aid	varchar(20)	☐
atitle	varchar(40)	☐
aname	varchar(20)	☐
asex	varchar(4)	☐
aage	smallint	☐
ayear	smallint	☐
description	text	☐
		☐

图 A-6　查看表的属性和结构

表 A-24　award 表中数据

aid	atitle	aname	asex	aage	ayear	description
2018001	临危岂顾生	杜富国	男	27	2018	你退后/让我来/六个字铁骨铮铮/以血肉挡住危险/哪怕自己坠入深渊/无法还给妈妈一个拥抱/无法再见妻子明媚的笑脸/战友们拉着手趟过雷场/你听/那嘹亮的军歌/是对英雄的礼赞
2018002	见义勇必为	吕保民	男	49	2018	NULL
2018003	孤云心浩然	王仕花	女	56	2018	浪的执着/礁的顽强/民的本分/兵的责任/岛再小也是国土/家未立也要国先安/三十二年驻守/三代人无言付出/两百面旗帜收藏了太多风雨/涛拍孤岛岸/风颂赤子心
2017001	天意怜幽草,人间重晚晴	卢永根	男	87	2017	种得桃李满天下,心唯大我育青禾。是春风,是春蚕,更化作护花的春泥。热爱祖国,你要把自己燃烧。稻谷有根,深扎在泥土,你也有根,扎根在人们心里
2017002	际会中兴日,四海两心知	卢丽安	女	49	2017	台湾的女儿有大气概,祖国为大乡愁不改,把握现在开创未来。分离再久,改不了我们的血脉。海峡再深,挡不住人民追求福祉的路
2017003	芳兰生贵里,山河澄正气	廖俊波	男	49	2017	人民的樵夫,不忘初心。上山寻路,扎实工作,廉洁奉公,牢记党的话,温暖群众的心。春茶记住你的目光,青山留下你的足迹,谁把人民扛在肩上,人民就把谁装进心里
2016001	星斗焕文章	孙家栋	男	87	2016	少年勤学,青年担纲,你是国家的栋梁。导弹、卫星、嫦娥、北斗,满天星斗璀璨,写下你的传奇。年过古稀未伏枥,犹向苍穹寄深情
2016002	芳兰振蕙叶	支月英	女	55	2016	你跋涉了许多路,总是围绕大山。吃了很多苦,但给孩子们的都是甜。坚守才有希望,这是你的信念。三十六年,绚烂了两代人的童年,花白了你的麻花辫
2016003	君子通大道	秦玥飞	男	31	2016	NULL

如图 A-7 所示,在 SQL 编辑器中输入以下语句。

```
insert into [my].[dbo].[award] values
('2018001','临危岂顾生','杜富国','男',27,2018,
```

```
'你退后/让我来/六个字铁骨铮铮/以血肉挡住危险/哪怕自己坠入深渊/无法还给妈妈一个拥抱/
无法再见妻子明媚的笑脸/战友们拉着手趟过雷场/你听/那嘹亮的军歌/是对英雄的礼赞'),
('2018002', '见义勇必为', '吕保民', '男', 49, 2018, NULL),
( '2018003 ', '孤云心浩然', '王仕花', '女', 56, 2018,
'浪的执着/礁的顽强/民的本分/兵的责任/岛再小也是国土/家未立也要国先安/三十二年驻
守/三代人无言付出/两百面旗帜收藏了太多风雨/涛拍孤岛岸/风颂赤子心'),
( '2017001','天意怜幽草,人间重晚晴','卢永根', '男', 87, 2017,
'种得桃李满天下,心唯大我育青禾。是春风,是春蚕,更是化作护花的春泥。热爱祖国,你要把
自己燃烧。稻谷有根.深扎在泥土,你也有根扎根在人们心里'),
( '2017002', '际会中兴日,四海两心知','卢丽安', '女', 49, 2017,
'台湾的女儿有大气概,祖国为大乡愁不改,把握现在开创未来。分离再久.改不了我们的血脉。
海峡再深,挡不住人民追求福祉的路'),
( ' 2017003 ', '芳兰生贵里,山河澄正气', '廖俊波', '男', 49, 2017,
'人民的樵夫,不忘初心。上山寻路,扎实工作,廉洁奉公,牢记党的话,温暖群众的心。春茶记
住你的目光,青山留下你的足迹,谁把人民扛在肩上,人民就把谁装进心里'),
( ' 2016001 ', '星斗焕文章', '孙家栋', '男', 87, 2016,
'少年勤学.青年担纲,你是国家的栋梁。导弹、卫星、嫦娥、北斗,满天星斗璀璨,写下你的传奇。
年过古稀未伏枥,犹向苍穹寄深情'),
('2016002','芳兰振蕙叶','支月英','女',55,2016,
'你跋涉了许多路,总是围绕大山。吃了很多苦,但给孩子们的都是甜。坚守才有希望,这是你
的信念。三十六年,绚烂了两代人的童年,花白了你的麻花辫'),
('2016003','君子通大道','秦玥飞','男',31,2016,NULL);
```

```
SQLQuery2.sql - W....master (sa (62))*   SQLQuery4.sql -...H1J3.my (sa (70))   WIN-OTN2Q0LH1J3.my - dbo.award
insert into [my].[dbo].[award] values
('2018001','临危岂顾生','杜富国','男',27,2018,
'你退后/让我来/六个字铁骨铮铮/以血肉挡住危险/哪怕自己坠入深渊/无法还给妈妈一个拥抱/无法再见妻子明媚的笑脸/战友们拉着手趟过雷场/你听/那嘹亮的军歌/是对英雄的礼赞'),
('2018002', '见义勇必为', '吕保民', '男', 49, 2018, NULL),
( '2018003 ', '孤云心浩然', '王仕花', '女', 56, 2018,
'浪的执着/礁的顽强/民的本分/兵的责任/岛再小也是国土/家未立也要国先安/三十二年驻守/三代人无言付出/两百面旗帜收藏了太多风雨/涛拍孤岛岸/风颂赤子心'),
( '2017001','天意怜幽草,人间重晚晴','卢永根', '男', 87, 2017,
'种得桃李满天下,心唯大我育青禾。是春风,是春蚕,更是化作护花的春泥。热爱祖国,你要把自己燃烧。稻谷有根.深扎在泥土,你也有根扎根在人们心里'),
( '2017002', '际会中兴日,四海两心知','卢丽安', '女', 49, 2017,
'台湾的女儿有大气概,祖国为大乡愁不改,把握现在开创未来。分离再久.改不了我们的血脉。海峡再深,挡不住人民追求福祉的路'),
( ' 2017003 ', '芳兰生贵里,山河澄正气', '廖俊波', '男', 49, 2017,
'人民的樵夫,不忘初心。上山寻路,扎实工作,廉洁奉公,牢记党的话,温暖群众的心。春茶记住你的目光,青山留下你的足迹,谁把人民扛在肩上,人民就把谁装进心里'),
( ' 2016001 ', '星斗焕文章', '孙家栋', '男', 87, 2016,
'少年勤学.青年担纲,你是国家的栋梁。导弹、卫星、嫦娥、北斗,满天星斗璀璨,写下你的传奇。年过古稀未伏枥,犹向苍穹寄深情'),
('2016002','芳兰振蕙叶','支月英','女',55,2016,
'你跋涉了许多路,总是围绕大山。吃了很多苦,但给孩子们的都是甜。坚守才有希望,这是你的信念。三十六年,绚烂了两代人的童年,花白了你的麻花辫'),
('2016003','君子通大道','秦玥飞','男',31,2016,NULL);
```

图 A-7 在 SQL 编辑器中输入

上段代码中,每个()中有一个元组,保存后运行,结果如图 A-8 所示。

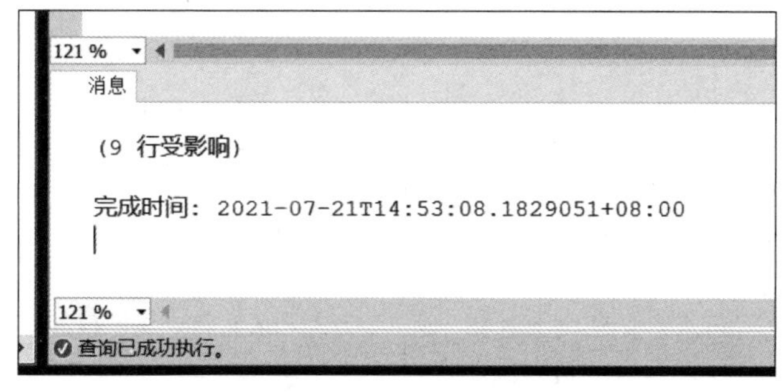

图 A-8 运行结果

说明：

运行成功后右击，如图 A-9 所示，在弹出的快捷菜单中选择 award→"选择前 1000 行"命令，可以查看表中具体信息，如图 A-10 所示。

图 A-9 "选择前 1000 行"命令

结果 消息

	aid	atitle	aname	asex	aage	ayear	description
1	2018001	临危岂顾生	杜富国	男	27	2018	你退后/让我来/六个字铁骨铮铮/以血肉挡住危险/哪怕自己坠入深渊/无法还给妈妈一个拥抱/无法再见妻子明...
2	2018002	见义勇必为	吕保民	男	49	2018	NULL
3	2018003	孤云心浩然	王仕花	女	56	2018	浪的执着/礁的顽强/民的本分/兵的责任/岛再小也是国土/家未立也要国先安/三十二年驻守/三代人无言付出/...
4	2017001	天意怜幽草，人间重晚晴	卢永根	男	87	2017	种得桃李满天下，心唯大我育青禾。是春风，是春蚕，更是化作护花的春泥。热爱祖国，你要把自己燃烧。稻...
5	2017002	际会中兴日，四海两心知	卢丽安	女	49	2017	台湾的女儿有大气概，祖国为大乡愁不改，把握现在开创未来。分离再久．改不了我们的血脉。海峡再深，挡...
6	2017003	芳兰生贵里，山河澄正气	廖俊波	男	49	2017	人民的樵夫，不忘初心。上山寻路，扎实工作，廉洁奉公，牢记党的话，温暖群众的心。春茶记住你的目光，...
7	2016001	星斗焕文章	孙家栋	男	87	2016	少年勤学．青年担纲，你是国家的栋梁。导弹、卫星、嫦娥、北斗，满天星斗璀璨，写下你的传奇。年过古稀...
8	2016002	芳兰振蕙叶	支月英	女	55	2016	你跋涉了许多路，总是围绕大山。吃了很多苦，但给孩子们的都是甜。坚守才有希望，这是你的信念。三十六...
9	2016003	君子通大道	秦玥飞	男	31	2016	NULL

查询已成功执行。 WIN-OTN2Q0LH1J3 (15.0

图 A-10 查看表中具体信息

(3) 使用下述 SQL 语句查询 award 表中所有行的 atitle、aname、ayear，如图 A-11 所示。

```
Select atitle,aname,ayear from [my].[dbo].[award];
```

(4) 使用下述 SQL 语句查询 award 表中获奖年份为 2018 年的所有获奖人姓名和性别，如图 A-12 所示。

```
select aname,asex,from [my].[dbo].[award] where ayear =2018;
```

(5) 使用下述两种 SQL 语句查询 award 表中 aid 为 2018001 或 2017001 的获奖人姓名和年龄，如图 A-13 和图 A-14 所示。

```
select aname,aage,from [my].[dbo].[ award] where aid in ('2018001','2017001');
select aname,aage,from [my].[dbo].[ award] where aid='2018001'or aid =
'2017001';
```

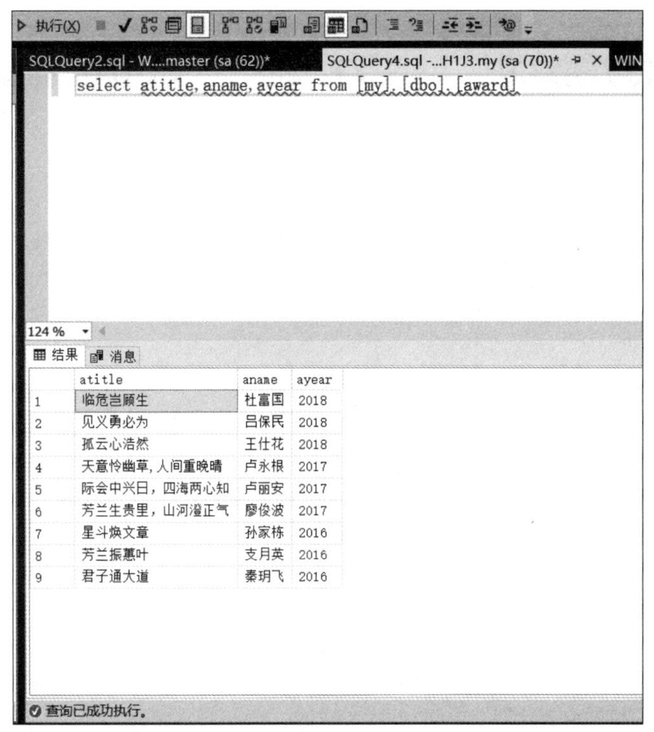

图 A-11　使用 SQL 语句查询 award 表中所有行的 atitle、aname、ayear

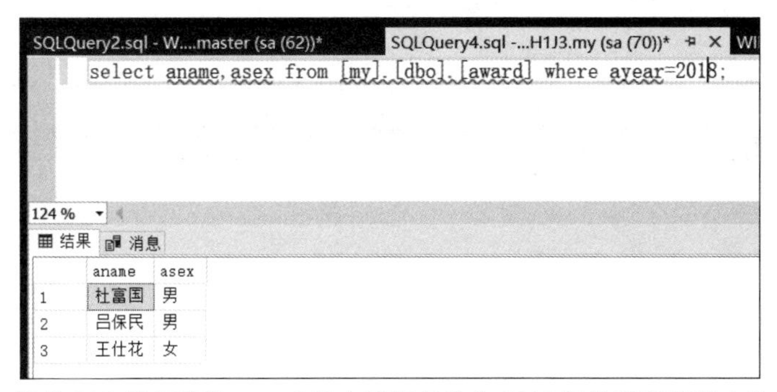

图 A-12　使用 SQL 语句查询 award 表中获奖年份为 2018 年的所有获奖人姓名和性别

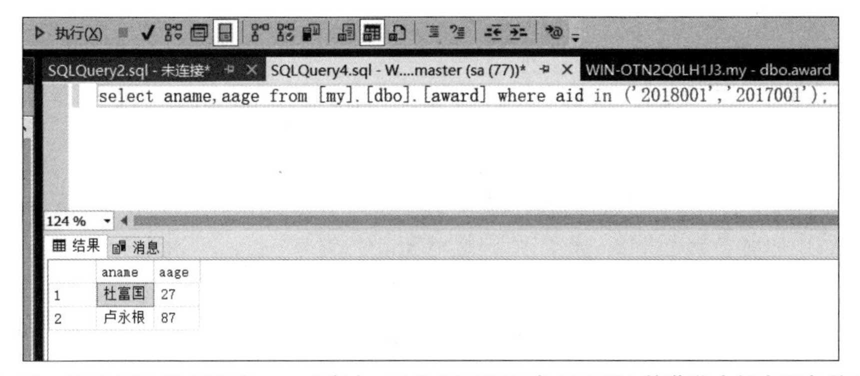

图 A-13　使用 SQL 语句查询 award 表中 aid 为 2018001 或 2017001 的获奖人姓名和年龄(一)

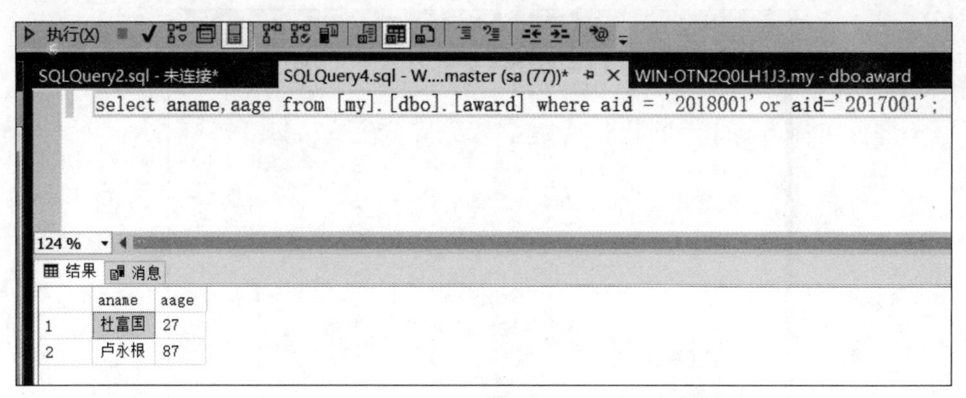

图 A-14 使用 SQL 语句查询 award 表中 aid 为 2018001 或 2017001 的获奖人姓名和年龄(二)

说明:可用多种方式描述满足多种条件的情况。第一种是使用 in 关键字:in(集合)。第二种是使用 or 关键字:or 连接各个条件。

(6) 使用下述两种 SQL 语句查询 award 表中获奖年龄为 30～50 岁的获奖人姓名、性别、年龄,并按年龄升序排序,如图 A-15 和图 A-16 所示。

```
select aname,asex,aage from [my].[dbo].[ award] where aage between 30 and 50
order by aage asc;
select aname,asex,aage from [my].[dbo].[ award] where aage >= 30 and aage<= 50
order by aage asc;
```

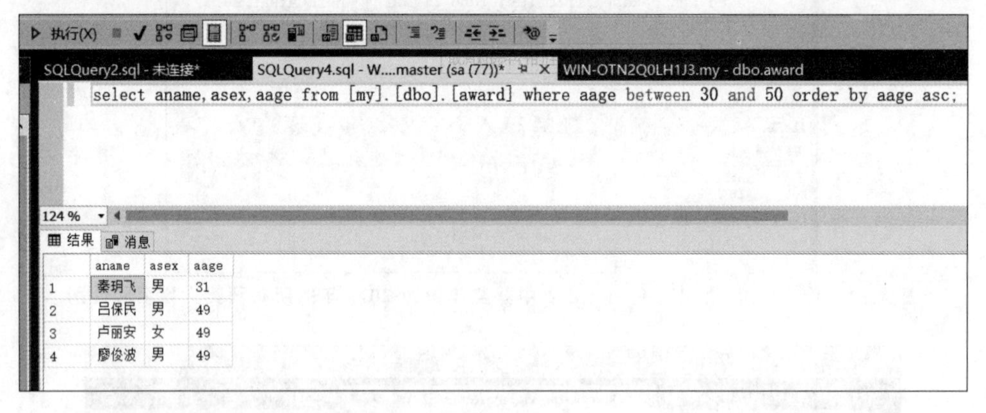

图 A-15 使用 SQL 语句查询 award 表中获奖年龄为 30～50 岁的获奖人姓名、性别、年龄,并按年龄升序排序(一)

说明:当条件是一个可量范围时,有多种方法表示。第一种是使用 between A and B 关键字,A,B 分别表示上下限;第二种是使用 and 关键字,条件 1 and 条件 2 表示要同时满足两个条件也可以规定范围。

(7) 使用下述 SQL 语句查询 award 表中编号以 2016 开头并且 description 为空的行,如图 A-17 所示。

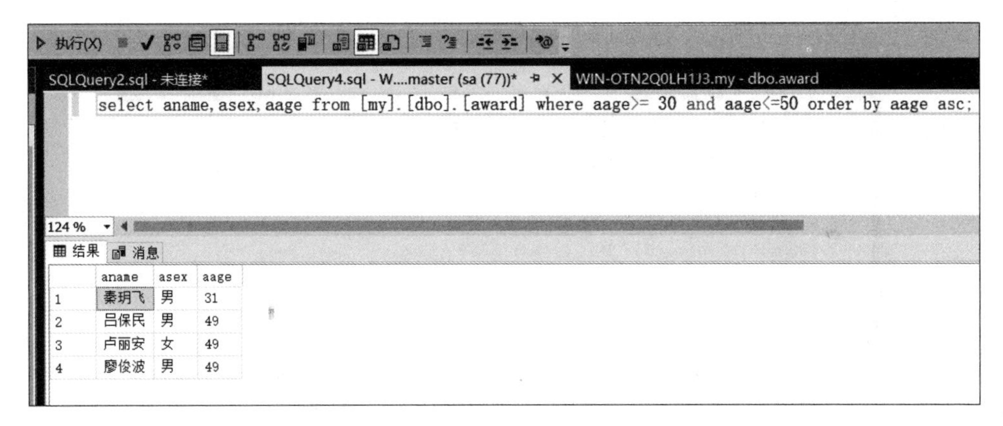

图 A-16 使用 SQL 语句查询 award 表中获奖年龄为 30～50 岁的获奖人姓名、性别、年龄，并按年龄升序排序（二）

```
Select * from [my].[dbo].[ award] where aid like '2016%' and description is null;
```

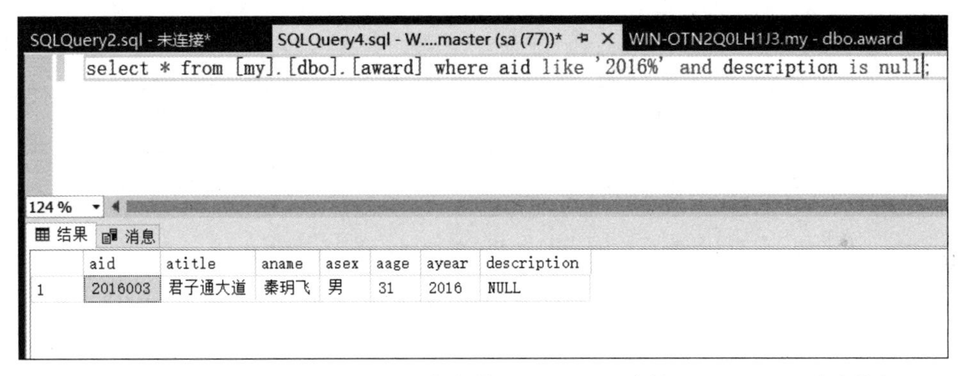

图 A-17 使用 SQL 语句查询 award 表中编号以 2016 开头并且 description 为空的行

说明：此处使用到了多条件查询，相似查询，空值查询。多条件之间用 and 连接，相似查询的关键字为 like，空值查询关键字为 null。

(8) 使用下述 SQL 语句查询 award 表中 ayear 属性的值，并返回不重复的 ayear 属性值，如图 A-18 所示。

```
Select distinct ayear from [my].[dbo].[award];
```

说明：使用去重关键字 distinct，格式为 select distinct 字段 from 表。

(9) 使用下述 SQL 语句查询 award 表中从第 4 行开始（包括第 4 行）之后的 3 行记录，如图 A-19 所示。

```
select * from [my].[dbo].[award] order by (select 0) offset 3 rows fetch next 3 rows only;
```

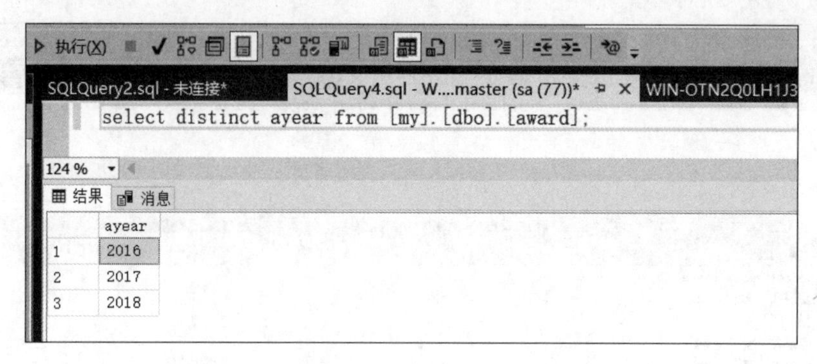

图 A-18 使用 SQL 语句查询 award 表中 ayear 属性的值,并返回不重复的 ayear 属性值

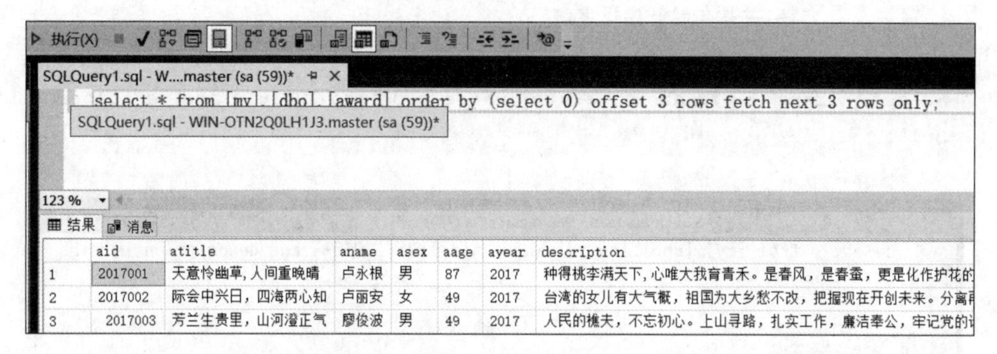

图 A-19 使用 SQL 语句查询 award 表中从第 4 行开始(包括第 4 行)之后的 3 行记录

说明：SQL Server 中可以使用 OFFSET .. FETCH 来获取指定偏移行,但需要指定 ORDER BY 列,如果没有可以作为 ORDER BY 列那么可以使用技巧 order by(select 0)。

(10) 使用 COUNT()函数统计 award 表中不同年份的获奖人数,如图 A-20 所示。

```
Select ayear,count(*) from [my].[dbo].[ award] group by ayear;
```

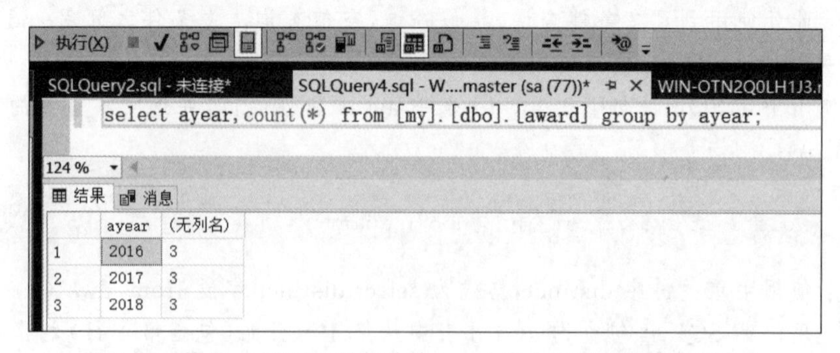

图 A-20 使用 COUNT()函数统计 award 表中不同年份的获奖人数

说明：COUNT()函数为计数函数,只需要对 ayear 进行分组后统计每组人数即可。

(11) 使用 AVG()函数统计 award 表中不同年份获奖人的平均年龄,要求只显示平均年龄在 50 岁以上的分组，如图 A-21 所示。

```
Select ayear ,avg(aage) from [my].[dbo].[ award] group by ayear having avg
(aage)>50;
```

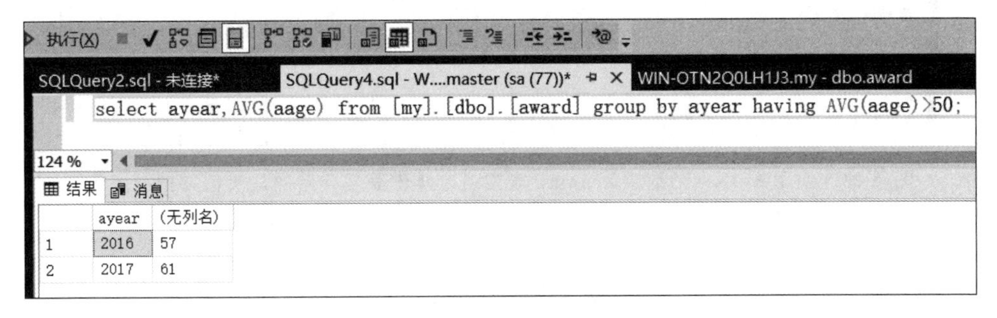

图 A-21　使用 AVG()函数统计 award 表中不同年份获奖人的平均年龄，要求只显示平均年龄在 50 岁以上的分组

说明：AVG()函数是计算平均数，对 ayear 分组后再求平均数且要求平均数大于 50，使用 having 关键字进行筛选即可。

(12) 使用 AVG()函数统计 award 表中不同年份，获奖年龄在 50 岁以上的获奖人的平均年龄，如图 A-22 所示。

```
Select ayear ,avg(aage) from [my].[dbo].[ award] where aage >50 group by ayear;
```

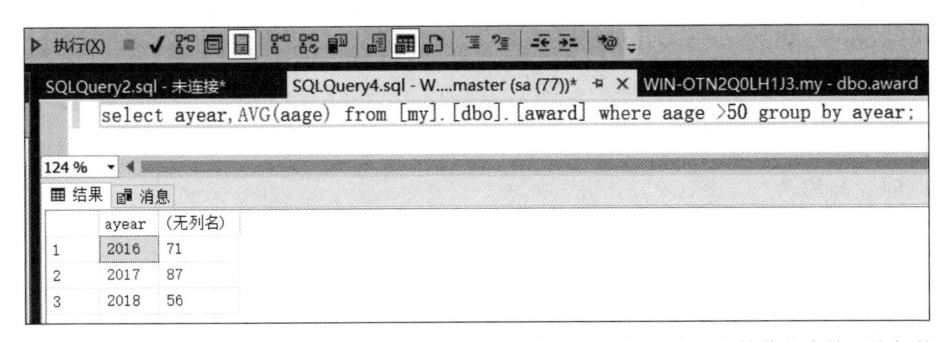

图 A-22　使用 AVG()函数统计 award 表中不同年份，获奖年龄在 50 岁以上的获奖人的平均年龄

说明：此题先筛选 50 岁以上的人，再按照年龄分组，最后再求每组平均年龄。

(13) 使用 MAX()函数统计 award 表中各个年份获奖年龄的最大值并把最大值命名为 max_age，如图 A-23 所示。

```
Select ayear ,max(aage) as max_age from [my].[dbo].[ award] group by ayear;
```

说明：MAX 函数统计最大值，先分组，再使用 MAX 函数。

(14) 查询从孙家栋获奖的时间到现在过去了几年，如图 A-24 所示。

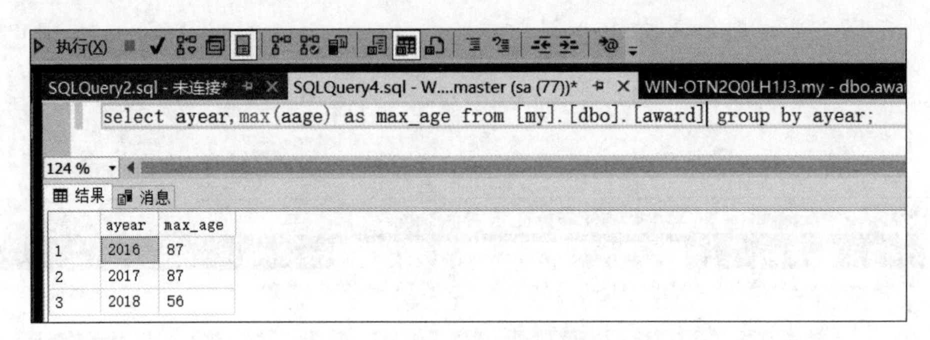

图 A-23 使用 MAX()函数统计 award 表中各个年份获奖年龄的最大值并把最大值命名为 max_age

```
select (year(getdate()))-(select ayear from [my].[dbo].award where aname='孙家栋');
```

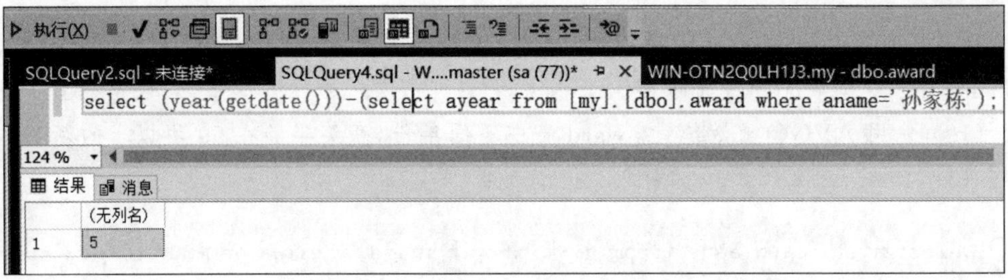

图 A-24 查询从孙家栋获奖的时间到现在过去了几年

说明：select (year(getdate()))可获取当前时间年份，再查询孙家栋获奖年份，两者做差。

6. 问题与思考

(1) 在 where 子句中必须使用圆括号吗？

不是，使用圆括号可以提高可读性。

(2) having 关键字和 where 关键字功能上有什么区别？

having 是筛选出来的结果的特征，需要配合 group by 使用；where 对元组进行操作。

7. 实验体会

PgSQL 与 SQL Server 在 SQL 语句规则上有部分不同，例如，获得当前时间的关键字，SQL Server 使用 getdate()函数获取当前时间，以及获取指定偏移行的语句可以使用 OFFSET .. FETCH。

实验软件下载

1. SQL Server

https://www.microsoft.com/zh-cn/sql-server/sql-server-downloads

2. Java

http://www.oracle.com/technetwork/java/javase/downloads/jdk8-downloads-2133151.html

3. Eclipse JDK

https://www.eclipse.org/downloads/

4. Apache Tomcat

http://tomcat.apache.org/

5. Dev-C++

https://sourceforge.net/projects/orwelldevcpp/

附录B 案例：网络考试系统

考试是评价考生的有力工具，然而考试过程的相关工作从搜集资料、选取考题、考题赋分、考卷排版、审阅试卷、记录分数、成绩统计等，任务量大，工作周期长。计算机技术的不断发展与普及，使得对传统的考试过程进行改革成为可能，网络考试系统应运而生。2012年以来MOOC日益受到瞩目，它不仅是一种全新的知识传播模式和学习方式，而且激发了网络考试系统的进一步发展，带来高等教育的重大变革。MOOC的深刻影响体现在学习、考试(包括测试)的个性化和平台的开放性。

题库是"按照一定的教育测量理论，在计算机系统中实现某个学科题目的集合"，它是严格遵循教育测量理论，在精确的数学模型基础上建立起来的教育测量工具，可以对教学质量进行宏观控制，为教学管理、测试以及评估等提供多角度、多层次、多功能的服务。利用计算机对题库系统进行全面、系统、科学、高效的管理和应用，具有查找方便、存储量大、检索速度快等传统手工管理方法无法比拟的优越性。题库作为网上重要的教育资源，其发挥的作用日益突出，设计实现网络考试系统能够使得资源充分共享。网络考试系统依托于校园网进行部署，减少了大量不必要的人力重复工作，提高考试命题的质量和效率。题库具有统一管理、架构灵活、使用简便的特点。"统一管理"是指所有课程的题目数据全部划归"题库"系统统一管理，即允许"题库"系统的服务器(组)存储全部的题目数据。"架构灵活"是指"题库"系统本身功能的使用灵活性好，既可以全面部署所有课程的题库数据，也可以分科目、知识点进行单一功能的组卷。"使用简便"是指用户界面友好，使用操作方便快捷。

网络考试系统是考虑到学校用传统的手工方式处理考试活动的不足，随堂测验实践频率的提高，考官、助考和考生的角色分工，旨在用现代信息技术将考试活动纳入教育信息化系统的建设中，以充分利用网络来共享资源。

通过搜集资料、翻阅大量参考文献，研究精品课程建设项目、国内外题库系统的发展与现状，并结合实际情况，分析设计网络考试系统。根据网络考试系统的实际需求，在系统中应用基于角色的用户访问权限控制，设置考生、考官、助考和管理员四种角色，进行系统的需求分析。熟悉各种软件开发工具并进行对比，确定使用MyEclipse，SQL Server平台，运用Java、JSP、Tomcat等开发技术，实现网络考试系统。

B.1　需求分析

软件需求是指用户对软件的功能和性能的要求，而需求分析就是指经过细致的调查分析，为最终用户所看到的系统建立一个概念模型，是对需求的抽象描述，并尽可能多地捕获现实世界的语义。需求分析的过程也是需求建模的过程，本项目引入了 UML 方法，对网络考试系统进行了系统建模。

UML(Unified Modeling Language，统一建模语言)是一种基于面向对象方法的建模图形语言。它的主要作用是用一种通用的可视化建模语言，对软件进行描述、可视化处理、构造和建立软件系统。UML 中的用例视图是一种外部特性描述的视图，描述了一组用例、角色以及它们之间的关系。它从用户的角度来描述对软件产品的需求，分析产品所需的功能和动态行为。

B.2　系统用例图

本系统的用户分为四类：管理员、考官、助考和考生。他们各自在系统中具有不同的功能，下面以用例图的方式描述说明。

1. 客户端用户用例图

1）考官

考官的主要功能是登录管理、课程信息管理、组卷管理和个人信息管理。

登录管理是指在页面输入用户名、用户 ID、密码，选择登录角色之后，系统调用数据库核查信息之后，根据登录者的角色为考官，将相应的功能显示在考官主页上，没有权限操作的功能将不显示在该登录者的界面上。

课程信息管理包括添加新课程，删除原有课程，查看课程列表或某一门课程的详细信息，修改课程信息。考官可以随时更新课程信息，保证系统信息的有效性和及时性。

组卷管理包括编组新试卷，删除原有试卷，查看试卷列表或某一份试卷，修改试卷信息。该管理模块方便考官按照知识点、题型、分值等多个维度查看试题，合理抽取试题编组试卷。

个人信息管理包括查看个人资料和修改个人资料两部分，能够在默认信息的基础上完善其余信息，便于用户管理。

2）助考

助考的主要功能是登录管理、试题管理、阅卷管理和个人信息管理。

登录管理是指在页面输入用户名、用户 ID、密码，选择登录角色，系统调用数据库核查信息之后，根据登录者的角色为助考，将相应的功能显示在助考主页上，没有权限操作的功能将不显示在该登录者的界面上。

试题管理包括录入试题，删除原有试题，查看试题列表，修改试题，形成库内试题不断更新，实现了网络考试系统的开放性和可扩充性。

阅卷管理包括批阅考生提交的试卷，录入成绩，并对每份试卷做出评价，反馈信息有利于考官获取试卷的考察情况，并将此作为改进组卷策略的依据。

个人信息管理包括查看个人资料和修改个人资料两部分。

3）考生

考生的主要功能是登录管理、提交试卷、查看成绩、知识点学习和个人信息管理。

登录管理是指在页面输入用户名、用户 ID、密码，选择登录角色，系统调用数据库核查信息之后，根据登录者的角色为考生，将相应的功能显示在考生主页上，没有权限操作的功能将不显示在该登录者的界面上。

提交试卷包括考生回答试卷和给出反馈意见两部分，反馈意见有利于考官准确把握考生的知识掌握情况。

查看成绩是指考生可以选择相应的试卷名称，查询测验或者考试试卷的成绩。

知识点学习是指选择所修课程，根据该课程的知识点列表，选择查看知识点对应的知识点描述和例题学习，进行巩固复习。

个人信息管理包括查看个人资料和修改个人资料两部分。

客户端用户用例图如图 B-1 所示。

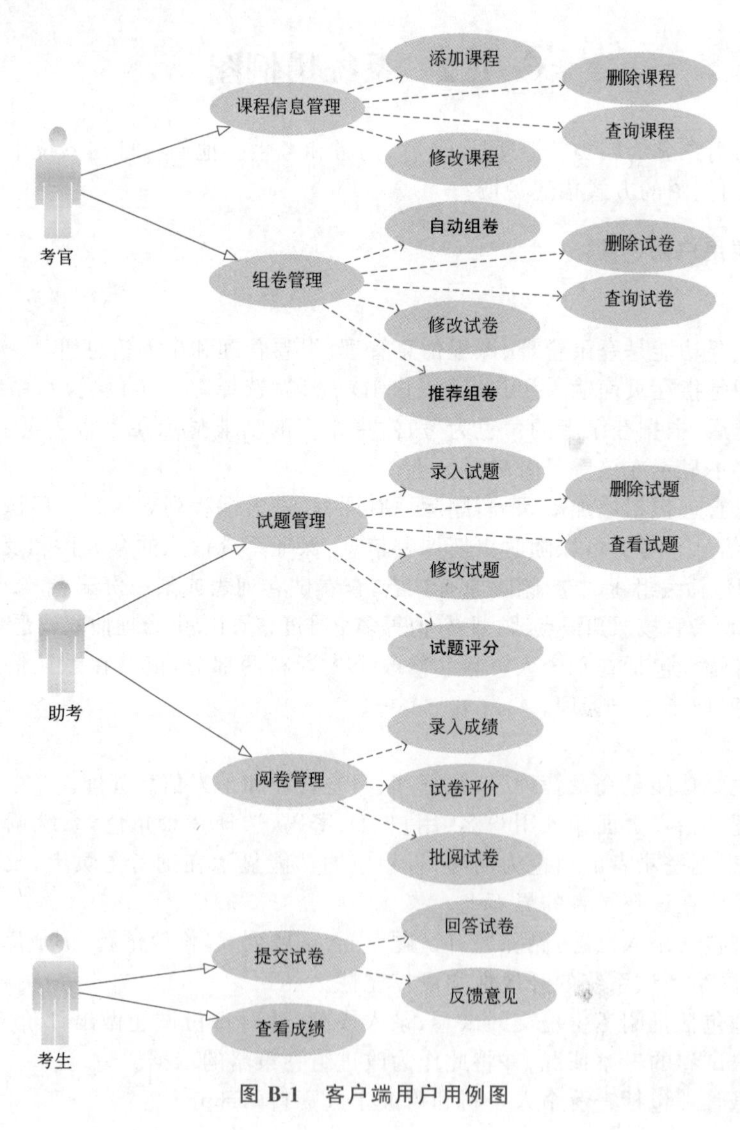

图 B-1 客户端用户用例图

2. 管理员功能用例图

管理员功能用例图如图 B-2 所示。

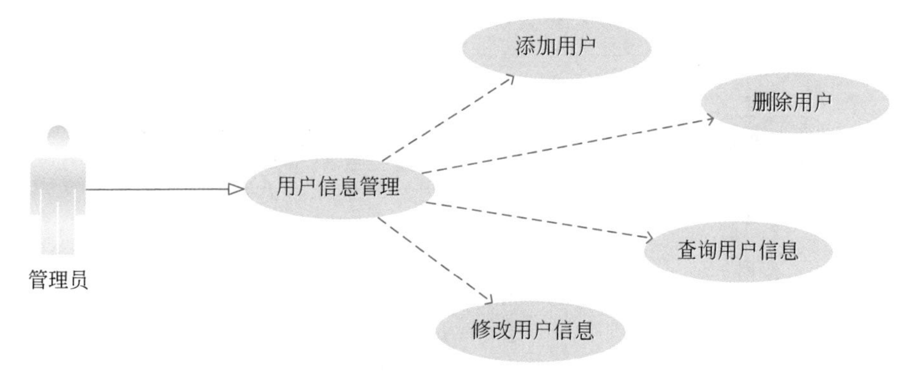

图 B-2　管理员功能用例图

管理员的主要功能是用户信息管理。

用户信息管理包括增加用户，删除用户，查看用户列表及显示详细信息，编辑用户名、用户密码，修改用户权限。其中，用户权限的设置目的在于，使得具有不同权限的用户进入系统登录界面之后，跳转到与其用户角色相对应的功能界面。

B.3　系统总体设计

1. 系统框架

网络考试系统分为管理端模块和客户端模块。从功能上，管理端包括用户信息管理模块，客户端包括登录管理模块、个人信息管理模块、课程信息管理模块、组卷管理模块、试题管理模块、阅卷管理模块、答卷提交模块、查看成绩模块、知识点学习模块。

系统功能模块图如图 B-3 所示。

2. 系统设计原则

(1) 实用性：这是应用软件最基本的原则，该系统针对实际情况而设计实现，设置了管理员、考官、助考、考生四种角色。

(2) 可扩展性：采用系统结构模块化设计，系统在使用过程中，可以根据实际情况和用户需求做出调整，题库的内容也可以不断更新，易于扩展，适应管理体系的变化。

(3) 可操作性：系统界面友好，简单易操作。

(4) 可管理性：系统的使用可以通过管理员进行用户信息管理，并由后台数据库查看相应数据，便于系统管理。

(5) 安全性：系统能对登录用户进行身份验证，从而决定其操作权限。

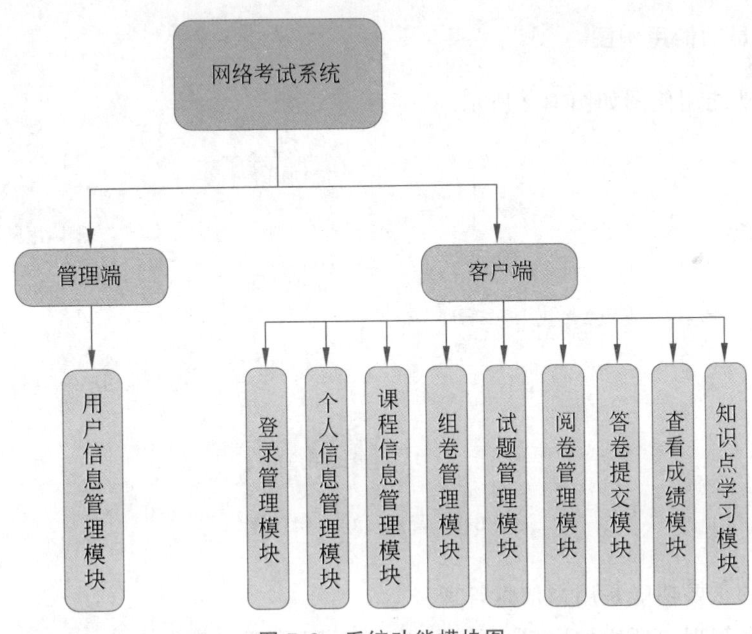

图 B-3 系统功能模块图

3. 系统功能要求

网络考试系统的主要功能是考官、助考合理分工对试题和试卷进行管理，考生自主进行知识点学习，为考试提供便捷的平台。

具体功能如下。

(1) 系统可允许管理员在管理端访问数据库，考官、助考、考生在客户端访问。

(2) 系统可允许考官管理课程信息，添加、删除、修改课程，并指定课程助考。

(3) 系统可允许考官按照知识点、题型、分值等类别抽取试题，能够灵活编组试卷，添加、删除和修改试卷。

(4) 系统可对题库中试题进行维护和管理。助考可录入、删除、修改试题。

(5) 系统可允许助考对题库中考生提交的试卷进行批阅，并录入相应的成绩，给出整体试卷的评价意见。

(6) 系统可允许考生知识点题库学习，按照课程名称、知识点名称学习相应的知识点内容。

(7) 系统可允许考生回答提交考官布置的测验或考试试卷，并查看相关成绩。

(8) 系统可允许管理员进行用户管理，增加、删除用户、初始化密码和权限。

(9) 系统提供完善的数据维护功能，包括数据备份与恢复、数据导出与导入、数据的增、删、查、改等操作。对各类管理信息进行规范的数据定义，保证数据的完整性。

4. 开发架构选择

考虑到题库系统的应用环境及其要求部署灵活，开发精品课程管理系统的主要思路是构建B/S模式的Web应用程序。这种模式具有良好的开放性，能够满足用户远程访问的需求。本系统的应用程序和数据库存放于Web服务器和数据库服务器上，充分实现用户与应用逻辑数据、数据管理处理的彻底分离，数据库只与Web服务器连接，减少了连接次数，提高了数据库服务器的性能。同时，任何用户无法跨过Web服务器直接对数据库进行操作，通过数据库和Web服务器中的应用程序共同提供验证、授权、加密等机制，保证了数据库的安全性。

5. 关键技术

1）JSP

JSP(Java Server Page)是使用Java编程语言编写类XML的tags和scriptlets，来封装产生动态网页的处理逻辑，是一种动态网页技术标准。网页能够通过tags和scriptlets访问存在于服务器端的资源的应用逻辑。JSP将网页逻辑与网页设计和显示分离，支持可重用的基于组件的设计，使基于Web的应用程序的开发变得迅速和容易。

JSP的脚本语言采用Java，完全继承了Java的简单易用、面向对象、跨平台安全可靠等优点。JSP技术是在传统的网页HTML文件中插入Java程序段和JSP标记，而形成扩展名为jsp的文件。Web服务器在遇到访问JSP网页的请求时，首先执行其中的程序段，然后将执行结果连同JSP文件中的HTML代码一起返回给客户。插入的Java程序段可以操作数据库、重新定向网页等，以实现建立动态网页所需要的功能。

JSP具有良好的伸缩性，与Java Enterprise API可以紧密地集成在一起，在网络数据库应用开发领域具有得天独厚的优势，基于Java平台构建网络程序已经被越来越多的人认为是未来最有发展前途的技术之一。

JSP技术在多个方面加速了动态Web页面的开发。

（1）一次编写，各处运行。

（2）强大的可伸缩性，生成可重用的组件。

（3）系统的多平台支持。

（4）支持服务器端组件，可以使用成熟的JavaBeans组件实现复杂功能。

（5）完善的存储管理和安全性。

2）Servlet

Servlet是用Java语言编写的运行在服务器端的Java小程序。Servlet提供了Java应用程序的所有优势，主要是可移植、功能强、安全、简洁、模块化、扩展性、灵活性、容易开发和平台无关性。

Servlet主要用于接受客户端的请求，将处理结果返回客户端。每个页面最终都会被翻译为Servlet并在服务器中运行。在本系统中Servlet的存在作为一个Director的作用，通过配置文件得到相应的操作或路径。其主要功能在于交互式地浏览和修改数据，生成动态Web内容。这个过程如下。

(1) 客户端发送请求至服务器端。

(2) 服务器将请求信息发送至 Servlet。

(3) Servlet 生成响应内容并将其传给服务器,响应内容动态生成,通常取决于客户端的请求。

(4) 服务器将动态内容发送至客户端。

3) JavaBean

在 HTML 中嵌入 Java 语句的普通 JSP 页面,其开发、阅读、运行和进行技术保护都不方便。可以把变量、方法或逻辑处理代码编写并编译成专门的组件,即 JavaBean。

JavaBean 是一个可重复使用的软件组件,该组件可以用来生成进行可视化的处理。可以将 JavaBean 看成一个黑盒子,即只需知道其功能而不必清楚其内部结构的软件设备,即可以忽略黑盒子内部的系统细节,从而有效地控制系统的整体性能。作为一个黑盒子的模型,JavaBean 有以下三个接口可以独立进行开发。

(1) JavaBean 提供的可读写的属性。

(2) JavaBean 可以调用的方法。

(3) JavaBean 向外部发送的或从外部接收的事件。

在页面中使用 JavaBean 组件的原因是将代码与显示分离,可通过使用 JavaBean 来减少页面中的代码。在页面中 JavaBean 组件负责存取内容和显示的标记,生成内容的逻辑和程序代码被包含在可重用的组件中。

4) JDBC

JDBC(Java Database Connectivity)是一种用于执行 SQL 语句的 Java API,可以为多种关系数据库提供统一访问,它由一组用 Java 语言编写的类和接口组成,通过它的一个程序,开发者可以在 Java 程序中建立与 Database 的连接,执行 SQL 语句,处理 SQL 语句返回的结果。JDBC 提供了一种基准,据此可以构建更高级的工具和接口,使数据库开发人员能够编写数据库应用程序。

JDBC 所要完成的工作,就是负责在 Web 中操作数据库,而不必进入具体的数据库管理系统中。JDBC 的用途可以归纳为以下三项。

(1) 与数据库建立连接。

(2) 向数据库管理系统发送 SQL 语句。

(3) 操作数据库,处理数据库返回的结果。

最初的 Java 语言并没有数据库访问的能力,JDBC 是第一个支持 Java 语言的标准数据库 API,其目的在于使 Java 程序与数据库服务器的连接更加方便。JDBC 给基于 Java 语言的应用程序提供了统一的数据库访问接口。Java 具有坚固、安全、易于使用、易于理解和可以从网络上下载等特性,是编写基于 Web 的数据库应用程序的合适语言,所需要的只是 Java 应用程序与各种不同的数据库之间进行对话的方法,而 JDBC 正是作为此种用途的机制。

5）MD5加密

Message Digest Algorithm MD5，是指消息摘要算法第5版，是计算机安全领域广泛使用的一种散列函数，用以提供消息的完整性保护。在20世纪90年代初开发出来，经MD2、MD3和MD4发展而来。它的作用是让大容量信息在用数字签名软件签署私人密钥前被“压缩”成一种保密的格式，把一个任意长度的字节串变换成一定长的大整数。不管是MD2、MD4还是MD5，都需要获得一个随机长度的信息并产生一个128位的信息摘要。

目前多数的Web系统采用登录验证授权用户的合法性，在用户登录时要求输入用户账号和用户密码，然后以明文的形式把用户账号和用户密码传送到服务器进行验证，在数据库中有些Web系统也是以明文的形式或简单加密的形式保存用户的密码，这都是很不安全的。用户的密码在传输时可能被窃取，数据库中的密码可能被Web系统的管理员查看或破解。

为了维护授权用户的合法权益，防止授权用户的密码被泄露，该系统采用前端MD5加密，保证传输过程中安全可靠的同时，在数据库中以用户密码的MD5值保存。在验证登录用户时，采用在客户端计算出用户密码的MD5值，然后传输到服务器端与数据库中该用户的密码比较，如果相等则表示该用户是合法的。通过这种方式验证用户，即使用户密码的MD5值被窃取也是无所谓的，因为MD5函数的计算过程是不可逆的，知道计算值是计算不出原来的字符串的。MD5在密码保护方面的应用提高了系统的安全可靠性。

6）设计模式

MVC模式的目的就是实现Web系统的职能分工。经典的MVC架构把一个组件划分成三部分：Model管理这个模块中所用到的数据和业务逻辑，通常可以用JavaBean或EJB来实现；View管理模块如何显示给用户，用于与用户的交互，通常用JSP来实现；Controller层是Model与View之间沟通的桥梁，它可以分派用户的请求并选择恰当的视图以用于显示，同时可以解释用户的输入并将它们映射为模型层可执行的操作。

大部分Web应用程序，会将像数据库查询语句这样的数据层代码和像HTML这样的表示层代码混在一起。将数据从表示层分离开需要精心的计划和不断的尝试，而采用MVC则可以从根本上强制性地将它们分开，体现了强大的优势。

在用JSP技术开发的MVC模式里，JSP对应于MVC模式中的V(View，视图)，它用于响应客户端的请求，生成标准的HTML页面，并返回客户端，完成数据显示；Servlet对应于MVC模式中的C (Controllerr，控制器)，用于接收用户请求，并根据不同请求调用不同的JavaBean进行事务处理；JavaBean对应于MVC模式中的M(Model，模型)，主要是通过JDBC与数据库建立连接，完成系统中所有的事务处理.

具体结构如图B-4所示。

MVC模式的优越性体现在以下几个方面。

(1) 多个视图共享一个模型，当多种方式来访问应用程序时，无论用户想要Flash界面或是WAP界面，用一个模型就能处理它们。因为使用MVC，数据和业务规则从表示层分开，代码复用率高，易于维护。

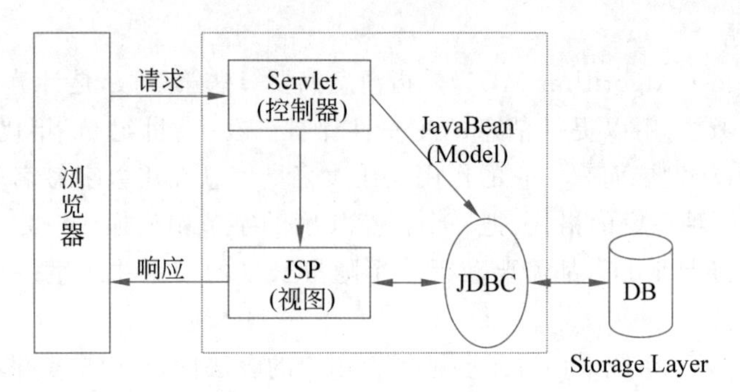

图 B-4 JSP 的 MVC 模式

(2) 由于模型返回的数据没有进行格式化，所以同样的构件能被不同界面使用。

(3) 运用 MVC 的应用程序的三个部件是相互独立的，改变其中一个不会影响其他两个，能够构造良好的松耦合的构件。

(4) 分层分块研制，有利于软件工程化管理。

鉴于 MVC 模式的上述优点，本网络考试系统基本遵循了 Struct 体系的 MVC 框架规范来完成 Web 开发工作，保证了用户界面的清晰，用户角色的分离，也为今后此系统的扩展和优化提供了更加便利的保障条件。本系统的体系结构如图 B-5 所示。

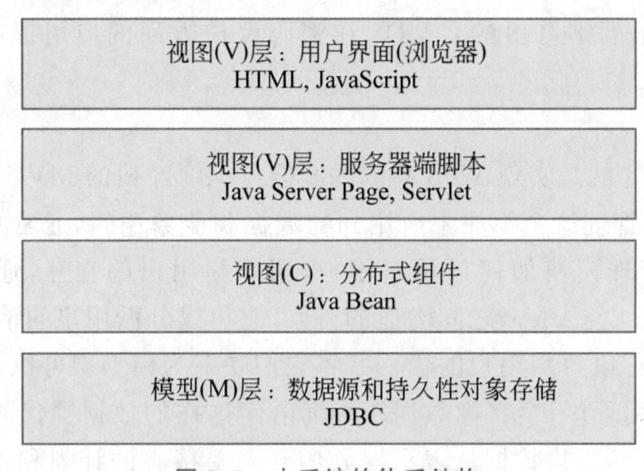

图 B-5 本系统的体系结构

7) 页面流程图

基于精品课程管理系统的需求分析定位，进行任务分析，列出界面所要完成的所有任务。按各任务确定页面流程，建立信息架构，然后创建统一的页面布局包括分区等。本系统遵循这种设计流程，系统的页面流程图如图 B-6 所示。

B.4 数据库设计

数据库是为特定目的(如搜索、排序和重新组织数据)而组织和提供的信息、表和其他对象的集合。数据库设计需要根据给定的应用环境，来构造出最优的数据库模式，建立数据库及其应用系统，使之能够有效地存储数据，满足各种用户对数据及其处理的要求。数

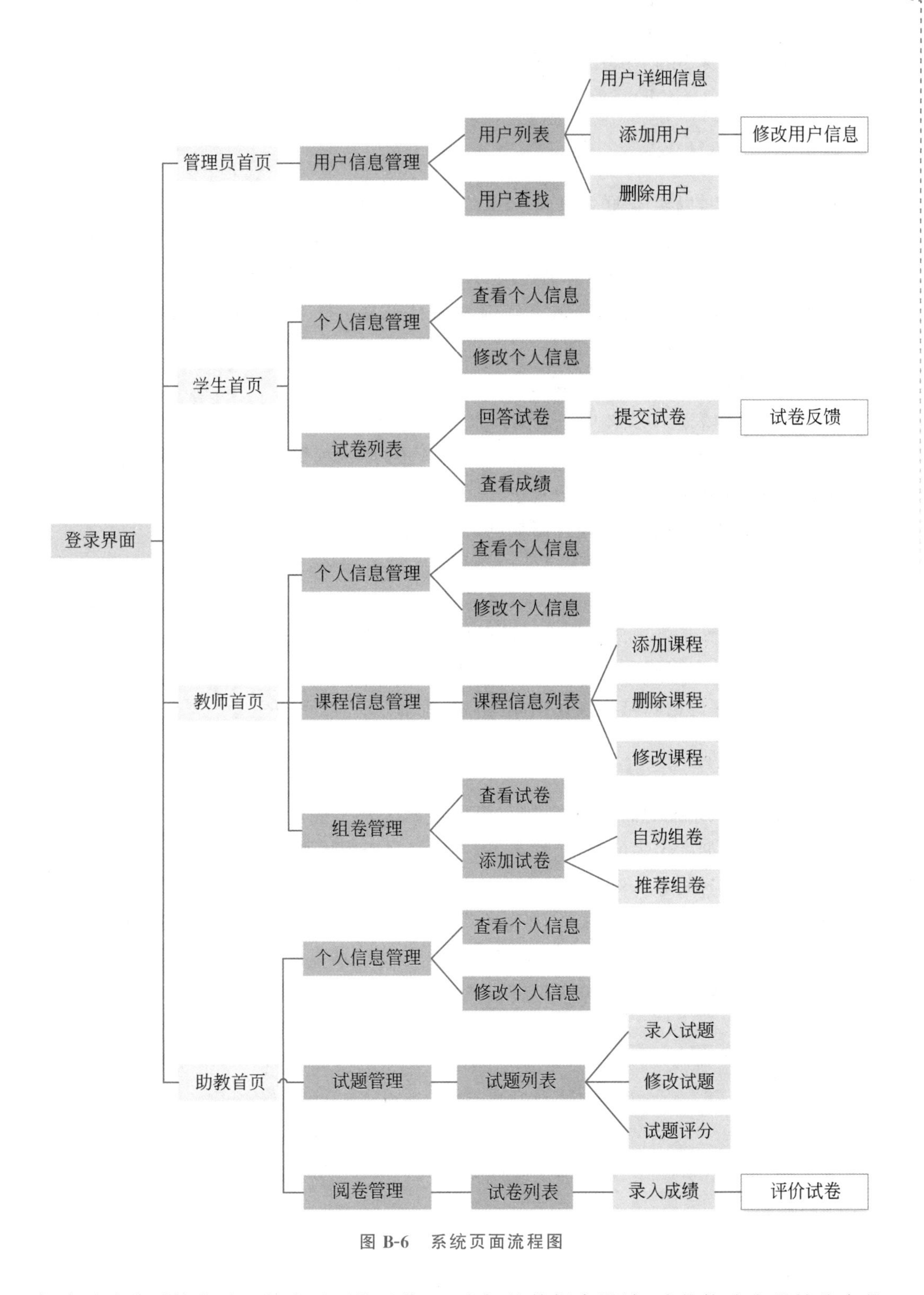

图 B-6　系统页面流程图

据库设计在系统中处于相当重要的地位，只有好的数据库设计，才能构造出强健稳定的系统。

在本系统中，采用了 SQL Server 数据库，数据库的连接方式采用了 JDBC 的连接方式。

1. 概念结构设计

概念数据模型，以实体-联系(Entity-Relationship，E-R)理论为基础，从用户的观点来对数据和信息进行建模，利用实体关系图来实现。它描述系统中的各个实体以及相关实体之间的关系，是系统特性和静态描述。CDM 是一组严格定义的模型元素的集合，这些模型元素精确地描述了系统的静态特性、动态特性以及完整性约束条件等，其中包括数据结构、数据操作和完整性约束三部分。

(1) 数据结构表达为实体和属性。

(2) 数据操作表达为实体中记录的插入、删除、修改、查询等操作。

(3) 完整性约束表达为数据的自身完整性约束(如数据类型、规则等)和数据间的参照完整性约束(如联系、继承联系等)。

本系统数据库的概念结构设计图如图 B-7 所示。

2. 逻辑结构设计

逻辑结构设计，是将概念结构设计阶段所得到的概念模型转换为具体 DBMS 所能支持的数据模型(即逻辑结构)，并对其进行优化。

本系统数据库的逻辑结构设计图如图 B-8 所示。

3. 数据库表的设计

根据网络考试系统的需求分析，规划得出数据库表的基本结构。依据每个表的功能设计状态字段，例如考生表的学号、姓名等，再由一些通用规则设置其他字段，例如试题表的录入时间、修改时间等。然后对各个表的数据量进行容量规划，确定主键和唯一索引。进一步画出 E-R 图，将系统的概念结构关系由 PowerDesigner 软件转换成逻辑结构关系，对最终生成的表查看其外键及索引等，优化得出系统所需的 11 个数据表。

下面列出本系统数据表的字段设计及详细说明，如表 B-1～表 B-12 所示。

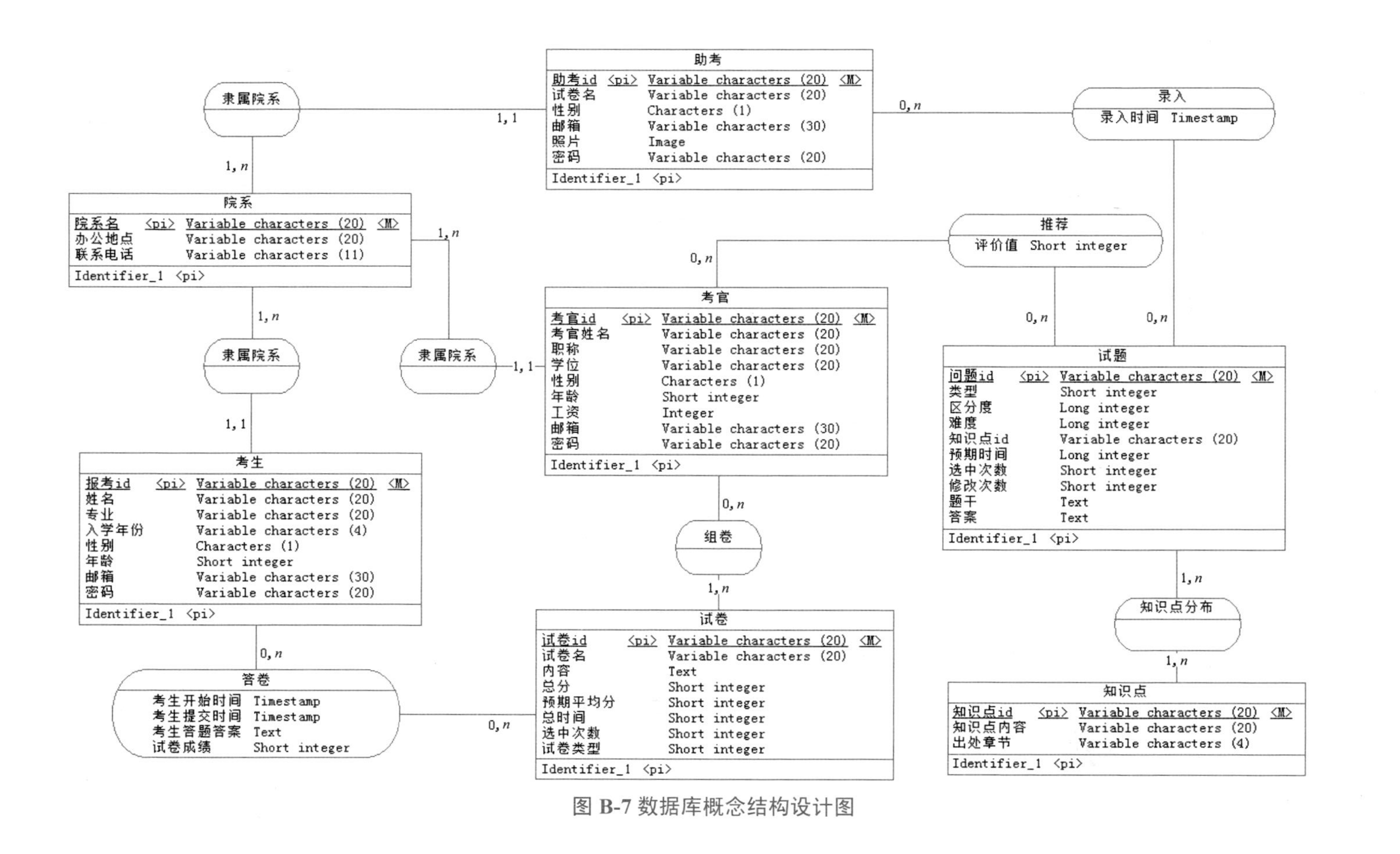

图 B-7 数据库概念结构设计图

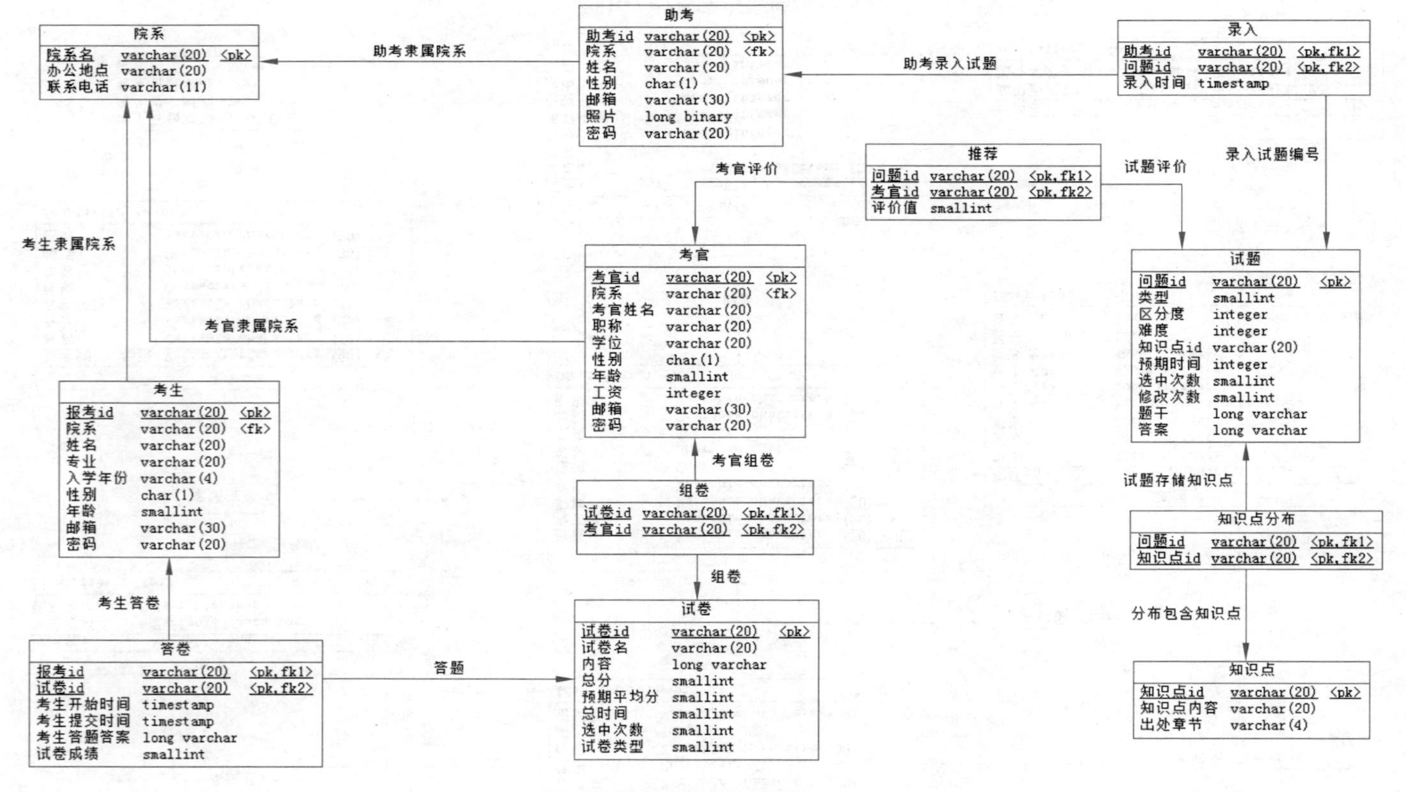

图 B-8 数据库逻辑结构设计图

表 B-1　试卷表 exampaper

字　段	描　述	类　型	长度
eid	试卷 id	varchar	20
ename	试卷名	varchar	20
content	内容	text	—
eachieve	总分	smallint	—
epoint	预期平均分	smallint	—
eduration	总时间	smallint	—
eadopted	选中次数	smallint	—
etype	试卷类型	smallint	—

表 B-2　答卷表

字　段	描　述	类　型	长度
eid	试卷 id	varchar	20
eeid	报考 id	varchar	20
eestarttime	考生开始时间	timestamp	—
eeendtime	考生提交时间	timestamp	—
eeanswer	考生答题答案	text	—
achieve	试卷成绩	smallint	—

表 B-3　考生表　examinee

字　段	描　述	类　型	长度
eeid	报考号	varchar	20
eename	姓名	varchar	20
eedepa	院系	varchar	20
eemajor	专业	varchar	20
eeentranceYear	入学年份	varchar	4
eesex	性别	char	1
eeage	年龄	smallint	—
eeemail	邮箱	varchar	30
eepassword	密码	varchar	20

表 B-4 考官表 examiner

字 段	描 述	类 型	长度
erid	考官 id	varchar	20
ername	考官姓名	varchar	20
ertitle	职称	varchar	20
erdegree	学位	varchar	20
ersex	性别	char	1
erage	年龄	smallint	—
erdepa	院系	varchar	20
ersalary	工资	int	—
eremail	邮箱	varchar	30
eepassword	密码	varchar	20

表 B-5 助考表 assistants

字 段	描 述	类 型	长度
aid	助考 id	varchar	20
aname	姓名	varchar	20
adepa	院系	varchar	20
asex	性别	char	1
aemail	邮箱	varchar	30
aphoto	照片	Blob	—
apassword	密码	varchar	20

表 B-6 组卷表 erexam

字 段	描 述	类 型	长度
eid	考官 id	varchar	20
erid	试卷 id	varchar	20

表 B-7 院系表 department

字 段	描 述	类 型	长度
dname	院系名	varchar	20
dlaco	办公地点	varchar	20
dtele	联系电话	varchar	11

表 B-8　推荐表 recquestion

字　段	描　述	类　型	长度
erid	考官 id	varchar	20
qid	试题 id	varchar	20
rank	评价值	smallint	—

表 B-9　知识点表 knopoint

字　段	描　述	类　型	长度
pid	知识点 id	varchar	20
pcontent	知识点内容	varchar	20
pchapter	出处章节	varchar	4

表 B-10　试题表 questions

字　段	描　述	类　型	长度
qid	问题 id	varchar	20
qtype	类型	smallint	
qdistinction	区分度	double	
qdifficulty	难度	double	
pid	知识点 id	varchar	20
qetime	预期时间	double	
qselected	选中次数	smallint	
qmodified	修改次数	smallint	
qtext	题干	text	
qanswer	答案	text	

表 B-11　录入表 inquestion

字　段	描　述	类　型	长度
qid	问题 id	varchar	20
aid	录入人 id	varchar	20
qintime	录入时间	timestamp	

表 B-12　知识点分布 kndistr

字　段	描　述	类　型	长度
qid	问题 id	varchar	20
pid	知识点 id	varchar	20

B.5 系统实现

1. 实现模式

系统的开发基于 SSH(Struts 2＋Spring＋Hibernate)多个框架的集成，它是当今比较流行的一种 Web 应用程序的开源集成框架。组卷系统选用 SSH 框架增强了构建的灵活性，便于后期功能的功能扩展和系统维护。基于 Java EE 平台，实现的过程中规范了开发流程，提高了开发效率。

SSH 框架的系统从职能上分为三个层次：表示层、业务逻辑层和数据持久层。Struts 2 作为系统的整体基础架构，负责 MVC 的分离，用于表示层的开发。其具有页面导航功能，使系统脉络更加清晰，同时视图层也更富于变化。Spring 是一个轻量级的容器框架，具有两大特性：控制反转(IoC)和面向切面(AOP)。Hibernate 是持久层的对象关系映射框架，实现实体与对象的持久化的同时封装数据访问的细节，另外，HQL 使 Java 对象和数据库之间的转换和操作更加便捷简单。

另外，系统采用 PowerDesigner 软件设计 E-R 图，以 Oracle 创建数据表，基于 MyEclipse 开发平台，主要运用 Java、JSP、HTML、CSS 等技术编码实现，充分考虑到人机交互的易操作性和用户体检，增强了系统的普遍通用性。基于多约束推荐的智能组卷系统三层架构开发模型如图 B-9 所示。

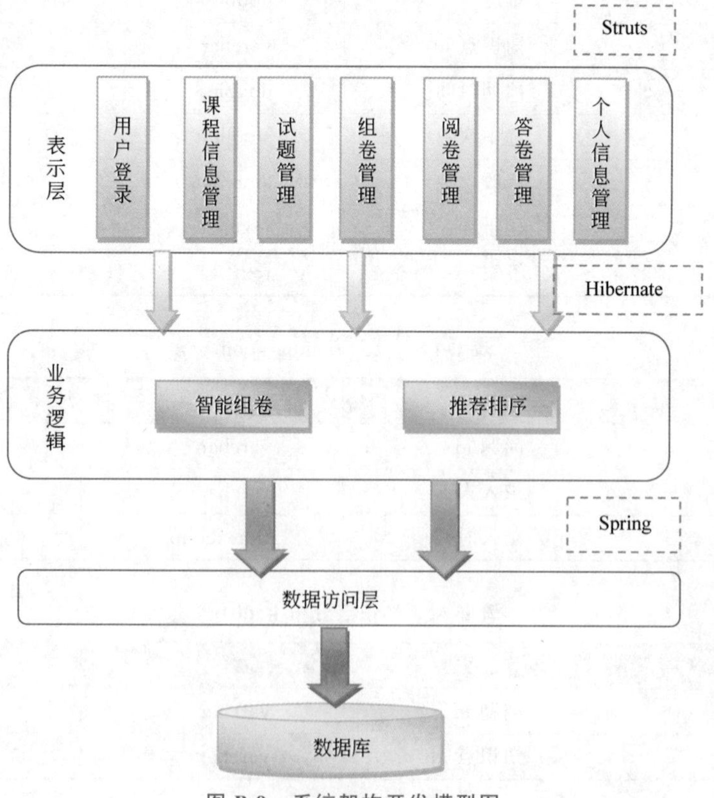

图 B-9 系统架构开发模型图

2. 模块展示

限于篇幅，这里给出几个代表性页面展示。

1）系统登录

登录界面以清新的天蓝色为背景，书籍代表着教育领域，贴合智能组卷系统的主题。登录模块的功能是通过输入用户名、密码并选择相应的权限实现用户登录。该系统的用户权限分为考生、考官、助考和管理员四种类型，登录后会自动跳转到具有某个角色相应功能模块的主页面。登录界面如图 B-10 所示。

图 B-10　系统登录界面

2）试题管理

试题管理的录入试题属于智能组卷的基础和前提保证，这里为了方便操作也设置了单道试题的录入以及批量导入两种形式，录入信息包括试题内容、试题答案、区分度、难度系数等，试题类型和所属知识点要通过下拉窗口进行选择。试题录入如图 B-11 所示。

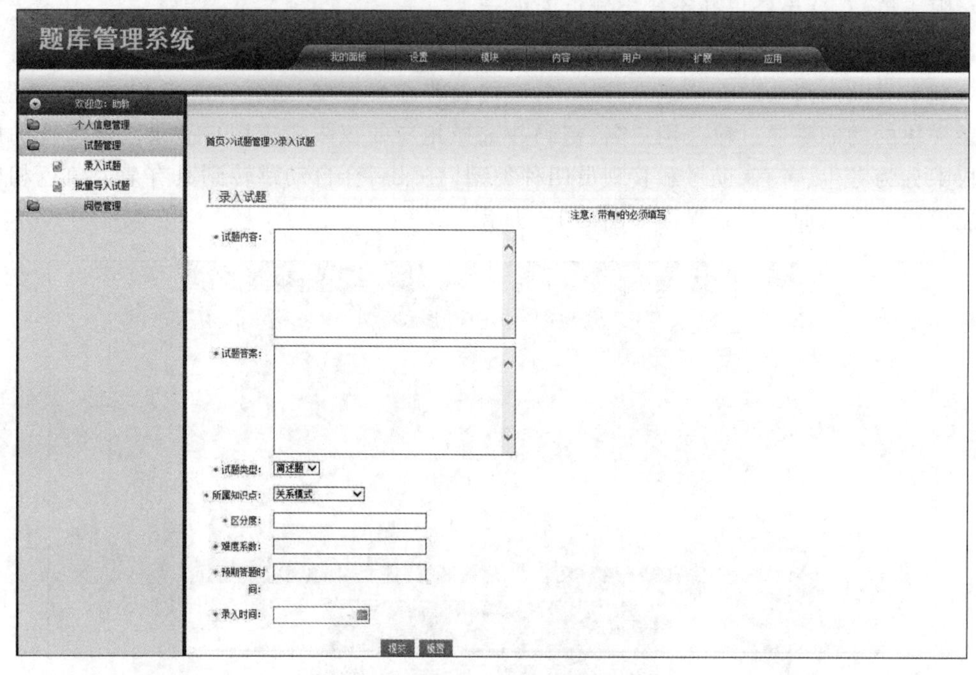

图 B-11　试题管理

3）知识点管理

题目属性中的一个关键是知识点编号，也就是这道题目所考查的主要知识点，它是组卷中的重要约束，因而设置了知识点管理模块。在这里可以新增知识点，包括知识点内容、对应章节以及所属课程等信息，同时能够实现搜索、编辑、删除等操作。知识点管理界面如图 B-12 所示，知识点录入界面如图 B-13 所示。

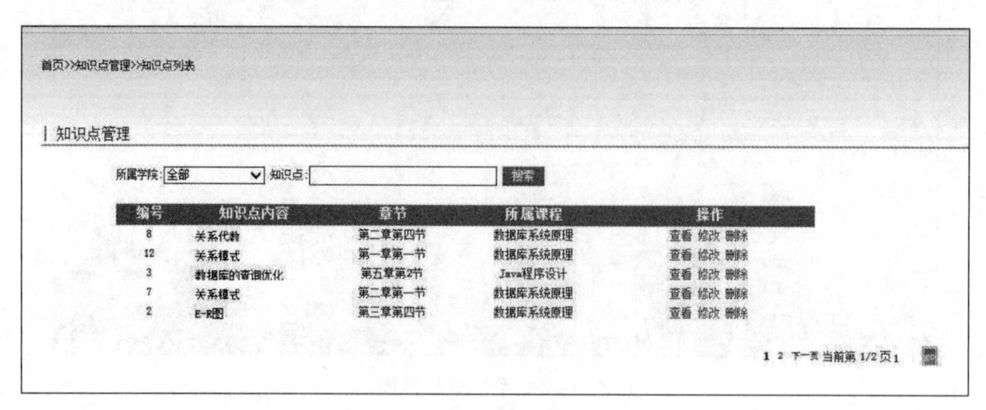

图 B-12　知识点管理

4）组卷管理

在组卷管理模块中，分别设立了智能组卷和推荐组卷两个子功能。在智能组卷中，需

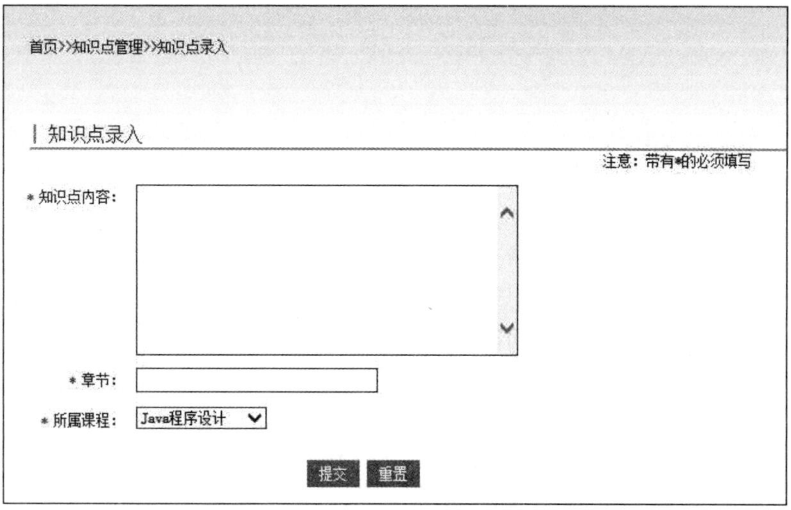

首页>>知识点管理>>知识点录入

知识点录入

注意：带有*的必须填写

* 知识点内容：

* 章节：

* 所属课程：Java程序设计

提交　重置

图 B-13　知识点录入

要考官设置命题要求，在对应界面给出相应的参数，如图 B-14 所示。在页面中首先设置试题类型的题目数量，若要给出限定值，则在"至多"和"至少"文本框中设置同一数值，若只想给出数目区间，可以分别设定至多和至少的题目数量。在默认题目类型的下拉菜单中选择，然后设置数量，如果需要添加更多试题类型，可以单击"添加试题"按钮，然后继续填写参数。设置完成后单击"提交"按钮，进入知识点类型以及其他约束的参数设置。最终当全部参数设置完毕，单击"完成"按钮，将显示排版后的组卷结果。每份试卷按照题型将题目依次列出，设置了翻页，当一页显示不完全，可以单击 Next 或者 Pre 进行前后浏览。

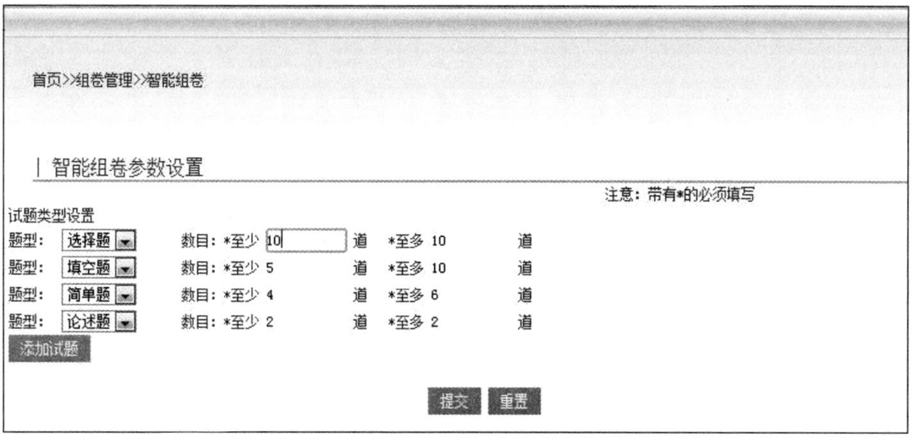

首页>>组卷管理>>智能组卷

智能组卷参数设置

注意：带有*的必须填写

试题类型设置

题型：选择题　数目：*至少 10 道　*至多 10 道

题型：填空题　数目：*至少 5 道　*至多 10 道

题型：简单题　数目：*至少 4 道　*至多 6 道

题型：论述题　数目：*至少 2 道　*至多 2 道

添加试题

提交　重置

图 B-14　智能组卷参数设置图

B.6 小　　结

本章结合 Web 数据库设计的多项关键技术，展开了系统的需求分析、概要设计、详细设计和编码测试等工作。在分析对比后确定使用 B/S 作为开发架构，运用 Java 作为编程工具，SQL Server 提供数据库管理。

本系统设计了基于角色的网络考试系统功能架构，四类角色分别为考生、考官、助考和管理员。系统功能基本符合用户需求，能够完成知识点学习、答卷提交、查看成绩、试卷生成、录入试题、阅卷录入成绩等功能，并提供一定的系统维护功能，通过增加、删除、修改及时更新试卷试题的数据。管理员能够管理所有用户信息，进行增加、删除、查看、编辑等操作，保证系统的正常运行。考虑到用户信息的安全性，本系统采用 Web 前端 MD5 加密算法，有效避免了引入传输过程和存储的不安全因素。

数字化应急预案完备性评价系统设计与开发

数字化应急预案是指政府以及企业组织甚至个人为减少突发自然灾害造成的损害，通过对危险源的评价和灾害结果的预测而预先制定的灾后突发事件控制和抢救的方案。随着《突发事件应对法》的颁布实施，应急预案的编制和修订成为各级政府和企事业单位应急工作的重点任务，应急预案的完备性与否将直接影响应急预案发挥作用产生的效果，而我国目前尚未开展应急预案完备性方面的评价工作。由于缺乏完善的应急预案作为监测、预警、救灾系统的指导，印度洋地震海啸造成150万人无家可归，经济损失高达107.3亿美元。而伦敦邦斯菲尔德油库大爆炸后，由于有详细的预案，包括爆炸现场戒严范围，居民疏散，消防力量分配调度，对水质、大气质量分析监测，分析经济损失并开展调查救助工作等，凭借得力完备的应急预案措施，使得损失降低到最小。以上两例都说明了灾害发生后，能否快速有序进行救援很大程度上取决于应急预案是否完备。

然而，传统纸制预案在编制、评审、修订、检索、时效性、可操作性等方面已经无法适应快速合理地处理各种突发自然灾害的应急要求。因此，在现代信息技术高速发展的背景下，必须建立一套充分利用网络技术、数据库技术的数字化应急预案完备性评价系统，以从更大范围，更快捷有效地对预案进行编制、提交、存储、检索、评审、修订和使用。本附录基于故障树分析方法（Fault Tree Analysis，FTA），采用B/S架构，设计开发了应急预案的完备性评价系统。通过需求分析、概念设计、逻辑设计和物理设计，并编程实现了在人机交互的友好界面上对应急预案进行快速检索、查看、评审、修改、添加、删除等操作。通过将待评审应急预案的基本事件与应急预案的标准故障树进行对比，量化地给出该预案的不完备度及其需要加强和完善的方面，为制定或修订应急预案提供软件系统支持。

C.1 应急预案完备性标准的建立

1. 建立完备性的必要性

一个好的应急预案应该是结构和内容都很完备、具有很强的可操作性的，这样才能及时、有序、高效地成功应对灾害事件，达到最大限度减少人员和财产损失的目的。而目前在实际应急过程中，由于没有完备且操作性高的预案，常常导致预案执行者不能够及时完善地开展应急行动来应对灾害事件，甚至有可能导致应急行动失败，故而应急部门能否得到准确完善的应急方案和操作步骤即应急预案的完备性是应急行动能否成功的关键。因此，首先必须建立应急预案的统一完备标准，以便对待评价应急预案进行对比分析，实现应急预案的完备性评价，进而改进我国现在良莠不齐的预案的完备性。

2. 故障树分析方法研究

故障树分析方法是一种实用的完善性评审方法，能够通过自上而下逐层细化的方法建立系统各个基本事件的树状结构，进而明确系统基本事件的联系，并诊断出系统的薄弱因素，从而改进预案系统。应急预案故障树事件之间的层次关系按照 4 个组成部分来组织：预防与应急准备、监测与预警、应急响应、后期处置。由 4 个大的组成事件又具体细化、构建出一棵权重各不相同的故障树。

3. 完备性的建立

故障树分析方法是一种简单、有效的通过对比对系统判别诊断的方法，它现在已成功应用于安全工程中的风险分析和软件工程中的完备性评价。这里在预案故障树理论研究方法的基础上，进一步简化和分析，从而得出具体的预案完备性标准，更易于从工程上和技术上得到实现，进而构造出预案完备性评审系统软件。在分析一系列数据和前人所做的研究基础上，更进一步地将完备性的标准分类和细化，得到五十一个评审标准及其权重值，就完备性而言，可以凭借如下标准得出预案的完备度。而在完备度得出的基础上，能够更进一步地对每一个被评审事件进行分析，更具体地得出事件的可操作性以及一致性，所以说，完备性是一个预案的重要评价原则。

完备度计算如下。

$$C=\frac{1}{W}\times\sum(w_i\times v_i)\times 100\% \quad i=1,2,\cdots,n)$$

其中：

w_i 为标准事件 i 的权重值；

$$W=\sum w_i,\quad i=1,2,\cdots,n$$

$$v_i=\begin{cases}1, & \text{包含标准事件}\\ 0, & \text{不包含标准事件 } i\end{cases}$$

预案完备性标准如表 C-1 所示。

表 C-1 预案完备性标准

标准事件	权重	标准事件	权重
有无编写目的	0.01	有无启动条件	0.01
有无编写依据与原则	0.01	有无宣传教育	1
有无适用范围	0.01	有无培训演习	1

续表

标准事件	权重	标准事件	权重
有无组建专业应急救援队伍	0.5	有无保障应急资源	1
有无提供志愿者保障	0.5	有无成立现场指挥部	1
有无提供交通运输保障	1	有无动员社会力量	1
有无提供医疗卫生保障	1	有无抢险救灾	1
有无提供水的保障	0.33	有无监测现场	0.33
有无提供电的保障	0.33	有无评估损失	0.33
有无提供通信的保障	0.33	有无分析事件发展趋势	0.33
有无提供物资保障	1	有无进行应急恢复	1
有无提供经费保障	1	有无对群众采取安全防护	0.11
有无提供避难场所保障	1	有无对应急人员采取安全防护	0.11
有无进行风险评价	1	有无进行群众转移安置	0.11
有无审查应急预案	1	有无对重要设施进行安全防护	0.33
有无监督检查	1	有无启用避难场所	0.33
有无建立监测网络	0.5	有无进行医疗卫生救护和卫生防疫	1
有无建立应急指挥系统	0.5	有无维护治安	1
有无监测事件信息	1	有无进行信息发布与新闻报道	1
有无上报事件信息	1	有无宣布应急结束	1
有无接收事件信息	1	有无安置人员	0.5
有无确认事件信息	1	有无恢复建筑	0.5
有无对事故分类分级	0.33	有无进行社会救助	1
有无发布预警信息	0.33	有无进行保险理赔	1
有无监测事件发展趋势	0.33	有无调查总结与评估	1
有无对响应进行分级	1		

C.2 功能分析

1. 需求分析

自然灾害预案专家评审系统主要完成普通用户的提交查看预案，专家的查看评审工作，以及设置一个系统管理员模块进行系统的维护和管理工作。

2. 系统架构

系统框架如表 C-2 所示。

表 C-2 系统框架

角色类型	预案权限	系统权限
普通用户/应急人员	上传、查看预案，提交预案信息	注册用户、更改个人信息
专家评审人员	上传、查看、评审预案	注册专家用户、更改个人信息
系统管理员	上传、查看、删除预案	更改、删除所有用户权限及信息

3. 系统实现

本系统采用 B/S 架构，因此不同地点的用户可以方便快捷地通过系统所在的服务器的 IP 或域名访问服务器端程序。各地用户都能够通过网络及数据库所在的服务器及时地获取预案信息或对预案信息进行处理，以便应急执行人员在最短时间内得到完备的灾害预案。

C.3 系统数据库的设计与实现

灾害应急预案完备性评价系统需要将大量预案相关的数据存入到数据库中，方便用户查询。在本系统的开发过程中根据系统需求对数据库进行了概念结构及物理结构的设计。

1. 数据库概念结构设计

进行数据库需求分析及系统的功能需求，确定数据库的概念结构。在本系统中，有不同系统用户、预案初始信息、预案评审项目、预案评审结果 4 个基本实体分别记录管理员、评价人员/应急人员、专家用户、预案各方面的基本信息。此外，用户、预案实体间存在一个上传查询及评审修改的关系。根据概念结构画出数据库 E-R 图(实体关系图)。

数据库的总 E-R 图如图 C-1 所示。

2. 数据库逻辑结构设计

在确定数据库的概念结构后，则需要构建具体四张数据表来存储和表示系统用户、预案初始信息、预案评审项目、预案评审结果 4 个基本实体，即 tb_users，tb_predoctb，tb_doccheckresult，tb_doccheckitem。此外，在用户、预案、预案结果间都存在关系，故在构建数据库时应将具有关系的实体项进行级联。

3. 数据库物理结构设计实现

数据库物理结构设计如图 C-2 所示。

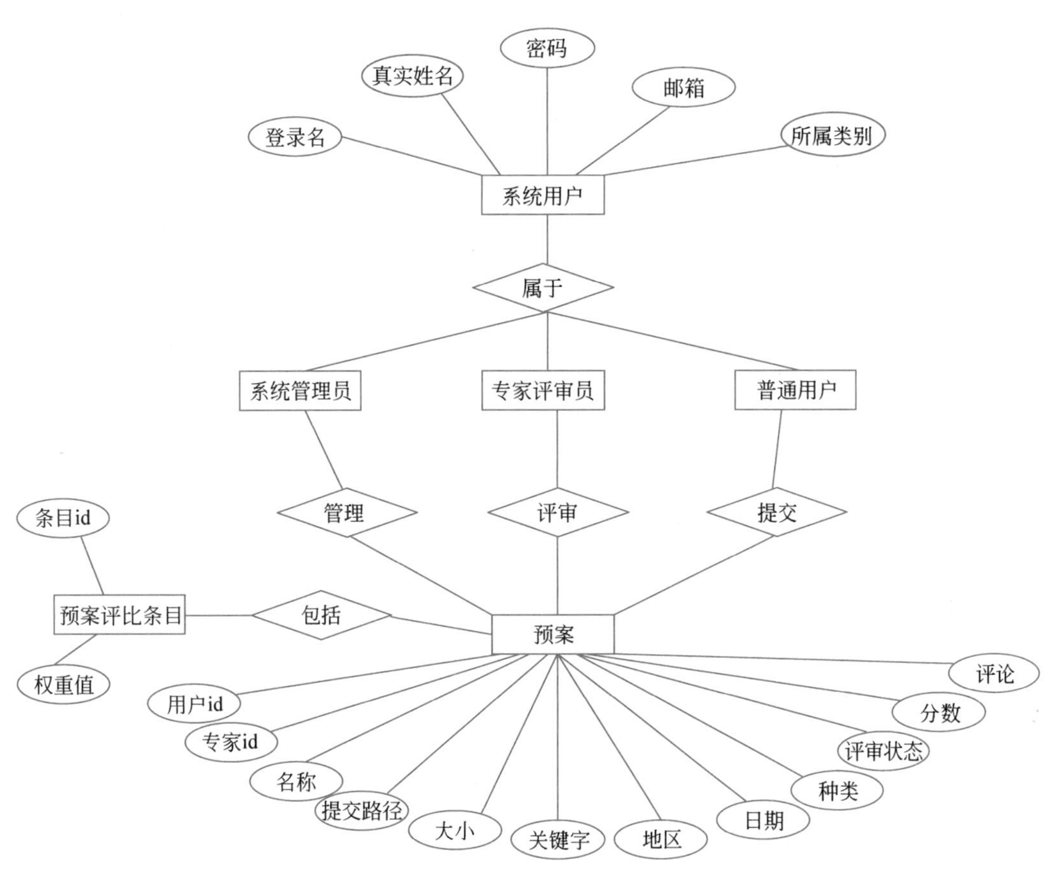

图 C-1　数据库的总 E-R 图

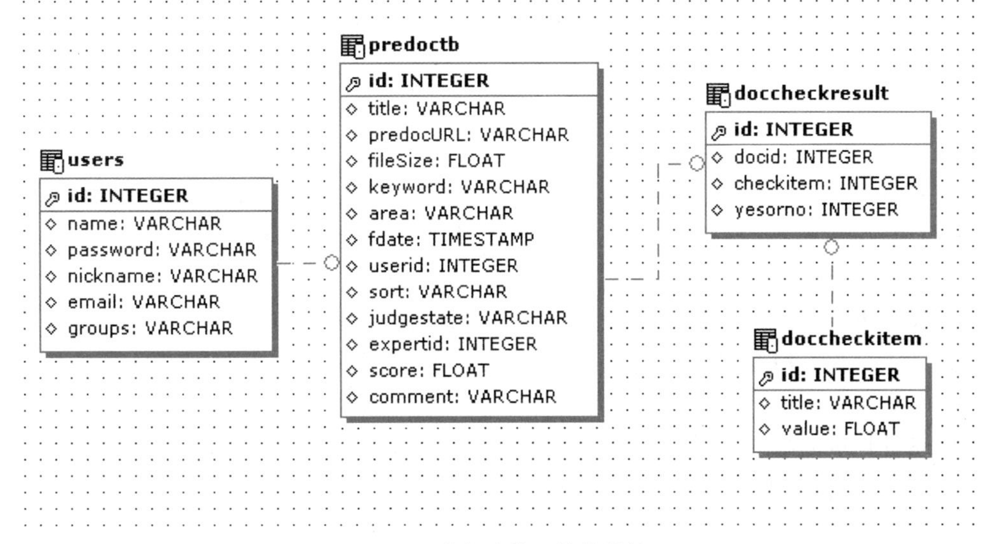

图 C-2　数据库物理结构设计

C.4 系统功能模块的开发介绍

1. 主要功能模块

本系统主要包括公共登录模块、系统管理员模块、专家评审员模块、普通用户及应急执行人员模块。其中,公共登录模块又分为登录及注册模块,系统管理员模块又分为用户管理及预案管理模块,专家评审员模块又分为预案评审及搜索、查看模块,普通用户模块又分为预案新建、上传及查找修改模块。

2. 公共登录模块

公共登录模块由用户登录名及密码组成。已注册用户可通过已有账户进入相应模块,默认用户为普通用户,用户权限由系统管理员设置,即管理员设置相应用户的所属类别。

3. 系统管理员模块

系统设置初始 admin 用户为管理员,拥有最大权限。系统投入使用后,管理员登录系统后可以对自己及其他个人资料进行修改。管理员模块主要实现评审专家及应急执行人员信息管理的功能,包括添加、查询、修改、删除和查看详细信息的功能。

4. 专家评审员模块

此模块分为预案的搜索、查看详细信息、专家评审 3 个模块。

预案搜索模块分为按预案名称直接查找及按照特定条件来详细查找某一类预案。

查看详细信息模块则可以查看到预案详细信息、评审信息、完备度评审指标信息三方面内容。

(1) 预案详细信息包括预案标题、关键词、区域、灾种、预案提交时间、提交用户等信息。

(2) 预案评审信息包括评审状态、评审专家、完备度评审分数及评论。

(3) 完备度评审指标信息则具体包括此预案的相应指标完成情况,详细列出了达到指标及未达到指标的具体条目,使得查看人员一目了然。

专家评审模块则包含两方面的内容,一是查询打开所要评审的预案,二是依据相应标准进行评审。为方便专家评审,本系统对预案处理过程进行了简化,专家单击相应预案即进入相应评审电子页面上。页面左方为待评预案,右方则为评审标准。评审标准为已制定的完备性评审的各个条目,专家只需查看预案并在相应条目上选择是或否以及列出专家评论,由系统自动生成预案完备度分值,并详细列出预案评审信息。

5. 普通用户及应急执行人员模块

该模块分为预案的新建和上传、预案搜索和查看两个模块。

预案的新建及提交上传主要是由普通用户来完成，用户可以通过上传链接来进入该模块。详细填写预案的灾害种类、区域、关键字后就将该预案提交到数据库中，系统会自动生成该文件的大小、提交时间，用户信息等。

预案搜索查看功能模块则与专家评审模块中类比，也可以详细地搜索和查看各种预案的详细信息，以获取更多提交预案的经验和信息。

C.5　小　　结

自然灾害预案的完备性是评价一个预案能否在执行救灾时具有高效率和高完善度的一个重要指标。本文基于预案的完备度规则，通过系统需求分析、概要设计、模块设计等工作最终实现了灾害应急预案完备性评价系统。该系统主要完成了关于评审预案完备性的功能，为一个预案的有序高效执行奠定了基础。

附录D

数字预案一致性评审系统的设计与实现

D.1 数字预案一致性标准的建立

1. 数字预案的一致性

数字预案的一致性是数字预案制定时需要遵循的一类规则，对该预案能否及时有效地处理应急突发事件具有重要影响。下面给出数字预案的一致性规则。

在应急过程中，每项任务由一个或多个部门联合完成，而且各个部门所担负的责任也有差别。为使得责任划分规范统一，应规定一套合理的责任准则描述语言。结合应急过程的特点，本文划分了下列四种责任，并用十字丝形式和坐标图形式直观表示出来(见图 D-1 和图 D-2)。

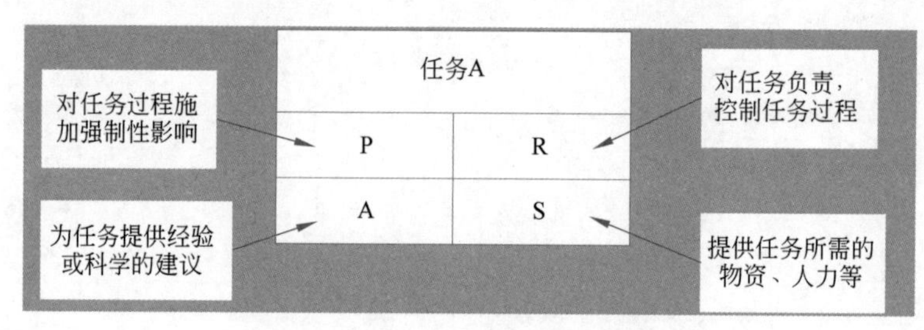

图 D-1 责任的十字丝表示形式

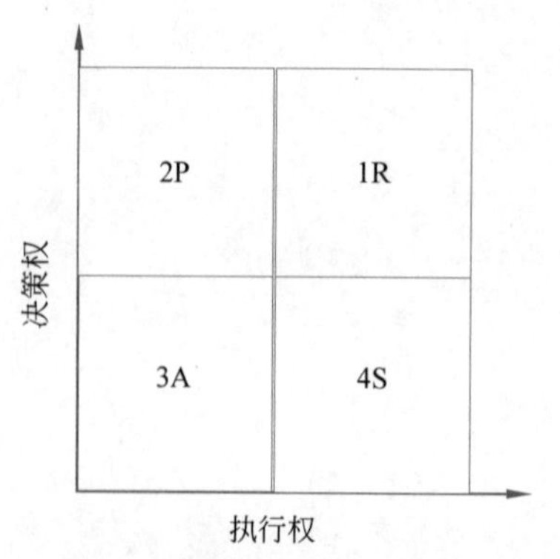

图 D-2 四种责任主体的坐标表示

(1) 直接责任 R：负主要责任，对任务过程进行控制，并按照计划合理部署相关行动，协调相关人员的行为，合理调配所需资源，并根据情况变化做出有效变动，以符号 R (Responsibility)表示。

(2) 支持 S：参与任务执行，提供任务所需要的人员、物资等后勤保障，确保任务过程顺利完成，以符号 S(Support)表示。

(3) 建议 A：根据评估结果或专业知识等，为任务提供科学的意见和建议，以符号 A (Advice)表示。

(4) 约束 P：不直接参与任务过程，但对任务进行有强制性影响，其责任主体通常是所谓的"压力团体"，以符号 P(Press)表示。

责任分配合理的应急组织系统，在每一任务的执行过程中，处于直接责任地位的部门有且只有一个，处于支持、建议、约束地位的部门可以有 0 个或多个。本质上，四种责任主体的不同体现在任务的决策权和执行权上。所谓决策权，是对任务行动方案做出抉择，对任务做出处理决定的权力；所谓执行权，是依照决议结果，对任务进行执行的权力；一般来说，执行权和决策权是相互补充配合的，共同组成主体的责任地位。如果以决策权为纵轴，执行权为横轴，规定决策权和执行权的分级均为二级，则有四种不同的责任组合，以 1、2、3、4 表示。四种责任主体在此坐标系统中的位置如图 D-2 所示。其中，R 责任主体拥有最高的决策权和执行权，处于 1 位置；P 责任主体具有高的决策权和低的执行权，处于 2 位置；A 责任主体拥有低的决策权和低的执行权，处于 3 位置；S 责任主体拥有低的决策权和高的执行权，处于 4 位置(见图 D-2)。

综上所述，对于特定应急预案，分解应急过程，确定参与部门，而后以部门为行，以任务为列，在行列交叉处填入部门的责任分析结果，所形成的矩阵表格即是该应急预案的责任矩阵。分析责任矩阵，对子任务的责任关系进行逐层概括和综合，得到整个应急过程中处于 R、P、A、S 地位的部门的责任坐标图。其中，责任矩阵详细描述出应急过程的各个基本任务的责任分配情况，使应急行动的每一步均有据可依；责任坐标图则是对整个应急过程的责任分配做了一个总体概括，是应急预案责任评价的基础。

下面以责任矩阵和责任坐标图为基础，对《××省××市地震应急预案》进行责任评价分析，从而得出该应急预案的责任评价结果。评价依据以下两个准则。

准则 1：每一任务有且只有一个部门处于主责 R 地位。

准则 2：每个部门至少参与到一个任务中。

这两个准则是参考项目组织和应急过程的特点总结出来的。对于某一项目组织的所有参与部门来说，规定有且只有一个部门处于中心负责地位，能够保证项目在统一指挥下有序进行；规定每个部门必须参与项目过程，能够确保每个项目人员均有事可做，避免了人力资源的浪费。与此类似，应急过程也存在统一指挥、分级负责、资源整合等各项要求，也必须符合上面的两项准则。

为使评价更加简单、直观，对上面的两项准则进行量化，转换为下面两个数学表达式。

对于每一任务，$\sum r = 1$。

对于每一部门，$\sum r + \sum p + \sum a + \sum s \geq 1$。

其中，$\sum r$ 表示某项任务中处于R地位的部门的个数；$\sum r$、$\sum p$、$\sum a$、$\sum s$ 依次表

示某一部门在整个应急过程中处于R、P、A、S地位的任务的个数。

以项目组总结出的部门任务责任分配的两个评价准则作为预案的一致性规则，在系统中以此为依据，对预案的一致性进行评审。

2. 数字预案一致性评审系统中的责任矩阵

在数字预案一致性评审系统中的任务责任分配情况采用部门任务责任矩阵的形式直观地表示。在责任矩阵中，以部门为矩阵的第一行，任务为矩阵的第一列，第一行以下及第一列以右的部分表示相应的部门在相应的任务中所处的责任地位（即直接责任、支持、建议、约束）。系统中责任矩阵的形式如表D-1所示。

表 D-1　责任矩阵

任务 / 部门	任务 1	任务 2	……	任务 m
部门 1	直接责任	支持	……	建议
部门 2	约束	直接责任	……	支持
……	……	……	……	……
部门 n	建议	约束	……	直接责任

在向系统中录入预案时，根据预案中涉及的部门的数量 n 和任务的数量 m 动态生成如表D-1所示的 n 行 m 列的矩阵，预案评审员可以从下拉框中选择相应的部门、任务和各个部门在各项任务中所处的责任地位。

D.2　系统需求

数字预案一致性评审系统主要实现对预案信息的录入、查询、修改、删除和一致性评审功能，其中，预案的一致性评审功能是系统的核心功能。系统总体用例图如图D-3所示。

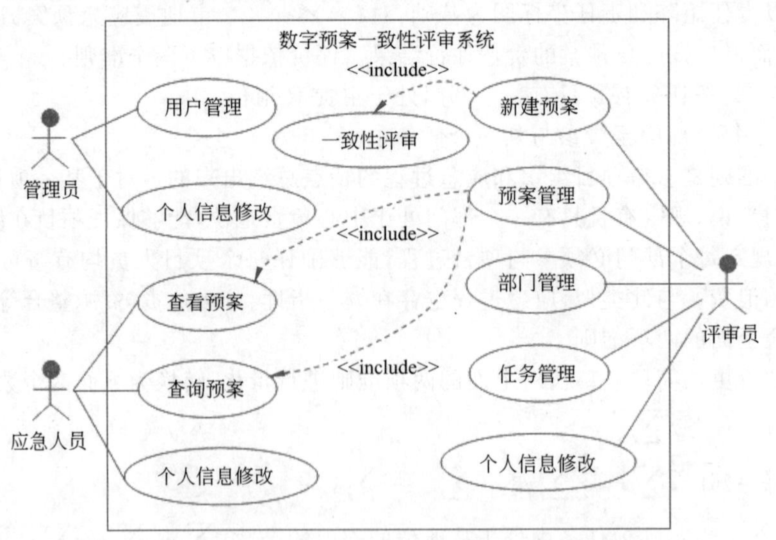

图 D-3　系统总体用例图

D.3　系统架构

本系统采用B/S(浏览器/服务器)架构,因此不同地点的用户可以方便地通过系统所在服务器的IP或域名访问服务器端程序,使用户能够通过网络及时便捷地获取预案信息或对预案信息进行处理。

D.4　系统的设计与实现

D.4.1　主要功能模块设计

本系统主要包括公共登录模块、评审员模块、管理员模块及应急人员模块。其中,评审员模块是系统的主要功能模块,分为新建预案、预案信息管理、部门信息管理、任务信息管理及评审员个人信息修改模块,管理员模块分为用户(评审员/应急人员)信息管理及管理员个人信息修改模块,应急人员模块分为预案查询及预案详细信息查看模块。

1. 公共登录模块

公共登录模块实现系统用户身份验证的功能,由用户名、密码及人员类型组成,用户选择自身所属登录类型(管理员登录/评审员登录/应急人员登录)进入相应功能模块。

2. 评审员模块

此模块分为新建预案、预案信息管理、部门信息管理、任务信息管理及评审员个人信息修改5个模块。

1) 新建预案模块

新建预案模块实现预案的添加及一致性评审功能。评审员输入预案编号、名称、制定人等基本信息,系统根据评审员输入的部门数 n 和任务数 m 生成 n 行 m 列的责任矩阵,评审员按照部门任务的责任分配情况,在责任矩阵中选择相关的部门、任务,以及各部门在各项任务中所处的责任地位,如图D-4所示。

预案信息的录入完成后,系统根据一致性规则的第一条准则——每一任务有且只有一个部门处于直接责任R地位,对预案的一致性进行评审。系统对数据库中的预案的任务分配表进行检索,统计出在每一项任务中处于直接责任地位的部门个数,如果存在个数为0或大于1的情况,则系统通过评审不通过页面给出预案不符合一致性的提示,并列出相应的需要修改的任务责任情况,评审员对此预案信息进行修改,修改之后重新提交预案,直到符合一致性规则,预案通过评审。

对于一致性规则的第二条准则——每个部门至少参与到一个任务中,只要在预案的责任矩阵中限制输入部门和任务时不出现重复情况就可以满足。在本系统中,使用JavaScript编写函数对部门和任务的重复情况进行判断,如果出现重复输入情况,则以对话框提示评审员进行修改,直到编制的预案满足一致性规则。新建预案模块的业务流程如图D-5所示。

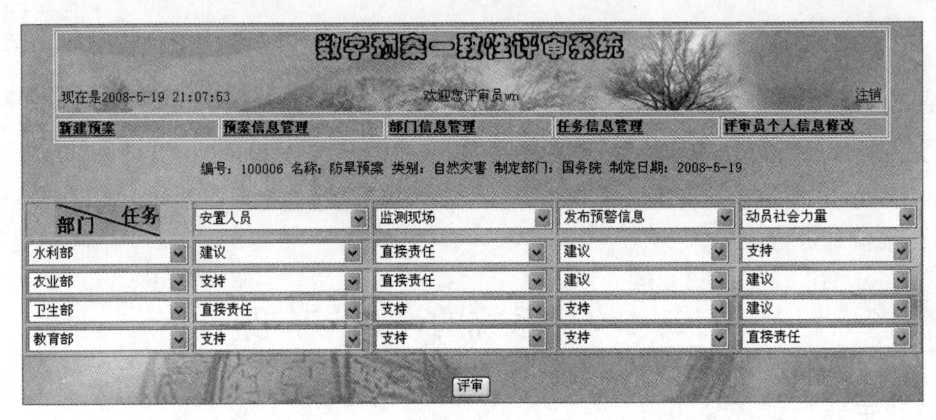

图 D-4　新建预案——责任矩阵

2）预案信息管理模块

预案信息管理模块包括评审员对预案条目的查询、编辑、查看详细资料及删除 4 方面内容。此模块以列表的形式显示了现存预案的内容，包括预案编号、预案名称、预案类别、制定部门、制定日期等信息。评审员选择预案进行操作：按预案名称直接查找或者按照特定条件来详细查找某一类预案；修改预案信息，修改完成提交预案后，系统对修改后的预案进行一致性评审；查看详细资料可以看到预案的基本信息及由任务和部门构成的预案责任矩阵；删除已有预案。流程图如图 D-6 所示。

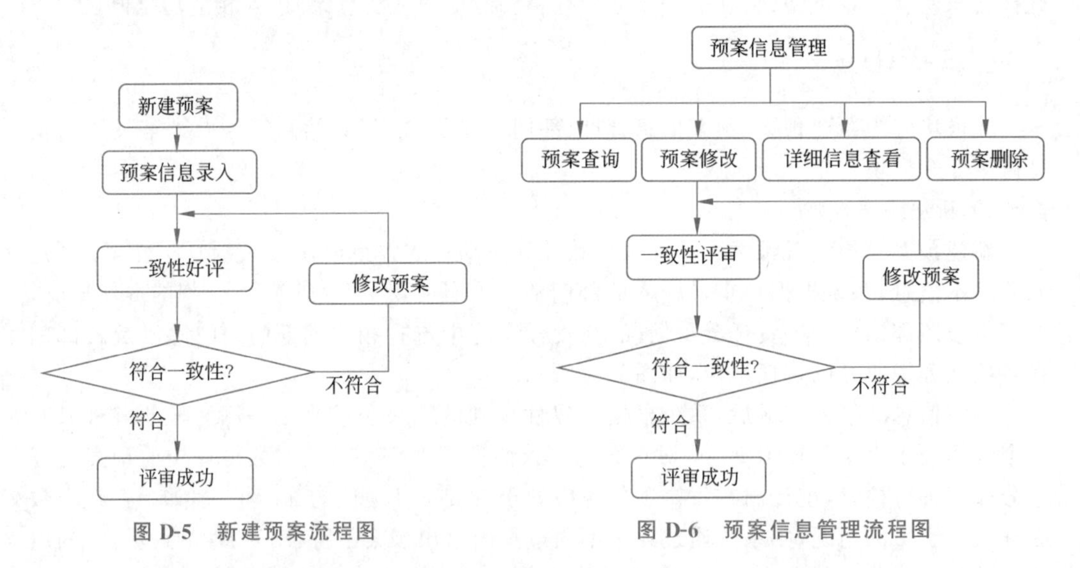

图 D-5　新建预案流程图　　　　图 D-6　预案信息管理流程图

3）部门信息管理模块和任务信息管理模块

部门信息管理模块和任务信息管理模块与预案信息管理模块类似，分别包括添加、查询、编辑、查看部门/任务的详细信息及删除部门/任务 5 方面的内容。

4）评审员个人信息修改模块

系统管理员负责添加评审员的用户信息，评审员的登录名由管理员管理，评审员可以修改除登录名外的其他个人信息。

3. 管理员模块和应急人员模块

系统初始设置“admin”用户为默认系统管理员，默认密码为“admin”，拥有最大权限。管理员登录系统后可以对自己及其他个人资料进行修改。管理员模块主要实现评审员/应急人员的信息管理功能，包括查询、添加、修改、删除和查看详细信息 5 方面内容。应急人员可以查询预案信息以获取应急救援活动的相关信息。

D.4.2 数据库的设计与实现

数字预案一致性评审系统需要将大量预案相关的数据存入数据库中，方便用户管理和查询。在本系统的开发过程中根据系统需求对数据库进行了概念结构及物理结构的设计。

1. 数据库概念结构设计

进行系统的功能需求分析及数据库需求分析，确定数据库的概念结构。在本系统中，有管理员/评审员/应急人员、预案、部门、任务 6 个基本实体分别记录管理员/评审员/应急人员、预案、部门、任务的基本信息，此外，预案、部门、任务实体间存在一个部门任务责任分配的关系，此关系表明特定预案相关的部门任务责任分配情况。根据概念结构画出数据库 E-R 图(实体关系图)，如图 D-7 所示。

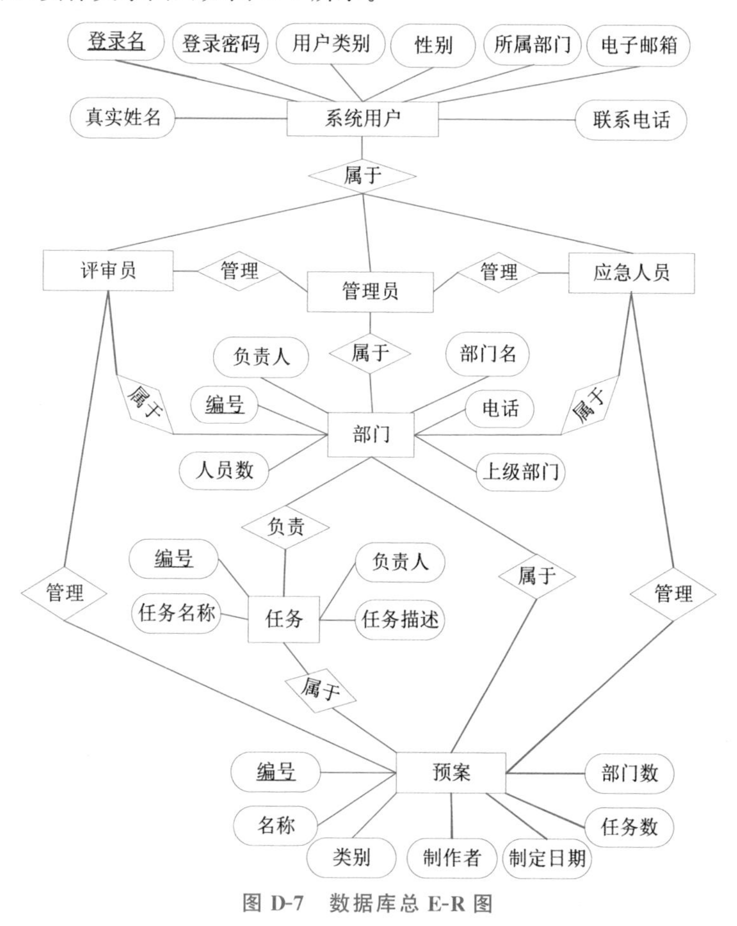

图 D-7 数据库总 E-R 图

2. 数据库逻辑结构和物理结构设计

将概念结构进一步转换为逻辑结构，即将 E-R 图转换为关系模型，也就是将实体、实体间的联系转换为关系模式，并确定关系模式的属性和码。在确定数据库的概念结构后，则需要构建 5 张数据表来存储和表示管理员/评审员/应急人员、预案、部门、任务 6 个基本实体及预案、部门、任务实体间责任分配的关系。即人员信息表(tb_user)、部门信息表(tb_department)、任务信息表(tb_task)、预案信息表(tb_preplan)和责任分配表(tb_dt)。

3. 数据库逻辑结构和物理结构设计

下面给出本系统的数据物理结构设计，如图 D-8 所示。

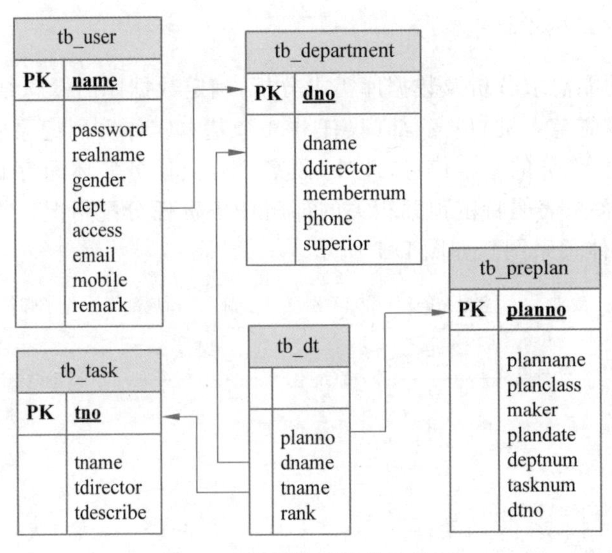

图 D-8 数据物理结构设计图

D.5 小　　结

本附录给出了根据具体应急预案的项目组织和应急过程的特点总结出来的预案的一致性规则。通过系统需求分析、概要设计、详细设计、编码测试等工作最终实现了数字预案一致性评审系统。该系统能够根据一致性准则自动对数字预案的一致性进行评定，并给出评审用户相应的修改意见，以确定数字预案符合一致性规则，从而使预案能够合理有效地应对突发事件。

附录E

数字化应急预案可操作性评价系统设计与开发

基于应急预案可操作性评价原理，利用应急预案由描述性语言组成的特点，通过需求分析、概念设计、逻辑设计和物理设计，以 PHP＋Apach＋MySQL作为开发工具，编程实现了数字化应急预案可操作性评价系统。此系统采用B/S(浏览器/服务器)架构，为人们提供了在人机交互的友好界面上对应急预案进行快速检索、查看、评审、修改、添加、删除等操作的机会。由于应急预案的任务和其分解的基本子任务就是要明确告知预案执行人员应该做什么和如何去做，任务目标越明确，任务之间的关系越简单，任务的可操作性就越好，任务也就越容易完成。系统通过分解待评价应急预案的任务，并评价基本子任务的组合复杂性和各基本子任务组合的复杂性，量化地给出待评价应急预案的复杂度及提高其可操作性需要改进的方面，为制定或修订应急预案提供软件系统支持。

E.1 应急预案可操作性测量标准的建立

评价一个应急预案的可操作性主要取决于该预案中的主要任务及其分解产生的基本子任务的独立复杂性和各基本子任务间组合的复杂性，一个可操作性强的预案应该是满足特定需求条件下低复杂性的任务集合体。应急预案的可操作性评价即为应急预案任务的系统复杂性评价：分解应急预案系统任务和基本子任务、提取应急预案中的信息和行动、确定每个基本子任务中的信息和行动、定义应急预案的复杂度指标、计算结果。

根据评审原则，由应急预案中各个行动内容之间的先后顺序、前提条件、层次关系、分支条目等，引入软件工程中的程序流转图概念，将描述性的预案文本分解所得的各个子任务转换组合为包含执行任务以及它们之间逻辑与层次关系的结构控制图表示，进而求出子任务内部复杂度，并通过各子任务所占的权重值及子任务内部复杂度得到预案所对应的复杂度。

E.1.1 基本子任务的内部复杂度

影响基本子任务的内部复杂度有以下五个因素。

首先假定预案共分解为 n 个基本子任务，定义 s_i, s_j 为应急预案的第 i 个和第 j 个基本子任务，其中，$i, j \in [1,n]$。$f_k(s_i)$表示第 k 个因素对第 i 个基本子任务的内部复杂度的影响，$k \in [1,5]$。对五个因素分别分析如下。

1. 子任务与其他子任务间的关系。

评价可操作性的前提是待评预案的完备性，而预案中完备性是指在应急预案中涉及的内容是不可改变的，因此，子任务和行动的数量是确定的，而各子任务之间的关系是关键因素之一，在子任务数目 n 相同的情况下，子任务关系越多，结构越复杂，即要执行一个子任务可能需要其他子任务的执行作为前提，或需要其他子任务的配合并行执行，从而导致复杂度的差异。例如，一般预案中都要求子任务"预警预防行动"前要先执行子任务"信息监测与报告"。

定义 $m(s_i, s_j)$为基本子任务 s_i 与基本子任务 s_j 之间关系的复杂度。s_i 与其他子任务间的关系所导致的复杂度定义为 $f_1(s_i)$：

$$f_1(s_i) = \sum_{j=1}^{n} m(s_i, s_j) \tag{E-1}$$

其中，当 $m(s_i, s_j) = 0$ 时，表示基本子任务 s_i 的执行与基本子任务 s_j 间无关，复杂度为 0。

2. 不同类型的执行序列流的复杂性

根据软件工程中的程序流转图概念，应急预案的执行任务同样存在 3 种基本的控制流类型，即顺序、选择、循环。预案的控制流对预案复杂度有很大影响，并且不同的控制流结构对预案复杂度的影响也不同。一般而言，单一的顺序结构最简单，循环结构和选择结构的环路越复杂，预案的复杂度也越大。例如，在选择结构中，能够将可执行任务转变为框图或嵌套 if 语句判断，要经过多次的选择才能确定采取的行动，其复杂度显然要高于没有嵌套的 if 语句。而且随着嵌套深度的增加，复杂度也相应地增加。具体如地震预案中，在跟踪震情的过程中，对下列情况的判断影响不同任务的执行，"if 震情有变化，则要报告震情变化，在此基础上，if 震情发展状态、建筑物抗震能力以及周围工程设施情况有需要，则要发布避震通知。"因此报告震情变化后才会有发布避震通知的执行任务，那么发布避震通知的执行任务的选择结构就要复杂，其复杂度影响就较大。

定义 m 为子任务 s_i 中包含的选择结构的数目，$c_j(s_i)$为子任务 s_i 的第 j 个选择结构的复杂度，l 为子任务 s_i 中包含的循环结构的数目，$d_j(s_i)$为 s_i 的第 j 个循环结构的复杂度，定义顺序结构的复杂度为 1。S_i 的以上三种控制流类型的复杂度的总和定义为 $f_2(s_i)$：

$$f_2(s_i) = 1 + \sum_{j=1}^{m} c_j(s_i) + \sum_{j=1}^{l} d_j(s_i) \tag{E-2}$$

3. 任务层次深度对复杂性的影响

在执行具有多重层次的选择判断语句过程中，要进行多次的判断过程才能确定所需要采取的行动，显然其复杂度要高于没有层次嵌套的判断语句，而且随着嵌套深度的增加复杂度也相应地增加。例如，地震预案中，首先要确认地震社会影响状态是否正常，“if 地震社会影响状态不正常，则恢复被破坏的地震社会影响 if，震情和灾情不佳，则确定、报告、抄送应急工作规模，通报应急工作规模。”由上述任务层次深度可知“通报应急工作规模”的复杂度影响最大。

则 s_i 嵌套层次深度对该基本子任务的内部复杂度的影响定义为 $f_3(s_i)$：

$$f_3(s_i)=\sum_{j=1}^{m}h_j(s_i) \tag{E-3}$$

其中，m 为基本子任务 s_i 中选择判断语句层次的数目，$h_j(s_i)$表示 s_i 的第 j 个嵌套的深度。

4. 选择分支数目对复杂度的影响。

选择的分支数目的增加也会增加子任务的复杂度。在预案的执行过程中，人员理解 $q+1$ 个选择分支所花费的时间要多于理解 q 个选择分支，相应地增加了预案的复杂程度。例如，对于“if 震情发展状态不良 if 建筑物抗震能力不强 if 及周围工程设施情况有需要加强防震，Then 发布避震通知”和“if 震情发展状态不良 if 及周围工程设施情况有需要加强防震，Then 发布避震通知”相比，同样的子任务“发布避震通知”，前者的复杂度就比后者要大。

定义 m 为基本子任务 s_i 中的选择结构的数目，$c_j(s_i)$表示 s_i 的第 j 个选择结构的分支数。

其对 s_i 影响可以定义为 $f_4(s_i)$：

$$f_4(s_i)=\sum_{j=1}^{m}c_j(s_i) \tag{E-4}$$

5. 条件判断中的复合条件对复杂度的影响

多个条件共同来判断与单条件判断的复杂度必然不同，而“与”和“或”的影响程度也不相同。定义 n 为子任务 s_i 中条件判断中关系为“或”的数目，$\mathrm{Nor}_j(s_j)$为第 j 个或关系中元素的数目，m 为关系为“与”的数目，$\mathrm{Nand}_j(s_j)$为第 j 个与关系中元素的数目。

其对 s_i 的影响可以定义为 $f_5(s_i)$：

$$f_5(s_i)=\sum_{j=1}^{n}\mathrm{Nor}_j(s_j)+\sum_{j=1}^{m}\mathrm{Nand}_j(s_j) \tag{E-5}$$

综上五个因素，可以将基本子任务 s_i 的内部复杂度定义为 $F(s_i)$：

$$f(s_i)=\sum_{k=1}^{5}\gamma_k f_k(s_i) \tag{E-6}$$

其中，s_i 为应急预案分解出来的任意一个子任务。γ_k 表示第 k 个影响因素的权重，$f_k(s_i)$表示第 k 个因素对第 i 个基本子任务的内部复杂度的影响。

E.1.2　应急预案的整体复杂度

定义 $\gamma_k(s_i)$表示第 k 个因素对第 i 个基本子任务的内部复杂度的影响权重值，$k\in$

[1,5]。

根据应对突发事件的整个过程(包括预防与应急准备、监测与预警、应急响应、后期处置)和应急预案的文本组织结构及应急预案的完备性标准,对应急预案进行层次分解,并确定出各个基本子任务。分解的各个基本子任务、影响其内部复杂度的各因素所对应的权重值、各子任务所对应的任务权重值 α_i 如表 E-1 所示 。

表 E-1 预案子任务的复杂度权值

相关因素权重 / 任务	γ	γ	γ	γ	γ	任务权重 α_i
宣传教育	0.25	0.75	0.00	0.00	0.00	1
培训演习	0.29	0.50	0.07	0.00	0.14	1
组建专业应急救援队伍	0.11	0.33	0.00	0.00	0.56	0.5
提供志愿者保障	0.40	0.60	0.00	0.00	0.00	0.5
提供交通运输保障	0.27	0.73	0.00	0.00	0.00	1
提供医疗卫生保障	0.40	0.60	0.00	0.00	0.00	1
提供水的保障	0.50	0.31	0.06	0.00	0.13	0.33
提供电的保障	0.41	0.41	0.13	0.00	0.06	0.33
提供通信的保障	0.53	0.37	0.11	0.00	0.00	0.33
提供物资保障	0.54	0.38	0.08	0.00	0.00	1
提供经费保障	0.44	0.56	0.00	0.00	0.00	1
提供避难场所保障	0.83	0.17	0.00	0.00	0.00	1
进行风险评价	0.75	0.25	0.00	0.00	0.00	1
监督检查	0.83	0.17	0.00	0.00	0.00	1
建立监测网络	0.40	0.60	0.00	0.00	0.00	1
建立应急指挥系统	0.40	0.60	0.00	0.00	0.00	0.5
监测事件信息	0.50	0.50	0.00	0.00	0.00	0.5
上报事件信息	0.50	0.50	0.00	0.00	0.00	1
接收事件信息	0.40	0.60	0.00	0.00	0.00	1
确认事件信息	0.40	0.60	0.00	0.00	0.00	1
对事故分类分级	0.50	0.50	0.00	0.00	0.00	1
建立监测网络	0.50	0.50	0.00	0.00	0.00	0.33
建立应急指挥系统	0.50	0.50	0.00	0.00	0.00	0.33
监测事件信息	0.40	0.60	0.00	0.00	0.00	0.33
上报事件信息	0.50	0.50	0.00	0.00	0.00	1

续表

相关因素权重 任务	γ	γ	γ	γ	γ	任务权重 α_i
接收事件信息	0.32	0.48	0.04	0.16	0.00	1
确认事件信息	0.50	0.31	0.06	0.00	0.13	1
发布预警信息	0.41	0.41	0.13	0.00	0.06	1
监测事件发展趋势	0.53	0.37	0.11	0.00	0.00	1
对响应进行分级	0.54	0.38	0.08	0.00	0.00	0.33
保障应急资源	0.44	0.56	0.00	0.00	0.00	0.33
成立现场指挥部	0.83	0.17	0.00	0.00	0.00	0.33
动员社会力量	0.75	0.25	0.00	0.00	0.00	1
抢险救灾	0.83	0.17	0.00	0.00	0.00	0.11
监测现场	0.40	0.60	0.00	0.00	0.00	0.11
评估损失	0.40	0.60	0.00	0.00	0.00	0.11
分析事件发展趋势	0.50	0.50	0.00	0.00	0.00	0.33
进行应急恢复	0.50	0.50	0.00	0.00	0.00	0.33
对群众采取安全防护	0.40	0.60	0.00	0.00	0.00	1
对应急人员采取安全防护	0.40	0.60	0.00	0.00	0.00	1
进行群众转移安置	0.50	0.50	0.00	0.00	0.00	1
对重要设施进行安全防护	0.50	0.50	0.00	0.00	0.00	1
启用避难场所	0.50	0.50	0.00	0.00	0.00	0.5
进行医疗卫生救护和卫生防疫	0.40	0.60	0.00	0.00	0.00	0.5
维护治安	0.50	0.50	0.00	0.00	0.00	1
进行信息发布与新闻报道	0.32	0.48	0.04	0.16	0.00	1
宣布应急结束	0.75	0.25	0.00	0.00	0.00	1
安置人员	0.83	0.17	0.00	0.00	0.00	1
恢复建筑	0.40	0.60	0.00	0.00	0.00	1
进行社会救助	0.40	0.60	0.00	0.00	0.00	1
进行保险理赔	0.50	0.50	0.00	0.00	0.00	0.5

应急预案是由各个基本子任务综合而来的，应急预案的复杂度要综合考虑表 E-1 中各个基本子任务的影响。由定义的各个基本子任务，可定义应急预案的整体复杂度为 G：

$$G = \sum_{i=1}^{n} \left(\alpha_i \sum_{k=1}^{5} \gamma_k f_i(s_i) \right) \tag{E-7}$$

其中，G 为应急预案的整体复杂度，n 为基本子任务的数目，α_i 为第 i 个基本子任务的权重值，$\sum_{k=1}^{5}\gamma_k f_i(s_i)$ 为第 i 个基本子任务的内部复杂度 $F(s_i)$。

E.2 系统功能分析

1. 需求分析

灾害应急预案可操作性的专家在线评审系统在前台界面上，主要完成普通用户及预案执行人员在线提交预案详细信息并查看已提交预案，专家进行即时查看并评审工作，以及系统管理员进行预案系统的维护和管理工作。系统需求的 UML 的用例图如图 E-1 所示。

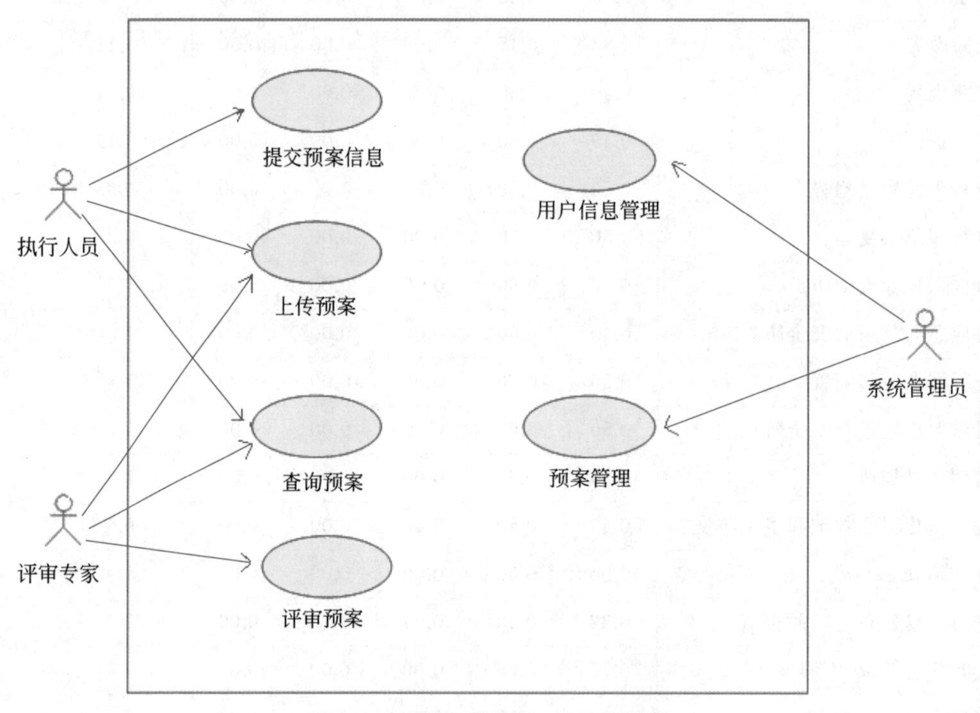

图 E-1 系统需求的 UML 的用例图

系统后台控制中，主要涉及用户信息及预案信息的数据库插入、查询、修改、维护、管理等。

2. 系统架构

应急预案专家评审系统需要具备严格的用户权限的管理功能。授权表的横坐标表示功能模块，纵坐标表示角色（系统用户），“●”表示授权。在本系统中，系统角色类型及权限如表 E-2 所示。

表 E-2　系统用户角色授权设计

预案系统权限 / 角色类型	上传、查看预案信息	提交预案详细信息	评审预案	注册用户更改个人信息	更改、删除用户信息及预案
应急执行员、普通用户	●	●		●	
专家评审员	●		●	●	
系统管理员	●			●	●

3. 系统实现

本系统采用 B/S 架构，基于 PHP + MySQL 实现，因此不同地点的用户可以在客户端方便快捷地通过系统所在的服务器的 IP 或域名访问服务器端程序。各地用户都能够通过网络及数据库所在的服务器及时地获取预案信息或对预案信息进行处理，以便应急执行人员在最短时间内得到完备的可操作性较高的灾害预案。

E.3　系统数据库的设计与实现

灾害应急预案可操作性评价系统需要将大量预案相关的数据存入数据库中，因此需要使用合理的数据库结构和高效快捷的数据库查询算法，从而方便用户的快速查询。在本系统的开发过程中，根据系统需求对数据库进行了概念结构及物理结构的设计。

1. 数据库概念结构设计

进行数据库需求分析及系统的功能需求，确定数据库的概念结构。在本系统中，有不同系统用户、预案初始信息、预案评审项目、预案评审结果 4 个基本实体分别记录管理员、评价人员/应急人员、专家用户、预案各方面的基本信息。此外，用户、预案实体间存在一个上传查询及评审修改的关系。根据概念结构画出数据库整体 E-R 图（实体关系图），如图 E-2 所示。

根据概念结构画出子任务评审的 E-R 图，如图 E-3 所示。

2. 数据库逻辑结构设计

在确定数据库的概念结构后，则需要构建具体 4 张数据表来存储和表示系统用户、预案初始信息、预案评审项目、预案评审结果 4 个基本实体。即：tb_users，tb_predoctb，tb_doccheckresult2，tb_doccheckitem2。

其中，tb_doccheckresult2，tb_doccheckitem2 是在完备性评审的基础上所添加的两张表。

这两张数据表用来存储和表示基本子任务信息，即 tb_doccheckitem2（id，title，complexity），tb_doccheckresult2(docid，checkitem，f_1，f_2，f_3，f_4，f_5，w_1，w_2，w_3，w_4，w_5)。

此外，在用户与预案，预案与预案的结果间都存在关系，故在构建数据库时应将具有

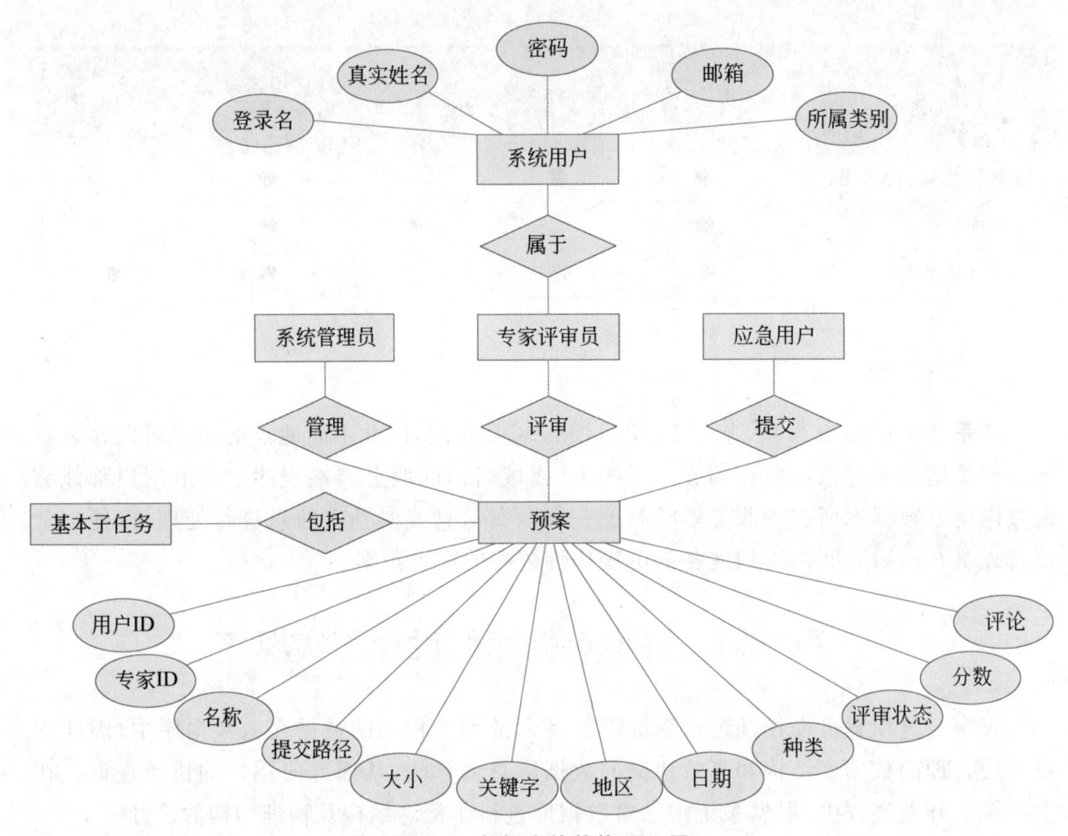

图 E-2　数据库的整体 E-R 图

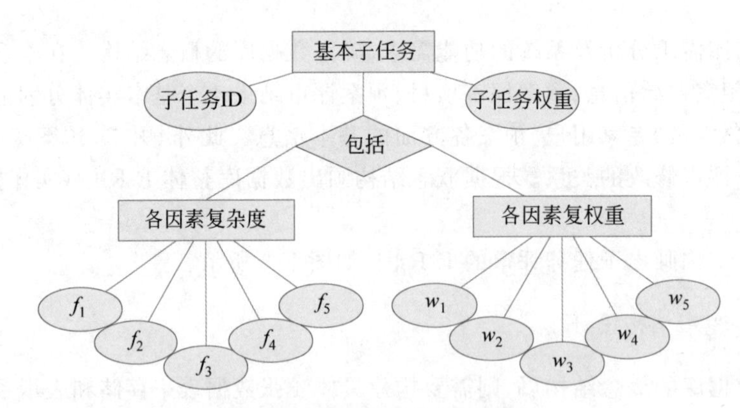

图 E-3　基本子任务的 E-R 图

关系的实体项进行级联。

3. 数据库物理结构设计实现

下面给出本系统的数据库物理结构设计，如图 E-4 所示。

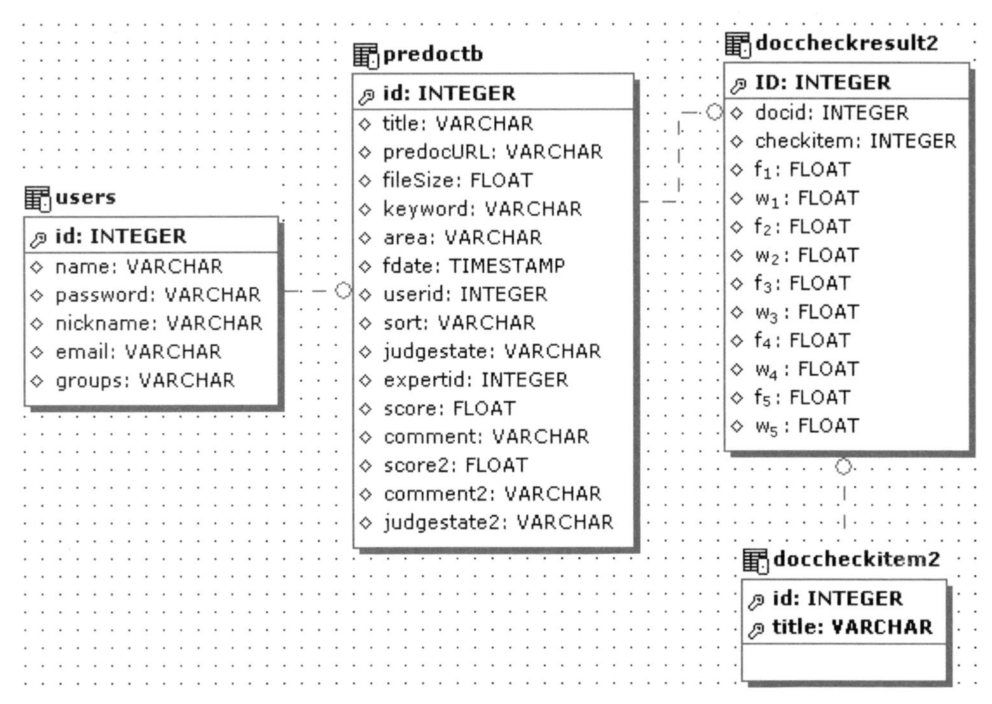

图 E-4　数据库物理结构设计

E.4　系统功能模块的开发介绍

1. 主要功能模块

本系统主要包括登录注册模块、系统管理模块、预案评审模块、预案上传及查询模块。其中，登录注册模块分为用户登录及新成员的注册模块，系统管理模块又分为用户管理模块及预案管理模块，预案评审模块分为预案评审、查询模块，预案上传及查询模块分为预案的上传、预案查询两个模块。

下面给出本系统的主要功能模块关系图，如图 E-5 所示。

2. 登录注册模块

登录注册模块由用户登录名及密码组成。已注册用户可通过已有账户进入相应模块，默认用户为普通用户，用户权限由系统管理员设置，即管理员设置相应用户的所属类别。

3. 系统管理模块

系统设置初始 admin 用户为系统管理员，拥有最大权限。系统投入使用后，管理员登录系统后可以对自己及其他用户的个人资料及其权限进行修改。系统管理模块主要实现用户信息管理、预案信息管理的功能，包括添加、查询、修改、删除和查看详细信息等具

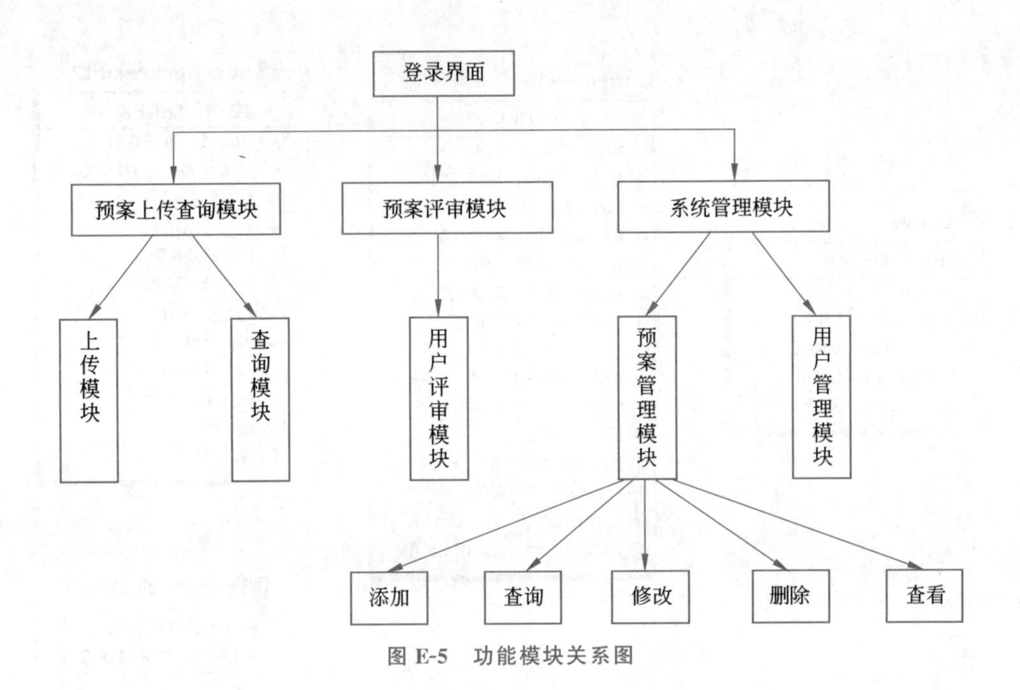

图 E-5 功能模块关系图

体的功能。

4. 预案评审模块

此模块分为预案详细信息的搜索查询，专家评审两个模块。

(1) 预案搜索模块分为按预案名称直接查找及按照特定条件来详细查找某一类预案。查看详细信息模块则可以查看到预案详细信息、评审信息、可操作度评审指标信息三方面内容。预案详细信息包括预案标题、关键词、区域、灾种、预案提交时间、提交用户等信息；预案评审信息包括评审状态、评审专家、可操作度详细评审分数及评论；可操作度评审指标信息则具体包括此预案的相应指标完成情况，详细列出了各个指标中 5 个因素所获得的得分，使得查看人员一目了然。

(2) 专家评审模块则包含两方面的内容，一是查询打开所要评审的预案，二是依据相应标准进行评审。为方便专家的评审，本系统对预案处理过程进行了简化，专家单击相应预案即进入相应评审电子页面上。页面左方为待评预案的文本信息，右方则为专家评审模块。评审模块中包含已制定的可操作性评审的各个条目，在各个条目中，都列有 f_1～f_5 五个因素评分编辑框。专家只需查看预案并在相应条目上对各因素评分以及列出专家评论，由系统自动生成预案可操作度分值，并详细列出预案评审的具体分值和评论信息。

下面给出专家评审模块的详细图解，如图 E-6 所示。

5. 预案上传及查询模块

此模块分为预案的上传、预案查询两个模块。

(1) 预案上传模块：普通用户进行新建、提交及上传预案，通过上传链接进入上传模

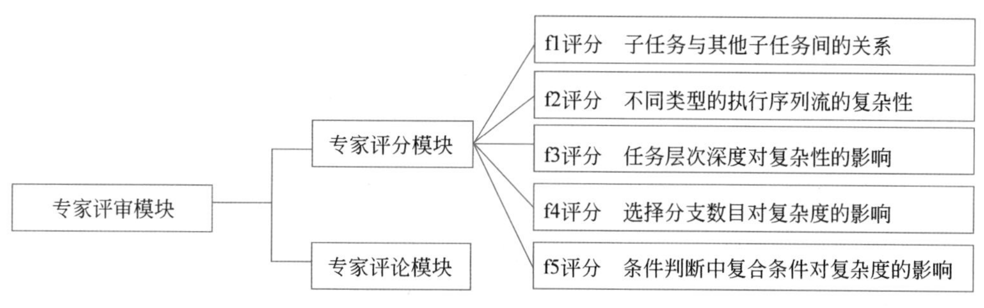

图 E-6　功能模块关系图

块。在详细填写上预案的灾害种类、区域、关键字后就将该预案提交到数据库中，系统会自动生成该文件的大小、提交时间，用户信息等。

(2) 预案查询模块：由普通用户和应急执行人员进行预案搜索和查询。尤其是应急执行人员，通过详细的搜索和查看各种预案的详细信息，获取更多已提交和评审预案的经验和信息。

E.5　小　　结

灾害预案的可操作性是评价一个预案能否在执行救灾时具有快捷高效执行的一个重要指标。基于预案的可操作度规则，通过系统需求分析、概要设计、模块设计等工作最终实现了灾害应急预案可操作性评价系统。该系统主要完成了关于评审预案可操作性的功能，作为一个预案的完备性评价的进一步补充完善，为有序高效执行预案提供了条件。当然，一个好的预案专家评价系统仍需要在自动获取知识方面做进一步研究，故而在完成了可操作性的功能基础上，还可以更进一步地研究及开发能够自动提取、分析预案子任务的系统，并进一步对预案评审系统的一致性评审做添加补充。

本书参考资料